客 務 部
經 營 與 管 理

（第六版）

Managing Front
Office Operations

Sixth Edition

Michael L. Kasavana, Ph.D.
Richard M. Brools, CHA　　原著

劉元安　校閱

EDUCATIONAL INSTITUTE
American Hotel & Lodging Association

C目錄
Contents

Preface

出版序

　　美國飯店業協會（American Hotel & Lodging Association，簡稱 AH & LA）是美國飯店業權威的管理和協調機構。美國飯店業協會教育學院（Educational Institute，簡稱 EI）隸屬於美國飯店業協會，從事飯店管理教育培訓已經有近 50 年的歷史，是世界上最優秀的飯店業教育及培訓機構之一，其教材和教學輔導材料集合了美國著名酒店、管理集團及大學等研究機構的權威人士多年的實踐經驗和研究成果，有許多是作者的實際體驗和經歷，使讀者從中能夠見識到飯店工作的真正挑戰，並幫助讀者訓練思考技巧，學會解決在成為管理人員後遇到的類似問題。目前，全世界有 60 多個國家引進了美國飯店業協會教育學院的教材，有 1400 多所大學、學院、職業技術學校將其作為教科書及教學輔助用書。美國飯店業協會為此專門建立了一整套行業標準和認證體系。美國飯店業教育學院為飯店 35 個重要崗位頒發資格認證，其證書在飯店業內享有最高的專業等級。現在，在 45 個國家共有 120 多個證書授權機構，在全球飯店業的教育和培訓領域享有較高聲譽。

　　北美教育學院 -- 美國飯店業協會教育學院香港與台灣地區總代理 -- 引進了美國飯店業協會教育學院的系列教材，每一本都經過了專家的精心挑選，譯者的精心翻譯和編輯的精心加工。我們期望這套教材的引進能夠更好地為大中華地區旅遊飯店業的發展服務，更好地為大中華地區飯店業迎接未來的挑戰、走向世界發揮作用；也希望能滿足旅遊飯店從業者提高職業技能和素質的迫切需求，為其成為國際化的管理人員貢獻一份後援之力。

　　如果我們的目的能夠達到，我們將以此為自豪。我們為實現大中華地區向世界旅遊強國目標的跨越而做出了努力。

北美教育學院

Preface

前　　言

　　從顧客訂房抵達飯店起，客務部的員工在滿足顧客需求方面起著核心的作用。對於客人而言，客務部就是飯店。顧客帶著問題、要求、意見和投訴來到客務部。客務部的工作便是高效地應對這些挑戰，幫助飯店使顧客滿意。

　　一名能幹、禮貌、有專業知識的客務部員工能使顧客獲得愉快的住店經歷，使其產生回頭再次居住的願望。就這樣，客務部員工在滿足顧客需求的同時，也確保了飯店的順暢運轉和盈利。這並非是件容易事。缺乏良好訓練的客務部員工不但會冒犯顧客，還會趕走顧客。

　　不論你是客務部經理，是員工，還是將入行的學生，這本第六版的《客務部經營與管理》都將幫助你理解、組織、實施以及評估客務部的各項功能，這些內容對飯店的成功經營十分重要。本書詳細列舉客務部運轉管理的多方面資料，逐一展示部門間的複雜關係、先進的技術措施和客務部使用的獨特工具。所有內容的介紹都力求簡明易懂。本書雖然強調客務部管理的許多技術，但絲毫不忽視對客服務的重要性。服務常常會使飯店脫穎而出。許多有關對客服務的討論能使讀者恰如其分地審視這一重要領域。

　　本版在保留第五版精華的基礎上作了多方面的修改。鑒於飯店業電腦應用的快速增加，不使用電腦的飯店已成為歷史，因而關於客務部自動化的論述貫穿著全書。本書還介紹了有關飯店電腦管理體系的概念和應用。讀者會看到有關客務部組織裡裏極其實用的段落，有關典型工作說明。本教材還觸及了行業面臨的問題，例如不同文化背景的員工，勞動力供應不足和美國殘疾人士條款。

　　有關客務部管理方面的討論在本版得到了加強。為了使客務部經理取得對人力資源管理多個階段的知識和技能，人力資源管理這一章作了大幅增加。同時還增加了有關可出租房預測、收入管理和預算制定的討論。在部門上增加了兩個章節，專門闡述與客務部有密切工作聯繫的客房部和安全部。

　　所有新的案例都在每章的最後部分，案例中包含了一些重要的概念。這些案例為讀者解決客務部可能發生的問題提供了使用新學知識的機會。最後，讀者會發現辭彙表對他們透徹理解行業用語大有幫助。

我們深信這些修訂和改進能使每位讀者對客務部的經營與管理有清晰和系統的認識。

　　我們誠摯表達對 Holly, Jackie 和對我們家庭的感謝──他們每天都在提升我們的生活品質。

Michael L. Kasavana, Ph. D.

East Lansing, Michigan

Richard M. Brooks, CHA

Pepper Pike, Ohio

Preface

關於作者

Michael L・Kasavana博士是密西根州州立大學旅館學院旅館系終身教授，其終生教職受全國自動化商品交易協會（National Automatic Merchandising Association，NAMA）資助。他畢業於麻塞諸塞（Massachusetts）——阿默斯特大學（Amherst University），並通過學位論文，獲得了飯店、餐館和旅遊行政的學士學位，以及財務管理碩士學位；他還獲得管理資訊系統的博士學位。他出過多本專著，編寫過教學套裝軟體，撰寫了不少學術研究論文，還在貿易雜誌發表了很多文章。

Kasavana博士在教育和研究上的投入，主要集中在飯店、餐館、博彩、自動售貨機和俱樂部的電腦運用上。他是位活躍的諮詢顧問，曾獲得密西根州州立大學傑出才能獎、教學研究獎和埃利・布羅德商學院威瑟羅教師學者獎（The Eli Bread College of Business Withrow Teacher／Scholar）。他曾在美國、加拿大、香港及世界其他地方的許多學術討論會上，就廣泛的題材做過演講。他還是餐旅業財務和科技專業協會（Hospitality Financial and Technology Professionals，HFTP）的成員，並獲得食品服務科技展覽和會議協會頒發的傑出成就獎。

除了在密西根州州立大學住宿業管理學院任職外，他還作為大學的院系田徑代表出席全國大學體育運動聯合會、高校十項運動會和中部大學冰球聯合會的會議，並主持密西根州州立大學的田徑理事會。

Richards M. Brooks，註冊飯店管理師（CHA），現任 MeriStar Hotel & Resorts,Inc.的服務傳遞系統副總裁。他負責對公司的品牌標準、業務程序、和最佳典範進行開發、實施和維護。在加入 MeriStar 前，他是 Bridgestreet Accommodations 的副總裁。他以前還是有 13 年 Stouffer Hotel and Resort 及 Renaissance Hotel International 經驗的房務管理和資訊指引服務的副總裁。他還曾在 Fidelity Investments 、Boca Raton Resort and Club、Hyatt Hotels and Resorts、NCR 公司和普度大學（Purdue University）任職。

Brooks 先生在密西根州州立大學獲得住宿管理專業的工商管理學士和碩士學位。他還被美國飯店業協會的教育學院（America Hotel & Lodging Association，

AH & LA）審定為註冊飯店管理師（Certified Hotel Administrator，CHA）。他也是餐旅業財務和科技專業協會（Hospitality Financial and Technology Professionals，HFTP）成員。Brooks 先生是美國飯店業協會的科技委員會成員，並曾是主席團成員和 AH & LA Strategic Planning Committee 的成員。此外，Brooks 先生曾在 AH & LA Technology Committeee 和其他許多國際餐旅業科技展覽會和會議上作過客座演講。

Preface

校閱序

根據交通部觀光局的統計，在 2004 年 6 月時我國的觀光飯店總數有 87 家，總客房數已達 21,733 間，而興建中的觀光飯店還有 46 家，可再提供 10,702 間客房。從數字上來看，我國的飯店業正處於蓬勃發展的階段，但是在強敵環伺、競爭激烈的市場中，沒有一家飯店會大膽地說自己已經成功了。從許多行銷學的研究得知，決定市場優勝劣敗的主要因素就在於優質的產品、合理的價格、與卓越的服務。曾任夏威夷大學飯店管理學院院長的朱卓仁教授（Dr. Chuck Y. Gee）更進一步指出，做好準備且不斷在管理知識上學習，是因應市場需求和解決明日面對的未知挑戰的前提。這也意味著飯店從業者要視教育為一生的追求。

余於美國求學時期曾接觸 AH&LA 的教材，進而瞭解到這一系列的教材可以讓餐旅業者在永續的經營管理上得到更專業的教育訓練，並且可能獲得資格認證。然而，在國外接受到的餐旅教育更使人深刻體認，專業教育之紮根與發展比獲得資格認證更為重要。有鑑於此，在回國任教後，便致力在大學飯店管理相關課程的教導上，給學生一個既深入、又實際的飯店經營管理面貌，但是多年來尋求一份適合的中文教材卻始終未能如願。時至今日，揚智文化事業公司得到餐旅業界最具權威的美國 AH&LA 教育學院之授權，能夠代理發行旗下的系列教材，余欣喜於一份理論與實務兼容、具有國際水準的專業教科書—《客務部經營與管理》即將問市，不啻是觀光教育界的一大福音，能夠受邀參與本書翻譯後之校訂工作，更是與有榮焉。

余校閱此書深覺其結構完整且嚴謹、知識豐富又實用，每個章節最後的個案研讀更是鍛鍊邏輯思考、獨立判斷與管理能力的最佳資訊來源。無論從理論面或是操作面來審視，本書都可說是縮小學校教育與業界實務差距的重要工具。期待本書之出版，能嘉惠讀者，亦盼各界不吝賜予建議及指正，俾於日後再版時能更臻完善。

劉元安 謹識

校閱者簡介

劉元安

學歷

　　美國 Oklahoma State University (OSU) 人類環境科學博士
　　主修餐旅管理人力資源管理

現任

　　中國文化大學觀光事業學系暨觀光事業研究所專任副教授

經歷

　　勞委會職業訓練局服務業職類能力分析暨能力本位訓練教材—
　　房務職類　召集人
　　國立空中大學生活科學系餐館與飯店管理科目
　　兼任副教授暨學科委員

1
CHAPTER

住　宿　業

本章大綱

Ellsworth M. Staler——這位現代飯店的經營教父曾說過,「客人總是對的」[1]。有些人可能會反駁這位世紀的飯店業主的說法,他們認為「客人不會總是對的－但是他們畢竟是客人」。這種爭論反映了餐旅業人士面臨的最大挑戰:提供的服務要能不斷適應變化中客人的需要和要求。

對許多人而言,餐旅業具有某種魅力和包羅萬象的特點。這大都來自飯店外在的精緻形象給大眾所留下的印象。飯店形象大部分是透過建築和室內設計來表達的,但是建築畢竟是由磚瓦、水泥、鋼鐵、玻璃和家具布置所構成;建築的式樣和風格可能對飯店的主題具有重要性。然而,還有一些其他因素在區分飯店中是更加重要的。這些因素包括:飯店的位置,餐飲服務的種類和品質,特別的設施和舒適的條件,以及重要的是員工,他們透過服務來融合一切,創造出飯店的整體形象和有競爭力的地位。

客務部的員工按字面講就是在第一線創造形象的人。訂房員常常是接觸客人的第一人;而大廳服務主管、行李員和迎賓員可能是旅客抵店時最先見到的員工。他們需要具備多種才幹和技能,才能滿足旅客的需要並使客務工作充滿樂趣和價值。由於從來沒有兩位旅客、兩家飯店或兩天發生的事情完全雷同,因而客務的工作充滿了刺激和挑戰。

本章將概述餐旅業的基本內容,同時說明飯店如何從規模、市場、服務等級和產權類型和加盟等方面來進行分類。對人們出遊原因的討論也將給予介紹。最後本章還會探討因接待不斷增長的、來自不同文化背景和不同國家的遊客而使飯店面臨的挑戰。

第一節　餐旅業

餐旅業是更大範圍的旅遊和觀光業的一個組成部分。旅遊和觀光業是一個具有相同目標的大型企業群體組成的行業,其目標是為旅行者提供所需要的產品和服務。

如圖 1-1 所示,旅遊業分成五大組成部分,每個部分又由很多方面構成。餐旅業涵蓋了住宿業和餐飲業,以及目標市場並非旅行大眾的機構餐飲業。住宿業在觀光業中又有其獨特性,因為它為旅客提供過夜的住宿服務。許多住宿機構還向旅客提供餐飲、娛樂和其他多種服務。

圖 1-1　觀光和旅遊業概述

	觀光和旅遊業			
住宿業類型	交通業類型	餐飲業類型	零售業類型	活動業類型
飯店	輪船	餐館	禮品店	遊憩
汽車旅館	飛機汽車	飯店	紀念品商店	商務
渡假飯店	巴士	零售店	工藝和手工藝	娛樂
分時渡假飯店	火車	自動售貨	品商店	會議
商務公寓	自行車	外賣服務	大賣場	考察旅行
會議中心	豪華轎車	小吃部	市場	體育活動
帳篷營地		遊船	其他商店	民俗節日
公園飯店		酒吧、小餐館		文化活動
長住客飯店				季節活動
民宿				遊戲
賭場飯店				
會議飯店				
郵輪				

　　美國的一個管理旅遊和觀光業的組織特別與餐旅業有關，就是美國飯店和住宿業協會（American Hotel & Lodging Association, AH & LA）。在其他國家也有類似的商業協會。這些協會透過國際飯店和餐廳協會（International Hotel & Restaurant Association, IHRA）的作用，在同一宗旨下合作共事。國際飯店和餐廳協會設在巴黎。美國飯店和住宿業協會爲美國住宿業的一個商業協會，是一個由 50 個州，以及哥倫比亞特區、波多黎各島和美屬維爾京群島的飯店和住宿業協會組成的聯盟。

　　加拿大和其他擁有大量住宿企業的國家也都有類似的全國性機構。

　　美國飯店和住宿業協會的主要服務是教育學院。自 1952 年成立以來，已有超過200萬的人從學院提供的課程和服務中受益，該教育學院可以說是全球餐旅業中最大的教育中心。這個非營利的組織不斷擴展爲全球餐旅業提供基礎教育和培訓課程，並爲有志此行的人提供幫助，使他們做好入行準備和以後的晉升準備。

一、飯店的定義

在這龐大的行業中，有如此多種的企業提供如此多樣的服務，難怪人們會被飯店（hotels）、汽車旅館（motels）、客棧（inns）和其他住宿業名稱搞得混淆不清，難以區分。事實上界限確實不易劃定，界限模糊的起因是業主按其想像中的偏愛將他們的企業自行歸類，致使普遍公認的標準難以設定。然而儘管有許多的例外，一些區分大部分企業的界限標準仍被廣泛認同。

一家飯店或客棧應是一個實體，其最基本的業務是為公司提供住宿設施。此外還會有下列一項或多項服務：餐飲服務、客房清掃服務、詢問服務、行李和迎賓服務（有時被稱為制服服務），還有洗衣、乾洗服務和可供使用的設備和設施。飯店的客房從 50 間到 2000 間不等，甚至更多，在拉斯維加斯有的飯店超過 5000 間客房。小飯店一般的客房數在 5 間至 50 間，往往提供更多的個性化服務。

汽車旅館是汽車和飯店的複合詞。它主要給開車抵店的客人提供住宿。早期的汽車旅館在客房樓附近設置停車位。近來這一做法有所改變，因為業主和加盟經營授權人越來越關注旅客安全。汽車旅館可以建在任何地方，但通常多見於郊區和公路旁邊。在 20 世紀美國州際高速公路大發展的 50 年代和 60 年代，汽車旅館取得優良的成績。許多汽車旅館設在主要高速公路旁，大都為二層或低層建築。灌木叢旁的游泳池和兒童遊樂場所也是大眾所熟識的汽車旅館的主要標誌。大多數汽車旅館均無提供飯店的全方位服務和設施。

除非特別指明，否則本書使用的飯店這一字眼是泛指汽車旅館、套房飯店、會議中心和其他住宿類別。

二、飯店的分類

將一家飯店納入一個特定的群體不是一件簡單的事。其原因是行業的多樣性，許多飯店不符合任何單一種類的特徵，但是仍存在一些一般的分類方法。這一章討論的分類方法基於飯店的規模、目標市場、服務等級及為權和聯盟的區分。必須特別注意，對一特定飯店而言，它可能同時具有幾種不同分類的飯店的特徵。

第二節　規模

所謂的規模也可說是一家飯店的客房數量，這也是對飯店分類的一般方法。飯店可按下列四種規模進行分類：

- 150 間以下；
- 150 間至 299 間；
- 300 間至 600 間；
- 600 間以上。

這一分類可使相同規模的飯店就營運程序和營業統計進行比較。若非個別例外，本章以後部分討論的飯店分類不受規模的限定。

第三節　目標市場

餐旅業面臨的最重要的問題是：「誰是我們的顧客，我們還能吸引誰？」透過市場調查、監測和策略應對，飯店尋找自己的目標市場。所謂目標市場乃是飯店希望留住和吸引的客源群體。

市場近來的一個趨勢是對大目標市場中的較小的不同特點的群體作區隔，目的是提供針對性的產品和服務，以滿足區隔市場的需求。市場區隔的推廣對飯店業的發展，尤其是連鎖飯店的發展影響巨大（見圖 1-2）。例如，Marriott Hotelsand Resorts 內部有許多不同的品牌如：J. W. Marriotts，Marriott Marquis，Marriott Hotels，Marriott Inns，Courtyard by Marriott，Fairfield Inn。Ritz - Carlton Marriott and Renaissance 也都是 Marviott 擁有的品牌，它們的客房也都可透過同一預訂系統預訂。甚至 Marriott 的長住客飯店市場也區隔成幾個亞市場，如 Residence Inn by Marriott，Towne Place Suites by Marriott 和 Spring Hill Suites by Marriott。每一品牌針對一群特定類別的客源來區隔市場，也就是市場區隔。許多其他主要的住宿企業也做同樣的細分市場分析。這種分析的好處是，處於特定地域的各種不同種類的飯店可以吸引不同種類的旅客。不利之處是，旅客很難區分這同一連鎖旗幟下的不同品牌的服務和設施究竟有何種差異。

飯店面對的市場目標很多，目標市場的分類可根據飯店希望吸引並為之提供服務的那個市場來確定。按目標市場的分類，通常飯店類型有商務型、機場型、套房型、長住型、分時渡假型、民宿型、博奕型、會議中心和會議飯店型。一些其他的住宿類型，也與上述類型飯店競爭，這在最後部分會加以討論。

圖 1-2　Bass Hotels

BASS HOTELS & RESORTS The World's Most Global Hotel Company

Site Search : Phone & E-mail : Help : Privacy Statement : Terms of Use

Chinese Web Site
German Web Site

Priority Club Login
Priority Club # PIN:

Start In:
Home

Login

☐ Store Login Name
Join Now!, or create a PIN.

Home

Our Hotel Brands

Our Company

Franchise
& Development

Investor Relations

Employment

Press Office

Social
Responsibility

Priority Club®
Worldwide

Six Continents Club

Meeting/Group
Events

Find a Hotel

Review/Cancel
Reservations

Reservations

Wireless

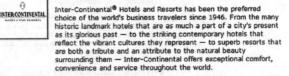

Bass Hotels & Resorts® Lodging Brands

From overnight trips to extended stays. For value-minded visits to executive travel. For eagerly awaited vacations and spur-of-the-moment getaways. Wherever you go, whatever the reason, we're there with the perfect place to stay and a great rewards program, too. Our Priority Club® Worldwide is the only hotel rewards program that allows members to collect points or miles at more than 3,000 Bass Hotels & Resorts® properties around the world, making it easy to earn exciting trips and brand name merchandise. So look for our quality hotels wherever the winds take you.

Inter-Continental® Hotels and Resorts

Inter-Continental® Hotels and Resorts has been the preferred choice of the world's business travelers since 1946. From the many historic landmark hotels that are as much a part of a city's present as its glorious past — to the striking contemporary hotels that reflect the vibrant cultures they represent — to superb resorts that are both a tribute and an attribute to the natural beauty surrounding them — Inter-Continental offers exceptional comfort, convenience and service throughout the world.

Crowne Plaza® Hotels & Resorts

Crowne Plaza® Hotels and Resorts are located in major markets worldwide, and are specifically designed for travelers who enjoy the pleasures of simplified elegance, combined with the practicality of the latest features and amenities.

Experienced business and leisure travelers appreciate the value Crowne Plaza provides through its wide variety of premium guest service offerings which include: fully appointed guestrooms with ample work areas; a full complement of business services; excellent dining choices; quality fitness facilities; comprehensive meeting capabilities. All delivered by an expert and caring staff.

Holiday Inn®

No matter where you're traveling, you'll find a familiar place to stay at Holiday Inn® hotels. With more than 1,500 Holiday Inn full-service hotels around the world, you will be sure to find a convenient location offering many features* to make your stay more enjoyable, including comfortable guest rooms equipped with coffeemakers, hair dryers and irons. Today's Holiday Inn offers travelers full-service amenities such as, restaurants and room service, a relaxing lounge, swimming pool and fitness center. And, for the business traveler, today's Holiday Inn offers 24-hour business services, meeting facilities, the Holiday Inn Meeting Promise™ and Priority Club® Worldwide hotel rewards program. Today's Holiday Inn offers you more of what you're looking for...
*features may vary by location

（續）圖 1-2　Bass Hotels

Holiday Inn Select®

Holiday Inn Select® is the hotel partner for individuals with a passion for business and an appreciation for value. Located throughout North and South America near business centers and airports, Holiday Inn Select® hotels feature business class rooms, 24-hours business services, comprehensive meeting facilities and services.

Holiday Inn SunSpree® Resort

Whether traveling to a tropical escape or a mountain getaway, we make it easy for the entire family to have fun together! Our casual atmosphere and modern facilities offer all of the conveniences you're looking for, like a great restaurant, in-room refrigerator, laundry facility, expansive pool area, and a variety of recreational facilities. Our friendly staff and trained Activities Coordinators schedule numerous adult events and supervise children's activities as well.

Holiday Inn Express®

For value-oriented guests who want to Stay Smart®, Holiday Inn Express® is the fresh, clean, and uncomplicated choice, offering a free breakfast bar featuring fresh fruit, cereals and pastries, as well as free local calls within the U.S. There are over 1000 locations around the globe, and growing fast.

Holiday Inn Garden Court℠

Located in Europe and South Africa, each Holiday Inn Garden Court℠ hotel has a style and character unique to its location. The Holiday Inn Garden Court℠ hotels offer quality guest rooms, meeting and leisure facilities, as well as a number of other services and amenities.

Holiday Inn Family Suites℠ Resorts

Holiday Inn Family Suites Resorts. Each suite features a private bedroom and parlor area with sleeper sofa. Plus you'll enjoy a microwave, mini-refrigerator, and a complimentary hot breakfast buffet.

Staybridge Suites® by Holiday Inn®

Staybridge Suites® by Holiday Inn® is the finest, most innovative all-suite hotel meeting the needs of the extended-stay guest. It's ideal for travelers seeking a residential-style hotel that's perfect for business, relocation, and vacations. The amenities include three suite types with fully-equipped kitchens, complimentary breakfast buffet and evening reception, and 24-hour business services with high-speed internet access. So settle in and MAKE IT YOUR PLACE®

資訊來源：Bass Hotel & Resorts 網站（http://www.basshotels.com）信息。描述 Bass Hotel & Resort 的特色以及與主要目標市場的關係。

一、商務型飯店（Commercial Hotels）

最早出現的大大小小飯店通常位於城鎮。直到鐵路出現的年代，飯

店才開始在全美遍地開花。乘火車旅行比坐馬車，甚至比早期的汽車旅行都要快捷、方便和安全。鐵路把鄉村連接起來；火車站通常設立在城鎮邊緣，旅行者下了車都需要一個落腳的地方。旅行者的與日俱增和隨之高漲的需求促使了飯店業的發展。此間許多飯店都建造在火車站附近。紐約的 Waldort-Astoria Hotel 在最初建造時就有二個從地下連接站臺的入口，以方便搭乘火車前來的旅客（紐約的 Waldort-Astoria Hote 原址在現在的帝國大廈處）。位於城市中心的飯店，實際上不僅是旅行者的下榻地，也是社交活動的中心。

　　與歷史上曾發揮過的作用相似，如今的商務飯店大都位於市中心或商業區，因位置方便出入而對目標市場頗具吸引力。商務飯店是各種類飯店中數量最多的一類，雖然主要對象是商務旅行者，但也對旅遊團體、散客和小型會議具有吸引力。在過去，商務飯店也稱「暫住型飯店（transient hotels）」，因為與其他類型的飯店相比較，商務型飯店的旅客住店時間較短。

　　商務型飯店的顧客服務內容包括免費報紙及咖啡，免收當地電話費，提供有線電視節目及錄放影設備和錄影帶、電子遊戲、個人電腦及高速網路介面和傳真機。還有出租車服務、機場接送服務，24 小時餐廳，半正式餐廳，一般還有雞尾酒廊。大部分商務飯店有會議室、會議廳和客房餐飲服務和宴會服務。商務飯店也可能會提供洗衣服務、行李服務、顧客服務、室內健身房、免費的當地交通服務及販賣部。這類飯店還會有游泳池、健身俱樂部、網球場、三溫暖和步道等設施。

二、機場飯店（Airport Hotels）

　　就像十九世紀早期至二十世紀，鐵路的開發刺激了美國的飯店業，引發了第一次飯店成長的高潮。二十世紀的 50 年代至 70 年代，航空旅遊又刺激了另一類型飯店的發展。

　　二十世紀 50 年代後期噴射客機問世，它比早先的飛機更快更大，這使搭乘飛機旅行迅速發展。它的出現推動了美國經濟的快速增長。對毗鄰機場尤其是國際機場的住宿需求急劇增加，引發了類似城鎮火車站飯店的情況，使得美國機場附近出現了不少飯店。

　　機場飯店受歡迎的原因，因為這些飯店都靠近主要交通樞紐。與其他類型的飯店相比，機場飯店無論是在規模上，還是服務等級上差異很大。這類飯店的主要目標市場包括商務客、因轉機和航班取消需過夜的乘客、機組人員。飯店備有豪華轎車或接駁班車，往返接送旅客。在大

部分機場能看到明顯標誌，也有附近飯店的直通電話，用於訂房和訂車。許多機場飯店還設有會議室以吸引特定市場，就是那些專程飛來出席會議，並希望盡量縮短落地時間的客人。住在機場飯店的旅客不但能節省可觀的開支，而且享受了種種便利。

三、套房飯店（Suite Hotels）

套房飯店是近年來增長最快的一類飯店。這類飯店的客房特徵是除了臥房外，還有一間會客室或是起居室的房間。在部分套房裡還包括一組附有冰箱的廚房設備和房內酒吧設施。由於增加了起居空間，套房飯店提供的顧客服務內容和客用公共面積要比其他類型飯店的少。這種做法是為了使套房飯店的房價在市場上更有競爭力。套房飯店可面向幾個不同的區隔市場。搬家人士的暫住地；經常旅行者喜歡這類飯店的「家外之家」的感覺；渡假的家庭看中這類飯店的私密和方便。這類飯店的設計理念也擺脫了傳統的標準，更加注重營造家居的感覺。專業人士如會計師、律師和行政管理人員特別喜歡這類飯店，因為他們可以在臥室以外的地方工作或招待客人。這些套房飯店還招待免費的晚點、早餐或冷盤或點心服務。這種安排提供了旅客間交往的機會，而且這種做法會對延長旅客的居住日數產生重要的影響。

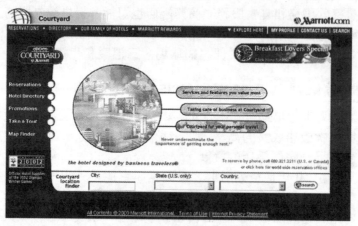

Marriott's Country 品牌的網站（http://www.courtyard.com）向商務旅客介紹了給予他們的種種優惠，同時為潛在客源提供了該品牌在各地的飯店的詳細情況。

MANAGING FRONT
OFFICE OPERATIONS

PHOTO GALLERY

<u>Accommodations</u> | <u>Business Facilities</u> | <u>Meetings & Events</u> | <u>Leisure Facilities</u> | <u>Restaurants & Lounges</u>

WELCOME

TAKE A PHOTO TOUR OF A HOMEWOOD SUITES BY HILTON HOTELS!

At Homewood Suites by Hilton, you'll enjoy our one- and two-bedroom suites with separate bedroom and living rooms and fully-equipped kitchens. You'll also enjoy our beautiful exteriors, our unique "Lodge" area, our on-site 24-hour Suite Shop? convenience store, meeting facilities, our 24-hour business center*, our convenient exercise room* and swimming pool*. Begin your day with our daily complimentary breakfast and wind down with our evening Manager's Reception every Monday-Thursday.

Enjoy All the Conveniences of Home

Whether you're traveling on business or leisure, relax in all the comforts of home at Homewood Suites by Hilton. Our warm, spacious two-room suites and home-like services and amenities make our hotel the perfect place to stay for a few days or more.

Enjoy the following features and services, all for the price of a traditional hotel:

- Spacious one- and two-bedroom suites with separate living and sleeping areas
- Spacious one- and two-bedroom suites with separate living and sleeping areas
- Fully-equipped kitchens
- Dining table that can easily double as a workspace
- Fold-out sofa
- Two remote-controlled televisions, videocassette player or on-demand movies
- Spacious closets
- Two telephones with dataports
- Iron/ironing board
- A unique "Lodge" area, off the lobby, where you can relax and socialize
- Daily complimentary breakfast in our Lodge
- Evening Manager's Reception featuring complimentary hors d'oeuvres and beverages (every Monday-Thursday)
- 24-hour business center (at most locations), complete with a laser printer, photocopier and access to a facsimile machine
- Meeting facilities accommodating up to 30 people
- Swimming pool, sports court and exercise room (at most locations)
- On-site 24-hour Suite Shop? convenience store
- On-site guest laundry facilities (at most locations)
- Complimentary grocery shopping service
- A copy of USA Today delivered to your suite every Monday-Friday
- 100% Satisfaction Guarantee.

　　最著名的長住飯店品牌之一是 Hilton Hotels 的 Homewood Suites。網址為：（http://www.homewood-suites.com/），為您講述他們是如何使客人產生賓至如歸的感覺。

四、長住型飯店（Extended Stay Hotels）

　　長住型飯店與套房飯店相似，但客房通常帶有全套廚房設施，這一點與全套房飯店不同。這類飯店專為打算在店居住 5 天以上的房客設計；這類房客希望減少飯店的服務專案。長住型飯店一般不設行李服務，甚至不設餐飲服務和洗衣服務，客房清掃服務也不是每天提供，但通常設有公用洗衣機房。像套房飯店和商務公寓一樣，它們的內外裝修設計著力於給旅客帶來更多的家庭感覺。長住型飯店有別於其他大多數類型飯店的一點是，其房價通常由房客居住期的長短決定。一些著名的長住型飯店有：Extended Stay America，Home Wood Suites 和 Suburban Lodges。

五、商務公寓（Residential Hotels）

　　商務公寓為旅客提供長期或永久性的住宿設施，位置可在市區也可在郊區。這類飯店主要位於美國，其住客希望每天能得到有限度的服務以及合理的費用。商務公寓已不像以往那樣多見、那樣流行。部分商務公寓已被共管大樓和套房飯店所取代。

　　住房的設施布置與套房飯店類似。住所一般包括一間起居室、一間臥室和小型廚房。住戶經過簽約入住商務公寓，因此要顧及法律規定的租借條款。住戶還可以透過簽約選擇幾項或全套類似商務飯店提供的服務。一家商務公寓可以提供每天客房清掃、電話、櫃檯、諮訊和行李服務。在飯店內也可能設有餐廳和茶座。

　　其他類型的飯店也會住著較長期的房客或永久住戶，只不過那些飯店的重點是針對另一些類型的房客。同樣道理，商務公寓也可接待短期住客或散客，為他們提供住宿服務。

六、渡假飯店（Resort Hotels）

　　旅客常常選擇渡假飯店（又叫渡假村）作為他們計劃中的目的地，或休假地，這是將渡假飯店與其他類型飯店相區別的主要之點。渡假村可以建在山旁，在島上，或在其他奇特的地方，總之遠離人口密集處。完備的娛樂設施、清新的空氣和宜人的風景是大部分渡假飯店與其他類型飯店的不同之處。渡假飯店大都提供多種餐飲服務、泊車服務及客房餐飲服務。許多渡假飯店還舉辦各種活動如跳舞、打高爾夫、打網球、

騎馬、遠足、駕船、滑雪和游泳。渡假飯店大都透過對旅客提供各類設施和各式活動，讓房客廣泛選擇，流連忘返，而努力使自己定位為渡假「目的地中的目的地」。

渡假飯店常常較商務飯店有更多的輕鬆、休閒的氣氛，這是個大的區分點。渡假飯店希望透過豐富的住店活動來吸引回頭客，建立良好的口碑。經常為團體客人安排像跳舞、高爾夫、網球、騎馬、遠足等活動。渡假飯店常聘請社交活動指導來策劃、組織和指導這類旅客活動。

渡假村社區是渡假業中快速成長的一個部分。這類社區的發展可以透過對已建飯店設施採用分時產權或共管產權的銷售辦法來獲得；或者讓一些新的目的地的設施特定地發展成渡假村社區。

七、民宿（Bed and Breakfast Hotels）

民宿有時被簡稱為 B&Bs，是一類經常被忽視的住宿單位。民宿是從自用住宅樓分出幾間房間，改裝成住宿設施，或是改建成一幢 20 間至 30 間客房的小型飯店。民宿的業主通常就是住在這幢建築物的男女主人，同時也是管理這家飯店的經理。早餐可能是極簡單的歐陸早餐，也可能是無所不包的豐盛早餐。現在經營的成百上千，其得以發展的原因是來自於為遊客提供親切的、面對面的服務。一些民宿提供極精緻的住宿設施和高檔服務，並在最佳服務排行表上名列前茅（見下文）。大部分民宿只提供住宿和有限的餐食服務，有如其名所示，只供早餐。而會議室、洗衣、乾洗服務、午晚餐及娛樂設施通常都不在提供之列。由於服務有限，所以民宿的房價通常比提供全方位服務的飯店要低。

八、分時渡假和公寓型飯店（Vacation Ownership and Condominium Hotels）

在餐旅業中另一個處在發展中的飯店類型是分時渡假飯店。這類飯店英文稱之為"timeshare"、"vacation-interval"。分時渡假飯店是專指消費者購買了渡假飯店的一個部分的某一時段，通常是每年一兩周的所有權，而成了業主。這些購買者在那一段時段成了某個單位住宅的業主－通常是在一幢共管寓所。業主也可透過經營該飯店的管理公司，將擁有的飯店部分出租給他人使用。由於這住宿場所的功能在許多方面像一家飯店，旅客可能不會發覺這是家分時渡假的一部分。這類飯店在渡假

區尤其普遍，但也有些在商業區，由當地公司所擁有，專門用來接待前來工作的經理和諮詢顧問。業主可能無力整年擁有所有權，但買得起一個時段的所有權，成為這個住宿場所每年中幾周的業主。分時渡假飯店有一個明顯特徵，就是可以將自己的時段與異地業主進行交換，例如，一位擁有海濱分時渡假單位時段的所有人想與多天滑雪地單位時段的所有人進行交換。通常，管理公司會幫助分時渡假的所有權者尋找到可交易的對象，這就使所有權人每年有機會到不同的地點渡假，而且由於交換是在所有權人之間進行，所以雙方保有應有的權益。目前有兩家主要的分時分時渡假公司是：Interval International 和 Resort Condominiums International（RCI）。而一些主要的企業也進軍此一市場，如Disney、Marriott、Hilton以及其他一些公司。美國渡假發展協會（The American Resort Development Association）專門為從事這一市場的人提供教育和服務（見圖1-3）。

公寓飯店和分時渡假飯店很相似，兩者的區別在於所有權類型的不同。公寓飯店就每一住宿單位而言，是單一所有權人，而不是每年每人只擁有一段時間的多個所有權人。在一家公寓飯店，一位所有權人將自己希望居住的時段通知管理公司，這樣管理公司就可把餘下的時段自由主地出租給他人。管理公司出租的租金收入將歸於所有權人。休假業主型、公寓飯店的業主收到租金後要向管理公司支付廣告、出租房的清掃；管理和維修費用。所有權人還要負責支付家具和一般維護費用。許多分時渡假和公寓飯店實際上是按獨棟公寓或毗鄰的獨棟樣式建造的，這是為了方便出租。一般而言，這些住宿單位包括一間起居室、餐廳、廚房、浴室、一間或一間以上的臥室。通常在一個住宿單位內設有洗衣設備，但也有將洗衣設備安置在大樓的公用區域。公寓飯店的房客通常起碼租房一周以上。旅客就某個特定住宿單位與管理公司簽訂每年某個特定時段的租約，也是常事。

九、賭場型飯店（Casino Hotels）

有博奕設施的飯店可歸類於一種特別類型，即賭場型飯店。雖然賭場飯店的客房和餐飲設施可能非常豪華，可是它們在飯店內卻不處於主要地位，而是輔助性的從屬地位。不久前，賭場飯店的客房和餐飲設施還不一定要盈利。現在，大部分賭場型飯店在一開始就希望所有設施都盈利。與渡假飯店相似，賭場飯店以休閒、渡假客為主要接待對象。

圖 1-3 美國渡假村開發協會網頁

American Resort Development Association

| AEI | Ethics | Legislation | Meetings | Membership | Public Relations | Publications | ROC | ? |

About ARDA

Staff Listing
By Name
By Department

Board of Directors

ARDA's Members

Councils &
Committees

ARDA Trustee
Members

About the Industry

Global Alliance for
Timeshare Excellence
(GATE)

It is the mission of the American Resort Development Association to foster and promote the growth of the industry and to serve its members through education; public relations and communications; legislative advocacy; membership development; and ethics enforcement.

The American Resort Development Association (ARDA) is the Washington, D.C.-based trade association representing the vacation ownership and resort development industries. Established in 1969 as the American Land Development Association, ARDA today has close to 1000 members, ranging from privately held companies to major corporations, in the U.S. and overseas.

ARDA's diverse membership includes companies with interests in vacation ownership resorts, community development, fractional ownership, camp resorts, land development, lot sales, second homes and resort communities. Members range from small, privately held firms to publicly traded companies and international corporations.

Facts About the Vacation Ownership & Resort Development Industries

ARDA

- About 8.9 million U.S. households own some form of recreational property.
- About 5.4 million households worldwide now own a vacation interval from over 150 countries.
- 1999 Worldwide Sales Volume: $6.72 billion (estimate)
- 71.1 percent of U.S. households say they have some chance of purchasing recreational property within the next 10 years.
- Over 5,000 vacation ownership resorts now exist worldwide in over 150 countries.
- U.S. Sales Volume in 1999 is estimate at $3.7 billion.
- There are over 1,600 resorts in the United States with over 2 million timeshare owners.
- Florida has the highest percent of U.S. timeshare resorts with 24%, followed by California 7.3%; South Carolina 7.1%; CO 5.6%; HI 5.1%; NC 4.2%; TX 3.8%
- Top Five Reasons for Purchase include: 1) Quality Accommodations; 2)Exchange; 3) Good Value; 4) Resort, Amenities, Unit; 5) Company Credibility
- Average U.S. buyer = 35 to 55; Average Median Income = $71K
- 64% with college degree; 31% with graduate degree; 85% are married with children

資料來源：美國渡假村開發協會（ARDA）的網站（http://www.arda.org）。
提供休假業主和渡假村開發的情況。

賭場飯店是透過促銷博奕和當紅明星的表演來吸引住客。最近這類飯店出現的一種趨勢是，提供一個大範圍的休閒設施，包括高爾夫球場、網球場、美容健身中心及各種娛樂活動。賭場飯店有專門的餐廳提供華麗的表演，有的還向專程來博奕的遊客提供包機服務。在一些賭場飯店，博奕設施每天 24 小時開放，整年不息。這些經營方式會對客房和餐飲部門的營運帶來影響。一些賭場飯店規模非常大，在同建築中，客房數量達 4000 間之多。

船上博奕是近來發展的另一趨勢。由於大部分船隻不具備住宿條件，就有飯店建在船隻停靠的碼頭邊，供博奕客使用。這類飯店不能視為賭場飯店，因為店內無博奕設施，也不為客人在船上的博奕彩提供服務。當然船上的收入與飯店無關，飯店也不必為此支付稅金。

八、會議中心（Conference Centers）

大部分飯店都有會議場所，而會議中心是針對團體會議設計的。許多提供全方位服務的會議中心，為出席者提供住宿設施。會議中心的注焦點在會議市場上，所以十分強調提供確保會議成功的一切服務和設施，例如，必需的科技設備，高品質量的音響設備，完善的商務中心，可隨意變動的座位，還有白板和螢幕等。

會議中心常常建在城區以外，因而可提供多種休閒設施：高爾夫球場、室內室外游泳池、網球場、健身中心、美容健美中心、跑步和專用步道等。會議中心通常向會議承辦者提單一報價，含房費、餐費、會議場租、音響設備費和其他相關服務費。會議中心對於與會客人，並無太多用品提供，因為它將更多的注意力放在滿足會議策劃和承辦者身上，而不僅僅是滿足與會者的需求。會議中心也接待其他客源，但只是填補空餘客房，並不占其主要份額。

九、會議飯店（Convention Hotels）

鑒於過去 20 年來會議市場的需求增長了一倍，會議飯店是近年來住宿業中發展迅速的一種類型。大多數商務飯店的客房數在 600 間以下，而專為接待大型會議而設計的會議飯店，能夠提供 2000 間甚至更多的客房。

會議飯店有足夠數量的客房，能向大部分與會者提供住宿。會議飯店通常會有 50000 平方英尺甚至更大的展覽廳，此外還有宴會廳和各種

會議室。大多數會議飯店設有多種餐飲專案。從自助餐廳、咖啡廳乃至各類精美的正式餐廳。會議飯店主要針對有相同專業興趣的商務客人，一般都設有齊備的商務服務專案，有電視會議設施、秘書服務、翻譯服務、傳真設備等。這樣的商務飯店有位於田納西州納什維爾的Opryland Hotel；德克薩斯州達拉斯的 Wyndham Anatole Hotel，還有芝加哥的 Hyatt Regency。通常賭場飯店也提供類似的設施。

會議飯店透過州、地區、國家和國際的各種協會來吸引會議市場的客人。他們也設法吸引地區、國家和國際的社團性會議。大部分會議提前兩年就做好預訂。提前 10 年預訂的情況也不少。有些與會團體是如此之龐大，必須有足夠的提前量訂妥設備設施，確保與會者的使用。

有些會議飯店並非所需的設施都齊備，遇此情況便會與當地會務中心聯合接待會議。會務中心通常為當地社團擁有，有自己的銷售部門。會務中心不僅有大小會議場所，還有足以舉辦展覽的場地和設施。有的僅一棟樓就超過 500000 平方英尺。會務中心常常與附近的飯店通力合作，確保向與會者提供足夠的客房。反之飯店透過會務中心來吸引會議市場的客源以增加客房收入。

十、其他住宿設施（Alternative Lodging Properties）

除了飯店之外，還有一些其他種類的住宿設施可供商務遊客和休閒客選擇。房車營地、帳篷營地和流動之家公園在某種程度也如同飯店，因為它們都出租過夜的場地與設施。

雖說有相似之處，不過這些住宿地並無其他設施，也因此在價格方面有很強的競爭力。在一些渡假地，公園和帳篷營地吸引了相當廣泛的旅遊者，從而成了當地傳統住宿業的強勁競爭對手。例如，許多州立和國立公園其提供的帳篷營地和住宿地，直接與飯店競爭客源。這些設施有著優於當地飯店的有利條件，比如地處公園之內，價格常常很便宜，或許還有其他優惠。與飯店不同的是，借宿帳篷營地和觀光營地的客人要自帶寢具。

另一種住宿型態就是企業型住宿業（corporate lodging）。企業住宿飯店是專為較長住宿期的住戶而設計，住宿期常常長達半年，甚至更久。一般飯店是為住宿 1 天至 10 天的客人設計的，而企業型住宿飯店適合居住期更長的住客的需要。這類客人中有經常來往各城市的企業總裁、經理、諮詢顧問、企業培訓的人士、職業運動員或是影視和體育活

動的專業人士。企業型飯店通常爲客人提供配有全套家具的住房，許多由業主直接爲客人提供住房，而另一些則是經仲介提供。仲介公司會租下該飯店，備妥家具和設備，還向住客提供客房清掃服務和其他一些服務。企業型飯店有與飯店相似的作用，又可建造在各個社區，使得客人在地址的選擇上有更大的彈性。企業型飯店的價格一般比飯店便宜，原因是業主直接出租，或經仲介單位出租其經營成本比一般飯店要低很多。企業型飯店已成爲近年來的潮流，在北美、歐洲和亞洲發展迅速。一些飯店集團有自己的企業型飯店部，如 ExecuStay by Marriott Hotel and Resorts 和 BridgeStreet by MeriStar Hotels and Resorts。其他的住宿業公司也有公寓地產部，如 Equity Residentialsand Charles E. Smith。

BridgeStreet Corporate Housing by MeriStar 為商務客提供高標準住房，該公司網站（http://www.bridgestreet.com）的常問常答集，提供了客房圖片和價格。

　　另外一種住宿業，就是大型遊輪。大型遊輪已成了渡假村的主要競爭對手，尤以加勒比海為最。遊輪為旅客提供的服務就像島上渡假飯店一樣豐富多彩，而且遊輪有飯店不及的優勢，就是即可在島嶼之間航行，使遊客興趣倍增。而渡假飯店提供的一切便利設施，現代遊輪都能辦到。高級遊輪裝備了許多現代化便利設備，如海陸電話、衛星電視、健身中心、電影院、各式餐廳和茶座酒吧、三溫暖、博奕設施、購物區，當然還有按不同時區提供的叫醒服務。遊輪的客艙，小到 20 多個，大到 800 多個，甚至更多。現在一些遊輪還向商業機構或社團提供舉行小型會議的設施。

第四節　服務等級

　　另一種對住宿業分類的方法是顧客服務的等級。服務等級是用來衡量給予客人的方便和利益。一家飯店提供房客的服務等級與其規模和類型無因果關係，有些飯店可提供不同等級的顧客服務。服務等級通常反映在客人的房價上。在談及某種特定的服務等級前，必須釐清服務本身的一些基本問題。

一、服務的無形性（The Intangibility of Service）

　　飯店出售的並不只是舒適的床鋪、或健康食品那樣的有形產品。事實上，旅客在住店期間留下的美好印象大都來自飯店提供的無形服務。這類服務不是指某一具體的事物，而是指飯店為顧客所表現出的行動、作為、表現或努力。在飯店餐廳提供的餐食，就是客人的感受到有形服務。但是慇勤好客，不僅來自精美的餐食，還來自用餐時餐廳的氣氛、布置和員工的態度等這些特定的氛圍。對於客人，這些無形的因素同有形的因素一樣重要。

　　問題在於服務一結束，在客人面無法留下任何有形的痕跡。服務不能觸摸、不能品嘗、不能要求還原。能讓客人帶走的往往只是對在店經歷的回憶。針對於此，許多飯店希望其提供的服務能給客人留下強力的、清晰和細緻的印象。飯店的服務幾乎與它的有形產品一樣，成為一種能夠立即被識別的標準、符號或商標。飯店的員工必須透過他們所提供的服務來維護這一形象。

飯店提供的每種服務必須考慮對特定市場的吸引力，並能滿足其需求。在小飯店，為客人辦好入住登記後引領他進房，客人便會驚嘆不已。但是在一家有特定市場定位，並有服務等級的飯店，有人引領進房是預料之中的事，而且這項服務對維護飯店形象極為重要。

二、品質保證（Quality Assurance）

飯店所提供的無形服務，不像製造業所提供的有形產品那樣容易標準化。現今餐旅業有一個最大挑戰，便是如何透過控制來確保服務水準的穩定。提供始終如一的服務，就是品質保證方案的結果。

製造業傳統的品質控制方法，可能不適用於餐旅業，因為製造業的顧客通常與生產過程相隔離，產品在出售前須經過反覆測試。飯店業也部分採用了製造業的質量控制做法，如客房清掃後要檢查，菜餚經過試吃後才能加入菜單中。但是在許多情況下，飯店是無法將顧客隔離在生產過程之外的，例如辦理住房手續時，整個生產、交貨、消費的過程就是面對客人同時發生的。

一致性是服務品質的關鍵，飯店制定的一系列標準就是組成服務一致性的內涵。然而，雖然飯店建立了也定義了品質，唯有飯店員工才能使品質得到名副其實的呈現。一家飯店、一家連鎖公司通常希望透過以服務的一致性來贏得顧客的忠誠，獲得客人的讚許並占有市場的利基。

三、服務等級（Rating Service）

美國的一些民間團體為遊客提供了對飯店服務的評估和分級服務。其中最著名的組織如美國汽車協會（American Automobile Association，AAA）和汽車旅行指南（Mobile Travel Guide）。由美國汽車協會所評定最高等級的飯店是得到五顆鑽石或四顆鑽石的分類，而汽車旅行指南則頒給獲得最高等級的飯店五顆星級或四顆星級的標誌。

一家飯店要獲得五顆鑽石或五星級是非常不容易的，因為其評審標準很嚴格，同時要求設備設施和服務品質年年保持穩定。美國有數百家四顆鑽石或四星級飯店，而獲得五顆鑽石或五星級別的飯店不到50家。

在世界其他地方也有私人組織和政府頒布類似的評級標準。如墨西哥政府制定了飯店從一星到五星的分級標準，另外還將一些頂級的飯店歸入大旅遊級（Gran Turismo）。在歐洲最著名、最有權威的等級標準是

由米其林制定的「紅色指南（The Red Guide）」。紅色指南已有百年歷史，將最高級的三星授予最優秀的飯店和餐廳。

為了便於敘述，我們把住宿業分成三個不同的等級的服務來進行討論：國際等級，中檔等級和經濟等級（有限服務）。在許多情況下，國際等級有更細一層的分類，如一流飯店指的是獲得美國汽車協會和汽車旅行指南制定的四顆鑽石或四星級的飯店。

四、國際級的服務（World-Class Service）

飯店提供的國際等級的服務—有時也稱為豪華服務—其目標市場為商務總裁級人物、演藝界名流、高級政要以及其他富豪級顧客。國際等級的飯店提供最高級的餐廳、酒吧、俱樂部，還有精美的裝潢、顧客服務、多種會議設施和私密性用餐設施。客人會看到寬敞的客房，房內有預熱的毛巾、大塊的浴皂、洗髮精、淋浴帽、鬧鐘收音機、吧台、昂貴的家具、豪華的裝潢和藝術品。客房服務提供一天兩次清掃，做夜床，還為每間客房送雜誌和報紙。

國際等級的飯店有大面積的公共區域，且裝潢精緻，設施豪華。通常會有不同風味的餐廳來滿足店內外客人的需要，還會有商店販賣禮品、服裝和珠寶，有特色的零售店和供應報章雜誌的書報亭。

此外，國際等級的飯店還強調人性化的顧客服務，保持較高的服務員工對客人的比例。這種比例使飯店有可以向旅客提供更多樣的備品和有特色的服務，也能對客人的要求做出最快速的反應。在一些亞洲膾炙人口的頂級飯店內，每位客人配有2名或2名以上的服務人員。在北美洲，大部分國際級飯店為每位房客配備的員工數是一名或一名以上。國際級飯店常常聘請通曉多種語言的大廳服務人員，以便為旅客提供許多額外服務：如幫助房客辦理住宿，購買車船機票或演出門票，提供旅行指南和觀光資訊，還可代為安排秘書和各類商務服務。

行政樓層。在一些飯店內，有些樓層是專為住客提供國際級服務而設計的。飯店為行政樓層（有些也稱為 tower, concierge, 或 club floors）的住客提供非標準化的設施和服務。行政樓層的客房通常比一般客房更大、更豪華，還會配備一些獨特的設施，最近的趨勢是在這些樓層配備房內傳真機、錄影機、大螢幕電視，有的甚至配有電腦。在行政樓層的客房或套房內還可能有房內吧台，繡上住客姓名的浴袍，以及擺放鮮花和新鮮水果。

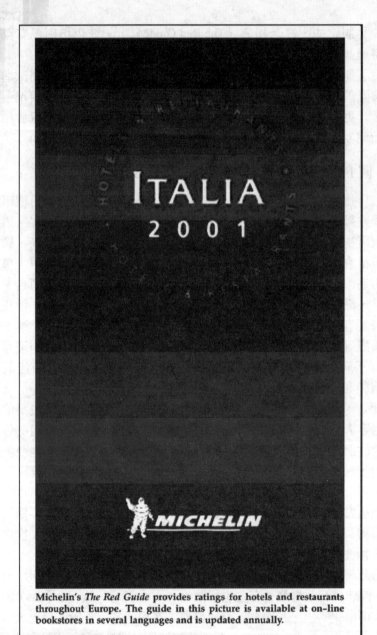

Michelin's *The Red Guide* provides ratings for hotels and restaurants throughout Europe. The guide in this picture is available at on-line bookstores in several languages and is updated annually.

米其林的紅色指南對歐洲的飯店餐廳分等級。本圖的指南來自線上書店，該指南有多種語言的版本，每年更新內容。

Sheraton New Room Design

Who's taking care of you?

Sheraton
HOTELS & RESORTS

As you can see, we've spared no expense in finding new ways to take care of you. Our rich, new jewel-tone colors create a room with the richness of a private club, or country lodge. The plush new carpeting below your feet will entice you to kick off your work shoes and walk around barefoot.

Over here is your work space. Hey, you've always wanted a bigger office, so here it is. We want you to do your best work here, hence a large, wood desk and arguably the finest example of ergonomics ever found in a chair.

Even the bathroom is welcoming and spacious. The shampoo bottle has been re-designed, because, heaven knows, with everything from newly-commissioned coffee cups, wastebaskets and ice buckets, we realized we were going all the way.

(NOTE: Room design and features may vary. Not all rooms have been renovated at each of these hotels.)

©2000, Starwood Hotels & Resorts Worldwide Inc.

(click on the rooms for a larger view)

Yes, those are pure velvet drapes. And yes, they run the entire length of the wall. Sheer opulence aside, they help make the room ultra-quiet. Not to mention ultra-cozy. The center piece of our rooms will be the dramatic "Sleigh Bed". The name alone makes you want to curl up, doesn't it? The Mattress is called the "pillow-top" mattress, but it could have just as easily been called the "I'm never-getting-out-of-bed-again" mattress.

Sheraton is spending more than $350 million renovating our rooms across the country. There are over 10,000 new rooms awaiting your arrival already, and another 9,000 to come.

find out:
SHERATON HOTEL DESTINATIONS

go back to:
SHERATON.COM

The Sheraton Hotels & Resorts 網站（http://www.sheraton.com/promos/sheratonrooms/index.htm）播放客房圖片吸引要求提供國際級房客的客人。

通常行政樓層提供的豪華服務還不僅局限在客房內，在每個樓層還可能安排一位服務主管或貼身管家。要想進入那些樓層需要搭乘專用電梯，確保只有該層住客才能進入。許多行政樓層還有專用的休息區，晚上提供特製的免費食物和飲料，早上提供歐陸早餐。還有其他的便利服務，如秘書服務和專為行政樓層提供的入住及退房的安排。

五、中等級服務 （Mid-Range Service）

　　提供中檔等級服務的飯店，其目標市場是最大量的一般旅客。中檔等級的服務樸實無華，且能滿足需求。儘管員工配備充足，但不必想方設法提供精細複雜的服務。一家中等級的飯店可以提供行李服務、機場接送及客房餐飲服務。像國際等級和一流飯店一樣，實施中等級服務的飯店其規模也大小不等。典型的中等級服務飯店的規模，其房間數通常在 150 間至 299 間之間。

　　飯店設有特定風味的餐廳，或者一個 24 小時營業的便咖啡廳和酒吧，以接待店內外的顧客。在旺季，飯店的酒吧還會安排娛樂節目助興。喜歡住宿中檔等級飯店的房客有商務人士、散客和家庭旅遊者。由於中檔飯店提供的服務較國際級飯店和一流飯店的要少，客房面積小一些，提供的設施和娛樂活動也較少，因此價格較低。這些因素使得中檔飯店常常得到那些希望享受飯店服務，但又不需要如國際級位豪華服務的客人的青睞。一般中等級的飯店就會有會議室，所以小型會議、座談會和較大型會議的人也會受到這一等級飯店的吸引力。

六、經濟型／有限度服務（Economy／Limited Service）

　　經濟型／有限度服務型飯店是餐旅業中正在成長的住宿類型，這類飯店提供清潔、舒適、價廉的客房且能滿足旅客的基本需求。經濟型飯店的主要客層是有預算考量，且對於住房的需求，只要基本的備品，舒適的住宿，並不需要其他不必要的昂貴服務。由於大部分客都有預算的限制，所以經濟類飯店擁有有小孩的家庭、巴士旅遊團、商務客、渡假客、退休人士及會議團體廣大的潛在市場。

　　在二十世紀的 70 年代早期，許多經濟型飯店提供的設施僅有房內電話，一塊肥皂，一台只能收看當地節目的電視。現在大部分經濟級的飯店提供有線或衛星電視節目、游泳池、遊樂場、小型會議室以及其他特別的設施。大多數經濟等級的飯店不提供諸如客房餐飲、行李服務、大型會議廳、洗衣及乾洗服務、宴會服務、健身俱樂部以及其他在中等級或國際級飯店內能看到的精緻服務。

　　一家經濟型飯店不會提供全方位的餐飲服務，這意味著房客可能要在附近的餐館用餐；但是許多經濟型飯店在大廳內提供免費的歐陸式早餐。

資料來源：Knights Inn 網站（http://www.knigsinn.com）。顯示對經濟型／有限度服務市場的優惠。

第五節 產權和加盟

產權和加盟為飯店業的分類提供了另一種方法。業界有兩種基本的產權和加盟的分類法：獨立經營的飯店和連鎖飯店。一家獨立經營的飯店不與其他飯店有任何關聯；但連鎖飯店的產權可能有好幾種，這取自於飯店與連鎖公司的結合關係。本章將舉出連鎖飯店公司與飯店間存在的幾種產權，其中包括管理公司、特許加盟和自由聯盟經營，許多連鎖飯店組織傾向於多元產權的組合。

一、獨立經營的飯店（Independent Hotels）

獨立經營的飯店在產權方面不屬於其他機構，在管理上也不加盟於其他機構。換句話說，獨立經營的飯店與其他飯店在政策、程序、市場銷售或財務合約方面沒有關係。一個典型的獨立型的飯店能夠自主擁有並自主經營，這類飯店在政策和經營上不需要符合任何其他公司的規定。從經營角度來看，有些獨立經營的飯店的產權可能屬於單一個人，也可能是合夥經營的，還有一些則是產權屬於由業主們組成的股份公司，以規避風險及個人連帶責任。

獨立經營的飯店的唯一優點是自主性。由於不必遵循某種形象，一家獨立經營的飯店可以針對某種目標市場來提供某種水準的服務。此外，其彈性可使一家較小型的獨立經營的飯店快速地適應與多變的市場狀況。但是，一家獨立經營的飯店不能分享加盟公司在廣告宣傳、管理諮詢方面的好處，無法享有來自連鎖公司大量採購的優惠。著名的獨立經營的飯店包括佛羅里達州棕櫚灘的 Breakers，紐約的 New York Palace Hotel 以及聖地牙哥的 Del Coronado。

二、連鎖飯店（Chain Hotels）

連鎖飯店集團業主通常會制定一些必須的標準、規章和程序，以便對加盟者的行為加以規範。一般來說，越是集權的公司對所屬飯店的控制越嚴。而集權程度較小的連鎖集團，旗下飯店可有更多的創新和自主決策權。

HOTEL DEL CORONADO

CONTACT INFORMATION

SAN DIEGO INFORMATION

PHOTO TOUR

MAKE A RESERVATION

On Vacation | Groups & Events | For Locals | Press Room

SOME LIKE IT HOT ON TCM
Watch *Some Like it Hot* on Turner Classic Movies. Click here for more information.

ENTER *THE SOME LIKE IT HOT, HOTTER, HOTTEST* SWEEPSTAKES
Brought to you by MGM and the Hotel del Coronado. Click here.

PLAN AN EVENT OR MEETING
Use our online event planner to plan your next event or meeting.

WIN A SIGNATURE DEL BATHROBE
Now through May, visit the Galleria and enter the daily drawing for a plush Del terry bathrobe. More info

CHEF'S BRUNCH AT PRINCE OF WALES
Voted San Diego's "most romantic restaurant," the Prince of Wales now offers an exceptional brunch experience. More info

VICTORIAN HIGH TEA
Now served daily from 12pm - 4pm in the Palm Court. More info

DEL DISCOVER CLUB
Join the free Discover Club and receive e-mail updates on exclusive packages, promotions, sweepstakes and other Club benefits.

SPRING STAY SPECIAL
May 1 - June 30 The Del has special Spring rates starting at just $189. More info

LEGENDARY ROMANCE SPA PACKAGE
The Del has created a perfect pamper package for you and the one you love. Enjoy his & her aromatherapy massages in the comfort of your own room. More info

RESTORATION UPDATE
For information about the completion of The Del's $55 million restoration, click here.

EMPLOYMENT OPPORTUNITIES

DESTINATION
HOTELS & RESORTS

　　Hotel Del Coronado 網站（http://www.hoteldel.com）為參觀者提供歷史悠久的、獨立經營的飯店的照片之旅、促銷和節慶活動的介紹。

連鎖飯店有好幾種組織結構。一些連鎖飯店集團擁有旗下飯店的產權，但也有些情況並非如此。有些連鎖飯店集團在建築形式、管理方法和標準制定方面對所屬飯店有嚴格的要求，其他連鎖飯店公司只是把焦點放在廣告宣傳、市場開拓和採購方面。還有一些連鎖集團只是一個小型公司架構，對加盟者的要求較少限制，也因此不可能對各地飯店業主提供較大的幫助。

連鎖飯店的形式可以分為管理合約型、特許加盟型和自由聯盟型。下面將重點說明每種形式的連鎖飯店是如何營運的，它們之間又有什麼區別。

(一)管理合約型（Management Contract）

飯店管理公司負責運行的飯店其產權屬於其他企業。這類企業的範圍從私人企業到合夥經營的公司，甚至到大型保險公司都有。下面舉例說明管理公司是如何受到聘請來負責一家飯店的：一群商人感到建造一家飯店會改善當地的經商環境，在對這個投資機會進行初步考察後，一致認為可行。那麼這個團體便會設法籌得建造飯店的資金，而許多投資機構在批准貸款申請前，會要求申請方聘請專業飯店管理公司。這些專業飯店管理公司大部分是連鎖飯店集團。此時，這個飯店投資者就會尋找一家專業飯店管理公司簽訂經營管理合約，通常是長期性質的合作。如果該家飯店管理公司被貸方認可並接受，那麼管理合約就由投資人與管理公司一起簽訂。

簽訂此類合約後，投資業主對飯店的責任通常限於財務和法律方面，而管理公司負責經營管理，負責招聘員工，支付營運費用，並按照合約條款收取費用。支付了經營費用和管理費用後，剩下的就是業主的收入，業主以此支付借款、保險、稅金等。

管理合約是一種成功的方式，在許多主要的連鎖飯店集團都得到驗證。有些管理合約公司並沒有自己的品牌，這些公司通常為特許加盟店和獨立經營的飯店業主工作。特許經營授權公司提供統一採購、統一廣告以及統一訂房系統的支援，而管理公司提供管理的專業知識。

管理合約方式能使一家飯店管理公司迅速擴展業務，比直接投資一家飯店資金要少得多。有些管理公司成立的初衷就是為其他投資者管理飯店，這些公司也可以向飯店業主和經理們提供某一方面的幫助，因為他們有營運、財務、人事、市場銷售和訂房方面的各類專家。

(二)特許加盟和自由聯盟集團（Franchising and Referral Groups）

　　有些美國最著名的飯店分別屬於特許加盟或自由聯盟集團。在大部分城鎮，在州級公路沿線和渡假地區都能找到這類飯店。特許加盟和自由聯盟集團是近年來住宿業在全世界成長最快的部分，因為遊客喜歡住在他們認同的品牌飯店，業主也相信透過利用信譽好的品牌能吸引生意。但是這兩種方式在組織架構上有區別。

　　特許經營是一種通路方式，經過這一途徑，一個已建立經營模式的企業一即特許加盟的總部，准許其他企業一即特許加盟者，擁有這種經營模式的權力。在住宿業，大部分提供特許經營的集團首先要發展母公司（特許加盟總部所擁有產權的飯店）確立產品品質和營運專業技能。特許加盟組織也在設計、裝潢、設備和經營模式方面制定標準，加盟飯店必須遵守這些標準。這些標準化的措施，使連鎖飯店集團在保持產品和服務的特定水準的同時，更能拓展整體的業務。

　　飯店加盟者之所以會購買特許經營權，除了特許加盟品牌持有的強大的品牌聲望外，還有其他一些原因，例如國際或國內的訂房中心網路、全國性的廣告促銷活動、管理培訓課程、先進的技術以及集中採購服務，有些特許加盟集團還提供建築工程和室內裝潢方面的諮詢服務。一些著名的特許加盟公司有如Bass Hotels and Resorts（Holiday Inn），Choice International（Quality Hotels and Inns）品牌，Cendant（Ramada, Inc.和 Days Inns）品牌，Starwood Hotel and Resorts（Sheraton and Westin）品牌。有些情況下，一家公司既可以提供管理合約服務，又可以銷售特許加盟權。比如，大多數的Four Points Hotels都是特許加盟喜來登飯店集團（Sheraton）的；而大多數喜來登品牌的飯店或是為喜來登所擁有，或是由喜來登根據合約來管理。

　　特許加盟的合約內容並不適用於所有飯店。有些飯店情況特殊，如果將它歸入一個特許經營體系，執行一套既定的標準，將有害無益。對於這些飯店，加入一個自由聯盟飯店集團（Referral Group）也許更有利。自由聯盟集團把一些獨立經營的飯店聯合起來為一個共同目標而努力。在一個自由聯盟集團中各家飯店並不雷同，他們可在品質方面堅持自己的標準，滿足客人的期望，而集團內的飯店相互介紹客源。一家獨立經營的飯店透過加入自由聯盟的飯店集團，也可擴大其知名度。Best Western International 是世界最大的自由聯盟飯店集團，也是自由聯盟的一個範

例。Preferred Hotels Worldwide 和 Leading Hotels of tle World 是由國際級飯店組成的自由聯盟集團。

加入特許加盟或自由聯盟集團的好處是顯而易見的：享有廣泛密集的訂房系統，和分享廣告資源。這些優勢是如此顯著，以致一些投資機構只把資金投向那些加入了特許加盟集團或自由聯盟集團的飯店。

特許加盟集團和自由聯盟集團能提供集中採購服務。這項服務，因為集中採購的大量效應，格外節省了獨立經營的飯店的採購費用。業主們可用批發優惠的價格購買室內家具、浴室用品、棉織品和毛巾以及餐廳備品等。自由聯盟集團也會要求加盟的飯店保持一定經營標準，以使他們的品質能長期地得到客人的認可。

第六節 旅行的理由

旅客也能像飯店一樣予以分類。這種分類，特別是一些做得好的分類，對飯店的市場分析非常有用，對旅客旅行理由的分析能使我們透識他們不同的需求。

飯店掌握的客人資訊越多，就越能瞭解他們的需要，做好個人化的服務。雖然行業範圍的統計能給飯店一個客源概念，但對一家飯店來說，飯店的位置和類型與客源的組成類型有很大的關聯。飯店可以用問卷調查來獲得房客的特徵，深入地調查房客的特徵和習慣，能使飯店有效地地理解旅客想要什麼、需要什麼。

但是一般來說，根據旅行理由的不同，住宿業的客源市場可分為三類：商務、休閒和團體。

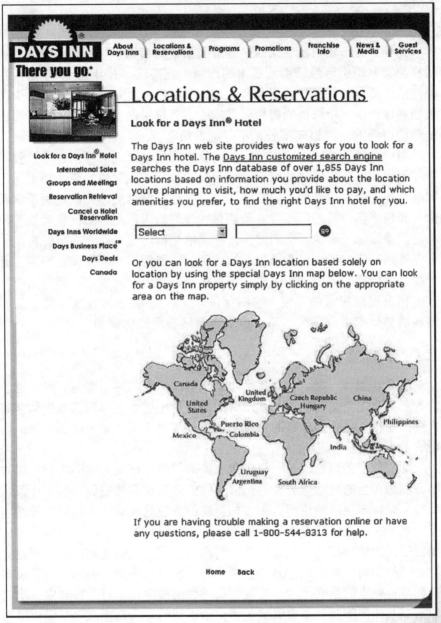

Locations & Reservations

Look for a Days Inn® Hotel

The Days Inn web site provides two ways for you to look for a Days Inn hotel. The Days Inn customized search engine searches the Days Inn database of over 1,855 Days Inn locations based on information you provide about the location you're planning to visit, how much you'd like to pay, and which amenities you prefer, to find the right Days Inn hotel for you.

Select ▼ [   ] go

Or you can look for a Days Inn location based solely on location by using the special Days Inn map below. You can look for a Days Inn property simply by clicking on the appropriate area on the map.

If you are having trouble making a reservation online or have any questions, please call 1-800-544-8313 for help.

Home   Back

Days Inn of American, Inc. 網站（http://www.daysinn.com）能夠使旅行者按照飯店地理位置或按價格、設施等目標找到所需下榻的 Days Inn。

一、商務旅行

商務旅行市場對飯店來說，是最為重要的市場。早在鐵路發展期，商務旅行就是飯店最初和最基本的市場。在美國，每年有 3500 萬人在進行商務旅行。商務旅行者每年人均 5 次旅行，而且商務旅行者很少與親朋同住一室，所以他們對飯店業的收入有舉足輕重的作用。商務旅行是商務市場的一個組成部分，不包括會議客源。

對許多飯店來說，經常旅行的商務人士是重要的客層來源。近幾年來，飯店和航空公司專為商務行政人員設計了一些具體的產品和服務，同時增加了對女性商務人員的關注。有一部分商務旅客喜歡投宿豪華飯店。商務旅客通常告訴旅行社他們想居住的飯店類型，旅行業者就有較大的挑選範圍，套房飯店的增加反映了這類飯店符合商務旅行的需要，現在這類飯店占了商務市場很大的比例。商務飯店的配備和設施通常針對商務旅行者的需要，例如飯店內有會議場地，有可供住客租用的辦公室，秘書服務和電腦服務，房內保險箱，24 小時客房餐飲服務。最近發展趨勢是透過電腦或客房內電視提供網際網路的服務。

二、休閒旅行

與商務旅行一樣，休閒旅行也是飯店的重要的客人來源。越來越多的人可供自由支配的收入和休閒時間增加了，這也就導致了越來越多的人外出旅行。在州際公路的每個出口都有汽車旅館，幾乎每個主要機場附近都有機場飯店。

休閒旅行市場並不是一個由單一區隔構成的市場，休閒旅行市場的客源種類與目的地飯店的產品和服務的魅力有相當的關係。主要客源類型有：有特定目的的渡假人士（如喜歡健身設施或網球、高爾夫等某項運動的）、家庭休閒旅遊、老年、單身或夫婦遊客。在旅遊市場中，休閒旅行是最難捉摸的一種客源。與商務旅行相比，休閒旅行者只願意支付必須的費用。他們通常屬於對價格較為敏感的一類，因為收入是決定休閒旅行需求的重要因素。渡假活動與住宿條件和旅行者可自由支配的收入以及休閒時間有連帶關係，可自由支配的收入高低直接影響休閒旅行，因為它是旅遊活動的經濟來源。

市場上有兩種商務和休閒相結合的客源：一種是企業出資供員工休

閒旅行,作爲獎勵,目的是使員工休息、放鬆、享受旅行的快樂。另一種是商務旅行加渡假旅行,一般渡假部分安排在商務旅行的開頭或結尾。

三、團體旅行

團體旅行不同於商務旅行,因爲組成的客源以團體形式出現,比如有組織的旅行團、會議團體等。

有關會議的商務旅行通常分爲兩個市場:一個是一般公共機構,另一個是企業或政府單位。社會公共機構的會議通常向大眾開放,例如由各種貿易協會舉行的全國性會議。而企業、政府安排的會議通常不對公眾開放,因爲他們要解決的是企業或政府內部的問題,企業的會議包括管理會議、銷售會議、產品發表會、培訓研討會、專業技術會和股東會議。參加各類大小會議的客源對飯店業至關重要,他們不僅影響客房銷售,也影響宴會、會議場地、設備設施的銷售。會議能吸引成百上千的人前來參加,但是什麼時候開會,在什麼地方開會,這種決定只能由會議承辦者決定。飯店的業務部常常把注意力集中到會議承辦者身上。有時業務部人員能勸說會議承辦者在飯店的淡季召開會議,使飯店的淡季營收不減。

四、影響購買的因素

許多因素對旅行者選擇住宿地的決定產生影響,這些因素有在某飯店獲得的滿足感,有某連鎖飯店的廣告,有他人的推薦,有飯店的位置或飯店的品牌,或者飯店所加盟的那個集團的名聲。爲了吸引客人選擇自己的飯店,許多飯店都制定了市場開發廣計劃。其中包括利用廣告牌、報紙和電話進行宣傳,印製出版物,還進行面對面業務拜訪和電話促銷,以及舉辦各種公眾活動和直接郵寄促銷。旅行業者也會對旅客選擇飯店產生影響,旅客經常依靠旅行業者爲他們選擇一家符合自己需要的飯店。由於愈來愈多企業爲了控制旅行費用,因此而經由旅行管理公司管道來訂房(大型旅行社因爲需要的客房數量巨大,而擁有更大的議價能力)。最著名的旅行管理公司有 American Express、Rosenbluth Travel 以及 Carlson Wagon Lits。

另一個可能對旅客的購買決定產生影響的潛在因素是,訂房是否方便以及訂房人員對飯店情況和客房情況的介紹。訂房人員接聽電話的聲

音是否樂意助人，辦事效率高不高，產品知識是否豐富，都對旅客的選擇產生影響。有時客人會給同一目的地的好幾家飯店打電話，在對房價、服務和設施等方面進行比較後才作訂房決定。

對回頭客的影響因素又有哪些?許多旅客認為促使他們再次訂房的最重要因素是服務品質，以及飯店整潔程度。好的服務帶來興旺的生意。客務部員工處在最能被旅客直接看到的飯店第一線，他們面臨的挑戰是藉由提供符合甚至超出房客期望的服務以贏得回頭客。

商務旅行者最有可能成為飯店的常客。滿意而歸的商務客以後不但會再次以商務目的來住店，而且還會帶其他的商務客、家庭成員、客人，甚至前來私人渡假。

旅客通常成為某家飯店或某一連鎖飯店集團的忠誠顧客。旅客對品牌的忠誠可能來自消費習慣，也可能來自使價值最大化的想法，以及對飯店提供的產品和服務感到滿意。由於事前很難得到服務品質的可靠資訊，所以旅客不會輕易更換飯店，他們不知道做出的變更是否會真正提高滿意度。為了對服務做到貨比三家，旅客會親自登門進行比較。同時顧客經常覺察到購買服務的風險大於購買一般產品的風險。因此一家飯店如能在提高旅客滿意度方面取得成功，旅客對這品牌的忠誠度也會隨之增加。

最近發現，常客和參與電子市場活動的旅客占了飯店、餐館和航空公司忠誠顧客的大多數，而且數量在成長中。比如 Marriott Rewards，Starwood Preferred Guest，Hyatt Gold Passport（見圖1-4）都專門為旅客制定了各種獎勵措施，以達到留住旅客的目的。這類活動還吸引了航空公司和租車公司的加盟，對專門乘坐某一家航空公司的旅客，以及選擇某一家連鎖飯店集團的旅客和租用某一家公司汽車的顧客予以獎勵。獎勵的內容可以是一次免費的機票，免費的住宿招待，或享受免費的租車服務，免費使用飯店其他設施，餐廳服務享受打折，客房升等服務等等。如果旅客累積了大量的消費點數，甚至可以享受整個渡假的完全免費服務。

由於許多飯店都給經常旅行的客人提供類似的獎勵計畫，使得希望透過設立該種計畫來提高旅客對品牌忠誠度的作用在某種程度上被弱化了。許多經常旅行的客人現在是衝著常客計畫而來，這樣也就使這類方案貶值，不再有原來的吸引。儘管實顧客忠誠方案會非常昂貴，大多數飯店對於要留住有價值的常客，還是感到有其必要，否則這部分客源可

能會流失。

另一個能贏得顧客對品牌忠誠度的因素是基於顧客自己的認識，即重複光顧同一品牌飯店，會使自己的需要得到越來越大的滿足。尤其對處於豪華等級的飯店來說，這可能是一個極為重要的因素。飯店的員工和管理人員會對常客的品味和特徵有更深入的瞭解，因而能提供針對客人需要的服務。如 Ritz-Carlton chain 就建立了一個很廣泛的顧客檔案系統，旗下飯店都能互相交流旅客的習慣和愛好，即使旅客入住不曾到過 Ritz-Carlton chain 旗下的不同飯店，也能受到很好的招待。

在飯店業內另一個影響品牌忠誠度的因素是，顧客在某些地方無法找到自己喜歡的品牌飯店。如果找不到自己偏愛的品牌，顧客就可能選擇另一個連鎖集團的飯店。這是顧客認識處於競爭關係的品牌飯店的機會。如果兩個品牌的品質大致相同，或新嘗試的飯店品質更高，那麼顧客對原有品牌的忠誠度會降低。

圖 1-4Hyatt Hotels 常客計畫

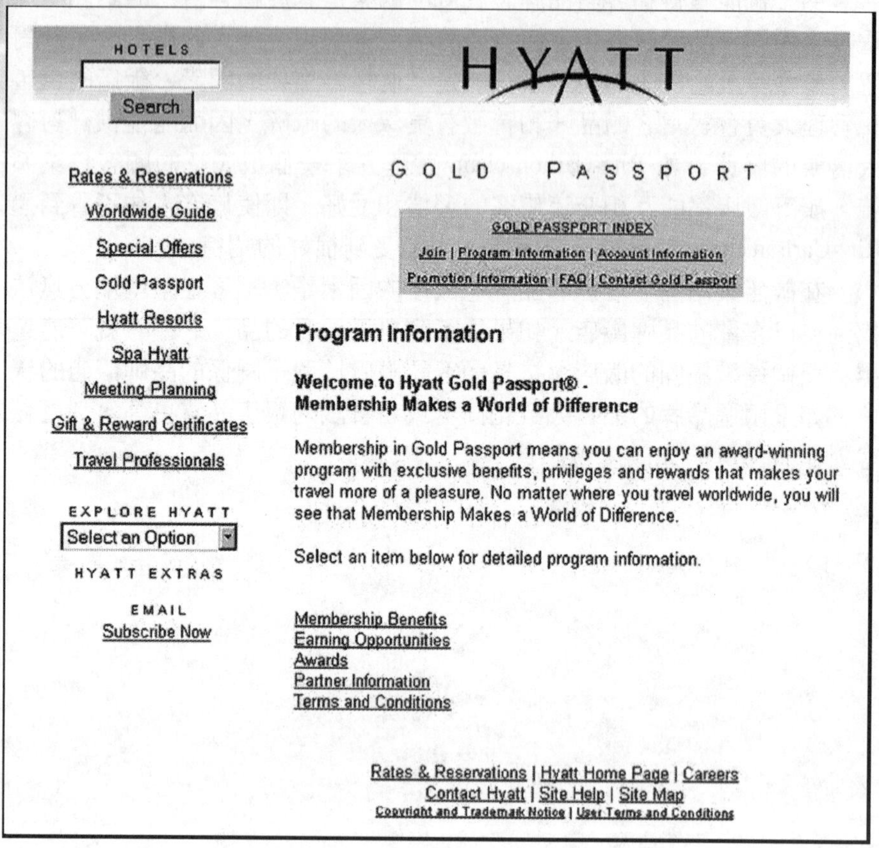

資料來源：Hyatt Hotels 國際網站（http://www.goldpassport.com）。描述公司
的常客獎勵計畫。

第七節　多元文化意識

　　隨著國際旅行業的持續發展，飯店業面臨著巨大的挑戰。國際旅客
的需求和期望差別很大，例如，如果某家飯店缺乏翻譯服務，對於爭取
當地由日本人開設的工廠的客源就會是個缺陷。多元文化影響的因素還
對員工聘用、室內裝潢、餐飲服務和娛樂設施等方面產生重大影響。為

了應對這種文化的挑戰，飯店管理階層必須決定他們希望爭取的市場在哪裡，然後制定相關的接待計畫。

想一想日本旅客是多麼偏愛他們的日式早餐如味噌湯、魚和米飯，而來自英國的旅客對早餐則偏愛煎蛋和燻肉。這種文化差異的表現還不只是體現在國與國之間，還出現在一個國家的不同地域方面，例如美國南方的傳統是早餐裡有粗燕麥片，而其他地方常常有炸馬鈴薯。

現今美國飯店業內有一部分員工是外籍勞工，有來自墨西哥、加勒比海、印度、巴基斯坦、日本、中國以及非洲的員工。許多員工在無技術或中等技術的職位上工作。不少人會講多國語言並瞭解不同國家的旅行者的習慣和文化。管理階層要設法使這些外籍員工駕輕就熟地向國際旅客提供服務，這也就需要飯店專門為外籍員工開設培訓課程。培訓內容可以包括英語，以及各國不同風俗習慣的課程。另一方面，外籍員工也可以為本國員工開設如何更好地為國際旅客服務的課程。

小結

飯店業是旅遊和觀光業的一個組成部分。旅遊和觀光業是世界上最大的行業之一，由各類龐大的為旅客提供必需的產品和服務的行業所組成。旅遊和觀光業可以分為五大類：住宿業、交通業、餐飲業、零售業以及相關行業。住宿業可分成飯店、汽車旅館、飯店、全套房飯店、會議中心以及其他住宿行業。雖然上述分類的界限不十分清楚，但對各種企業能從規模、目標市場、服務等級以及產權加盟形式方面加以區分。

對飯店而言可將房客分類，可根據旅行的原因對旅客進行分類：渡假、商務活動、參加會議、私人和家庭原因、周末旅行、政府或軍方事務、喬遷新居。飯店對房客的資訊瞭解得越深入，就越能理解房客的需求，提供個人化的服務。

如同建築式樣和風格可能對飯店的形象有重大影響一樣，客務部員工對樹立飯店的整體形象扮演著重要角色。客務員工需要掌握多種才幹和技能才能滿足旅客的需求，所以客務的工作是引人的，也是值得努力的。

為了應對多元文化對飯店的挑戰，飯店要界定自己的客源市場，並建立合適的接待計畫。提供顧客服務並使之滿意的關鍵，是掌握多種語言技能，以及瞭解外國的風俗習慣和文化。管理階層可以設法使外籍員

工在為國際旅客的服務中發揮更大的作用，為此飯店可以自己開設針對
外籍員工的特別訓練課程。

 註　釋

[1]Floyd Miller, Statler-America's Extraordinary Hotelman (New York: Statler Foundation, 1968) , p. 36.

 關　鍵　詞

連鎖飯店（chain hotel）：指為權屬於飯店集團，或飯店加盟集團的飯店。

經濟等級／有限度服務（economy／limited service）：一種服務等級，強調提供清潔、舒適、廉價的客房。這種等級的服務能滿足旅客的大部分基本需求。經濟等級／有限度服務主要針對的是有預算考量的旅客。

特許加盟（franchising）：是指某個飯店已經建立一種特定的經營模式，同時允許別的飯店，在契約的規範下以同樣的經營模式來經營同一品牌的飯店。

飯店（hotel）：向旅行大眾提供住宿設施及各類服務和種種便利的企業，被稱為飯店、汽車旅館、客棧、套房飯店、會議中心及其他名稱的住宿機構。飯店一詞也是這些機構的統稱。

獨立經營的飯店（independent hotel）：一家擁有自主產權、自主經營而不加盟其他集團的飯店。

管理合約（management contract）：指一家飯店的投資者與一家專業飯店管理公司之間簽訂的協定。投資者通常保留飯店財務及法律方面的責任，而管理公司負責飯店的營運並收取雙方談妥的費用。

市場區隔（market segmentation）：把較大的客源市場分割成較小的客源分支的過程，如「企業商務旅客」是「商務旅客」市場的一個區隔。

中等服務（mid-range service）：指一種針對最大公眾旅行者的簡單而完備的服務。中檔服務的飯店可以提供行李服務、機場專車接送服務、客房餐飲服務、供應某種風味菜餚的餐廳、咖啡廳、酒吧並為某些旅客提供特定的價格。

品質保證（quality assurance）：一種保證服務穩定性的努力。

自由聯盟集團（referral group）：一個由獨立經營的飯店爲了共同目的而結成的統一品牌的集團，集團內的飯店互相介紹旅客及無法安置的旅客。

目標市場（target markets）：清晰地確定了的潛在購買群體（市場區隔）。銷售人員鎖定「目標」實施努力。

旅行經紀公司（travel management company）：一家大規模的旅行代理機構，在洽談房價方面能享受很大優惠。

國際等級服務（world-class service）：一種服務等級，強調提供面對面的個性化服務，提供國際等級服務的飯店有超級餐廳茶廊酒吧，精致的裝潢，管家服務，寬敞的客房和充足的客用品。

網　址

訪問下列網址，可以得到更多資訊。主要網址可能不經通知而更改。

一、旅行及住宿業協會

American Hotel & Lodging Association （AH&LA）
http: //www. ahla. com

International Hotel & Restaurant Association （IHRA）
http::www.ih-re.com

Council on Hotel, Restaurant and Institutional Education （ CHRIE ）
http: //www. chile.org

Travel and Tourism Research Association （TTRA）
http: //www.ttra. com

The Educational Institute of AH&IA
http: //www. ei-ahla.org

Travel Industry Association of America（TIA）
http: //www. tia. org

Hospitality Financial & Technology Professionals
http: //www. hftp. org

World Tourism Organization （WTO）

http: //www. world-tourism. org

Hospitality Sales and Marketing
Association International （HSMAI）
http: //www. hsmai. org

二、飯店和飯店公司

Bass Hotels & Resorts
http: //www.basshotels.com

ITT Sheraton Corporation
http: //www.Sheraton.com

Best Western
http: //www. bestwestem. com

Marriott Hotels, Resorts, and Suites
http: //www. marriott.com

Choice Hotels International
http: //www.hotelchoiee.com

Opryland Hotel
http: //www.opryhotel.com

Days Inn of America, Inc.
http: //www.daysinn.com

Radisson Hotels Worldwide
http: //www. radisson.com

Fairmont Hotels and Resorts
http: //www.cphotels.ca

Ritz Carlton Hotels
http: //www.ritzcarlton.com

Hilton Hotels
http: //www.hilton.com

Walt Disney World Resorts
http://www.disney world.com/vacation

Hyatt Hotels Corporation
http://www.hyatt. com

Westin Hotels and Resorts
 http: //www. westin. com

Inter-Continential Hotels
http: //www.interconti.com

三、共管飯店和分時渡假村組織

American Resort Development Association
http: //www.arda.org

Interval international
http://www.tervalworld.com

Community Associations Institute
http://www.caionline.org

Marriott Vacation Club
http://www.maxriott.com/vacationclub

Disney Vacation Club
http://www.Disney.com/Disney VacationClub/index.html

Resort Condominiums International Inc.
http://www.rci.com

Hilton Grand Vacations Company
http://www.hgvc.com

四、賭場飯店

Park Place Entertainmetnt
http://www.ballys.com

Casinos in Connecticut/Rhode Island
http: //www.ct-casinos.com

Caesar's Palace
http://www.caesars.com

Harrahs Casino Association （IHRA）
http://www.harrahs.com

小河裡的大魚闖江海

Jeff Marlin 從辦公室的牆上取下他的餐旅業管理文憑，把它放在箱子的上層，箱子裡裝滿了書和文件。今天是 Jeff 在 Fairmeadows Inn 當總經理助理的最後一天，飯店在伊利諾伊州（Illinois）蘇黎世湖（Lake Zurich）的郊區。明天他將去芝加哥城，走馬上任 Merrimack 飯店客務經理一職，那是一家有 800 間客房的大型會議型飯店。

對才出校門三年的他來說，這是個不錯的機會。他一邊收拾，一邊沾沾自喜地思忖：如今沒有可難倒自己的問題。確實，總經理助理的職位已經把他訓練成萬事通。飯店 20 位員工中都是由他招聘而來的，他能叫出所有人的名字。他和客房主管的關係很好；他知道，客房主管在接要立即準備一間殘障人客房這樣的特殊要求時，會做出什麼反應。在他任期內他所在的 Fairmeadows Inn 連續保持了他們所屬地區所有 Fairmeadows Inn 中最高的出租率和最高的平均房價，Jeff 為此感到驕傲。

由於沒有獨立的業務部，Jeff 透過當地組團來增加飯店的業績，相當成功。當地商會每月在飯店舉行午餐會，用餐在街對面的餐廳，還常安排客人入住飯店。夏天壘球賽季，124 間客房中有 15 名至 20 名附近地區來的蘇黎世湖人隊的選手入住。在那種忙碌時刻，Jeff 很高興施展他前場工作的能力，幫助旅客順利辦理入住或退房手續。在其他時間，前台工作正常，只需二三名員工辦理就綽綽有餘了。Jeff 知道他完全能應對新的工作。Fairmeadows Inn 新裝的電腦系統，他比誰都學得快，他還教前台的其他人使用新的程式。預訂、銷售、住宿、退房、培訓、日報表——Jeff 想：我真的沒任何問題。

第二天早晨 8 時 Jeff 走進 Merrimack 飯店前門，他的信心受到第一次震撼。大約有 200 人聚集在大廳，4 名客務員工馬不停蹄地為他們辦理退房手續。這裡發生了什麼？Jeff 迷惑不解。一位行李生過來對 Jeff 說，如果有需要的話，他可以告訴 Jeff 總經理辦公室在哪裡。

Jeff 走進總經理辦公室，Al Grayling 說：「歡迎，Jeff。我想你在前面沒遇到什麼麻煩吧。」「大廳圍著的是什麼人？」Jeff 問，「我從沒見過那麼多的人。」Al 大笑：「Jeff，慢慢習慣這種情況吧。今天退房的

還不是大型團體。大多數日子，你和大家要為 400 位客人的團體辦理退房手續，還要為另外一個有 400 位客人的團體辦理住宿手續。」「當然」，Jeff 不好意思地笑了。「我知道這是一家會議飯店。好吧，我從哪裡開始?」

AL 帶 Jeff 到櫃檯，把他介紹給早班的員工-Carole、Franklin、Ashari 以及 Dean。他們簡單打了個招呼又繼續忙著為旅客辦理退房手續。在 Fairmeadows Inn，櫃檯忙的時候 Jeff 常常主動前去幫忙。從 Franklin 的肩頭望去，Jeff 意識到這裡的電腦與他用過的完全不同。辦理退房方法不同，效率很高，他作為新人都不熟悉。「讓他們自己努力幹吧，一切待我熟悉後再說」，他暗暗下決心。

電話鈴聲響了，Jeff 想這個我能處理。「Merrimack 飯店，我是 Jeff，請問有什麼事情?」

「Jeff? 我是 Nancy Troutman，銷售總監。你是新來的客務部經理對嗎? Al Grayling 告訴我，你今天開始上班，」電話那頭傳來銷售總監的聲音。「Jeff，我希望化妝品銷售會議的客人到達時能立即通知我，我馬上要和 Shelia Watkins 談有關頒獎晚會的事情。我的分機號是 805，聽清楚了嗎?有關資訊在櫃檯團體記事本上，再見。」

Jeff 去問 Ashari 團體記事本在哪裡。這種本子在 Fairmeadows Inn 是沒有的。她還把日報表給了他。他嘗試把自己不熟悉的專案一一找出來：餐飲、宴會、團體、住宿、團體退房、貴賓名單、待修房。Jeff 想「我需要一份註解以便閱讀這份報告。」

他看完日報表後決定問 Ashari 要一份夜間稽核報告。

「這報告在會計部。」她解釋說。

「不用給我?」他問道。她搖搖頭，然後在員工電話一覽表上指給他會計部的電話。

這份電話號碼一覽表看得 Jeff 頭昏目眩。這麼多部門，這麼多經理。總機房、訂房部、業務部、客務部——以前他一人就把這些部門的工作統統管了起來。而 Merrimac 飯店則按功能設置了不同的部門。Jeff 想以前熟悉的東西在這裡不奏效了。

「我以前就像井底之蛙。」他想。

午飯後，Jeff 回到櫃檯。與 Dean 一起，他慢慢瞭解了 Merrimac 飯店的客房管理軟體，他逐漸重拾了一點自信心。參加化妝品會議的客人還要過幾個小時才到達，櫃檯目前不太忙。

有一對夫婦，女的坐在輪椅上，走近櫃檯。這對名為Armbrusters的客人訂了一間殘障客房。Jeff查了客房狀態一覽表，發現這類客房尚未打掃完畢，不能立即出租。他請Dean繼續為這對夫婦做住宿登記，自己隨即與房務部聯繫解決排房問題。

Jeff查閱電話號碼一覽表，終於找到了房務部經理Dolores Manta的號碼。「Dolores，我是客務的Jeff，我現在立即需要一間殘障客房。請問要多久才能備妥？」

「你是誰？」Dolores問。「我們這裡是要按程序辦事的。難道你不知道要一間房不是要一份比薩？沒人通知我要提前準備好一間殘障客房。你為什麼到1點半才告訴我？你們不知道客人要來嗎？沒有記錄嗎？」

在Merrimac飯店房務主管從來不會這樣回答Jeff的要求；他決定不予計較，畢竟眼前有大問題要解決。

「我是新來的客務經理，今天是我第一天上班」，他解釋道：「我不知道他們這時會來。記錄卡？那個，我不知道……等一下。我想我不知道……」他仍嘗試繼續努力「我對沒能按程序辦事表示抱歉；但兩位客人還在等著進房。你看怎麼辦？」

「好吧，我們的人正在搶下午4點入住的化妝品銷售會議的500位客人的用房。不過我看看能不能抽出人手打掃你的167號房間。」Dolores說：「不過，Jeff，下次不要再出這樣的否紕漏。」

化妝品會議推遲抵店，但Jeff還在等，以便客人一到就通知Nancy Troutman。他不希望與Nancy的關係也像與房務部經理那樣出師不利。當他通知Nancy時，她出乎意料地說：「你為什麼不把這種事情交給櫃檯員工。」她問：「我不是要你親自告訴我，我當時說的時候就是這個意思。好吧，總之謝謝你。」

第一天工作結束了，對於第二天是否還要繼續去做，Jeff自己也不確定。在事業生涯中，他算是有一次機會晉升，但感覺不太好。他決定給Gavin Albacore，他的一個在St. Louis的會議飯店當預訂經理的好朋友打電話，Jeff想，也許他會給我一些有用的建議。

討論題

1. Merrimack飯店的總經理應用什麼樣的方法，才能使Jeff比較容易適應新工作？

2.為了較快適應新工作，Jeff 應採取什麼樣的步驟？

3.Jeff 的朋友應給他一些什麼樣的建議，幫助他勝任新工作？

案例編號：3321CA

下列行業專家幫助蒐集資訊，編寫了這一案例：Richard M. Brooks, CHA, Vice president of Service Delivery System, MeriStar Hotel and Resorts, Inc. and S. Kenneth Hiller, CHA, Vice President, Snavely Development, Inc.

本案例已收錄在 Case Studies in Lodging Management (Lansing, Mich: Educational Institute of the American Hotel & Lodging Association, 1998), ISBN 0-86612-184-6.

選合適的人做合適的事

Alan Christoff 將視線從長桌上的報告書移開，因為他的助手帶來了早晨的信件。他把一疊信一封封地查閱，看到一個清楚印著著名飯店連鎖集團商標的大號信封時，他停了下來。Alan Christoff 正是這家公司開發部的資深副總裁。他正在為飯店管理公司尋找一名擔任即將成立的分時渡假企業的負責人。工程正在進行當中，第一期是位於南卡羅來納海灘的一個有 200 個單位的分時渡假飯店。整個計畫要求這個渡假飯店在 5 年內分期竣工並完成銷售任務。一幢樓的工期為一年，每年建造兩幢，五年完成。整個過程完成後，渡假地的這十幢樓每幢有 20 個雙人房，還有網球場、游泳池和活動會館。以一周的時段為一個銷售單位，每 10 人來看房的人就有一人成交，這次銷售會吸引 100,000 的潛在買主。

Alan Christoff 立即想到要為這家分時渡假飯店物色一位經理，人力資源部經理把她認為最適合此職務的三名候選人的簡歷寄給了他。Alan Christoff 從信封中抽出簡歷邊看邊想。

第一份是 Micah Thompson。Alan Christoff 認識這個名字，因為他是飯店連鎖集團的一顆耀眼的新星，畢業於康乃爾的飯店專業並獲得 CHA 的稱號。他的事業從飯店營運開始，簡歷上寫著他有訂房和營收管理的經驗，現在是公司旗下的 Daytona Beach hotel 的總經理。由於 Thompson 在銷售和市場方面富有經驗，所以被公認為是管理新開業飯店，和轉型不良飯店方面的高手。

在信的首頁他表明自己有開業的經驗，市場方面的才能，也有渡假地的知識，同時表示他希望與公司共同成長的願望。他還寫道：「我深

信擔任這一分時渡飯店總經理與管理一個飯店不會有很大差別。」

　　Alan Christoff 放下信，他想 Thompson 能管理一個正在建設階段的企業嗎？能夠逐一帶領上萬名潛在的客戶前去工地參觀嗎？但是 Thompson 在飯店的業績很出色，給其他行政人員留下很深的印象。按照公司內部的晉升做法，Thompson 擔任這個職務是十拿九穩的事，Christoff 想。

　　Alan Christoff 拿出第二份簡歷，Elena Ramirez，目前是一家有 400 個單位的公寓式渡假飯店的助理總經理，她以前曾擔任另一家公寓式渡假飯店關係部經理。Ramirez 有豐富的房地產知識和出租出售房產的經驗。從她的工作經歷來看，與她經驗有關的都是公寓式渡假飯店，而不是分時渡假飯店。

　　在 Ramirez 的信中，她寫道：「我除了具備現場銷售和出租共管樓外，我與業主協會建立了很密切的工作關係，我對與業主的交往充滿信心，我能看出他們不同的需求。」她還指出她現在的單位在規模上要比這裡裡在建的 200 個分時單位大上一倍。所以她感到有能力勝任新的工作。

　　讓我再考慮一下，Alan Christoff 沈思著 400 個單位，400 個業主。我懷疑她是否意識到要管理 10000 名業主？但是與從未在類似工作的人相比，她的經驗難能可貴。

　　最後一份簡歷是 Earl Jackson 的。他在分時渡假企業工作了近十年。在這之前，他還在地產業工作了 12 年。Alan Christoff 看到 Jackson 的簡歷上還有地產經營執照號碼。Jackson 對分時渡假企業的經驗包括營運、市場和銷售。Alan Christoff 想再看看他有沒有飯店工作的經驗，結果沒有發現。

　　我希望有機會進入一個品牌聲望卓著的連鎖集團工作」Jackson 寫道。「我相信對分時渡假飯店的管理經驗能使我和銷售部員工一起高效地完成銷售任務，並保持與業主和飯店管理公司的溝通。」

討論題

1. Alan Christoff 在挑選分時渡假業主型企業負責人時，他的選人標準是什麼？
2. 根據問題所得出的標準，請列出每位人選的優勢和劣勢。

3. Alan Christoff 會聘請誰？為什麼？

案例編號：604CJ

下列行業專家幫助蒐集資訊，編寫了這一案例：

Jerry Hewey, CHA, Condominium Consultant, Aspen, Colorado; Larry B. Gilder-sleeve, Executive Vice President, Meristar Hotel and Resorts, Inc.; Pedro Mandoki, CHA, President, Plantation Resort Management Agent of the Port Royal OceanResort Condominium Association in Port Aransas, Texas.

本案例收錄在 *Case Studies in Condominum and Vacation Ownership management* (Lansing, Mich: Educational Institute of the American Hotel & Lodging Association, 1998), ISBN 0-86612-176-5.

2
CHAPTER

飯店的組織

1. 何謂以及如何運用目標、策略、方法來實現飯店的使命。
2. 在設計飯店組織組架構圖時如何透過工作、部門、部門區塊來劃分責任範圍。
3. 區分前場與後場，營業中心與支援中心。
4. 掌握客房部內各部門、各單位的功能。
5. 能確認全方位服務的飯店中，其他部門的功能。
6. 描述櫃檯的組織架構，包括工作班次安排，以及制定工作職責和工作規定要求的目的。

本章大綱

走進大廳的人，光看眼前的表象，是無論如何想像不出日常經營活動背後的複雜程度。他不一定會注意迎賓人員的彬彬有禮，櫃檯人員的幹練和友善，客房的清潔和整齊。營造一個如此井井有條的企業環境，是細緻周密的計畫，也是廣泛密集的溝通以及高效率協調的成果。對於一位外來者，他是無法覺察到順利營運的各部門和人員的真實的工作情況，但是其中所提供的服務卻是有目共睹的，這恰好顯示了面臨的挑戰的獨特性。

爲了的營運效率，每位員工必須理解的使命並在工作中爲此身體力行。每位員工都必須確保的設施和服務給顧客留下深刻印象，使顧客人人成爲回頭客，並能熱衷向他人推薦。

團隊精神是取得成功的關鍵，因此員工必須有團隊合作精神，這不但需要表現在自己的部門，還應表現在部門與部門之間。每個部門都應該爲提高顧客服務質量而共同努力。優質服務對客務這樣與客人高度接觸的部門尤其重要。客務部員工在回答問題、協調服務、解決問題、滿足客人要求等方面的能力，對實現的使命有至關重要的作用。

這一章將揭示內員工之間的相互關係，以及各自如何爲實現使命而發揮作用。本章附錄內還有的些客務部工作說明的範例。

第一節　組織的使命

每個組織都有個存在的理由或目的，這個目的就是組織使命的來源。一個組織的使命也可以表現在使命宣言，這是一家或管理公司有別於其他組織的獨特目標。它表示了一系列政策的內在哲理和方向，企業使命也是幫助員工認識其工作意義的工具，或者使員工明白自己在做什麼，爲了什麼在努力。員工可以從一個仔細撰寫的使命宣言中明確工作的目的。一家的使命可能是向市場提供最好的設施和服務，同時爲員工提供良好的工作場所及給與股東合理的回報。

的使命常常牽涉三個主要群體的利益：顧客、管理人員和員工。

首先，一家的使命會提出顧客的基本需要和期望。不論規模大小和服務等級高低，凡顧客都會有下列基本期望：

・安全的住宿環境
・清潔、舒適的客房

‧禮貌、專業、友善的服務

‧維護良好的設備設施

一般的顧客希望提供的服務等級能與的類型一致。如果有明確的市場定位並提供穩定的服務來滿足市場預期，它就能獲得顧客的滿意，並會有不斷增加回頭客好的口碑。

其次，一家的使命也能反映它的管理理念。由於經營風格不同，每家經營使命也常常不同。事實上，一家的使命也是與其他區隔的標準。使命也是者必須遵守的基本價值觀。

第三，使命感還能使的員工達到並超出管理階層的期望。使命也能發揮基本工作職責和工作標準的作用，並能引領員工入門。一家的使命應寫入員工手冊和訓練教材，並在工作職責中得以實現。

下面是有關使命的一個範例：

本店的使命是向顧客提供高品質的住宿設施和服務。我們的目標市場源是商務旅客和休閒旅客，團體會議也是重要的對象。我們在向顧客提供高標準客房和餐飲產品的同時，也強調高品質的服務。我們要給業主一個合理的回報，但是我們認識到，如果沒有經過良好訓練的、有高昂士氣的、充滿工作熱情的員工，我們將無法達到目標。

一、目標（Goals）

一旦確定並形成了自己的使命，接下來就是設定目標。目標乃是一個組織為有效實現自己的使命而必須完成的任務和達到的標準。目標比使命更加具體，有可以觀測的成果。量化了的目標既能鼓舞員工的工作高效率，又能使管理階層以此激勵員工。許多組織經常性的評估目標完成的情況。通常制定的目標以年度為單位，有時也將年度目標分成每月或季目標。重要的是，目標已成為管理者考核工作過程的部分。比如，加薪、獎金以及其他形式的獎勵，會與特定的目標連結。對管理人員和員工定期實施評估，也是考核目標達成的程度。管理人員因此可以看到目標是否達到，或是還要採取必要措施。一個正確的目標包括一個動詞和一個具體的衡量方法，例如時間或品質標準，數量或成本。

例如，可量化的目標可以是：

‧比去年同期的住房率提高 2 個百分比；

‧把回頭客的比例提高 10 個百分比；

‧把辦理入住與退房手續的平均時間減少 2 分鐘；

‧降低顧客抱怨20個百分比。

其他部門，如業務部或房務部可以在許多方面幫助客務部達成目標。由於這個原因，一些公布了全館性的目標而不是局限於一個部門的目標，目標的達成通常是部門間密切合作的結果，共同的目標能導致更緊密的團結。大家體認到，一個部門的成功也就是大家的成功，共同的目標培養了部門間的合作精神。

二、策略和方法（Strategies and Tactics）

有了全館性的可量化的目標後，管理人員和員工可以將注意力轉到為達成目標而制定的策略。目標提供了一個部門或一個大單位的努力方向，即為完成使命而上下一起行動的方向。為達到目標，部門要制定策略，策略是部門或大單位用來達到目標的方法，而方法是用來進一步說明如何才能實現目標，也是每天的營運程序就是來執行成功的策略。在部門這一層級設定目標與策略是很重要的，因為這些策略是實現使命和目標的基礎。

下列舉例說明櫃檯部的目標、策略和方法。

1. **入住登記－目標**：為了使櫃檯服務達到效率和禮貌，必須為所有客人在抵店2分鐘內辦理完成登記手續。**策略**：提前從房務部取得可出租房房號，為所有保證類訂房、預期抵店顧客做好入住登記準備。**方法**：為有保證類訂房的客人預先列印登記卡片，並與其他登記卡分開擺放。

2. **客帳管理－目標**：所有帳單到達櫃檯，30分鐘之內一定要登記完畢。**策略**：保證有足夠人手以便收到帳單便能迅速準確地登入。**方法**：每周查看住房預測以便調整人員配置。

3. **行李服務－目標**：要求在10分鐘之內處理好每件退房行李。**策略**：用登記本記錄客人電話要求，以及分配行李員任務的時間和他們完成任務回來的時間。**方法**：記錄顧客姓名、房號，以及交辦行李員的姓名、來回時間。

4. **電話總機－目標**：無論內外線電話，3聲鈴響之內必須接聽。**策略**：定期視察電話轉接業務，熟知電話號碼，確保有足夠線路可供電話進出使用。**方法**：每日從總機房列印電話流量報告，按時段記錄流量。

第二節 飯店的組織

　　一群由業主授權，代表其利益的人稱為的管理團隊。在小，管理團隊可能只有一人。管理團隊掌控制著的經營，並定期向業主說明總體的財務情況。一家的管理團隊，其主要職責是對經營活動和人事安排作計畫、組織、協調、調配、指揮、控制和評估等工作。管理團隊履行這些職責的目的，是為了完成一些特定的目標。這些職責要涉及內的各個部門。

　　的最高行政人員通常被稱為執行長、總經理或經理。為了便於討論，本教材把最高行政主管統稱為總經理。在一家獨立經營的，總經理通常直接向業主或業主代表報告。總經理統一管理所有部門，也可以經由駐店協理或各部門負責人來管理。在連鎖集團，總經理通常要接受所在區域的行政總裁指導。

　　當由總經理負責所有部門時，總經理會把其中一些部門的責任分配給駐店協理或行政總監。當總經理和駐店經理離開時，值班經理就會擔負起整個管理責任。

　　從前，駐店經理就居住在，事實上駐店經理的工作是每天一周七天，每天 24 小時。現在，許多任務已經授權給部門經理，但不少駐店經理仍負責管理客房部，但是要求駐店經理住在的情形已不多見。

　　為了勝任部門負責人的工作，經理必須徹底瞭解部門的功能、目標和運作，儘管管理架構上會有許多不同，但客務部經理通常被視為部門之首，也是擔任值班經理責任的適合人選。

一、組織架構圖（Organization Charts）

　　組織需要一個正式的機構來落實它的使命和目標。展示這一架構的共同方法是組織架構圖。組織機架圖以圖表的方式反映出組織內部各職務之間的關係。這既顯示了各職務在整體組織中的地位和作用，同時也反映了部門的責任和權限。圖中的實線表示直接的上下關係，虛線則反映了需要高度協調和溝通的關係，但不是上下級關係。

　　一個組織架構可以變動的。通常每年要作檢視和修改。如果經營狀況發生了重大變化，那麼修改的次數就會增加。員工的職責也可能變化，會根據員工各自的工作規定和優勢分配更多職責。有些組織架構圖

還在職務名稱上註明相關員工的姓名。組織架構圖應收入員工手冊，發給員工。

沒有兩家的組織機構完全相同，必須設計出符合自身需要的組織機構。本章將舉例說明幾種不同的組織機構圖：提供全方位服務的；一家把餐飲部分租賃給他人經營的；一家只提供客房設施的。

提供全方位服務的不但有住宿部分而且還有餐飲服務部門，所以可能會是一張龐大的組織架構圖。圖 2-1 顯示了一張提供全方位服務的大型管理層的組織機架圖。所有的線條除了兩條虛線外，都是實線。這些實線表明向誰匯報工作。虛線把銷售總監、餐飲服務總監和訂房連接起來，表明三者之間有很密切的工作關係。

一些可能把餐飲部分租賃給另一家公司來經營。當另一家公司來管理餐飲時，兩家的溝通就會很頻繁，因為他們的目標並不總是一致的。圖 2-2 顯示了一張典型的出租餐飲部分的的組織機構圖。在這種，非正式的協商關係在兩個企業的經理和業主間都會存在。餐廳經理和的銷售部經理也必須維持緊密的工作關係。這些關係用虛線來表示。

圖 2-3 展示的是一張沒有設置餐飲設施的組織機構圖。這些圖說明在住宿企業中存在著許多不同的組織機構形態。

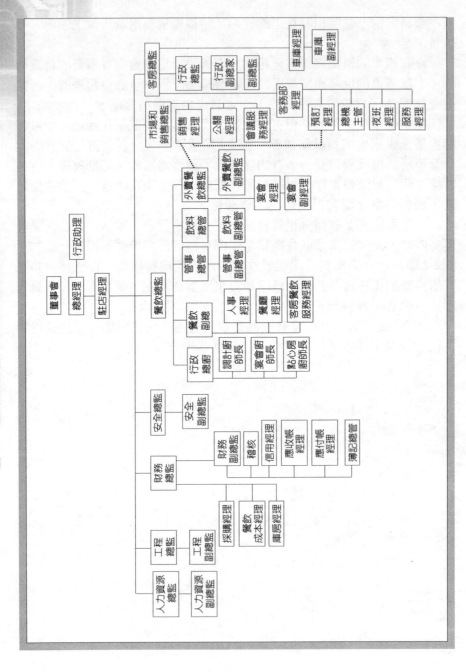

圖 2-1 組織機構圖：全方位服務旅館經理工作

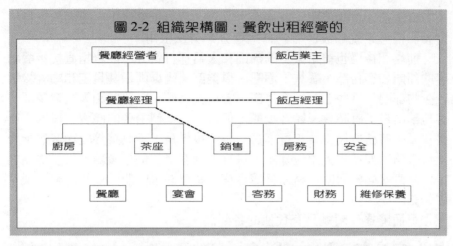

圖 2-2 組織架構圖：餐飲出租經營的

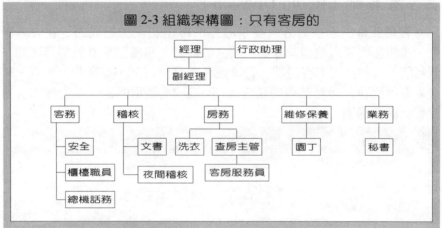

圖 2-3 組織架構圖：只有客房的

二、按功能劃分責任範圍（Classifing Functional Areas）

一家的一級部和二級部可以用許多方法來劃分，這要視的情況而定。有一種方法是把各個部門分成營收中心和支援中心。營收中心是透過向顧客出售產品和服務而獲得營業收入。典型的營收中心包括客務部、餐飲部各營業單位（包括客房餐飲服務），以及電話服務。即使營收中心不是由自己經營（如零售商店），那會收取出租營業面積和租金作為收入。

支援中心，也叫做成本中心，包括客房部、財務部、工程維護部和

人力資源部。這些部門不直接產生收入，但給予營收中心重要的支持。財務和信息系統的設計者認為這種分類方法很用。

　　前場和後場也被用來對的部門和人員進行區分。前場指直接接觸顧客的部門如客務部、餐飲、酒吧、俱樂部。後場則指其員工和顧客接觸較少的部門。這些部門如客房部、工程維修、財務部和人力資源部。客房部的員工有時會與顧客接觸，但這不是他們主要的職責。與客人直接接觸的有櫃檯接待員和行李員。雖然後場員工不直接接受顧客的指令提供服務，如為客人辦理登記，送行李到客房，但是後場員工要為顧客提供非直接面對面的服務如打掃客房，修理漏水的龍頭或修正客人帳單中的錯誤等。

　　下面將逐一闡述具有代性的各部門。

三、客房部（Room Division）

　　客房部是由向住店客人提供服務的部門和員工組成的。在大多數中，房務部門收入超過其他部門收入的總和。櫃檯部是屬於房務部的一個部門，其他部門有客房部、行李部和大廳服務部。在有些，預訂、總機或電話服務是房務部內的獨立部門。圖2-4顯示的是一張大型的客房商部組織架構圖。

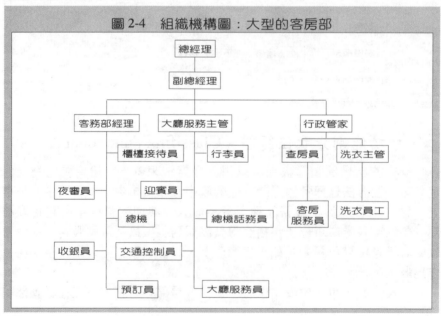

圖 2-4　組織機構圖：大型的客房部

(一)客務部（The Front Office）

客務部是中最容易被看到的部門，比起其他部門，客務部員工與顧客的接觸機會更多。櫃檯通常是櫃檯部所有活動的焦點，位於大廳的顯眼位置。客人來到櫃檯辦理入住登記，接受分配的房客，詢問有關服務、設施、城市和周邊情況等各種訊息，辦理退房結帳手續。櫃檯通常作為顧客服務的控制中心，解決客房或工程方面的問題。外國顧客在櫃檯兌換外幣、訂車或要求某種特殊的服務。此外，如遇火災或顧客受傷等緊急情況發生時，櫃檯可以作為一個指揮中心。

客務的其他功能有接受和分發郵件、留言和傳真服務。客務部員工還同時擔任收款員。有關收款員登入客帳的內容將在後面稽核步驟（通常稱為夜間稽核）中說明。客務人員還要分析應收掛帳，制作每日報表交送管理層。有些的客務功能中還增加了大廳服務處的功能。從某種意義上說，大廳服務是客務人員顧客服務的延伸。

客務功能是：
· 銷售客房，為客人辦理入住登記以及分配客房；
· 在不設訂房部的或預訂員工下班後提供訂房服務；
· 協調顧客服務；
· 為客人提供有關周圍社區，及其他對顧客可能產生吸引力的地方和活動的信息；
· 保持客房資料的準確性；
· 管理客帳和財務報表。

(二)預訂（Reservations）

有五成以上的顧客是預訂客人。那些顧客通過免費訂房電話、直撥電話、銷售代表、旅行社、間的訂房網路、郵件、電傳和傳真、電子郵件、網路以及其他溝通方式等途徑訂房。

每家都有自己控制和管理預訂客房的方法。訂房部負責接受和處理訂房要求。儘管處理訂房一系列工作如受理預訂、維護房態、輸入訂房資料和確認訂房要求等每家的做法都不盡相同，但其目的都是一樣的，即：提高出租率和客房收入。

在過，訂房部的日常工作是受理訂房資料。當潛在客人與聯繫訂房

時，訂房部則根據可用房的情況予以接受或拒絕。

　　預訂系統可以給訂房員提供某個日期的各類客房訊息（包括房價、景色、設施、備品和床的尺寸）。有些電腦系統還可以根據需要提供確切的房號。這種技術甚至能自動提醒訂房員：前來訂房的顧客是一位回頭客。訂房系統可以向訂房員提供許多的訊息，有些訊息應客人要求提供。

　　先進的科技幫助訂房員實現了成為銷售員的轉變。訂房員不再只是簡單地輸入顧客的住宿要求，而是能夠轉達顧客的喜好、特徵以及住店期間希望得到的優惠。預訂員已不再滿足於房價由櫃檯人員在辦理登記確定這樣一種作法。這一轉變的意義重大，因為這樣做使得管理單位不但能準確地預測出租率，而且也能準確地預測收入。只要有可能，訂房員應該在顧客做預訂時就確訂房價。事實上大部分顧客如得不到一個確定的房價是不會做訂房決定的。訂房系統應增強顧客做出入住的決心，並提供充足的信息以獲得住客的滿意。

　　在接受團體訂房方面，訂房部的人員必須與業務和行銷部密切配合，這一點很重要。事實上一些集團現在已把預訂房歸入銷售部而不是作為櫃檯部的一個下屬部門。業務部的人員必須清楚在某個時段可租房的數量。在日常營運中，訂房經理必須檢查預訂系統的報告和可租房的數量以避免出現超額訂房的情況發生。超額訂房會引起客人的反感，以致影響今後的客源。訂房系統將因一些地區頒布禁止超額訂房的法規而變得更加複雜。

(三)溝通（Communications）

　　就像任何一家大型公司的情況一樣，電話總機或部門，控制著複雜的溝通網路。話務部門也稱為交換機房（private branch exchange, PBX）。總機或話務員的責任是回答和轉接電話。透過總機接通的長途電話，其費用必須直接轉入櫃檯以便登入到相關顧客的帳單上。總機還提供叫醒服務，控制各種自動系統（如門鈴報警和火災報警），還負責緊急情況下的溝通工作。總機還應保護顧客的隱私，執行的安全規定，不洩露顧客的房號。現在有些承諾顧客只要撥通總機或一個指定的顧客服務部門就能得所有的顧客服務，如客房服務、客房餐飲服務甚至行李服務。另一個與住客安全有關的電話系統的管理是所有的市內電話（包括設在公共區域的店內公用電話）都得經過總機轉接。這種種作法減少了對住客

的騷擾。許多還向顧客提供在公共區域的尋呼找人服務。近年來技術方面的發展大大減輕了總話務員的責任和工作量。的技術裝備已使得顧客能自行打撥打客房之間的電話以及外線電話。大部分客房電話提供按鍵服務和來電等候或國直撥功能。另外語言信箱功能使得留言不需要再由話務員記錄，只需訂開客房內的留言燈。電話收費系統不但能自動地計通話費，還能本地電話和長途電話分別計算出服務費，並加入通話總話。電話收費系統與前場系統連接能自動地把電話費登入到客人的總帳單。這樣就減少了櫃檯因錯收電話費的爭論。

現今的技術實現了對客房按時自動叫醒。當一位櫃檯員工或總機接到要求提醒服務的電話，只要將房號和叫醒時間輸入叫醒系統。有些的系統能使客人自己使用電話操作叫醒時間而無須經過員工。系統能按設定的時間打來叫醒電話，一旦接聽，系統就會記錄留存。這一功能在大型尤其有用，使得能同時提供上百個叫醒電話服務。在國際等級的叫醒服務由話務員提供，由系統提示話務員，在規定時間的人工叫醒。

(四)服務部 （Uniformed Service）

在服務部工作的員工，他們提供的服務通常是面對面的個性化服務，這個部門對顧客高度關注，以致有些乾脆把服務中心叫做顧客服務部。服務部的主要組成部分有：

- ·行李服務員—為顧客提供大廳至客房間的行李服務；
- ·迎賓員—控制門前的交通狀況，為顧客提供行李裝卸和行李車服務的員工；
- ·停車員—代為顧客停車；
- ·司機—為顧客提供交通服務的員工；
- ·服務中心主管—幫助顧客預訂餐館、安排交通工具、購買戲票、體育比賽門票以及代為安排各類活動的員工。

訂房、客務和總機員工的工作表現能影響顧客對服務的感覺，但服務中心的員工能使客人留下持久的印象，這一點在國際級或豪華尤為突出。那些的大廳服務處為顧客提供的服務內容極其廣泛。飯店廳服務處的員工通常被稱為「有小費收入的員工」，因為他們的收入的一部分來自客人的小費。所以在某種程度上飯店服務處員工的收入可以說源自他們向客人提供的服務的品質和數量。

飯店服務處的工作並不複雜，但對的順利運作卻至關重要。大廳服

務處員工對顧客需求的準確預知能力以及與顧客有效溝通能力常常是一家高水準服務的突出體現。

服務中心經面臨的主要挑戰是：確定適當的服務標準，招聘及訓練員工。確保員工順利地提供符合質量水準的服務。由於飯店服務處的員工通常是內薪資級別最低的員工，對他們進行訓練和激勵不是一件簡單的事。毋庸置疑的是，一支工作熱情高昂的飯店服務處員工隊伍既能使良好的對外形象錦上添花，又能使員工獲得更多的小費從而增加個人收入。

㈤行李服務員（Bell attendants）

許多顧客抵店時都攜帶很重的行李或好幾個箱子。這時客人就需要得到來自大廳服務處行李員的幫助。

應仔細的挑選行李員。由於顯多數都用行李車運送行李，所以行李員的體力並不是擔任此項工作最主要的條件。更重要的條件是行李員應有很強的溝通能力和對顧客的真誠關心。

無論規模大小、組織機構複雜還是簡單，行李員應負下列責任：
· 到客房送交或提取行李；
· 向顧客介紹的設施和服務以及用於安全目的的設備。爲顧客介紹客房內的設施和用品；
· 爲要求寄存行李的顧客提供安全的寄存服務；
· 提供有關服務設施以及團體活動日程的信息；
· 將信件、包裹、留言和其他物品送往客房；
· 收取和送回顧客要求的水洗和乾洗的衣服；
· 負責大廳以及大門區域簡單的清掃工作；
· 當迎賓員不在時爲抵離顧客裝卸行李；
· 將顧客要求通知相關部門，如客房部增加嬰兒床或毛巾。

這些工作看來簡單，實際上樣樣都需要某種程度的專業知識。例如，幫助一位顧客搬運行李，行李員必須懂得如何正確的將行李裝車。易碎品一定不能放在重磅行李的下方。車上行李的重量要擺放平衡，否則會導致翻車或行駛困難。

行李員由於和客人直接觸，得到面對面溝通的機會，行李員應利用這個機會使顧客獲得自己頗受歡迎的感覺。一位始終如一熱情待客的、並能清晰地將有用信息傳達給顧客的行李員，是一個非常有價值的員

工。行李員引導顧客進房的過程就是開拓市場的最好機會。除了熟悉的
餐廳、酒吧、娛樂活動、會議設施和安全措施外，還要熟悉店外的營業
場所情況，這些都是行李員工作的重要組織部分。透過這些非正式的交
談，行李員成了市場銷售方面的關鍵人物。行李員還要努力記住顧客的
姓名。這不但能使顧客有賓至如歸的感覺，還能使行李員為顧客提供更
好的個性化服務。

㈥迎賓員（Door attendants）

迎賓員的工作內容與行李員的類型似：他們都對抵店顧客表示歡
迎。這些員工常常在提供國際或豪華等級服務的才能看到。迎賓員的工
作職責有：

　　・為顧客拉門，為抵達的顧客提供幫助；
　　・為抵、退房顧客提供行李裝卸服務；
　　・引領顧客至入住登記處；
　　・控制入口處的車流量以及行李安全；
　　・為顧客招呼出租車；
　　・為顧客提供停車服務；
　　・負責大廳及大門處的簡單清掃工作。

與行李員一樣，迎賓員必須熟悉的設施和當地有關訊息。顧客常常
會向迎賓員問路，瞭解企業、政府部門、交通樞紐、餐廳和當地標誌性
建築和名勝古蹟的方位。迎賓員最具挑戰性的一項工作是控制好入口處
的車流量，這是一項難度很高的工作，尤其是在的旺季。

有經驗的迎顧客能沉著地應對許多任務。一位訓練有素的迎賓員能
記住顧客的姓名，當客人再次返回時，迎賓員能用姓名稱呼顧客，並能
把顧客介紹給櫃檯其他員工。這樣的服務不但能使有好的口碑，還能給
顧客留下難忘懷的印象。

㈦停車員

通常在國際等級和提供豪華服務的飯才有為客停車的服務。經過專
門訓練的員工將住客和訪客的車停到停車庫。這種個性化的、安全穩當
的停車服務，既呈現了的氣派又給客人帶來方便。顧客不再為尋找停車
位而費心，也不必在壞天氣步行到，也毋須自己到停車庫找車。收取的
代為停車的費用比客人自己停車的費用要高一些。其實，費用較高是因

為顧客要付小費給提供此項服務的員工。

停車員還負責停在的車輛安全。在從住客和訪客那裡接過車輛以前，先要把一張像入場券似的單子交給對方。在這張單子上員工要寫上車輛已有的損壞情況。車輛的鑰匙必須放在安全的地方，只有專人才可取得。交還車輛時，客人必須出示必要的證明，大多數情況下，不見車單，不交鑰匙。如車輛鑰匙丟失或車輛交給了不相關的人造成車輛不能使用或丟失，那麼要承擔賠償責任。

飯店服務部負責所有車輛的管理，每天晚上都要把有關停車服務的訊息報告櫃檯，以便把停車費用記入相關客人的帳單。當入口出現車輛擁堵的情形時，停車員要幫助疏散、控制車流量以確保暢通。

(八)司機（Valet parking attendants）

在大多數情況，機場甚至其他各種類型的都有提供交通服務的人員和通過電話與聯繫後，才派車來接。還有些在機場專門區域安置了與的直線電話供顧客使用。

巴士和交通車司機必須經過很好的訓練，取得合格的駕照。由於司機有時是代表與顧客首先接觸的員工，所以他們應該是禮貌、高效、熟悉產品的人。習慣上，司機在駕車過中會向顧客介紹情況，可以自己介紹，也可以使用預先錄製的帶子。駕駛還要在顧客下車時提供幫助。有經驗的司機能做到很仔細熟練地將客人的行李裝上車。有了這項服務，顧客不再為攜帶笨重的行李而發愁。許多還為接客的班車配備了對講機，起先是為了準時的緣故，但司機也可藉此把顧客的姓名和有關訊息告訴，使能在客人抵達前做好準備。

現在許多還增加了一項市內交通車服務，即開往市內商業中心、購物、娛樂、運動和餐飲場所。司機可以分成收取小費或不收小費的兩類人員。

司機在任何場合必須代表的形象。一定要嚴格保守客人的隱私，尤其是駕駛豪華轎車的司機。顧客對話的內容應被劃入保密的範圍，不允許作為與同事、家庭成員或朋友的茶餘飯後的議題。行車安全是最為重要的，司機的資格必須符合國家的法律規定。另外，司機必須懂得如何檢查車輛，以保證所有零件處於正常狀態。安全設備如滅火彈和滅火器，必須定期檢查，司機必須熟知其使用方法。

㈨服務中心主管（Concierges）

雖然這顧客服務的職務已存在很久，但仍是服務中心是在飯店服務部中最少被人瞭解的職務。很久以前，服務中心主管一詞的原意是城堡的看門人。他們的工作是確保城堡內的人的夜間安全。王公貴族外出旅行常常帶著這位看門人，由他負責保管現金、安排食宿。當建得越來越多後，這一職務變成了向顧客提供個性化服務的員工中的一份子。在國際等級或提供華豪服務的都設有這個工作。

合格的服務中心主管可能是著名的金鑰匙協會（Les Clefsd' Or'Golden Keys）的成員，他們外套的翻領上有交叉的金鑰匙的標記。為了取得金鑰匙的資格，服務中心主管必須經過國際金鑰匙協會的認可。這個協會設立了很高的標準。許多聘請有經驗的員工來滿足顧客的專項服務，而要獲得金鑰匙頭銜必須要成為金鑰匙的成員。

服務中心主管會向顧客提供一些顧客服務，包括預訂餐座、預訂演出門票和體育比賽門票、安排交通工具、提供活動和當地名勝景點的訊息。服務中心主管被認為萬事通，他能買到其他人很難買到的音樂會門票或者在客滿的餐訂到餐位。這類工作都是服務中心主管的職責，也是他門對外的招牌。許多成功的服務中心主管已經建起一個包括當地、地區間乃至國家間的緊密聯係網路以方便各種服務的聯絡。更重要的是與當地餐館、咖啡館、汽車出租公司、機票售票處等其他企業建立關係。有些鼓勵服務中心主管應該會講幾種語言。

服務中心主管的工作是一個領薪水的工作，但是客人出於對出色服務的感激之情常常會給小費。有些首席服務中心主管就是飯店服務的經理。在這樣的，首席服務中心主管還要擔負起管理大廳服務處所有人員的責任。在大型首席服務中心主管太忙了，根本無法擔當起這樣的責任，而只能負責管理服務中心主管這一部分。

根據本章介紹的內容，我們瞭解到服務正逐漸成為吸引和留住顧客的重要因素。在許多國際等級和中等級和服務的內，作為提供全方位服務的服務中心主管正成為樹立良好形象的關鍵人物。

㈩房務部

房務部可以說是客務部最重要的支援部門。與客務部相同，房務部通常是客房部的一個下屬部門。在有些，房務部是一個獨立的部門。房

務部與客務部之間的有效溝通能使櫃檯正確有效地掌握客房狀態，從而提高顧客服務的質量。房務部員工檢查完客房後才能交櫃檯出租，他們還負責打掃住客房和走客房，並將客房狀態告訴櫃檯。在大部分，櫃檯接待員在沒有接到客房部關於客房已清掃並檢查完畢的通知前，是不能把客房安排給住客的。

與其他部門相比，房務部的員工數較多。通常有一位行政總監負責整個部門的管理，有一位助理行政總監進行協助。在大型會有好幾位助理行政總監分別負責所屬樓層，在更大型的，會是管理一棟樓。房務部內有檢查員、客房清掃員、公共區域清掃管理員和洗衣房的員工。客房清掃員會被指派到的指定樓層。客房清掃員每天能打掃 8 間至 18 間客房，具體客房數量要視的服務檔次、客房的平均面積、打掃的具體要求而定。如果有自己的洗衣房，客房部員工要負責洗滌、熨燙的布件、毛巾、制服和客衣。

房務部員工（通常是行政總監）要負責管理兩類物資：可回收物資和一次性物品。備品是那些一次使用時間較短但要反覆使用的物資，包括布品、制服、熨斗和吹風機等客用品。消耗品是指客房部營運過程中要使用的或使用後就失去價值的用品，如清潔劑、小配件、日常用品和個人盥洗用品。客用品和布品屬於這兩類物資，按顧客需要提供。

為了快速有效地確保顧客住進經過檢查的空房，房務部和客務部兩個部門必須正確無誤地溝通房狀態和可租房數量。這兩個部門之間的團隊協作精神是有效運行的基礎。兩個部門的員工越是相互瞭解、相互熟悉對方的工作流程，就越能保持順暢的合作關係。

四、餐飲部（Food and Beverage Division）

根據營業收入，一般來說餐飲部僅次於房務部居第二。許多的餐飲營業單位不止一個。內的餐飲種類一樣多，可能有速食餐廳、風味餐廳、咖啡廳、酒吧、交誼廳和俱樂部。餐飲部並支持其他功能方面發揮作用，如客房餐飲服務、外賣服務和宴會服務。宴會一般在的多功能廳內舉行，這對於餐飲來說是很可觀的銷售收入和盈利來源。希望從團體和會議客源中賺取大量的宴會和餐飲收入。有不少將餐飲服務延伸到客房，一些公司租用套房舉行聚會。這些活動常常是一些高級聚會，是餐飲部發揮創意的好機會。外出包辦宴會活動如結婚喜筵和周年慶也為餐

飲部帶來可觀的營業收入。

五、業務行銷部（Sales and Marketing Division）

業務和行銷部的人員編制可以從只有一名兼職員工到超過十多人的全職員工不等。在小型，總經理常常就承擔起來場銷售的角色。在較大型，業務行銷的職責主要是四個方面：銷售、會議服務、廣告和公共關係。這個部門最主要的目標是促銷的產品和服務。為了達到這一目標，業務和行銷部的員工需要與客務部和其他部門溝通合作，有效地預測顧客需求。

負責市場的員工一直在為吸引客源而努力工作。他們做市場調查，比較產品，分析顧客需求和潛在要求。然後根據研究結果，制定廣告宣傳和公關活動計畫。另一方面，業務人員透過向散客和團體客源推銷產品而獲得更多的營業收入。櫃檯員工也同樣擔任銷售員的角色，尤其是在與散客洽談房價和辦理入住登記的過程中。在許多，訂房部和銷售部的關係十分緊密，當顧客打電話預訂客房時，接電話的預訂員就是銷售員。

六、會計部（Accounting Division）

會計部負責管理財務方面的活動。有些對內發生的費用提供記帳服務。在這類，員工們蒐集和傳送財務方面的資料給上級主管或集團公司。要聘用較多數量的員工來從事帳務工作以及承擔較大的責任風險。

會計事務有：付款、催收預付款、整理應付款、管理薪資帳單、記錄經營資料、完成財務報告；另外，會計部員工還要負責銀行存款，保持現金流量以及完成管理部門其他需要控制和需完成的工作。在許多，夜間稽核和餐飲稽核也屬於財務部的工作範圍。

會計部的工作成功取決於與客務部的緊密合作。客務收款和客帳管理包括管理現金、支票、信用卡以及其他付款方式。最常見的帳務處理工作是櫃檯員工收取現金或個人支票，刷信用卡，找還餘額，記錄和管理客帳。在小型，客務部員工還對負責監控入住顧客的信用額度。

七、工程維修部（Engineering and Maintenance Division）

工程維修部熟知建築結構和用地，負責對機械設備和電子設備進行

維修保養。這個部門可能還負責游泳池的清潔衛生，車庫的清潔和噴水池的運行。的安全設備也是屬於這個部門的管理範圍。有些會將這些工作分配給場地管理部或戶外娛樂部來負責。並非所有的工程維修部的工作都是由員工來完成的。通常是將一些問題或工程透過外包合約來解決。例如，遇到需要特殊技術監控的大樓、管理滅火器、測試和調整樓層火警系統時，或是需要特殊的設備來清潔廚房的管道、清除油污及其他垃圾或清除車庫積雪時等。

客務部必須與工程維護修部互相有效地交換訊息，才能確保顧客滿意度。接到顧客關於水龍頭漏水、電燈不亮、門鎖不能開啟的投訴後，客務部員工不應絲毫拖延，而要立即書面通知工程維修部採取維修行動。相反地，工程維修部發現客房出現問題需要維修時也應盡快通知客務部暫不出租問題房；當維修工作結束後還應通知客務部，以便恢復出租。

八、安全部（Security Division）

每個員工都應關心顧客、訪客和員工的安全。安全部的員工可能是本店員工，也可能是由與簽訂安全合約的業者派遣的人員，或是非當班或退休的警員等。安全部的職責可以包括巡視、監控設備以及全面負責顧客、訪客和員工的安全。安全部工作極其重要的一點是取得當地執法機構的合作和幫助。

當安全部以外的員工都關心安全問題時，的安全才能真正得到保證。比如，在鑰匙控制方面，櫃檯是關鍵工作，因為只有他們才能把房鑰匙分發給登記入住的顧客。客房清潔員也負有安全責任，當客人要進入正在打掃的客房時，客房清潔員必須弄清楚客人持有的鑰匙是否是這間房的鑰匙。凡是員工都應對內出現可疑情況保持警覺，並報告安全部有關人員。安全部的一項重要任務是透過訓練和對各項標準的檢查來保持全體員工強烈的安全意識。

九、人力資源部（Human Resource Division）

現今增加了對人力資源部的投資和依賴。隨著人力資源部的責任和影響的增加，其規模和預算也隨之增加。這反映了人力資源部比人事管理有著更寬廣的涵義。在那些規模不大、不需要建立一個獨立的人力資

源辦公室或部門的，常常由總經理來兼管人力資源。當一家管理公司在同一地區管理好幾家時，他們可能選擇將人力資源實行「統管」的辦法。就是成立人力資源辦公室由一名有經驗的經理來管理這個地區所有的人力資源工作。這樣的做法不但能節省每家的成本，還能增加對所有的瞭解。

近年來人力資源部的職責範圍已轉變為對政府頒布的新法規做出回應，精簡編制，保持對競爭情勢的警覺。雖然技術有改變，但是人力資源部還保留著同樣的基本功能：招聘（包括館外聘用和館內重新配置）、訓練、員工關係（包括品質保證）、補償、獎勵、人事管理（包括員工手冊）、勞資關係和安全。

十、其他部門（Other Divisions）

許多設立了一些其他部門來滿足顧客的需求，各個所設立的部門不相同，客觀上反映了間存在的區分。

㈠零售商店（Retail Outlets）

常常在大廳或其他公共區域設有禮品店、書報攤或其他零售商店。這些商店或是向繳納某個百分比的營業收入，或是繳納固定的場租費。

㈡娛樂（Recreation）

一些，主要是渡假，專門設了一個部門來為顧客提供各種各樣的娛樂活動。有些娛樂部門還負責布置美化園林，管理游泳池。高爾夫、網球、保齡球、桌球、帆船、徒步旅行、自行車旅行、騎馬、健行以及其他一些活動也由娛樂部的員工組織安排。這個部門還會組織一些藝術品和工藝品的展示或是兒童參加的活動。娛樂部門的員工從組織各項活動中來獲得收入或把顧客費用記入客人帳單。

㈢賭場（Casino）

賭場有一個專門部門來負責管理博奕的運作，同時確保的利益。負責博奕的部門還要提供多種多樣的文藝演出和其他活動來吸引顧客進入使用各種博奕設施。在賭場，博奕活動是賭場的主要活動。

第三節　客務部的經營

傳統的客務功能包括預訂、入住登記、排房和確定房價、各種顧客服務、維持房態、管理客帳和結帳以及建立客史檔案。客務部負責建立和保管各種顧客的資料，協調顧客服務，以及提高顧客的滿意度。這些功能是由客務部內各種不同部分的員工來完成的。

客務部的工作設置沒有行業的統一標準，客務部的組織架構用來表明部門中的上下級關係和工作間的聯繫。一個精心設計的客務部組織架構加上明確的具體目標和策略，以及工作班次安排、工作說明和任職條件的設計會使員工和顧客獲得高度的滿足感。

一、組織架構（Organization）

大型的客務部是按功能把員工安排到不同的工作執行不同任務。客務的職責會超出對自身部門的控制範圍。如果經營的內容不只是向顧客提供住宿，那麼客務人員關注的方面就更多了。下面的那些分工明確的職責可能對一家小型並不適用，通常只有一兩名員工就擔負起客務所有的工作。

大型的客務部設有許多職務，各職務有著不同的職責。以下是這些職務的主要職責，但並非是全部的職責：

- ·櫃檯人員負責爲客人辦理入住登記和管理可租房訊息；
- ·收款員保管現金，記錄帳單，爲顧客結帳；
- ·負責郵件和詢問的櫃檯人員負責爲客留言，回答顧客的查詢，管理郵件；
- ·總機負責轉接以及提供電話叫醒服務；
- ·訂房員接受、回覆顧客的訂房要求並登入預訂資料；
- ·服務處員工負責搬運顧客行李，引領顧客進房。

如果已實行電腦化管理，那麼每位員工只能進入與自己功能有關的那部分電資料。

中型的客務部在功能上與大型的相同，但員工人數會少一些。員工都經過交叉訓練，可以兼任多項職責。例如，一位櫃檯人員可以同時又是一名收款員和詢問員。經過訓練後，還可以在總機和訂房員缺席時代替他們的工作。在繁忙時段，櫃檯會有好幾位員工同時上班，當然每位

HOUSEKEEPING MANAGEMENT

員工的分工會略有區分。例如，其中一位可能負責為客人辦理入住登記兼任總機服務，另一位可能擔當收銀員的職責，第三位可能處理訂房和回答顧客的各種問題。

小型可能只一位員工在沒有任何人的幫助下，獨自完成所有的職能。如果櫃檯人員工作負荷過重，總經理或會計師，如果也受過適當訓練的話，就可能上前幫忙。在一家小型，總經理和會計師常常直接參與客務的具體營運工作。

二、工作班次（Workshifs）

在大部分，客務部的員工每周工作 40 小時。客務部不但要執行聯邦和州有關薪資和工作時間的法規，在有些還要受到工會、合約和規則的限制。身為一名客務部員工可能會被安排在不同班次工作，還要根據客務工作的需要和員工人數而定。傳統的客務部工作班次安排如下：

- ·早班：上午 7 時～下午 3 時；
- ·晚班：下午 3 時～晚上 11 時；
- ·大夜班：晚上 11 時～上午 7 時。

近來的趨勢是深夜期間客務部的顧客服務項目減少了，這樣上大夜班的員工人數也就減少了。客務部在這個時段只提供必要的、有限度的服務。在小型，夜間稽核同時也是櫃檯人員。

客務部工作班次的安排與客情的變化有關。一個有彈性的工作時間安排可以使員工調整自己的上下班時間。一個班次中有些時段為繁忙時段，需要充足的人手。例如，一位櫃檯人員可以上清晨 6 時至下午 2 時的班，這樣就能處理叫醒電話，還能比清晨 7 時上班更有效地處理顧客退房。另外，安排一位櫃檯人員上午 10 時至下午 6 時的班，這樣在員工用餐時間，有足夠的人手為顧客順利辦理抵店手續。

其他班次安排有傳統的每周 9 個 8 小時的工作班次；另一種是壓縮工作時數：員工每周工作 40 小時，但工作日少於 5 天（如 4 天，每天 10 小時）。還有工作分擔，是由 2 位或更多的兼職員工共同承擔一個全職工作。做法上可以每人輪流上全天班，也可以同時上班，但分別完成不同的工作。

兼職員工是餐旅業正在成長中的重要勞動力來源。許多潛在的勞動力，如學生、有小孩的父母和退休者，他們不能擔任全職的工作。兼職

員工使得客務部在處理顧客需求的波動性方面有更大的彈性，同時又能節約人事工成本。選擇非常規的排班方法，事前要仔細計畫和評估。

三、工作說明書（Job Descriptions）

一份工作說明書列明了某個工作職務所需完成的所有任務。工作說明還註明了上下級關係、責任範圍、工作環境、所需使用的設備和資料以及其他與工作有關的重要資訊。為了使其發揮最大作用，工作說明應該根據本身定制的程序來制定。工作說明應以完成任務為導向，應描述某個職務的工作，而不是某個人的工作。工作說明會因工作內容的變動而交得陳舊、不切實際。所以至少每年應修訂一次。員工應參與編寫和修訂工作。一份編寫適當的工作說明能減少員工因對指揮環境和職責範圍不清而引起的焦慮和不安。

一份好的工作職責也可用作：

· 評估工作表現；

· 可以作為對員工進行訓練和再訓練的資料；

· 防止不必要的職務重疊；

· 幫助確認每項任務的完成；

· 幫助確定合理的用工編制。

應給每位客務部員工發一份所在職位的工作說明。對進入最後階段的求職者在發給其聘用通知前，應先把工作說明交給他。這樣做是使他接受聘用前最後考慮一下自己是否適合這個工作的任職要求。

工作說明的用字遣詞一定要謹慎。根據美國殘障人士條例（The Americans with Disabilities Act, ADA），一位殘障人士如能在合理的設施幫助下，或不需要類似的設施便能行使某個工作的基本工作，此殘障人士就應該是該工作的合格人選。在公布某個工作空缺的消息前，應先擬定該工作說明，在公布招聘資訊時應列出基本職責。管理人員不應因殘障求職人士不能履行一些非基本的職責而歧視他們。工作說明編寫得好不好，不僅會影響招聘員工的工作而且還會因歧視而違法，也會被推上被告席。但如某個工作說明編寫恰當，就能對身體雖有殘疾但還是符合美國殘疾人組織規定的人士敞開就業大門。

本章在附錄中展示了客務部工作說明的範本。

四、工作規範（Job Specifications）

工作規範的內容包括員工的資格、技能以及能成功完成工作任務而必須具備的特長。基本上，客務部的工作規範清楚地說明了客務管理者對現有的和未來的員工的期望。工作規範通常在工作說明制定後編寫，因爲一項特定的工作需要相應的技能和特長。工作規範應考慮的因素有：接受正規教育的學歷、工作經驗、一般知識、曾經接受過的訓練、身體條件、溝通能力以及使用設備的技能。工作規範常常用來公布招募啓事和鑑別求職者的資格；也可用來衡量員工的晉升條件。圖 2-5 展示了客務部員工工作規範的樣本。雖然業沒有規範工作規範的統一標準，但許多的工作規範中都寫明瞭一些必須具備的特徵和技能。由於處在顧客服務第一線，客務職務常常需要較好的社交技能。評估一位求職者是否有這些特長可能是非常主觀的。客務工作需要具備下列重要特點：

- ·專業化的舉止；
- ·合群的性格；
- ·助人爲樂的態度；
- ·口才好，措辭得當；
- ·靈活性；
- ·注重儀表；
- ·重視細節。

只有透過教育訓練和工作經驗的積累，才能取得勝任客務工作的技能。有價值的員工不僅具備實際的技能、知識，而且天資聰穎。客務工作需要的兩項專業技能分別是計算技能（收款及會計事務）和鍵盤技能（文字記錄和電腦操作）。

最後，外向的性格，好的文字和口頭表達能力以及強烈的學習意識對客務部員工來說尤其重要。他們必須願意與人共事，爲爭取全整體利益而努力。客務的工作規範與工作說明一樣，應由客務部經理與客務部的員工一起努力共同制定。

圖 2-5　工作規範的範例：客務職務

工作規範

客務部　員工

我們認為下列素質對成功執行櫃檯工作是至關重要的。

1. **專業化的舉止：**

   - 準時上班
   - 對工作及抱持積極的態度
   - 能區分工作的正面的與負面的方面
   - 在判斷事情的過程中，顯示出成熟度
   - 有商業頭腦
   - 遇到難題能鎮靜應對且控制局面

2. **合群的性格：**

   - 面帶笑容
   - 顯示出真誠、令人愉快的行為特徵
   - 有人緣

3. **助人為樂的態度：**

   - 善於識別顧客的需求
   - 有幽默感
   - 反應靈敏，口頭表達機智、得體
   - 有創意
   - 顯示良好的聆聽技巧

4. **靈活性：**

   - 遇到工作需要，能願意接受變動工作班次的安排
   - 能理解他人的不同觀點
   - 願意接受不同的做事方法，富有革新精神
   - 能與顧客和同事和睦相處，有團隊合作精神

5. **注重儀表：**

   - 穿著得體；在衣裝、佩戴飾物和個人修飾方面能符合標準

小結

一家經營成功的，其服務水準定會有目共睹、有口皆碑。顧客在獲得的滿意感，不但使他成為回頭客，而且還會向他人推薦。為了實現管理的有效性，每位員工必須瞭解的使命，並為之努力工作。的使命表達了要遵循的理念，以及的政策含義和目的。

的使命涉及各個不同群體的利益：顧客、管理者和員工。一個明智的使命應表達顧客的期望，管理者所崇尚的理念以及員工的奮鬥目標。

客務部主要的職責是建立複雜的顧客資訊、協調顧客服務、確保顧客對服務的滿意度。大型按功能組織客務部，目的是為了加強對營運的監管。在一家電腦化的，每位員工只能進入與自己工作內容有關的電子記錄檔案。

一家的經營部門可以區分為營收中心與支援中心。按字面意思，營收中心是向顧客出售產品和服務從而取得營業收入的部門。支援中心則是非直接創造營業收入的部門，但給予營收中心以重要的支援。前場和後場這兩個詞語也常常被用來對經營部門進行分類。前場員工是指那些與顧客直接接觸的員工，而後場部門的員工與顧客直接接觸的機會較少。後場員工可能並不會像點菜服務、辦理入住、送行李進房那樣面對面地為客人服務，而是提供打掃客房、修理水龍頭、記錄客帳等非直接接觸的服務。的營運部門有客房部、訂房部、餐飲部、業務和行銷部、財務部、工程維修部和人力資源部等。

工作說明羅列了某一職務需要完成的主要任務，同時表明了上下級關係、職責和工作規範、需使用的設備和資料及所特有的重要資訊。為了提高有效性，工作說明應針對本身的經營程序來制定。工作說明列出了個人的任職資格、技能和為了順利完成工作職責必須具備的個人特質。本章的附錄部分展示了幾個客務部的工作說明的範本。

 關 鍵 詞

後場（Back of the house）：指內的某些部門，其員工不與顧客直接接觸，如工程、財務和人力資源部。

國際金鑰匙協會（Clefs d'Or）：國際服務中心協會，要獲得服務中心主管

頭銜，必須申請成為國際金鑰匙協會的會員。

壓縮工作時數（compressed work schedule）：全職工作時數的調整方法，使員工在不到五個工作日完成相當於一周的工作時數。

基本功能（essential functions）：美國殘障人士協會使用的術語。根據EEOC，某一工作的基本功能是指任職人能獨立地或使用合理設備後完成的職務。

彈性工時（flextime）：彈性工作時間安排，員工可自行安排開始和結束工作的時間。

前場（front of the house）：的一些部門，員工頻繁地接觸顧客，如餐飲部和客務部。

工作說明書（job description）：一份說明某個職務的主要職責以及上下屬關係、相對的責任、工作條件和必須使用的設備之資料。

工作分擔（job sharing）：一種由兩位以上兼職員工妥善安排、共同承擔每日全職職務的工作。

工作規範（job specification）：一份關於完成某一工作職責所必須具備的個人資格、技能及特質的說明。

使命宣言（mission statement）：一份陳述獨特目標以有別於其他的文件。使命宣言表達了所遵循的理念、活動的含義和方向，以及顧客、管理者和員工三者的利益。

組織架構表（organization chat）：用圖表來顯示組織內部各職務之間的關係，以及各自在組織中的地位、責任區域和權力範圍。

交換機房（private branch exchange, PBX）：的電話交換器設備。

合理設備（reasonable accommodation）：美國殘障人士協會的專用術語。用一種不同尋常的做法，使有資格但有殘障的人士參與工作。做這種改變可以逐步進行，無須雇主強行履行。

營收中心（revenue center）：指向顧客銷售產品和服務，從而直接取得營業收入的部門，如客務部、餐飲部各營業單位、客房餐飲服務和零售店等都是主要營收中心。

策略（strategy）：部門為實現其計畫目標而制定的方法。

支援中心（support center）：內不直接創造營業收入，但對創收部門給予支持的部門，包括客房部、財務部、工程維修部和人力資源部。

方法（tactics）：為貫徹策略而制定的每日營運步驟。

散客（walk-in）：未經預訂而進入要求入住的顧客。

訪問下列網址以獲取更多資訊。網址可能會有更改。

Americans with Disabilities Act（ADA）

http://www.usdoj.gov/crt/ada/adahoml.htm

Les Clefs d'Or （USA）

http://www.Lesclefsdorusa.com

Sunnyvale 的團隊能否撥開烏雲見太陽

　　The Sunnyvale Resort 是一家有 300 間客房的豪華。的一邊是一條河，另一邊是高爾夫球場、騎馬場和網球場。想當年在 1920 及 1930 年代，這裡曾是南方最主要的渡假地，當時的有錢人認為到這裡渡寒假是時尚。但是到了 1960 年代，這種輝煌歷史結束了，營業額也隨之下降。1978 年，擴大了 2 萬平方米，增加了 350 間套房來吸引團體會議客人，此舉起初曾有起色，但是在最近五年，出租率和房價持續下降。最近又丟了一顆星，降格為三星級。

　　的降格促使 Mr. Redgrave 採取行動。Mr. Redgrave 是的業主，並且他不滿意，他的的收入應該在 1500 萬美元至 1600 萬美元之間，而近兩年來每年不到 1200 萬美元。他請那位從 1997 年就任職的總經理吃了一頓告別晚餐，並送了他一只金錶然後他聘請了 Ken Richards，一位在 Richmond 有經營會議經驗的總經理來掌管，以圖扭轉局面。

　　在與 Ken 的見面過程中，Mr. Redgrave 總結了他見到的情勢。

　　「我要更新改造 Sunnyvale，讓它重拾昔日風采。我知道有時你花錢是為了賺錢，但我想投入的幾百萬美元要在能發揮作用的專案上。可是對如何投資才能使 Sunnyvale 產生回報我還沒有把握。」

　　「前任總經理在這裡工作了很多年，自我買下這地方他就在這裡

了，他不常和我溝通。我嘗試放手讓他做，給了他很大的空間。但是最近幾年營業狀況轉壞，而且愈來愈糟糕，他甚至無力挽回局面。坦率地說，我不懂經營，所以聘請你。我希望你找出原因，把營業額提升至應有的水平。如果我看到 Sunnyvale 有返回正確軌道的跡象，我會再投資。當然需要時間，我們要使 Sunnyvale 處處重現一流水準。這樣不僅我高興，你的工作也更容易。」

Ken 根據以往在其他的經驗，認為低出租率和低房價並不是癥結所在，而是表明徵狀。他在對的初步查看中就發現不少問題：牆需要重新油漆，蓮蓬頭漏水，地毯變薄等。事實上整個，甚至相對較新的套房和會議設施也都顯得陳舊落伍。但在工作的第一周，更重要的事是要與所有經理談話。他特別希望在周一上午首次召開的管理人員會議之前盡可能地向他的部門經理瞭解情況。

Skip Keener 是的行銷總監，在 Sunnyvale 工作了四十年，對於他，當年的輝煌尚歷歷在目。「我初到這裡，正是開始營業，」他說。「當時一切完美無缺，南方住宿雜誌（Southern Living maganizine）每年都有介紹的文章。但是由於落伍一切發生變化，從 1970 年代起，我就以會議設施來招徠團體會議，如吸塵器銷售會議，Kentucky 鋁業協會和 North Carolina 二手車商協會的客人。正是這些客源維持著我們的日常經營。我告訴你，當年的風采難拾。」

的客房總監 Ruth Harless，在工作了三十年，她也很懷念過去的歲月，「那時的節奏要慢得多，」她說，「顧客住店時間比較長：十天、兩周，甚至一個月。你有時間瞭解客人，客人也瞭解你。現在大部分客人住兩三天就走了。一切都顯得匆匆忙忙。」Ken 瞭解到 Ruth 在保持清潔方面水準不如以前，他聽說「她曾經是對所有細節都不放過的人，每間客房都清潔無瑕。但現在的客房經不起檢查。」Ken 還瞭解到 Ruth 十二年前就不再出席行政會議，理由是「我沒時間」。

Bob Ruggles 是的總工程師。由於他在「僅」十一個年頭，所以 Skip 和 Ruth 仍稱他為「新手」。「我不知道為什麼擺脫不了目前的處境」他垂頭喪氣地說。他還告訴 Ken，由於已陳舊，他每天面對大量的維修問題。「不是水管出現問題就是電出問題，電修好了，空調又出了問題。問題不斷。我才滅了一次『火』，那裡又有兩處『燒了』起來，我趕也趕不上。」

訂房部經理 Teresa Mansfield 來工作已有 3 年，但仍被視為「新人」。

行政人員中還沒人和她特別談得來。一位其他部門的助理經理告訴Ken，「她看起來總是怒氣衝衝的，但從不多說一句。」她的怨言是：在她被排斥在決策層之外，她總是處於被動執行的局面。Skip常常在不與她聯繫的情況下增加團體房的銷售量。她說：「我無法掌握確切的客房數，連一兩天內有多少可出租的房都不知道。」

最後一位也是來時間最短的行政管理人員，叫Jon Younger的餐飲總監。他是六個月前才到這家渡假的。因為前任餐飲總監 Abe Williams 在這裡工作了三十二年要退休了。恰逢部門這三年表現一路下滑，他就選擇了退休。聰明能幹、雄心勃勃的Jon 曾試圖激勵餐飲部員工重振餐飲部的聲譽，但機會實在不多。Skip銷售總監在Abe任職的最後幾年收到顧客投訴如此之多，以致他把大部分大型餐飲活動都安排在之外，而的餐飲部只接待免費的小型用餐（如團體抵達當日的免費雞尾酒會）。Jon 請求Skip在安排更多的餐飲活動，還請前任總經理支持他，但至今這些要求似乎沒有實現。在來工作的頭30天，Jon先是擔任部門經理的角色，後來感到工作壓力，於是開始消沈，與 Skip 等人打交道時也變得不那麼爽快。

Ken在周末就對的主要癥結有了明確的概念。銷售部忙忙碌碌地引進客源，但卻沒有與有關部門進行溝通。結果引起混亂，造成服務品質低下、顧客不滿。為了使有意見的客人再次光顧，銷售部只能不斷調低房價。Ken設法找到一個能中斷這種惡性循環的方法。

周一上午，Ken在他第一次行政會上向部門負責人傳達了業主要對長期投資使健康發展的承諾。「Regrav先生將要對投入大量資金，使它重上四星，不過他希望在投資前扭轉房價和出租率下滑的趨勢，同時一線服務也能得到加強。我已經答應立即採取行動。我知道各位像我一樣想把事情做好。」Ken拿起一枝筆，開始徵求圍著桌子而坐的經理們的意見。「我已經看過各種報表，」他指指面前的一大疊紙「不過我想親耳聽聽你們的想法。在座的誰能談談營業額不斷下滑的理由？」

部門經理面面相覷，沈默無言。最後Jon Younger 開始發言，「我想到的一大原因是我們太多的餐飲業務拿到外面去做了。」隨後會議又出現了冷場。

「是的，」Ken 過了一會兒表示同意這看法，為促使更多發言他說：「我看了財務報表，和我們規模相比，餐飲收入太少了，怎麼會造成這種情況的？」

「好吧，我本來不想講，」Skip 說，「我從客人那裡收到如此多的投訴，最後只好決定在飯店外安排餐飲活動。我聯繫了幾家餐廳，他們做得很好，就在對馬路的 Gourmet Steakhouse。我把團體用餐安排在那裏，客人吃的牛排比盤子還大。他們以西部牛仔的風格進行服務，用餐時還有小戲劇和槍戰表演。客人很喜歡這種安排。」

「問題是，」Jon 進行反駁，「Skip 沒有給我機會表現，剛才提到的投訴都是 Abe 手上發生的。我們現在被那些免費招待活動害慘了。每個團體抵店當日都有免費雞尾酒會，這大大影響當晚的餐飲銷售，因為所有客人都參加免費酒會，享用了大量冷盤和免費的酒。為什麼第一天不舉行宴會？那才是有利可圖的生意。」

「你有什麼看法，Skip？」Ken 問道。

「好吧，我想說的是當一位客人站在你面前，看著你對你說『上次我在這裡訂宴會，結果一塌糊塗：我們訂了 8 人，而安排的餐位少了，使大家很尷尬，不好入座。你們忘了放冰雕，湯是冷的，主菜等了好久才上，大部分菜肴都是冷的。這頓飯從頭到尾一直聽到抱怨。所以你們要我再來這裡請客，必須要有變化。』我們許多客人每年都要來這裡一兩次，他們對曾經有過的遭遇記憶猶新。」

Ken 邊聽邊記錄「可是客人反映的這些問題並不是 Jon 執掌餐飲部後發生的，對不對？」

「那倒是，」Skip 說，「不過對我們不能提供高品質的餐飲服務這種想法仍揮之不去」。會議出現了沈默，Ken 問 Teresa：「你認為訂房有什麼問題？」

Teresa 吞吞吐吐，她講話就是那樣。對她來說，在總經理面前把問題談開是個好機會。「好吧，有件事可以改進」她說，「我們從來不知道 Skip 銷售了多少客房。所以有時我擔心超額訂房而把客人安排在其他，但更多的是訂房不足，是因為 Skip 控制的客房超過了實際銷售量。常常還有機會賣房，但是客房都由銷售部控制，團體不需要那麼多房，而我卻無房可賣，這樣的事發生了好幾次。」

「此外有些客房不受歡迎，很難推銷，」Teresa 接著說，「Skip 總是占用套房和較好的客房，哪怕有時房間已經排給了散客，他還是把這些客房給了團體，結果我們不得不高價推銷那些不太受歡迎的房間。團體房價是 150 美元，但大多數情況下 Skip 以 120 美元賣出。這樣我們面臨的壓力很大。我的房價銷售目標是每間 170 美元，我卻要比這更高的

價格推銷銷售部賣剩的房間，就是那些洗衣場隔壁的或景觀不雅的房間，實在很困難。」

　　Skip雙臂交叉在胸前，「團體應該得到優惠，特別是他們在附近也能得到這樣的優惠。單靠你銷售的那些客房是付不起你的薪資的。要是你認為一年銷售一萬間客房容易的話，你可以試試！」

　　Ken對Skip說：「你完成的是客房間天銷售指標而不是營業額指標，是嗎？」

　　「對極了。我如果銷售不出上萬間客房就拿不到獎金。這很不容易，尤其是還遇到這樣那樣的問題：貴賓也常常因為套房沒打掃好而不得不在大廳等候。Bigshot先生第一次光顧便遇到客房在打掃，只能在大廳等，根本談不上專人引領他到漂亮的套房使他有賓至如歸的感覺了。出了這樣的事你下次如何向他們再銷售客房？」

　　「等一下，」Ruth插話說，「這是什麼時候的事？一般我都會中斷客房清掃工的正常清掃順序，為了讓他們先突擊打掃套間，提早準備好讓貴賓使用」。

　　「提早準備好？」Skip嗤之以鼻。「他們從來就沒提早準備過！鮮花和水果從來就沒有在客人進房前擺好……」

　　「我聲明我們每次都提前送到客房的」Jon又插話說。

　　「你說的對，Jon，我忘了告訴你，有時我忙得不可開交，總希望趕快把事情做完，好讓員工進入正常清掃次序。」Ruth辯解說，「這種事常常打亂全天的安排。」

　　「清掃到底出了什麼問題？」Skip問Ruth。「就在兩周前，一位州立協會主席找我，告訴我他太太不敢洗澡，因為發現浴缸出水口一團毛髮。這時候我多尷尬。」

　　「上批客人退房時間中午12點，而下批客人抵店也是中午12點，你叫我們怎麼辦？」Ruth說。「我們沒時間做適當的工作。」

　　「這種情況是經常發生的嗎？」Ken問道。「我是說套房客人前腳走後腳到的情況。」

　　「經常發生，」Ruth說。

　　「所以你不得不常常突擊打掃客房？」Ken指指面前的報告說：「我發現客房部的人事成本很高，這麼多的突擊打掃應該是原因之一。」

　　「這種情況發生得太多，」Ruth回答說，「你說得不錯，這會影響成本。因為我的人還有規範的作業，上班時間就比正常的長，這樣就增

加了加班薪資的支出。」

「客人的投訴也隨之增加，」Teresa 說。「Ruth 把人從正常作業中調離去突擊打掃套房，其他客房就來不及按時完成，結果給客人造成不便，引起不滿。客人的這種不滿又會逐漸擴大到對整個的不滿。」

「另外，」，Ruth 補充說，「當你只有 10 分鐘時間打掃一間房，你就很難不漏掉一些細部，因此不斷突擊打掃對管理人員也會造成不良影響，他們開始變得粗枝大葉，即使不忙也會有類似情況發生。他們有些人認為，貴賓的套間也不過是匆忙打掃一下就成，更何況其他客房。我真的要設法扭轉員工的這種態度。」

「我們接下來要研究改進這方面的問題。」Ken 邊說邊記錄。

「當你對團體入住資訊和客人需求不充分瞭解的話，你無法做計畫」，Teresa 話有所指，望著 Skip。

「這也是我措手不及的原因之一，」Bob 表示贊成，「我也總是對要發生的事情一無所知。我整天接到的電話「113 房間漏水、27 號套房客人想開空調，但是空調啟動不了。」我曾提前 5 天要客房部預留房，突然來一個大團，客房全部售完。我的維修計畫泡湯，顧客投訴出現了，而我忙得不亦樂乎。」

「我對爭取團體回頭客只有降價一招」，Skip 說，「我打電話給客人，客人告訴我說上次住店的一批客人都不滿意，怎麼能再安排住你的？所以我只好給他降低房價，為會議茶敘提供免費咖啡，還提供免費早餐。你希望他們明年再來，你就不得不這樣做。即使做了也不見得成功，有時客戶還會流失。」

「我的客房主管對報修單問題未能修好很不滿意，」Ruth 說，「他們問怎麼會出現這種情況，我也不知如何回答，因為沒人告訴我其中的原因。」

「如果你有時間我很願意告訴你原因，」Bob 說，「這不是我的過錯。我得不到來自任何方面的配合。」

「你每次都需要 5 天嗎？」Teresa 問道。「合作是雙向的，你知道有時一間客房要連續 5 天『待修房』狀態是不可能的。」

「我希望有 5 天，不明白為何這麼難。」

「一間房 5 天待修狀態，不算大問題，」Skip 說，「但你的單子上遠不止一間，這就成了問題。」

Ken 舉起雙手，結束了這場討論。「很明顯，會議中很多人有挫折

感，之所以有這種感覺是因為你們還是想把工作做好。不過作為同事，你們不但沒能夠互相幫助，反而給對方造成困難。這種局面不僅給你們帶來挫折感，也給你們的顧客帶來挫折感，因為他們沒有得到應該得到的服務。」Ken停頓了一下。「你們的目的不是給對方出難題吧？」Ken笑著說，「我想你們都只是把目光集中在本部門，沒有從大局出發考慮問題。

　　「我從今天聽到的問題中得出這樣的結論，我們面臨的最大問題是相互缺乏交流。我們要學習如何更好地溝通，使大家更好地為對方提供服務，為顧客提供服務。更好的溝通能開闊我們的視野，提升判斷問題的能力。

　　「我希望在九十天內給Redgrave先生看到的起色」，Ken繼續說道，「為了達到這一目標，在座各位在下周一的晨會上就如何改善溝通、增強團隊精神發表見解。我自己也要好好考慮這問題，在下次會上我會向各位提出我的建議。」

討論題

1. 由於管理人員之間溝通不暢，導致部門工作中出現什麼樣的問題？
2. Ken會提出哪些建議來幫助部門經理建立團隊合作的工作氣氛？
3. 如果經過一段時間，部門經理仍無法建立團隊合作氣氛，Ken會採取什麼樣的行動？
4. 在接下來的90天Ken會拿出哪些成績向Sunnyvalue的業主彙報起色？

案例編號：3322GA

下列行業專家幫助蒐集資訊，編寫了這一案例：Richard M. Brooks, CHA, Vice President of Service Delivery System, MeriStar Hotels and Resorts, Inc. and Kenneth Hiller, CHA, Vice President, Snavely Development, Inc.
本案例也收錄在 *Case Studies in Lodging Management* (Lansing, Mich: Educational Institute of the American Hotel & Lodging Association, 1998), ISBN 0-86612-184-6。

附錄：客務部工作說明範本

客務部工作說明書範例

　　許多對客務部員工實施交叉訓練，建立標準化工作程序。在小型，一名員工就能處理預訂、入住、總機、結帳退房等項業務。隨著越來越多的實現檔案資料的電腦化，上下級之間的責任關係也不再那樣分明，因為資訊系統能把大部分櫃檯所需的資料整合起來，讓客務部員工都可使用。

　　許多把客務部的員工稱作櫃檯人員、顧客服務代表或類似的其他名稱。即使在按傳統方法劃分部門職責的，每個工作的叫法也在不斷變化。這些變化反映了對該工作涉及的職責的重新評估或為了避免某個工作名稱可能出現的消極影響。這本教科書中採用的職務名稱代表了發展趨勢。在附錄中的工作職責是對一家中型客務部工作說明。

客務部經理工作說明書

名稱：客務部經理

直屬上司：助理總經理或總經理

工作提要：直接管理所有客務部員工並確保正確履行客務職責。負責對櫃檯、訂房、總機各區域和各項顧客服務進行指揮協調。

具體職責：

1. 參與挑選客務員工；
2. 負責對客務員工進行訓練、交叉訓練和重複訓練；
3. 負責客務員工的工作班次安排；
4. 監管每個班次的工作負荷；
5. 負責對客務員工的工作表現作評估；
6. 與所有其他部門進行溝通保持工作聯繫；
7. 負責控制萬用鑰匙；
8. 保持客房狀態資訊的正確性和正常溝通；
9. 迅捷、高效、禮貌地為顧客解決問題；
10. 更新團體客人資料，負責管理團體客源的住宿資料，並將各種資訊通知有關人員；
11. 監管顧客信用額度並完成報表的製作；
12. 執行並控制客務部預算；
13. 負責與前一班次值班經理交接班，並將當班的詳細資料交與下一班次的值班經理；
14. 負責管理收款員的上下班，並檢查每個班次的備用金和預收款；
15. 嚴格執行所有關於現金處理、支票兌現以及信用方面的政策；
16. 主持客務部的例會；
17. 上班時著工作服，並要求客務部員工能按要求裝合適當的制服上班；
18. 保持熱情待客的服務水準。

工作規範：

學歷：至少兩年制大學以上，必須能說、讀、寫和理解工作主要常用語言。

工作經驗：至少擔任櫃檯主管一年以上，有處理現金、收款程序和一般管理工作的經驗。

體能：在手指功能、抓握、書寫、站立、端坐、行走、反覆動作、溝通、觀察力等方面有要求。

櫃檯人員說明職責

工作名稱：櫃檯人員

直屬上司：客務部經理

工作提要：在顧客住店期間，代表與顧客打交道，確認他們的預訂種類和居住天數。幫助顧客填寫入住登記表、安排客房。盡可能地落實顧客特殊要求。弄清顧客付款方式、按檢查步驟跟蹤監管顧客信用，把顧客和客房的有關資訊分別記錄在櫃檯架中，並將有關資訊通知到相關人員。與客房部緊密合作，即時更新房態資料以保持其準確性。協調維修保養工作。保管好客房鑰匙和保險箱。必須具備銷售意識，為顧客提供多種選擇，並幫助顧客做出選擇。熟悉可銷售房的位置和類型，同時瞭解內的各種活動和服務內容。

具體職責：
1. 為顧客辦理入住登記手續，安排客房。盡可能落實顧客的特殊需求；
2. 做好預訂顧客抵店前的準備工作，並把已預訂房留存起來；
3. 透徹理解和準確貫徹有關掛帳、支票兌現和現金處理的政策和程序；
4. 懂得查看房態和記錄房態的方法；
5. 瞭解客房位置，可出租房的類型和各種房價；
6. 用建議性促銷法來銷售客房並推銷其他服務；
7. 把退房、延期退房、提前進店及各種特殊要求包括白天小時用房資訊通知客房部，以便共同合作即時更新房態，保持其準確性；
8. 掌握預訂工作知識，必要時能辦理預訂當日房和他日訂房，也要懂得取消預訂的程序；
9. 管理好客房鑰匙；
10. 懂得如何使用櫃檯設備；
11. 辦理結帳和退房手續；
12. 把住店散客、團客和非住店客發生的帳單登入進客帳，並管理好客帳；
13. 按程式為顧客提供保險箱的啟用和結束服務；
14. 使用正確的電話禮儀；
15. 按準確步驟處理郵件包裹和留言；
16. 每天閱讀和記錄交班記事本以及布告欄。瞭解當天內舉辦的各種活動和會議消息；
17. 出席部門會議；
18. 就客房維修工作與維修部保持合作；
19. 向經理或副經理彙報任何非正常事件和顧客的特殊要求；
20. 瞭解有關安全和緊急事故處理程式，懂得預防事故的措施；
21. 保持櫃檯區域的清潔和整齊；
22. 瞭解因業務量變化而存在調整班次的可能性。

工作規範：

學歷：高中畢業或同等學力。必須能說、讀、寫和理解工作場所主要用語。必須會說和聽懂工作場所顧客使用的主要語言。

工作經驗：必須有工作的經驗。

體能：在手指功能、抓握、書寫、站立、端坐、行走、反覆動作、溝通、觀察力等方面有要求必要時能舉起40磅的重物。

訂房員工作職責

工作名稱：訂房員

直屬上司：客務部經理

工作提要：負責用郵件、電話、電傳、電報、傳真等方式或通過中央訂房系統與顧客、旅客和加盟店網路就預訂事宜進行溝通。建立並保管通常以抵店日期和字母程序排列的訂房記錄。擬定確認預訂的信函，準確受理各種預訂取消、預訂變更和更新預訂。根據預訂記錄統計出未來可出租房的數量並幫助製作客房收入和出租率預測。其他職責還有：為櫃檯製作預期抵達客人名單，需要時列印即將抵店的顧客登記表以及處理預訂顧客所交定金；瞭解客房類型、位置和格局；瞭解各種套裝產品的內容、價格以及顧客能得到的優惠。

具體職責：

1. 透過郵件、電話、電傳、電報、傳真等方式或中央預訂系統處理訂房業務；
2. 負責處理從銷售部、其他部門以及旅行商那裏獲得的訂房資料；
3. 瞭解客房類型、位置和格局；
4. 瞭解所有套裝產品的銷售狀況、價格和優惠內容；
5. 瞭解信用政策和如何為每個預訂做編號的方法；
6. 以抵店日期和字母順序建立預訂資料庫和管理預訂資料；
7. 根據制定的銷售政策決定房價；
8. 確認預訂信函的準備；
9. 與櫃檯溝通訂房資訊；
10. 受理預訂取消和預訂變更事宜，並將這些資訊正確傳遞到櫃檯；
11. 瞭解有關預訂擔保和取消預訂的政策；
12. 受理客人繳納的訂金；
13. 根據預訂資料統計可出租房數量；
14. 幫助製作客房營業收入和出租率預測；
15. 製作預期抵店客人名單供櫃檯使用；
16. 需要時幫助做好客人抵店前的各種準備；
17. 監控預付訂金的要求；
18. 處理每日信件，回答詢問，接受預訂；
19. 確保及時更新訂房資料；
20. 任何時候都要保持工作場所的清潔和整齊；
21. 以友善、禮貌、友好、助人為樂的態度與顧客和同事交往。

工作規範：

學歷：高中畢業或同等學力。必須能說、讀、寫和理解工作場所主要用語。必須會說和聽懂工作場所顧客使用的主要語言。

工作經驗：希望曾有工作的經歷。

體能：在手指功能、抓握、書寫、站立、端坐、行走、反覆動作、溝通、觀察力等方面有要求，要有較好的口才。

客務收款員工作職責

工作名稱：客務收款員

直屬上司：客務部經理

工作提要：將來自各營業單位的帳單登入到客帳。在客人辦理退房手續時結帳收款。與財務部合作做好信用卡支付和以轉帳方式支付的結帳工作。在每個班次結束前要做好客帳平衡表。櫃檯收款員承擔櫃檯所發生的現金管理責任。為顧客提供支票兌現和外幣兌換服務。

具體職責：

1. 操作櫃檯記帳設備；
2. 領取備用金，保持帳款平衡；
3. 完成上班前各項準備工作；·
4. 開始工作前做好清機工作；
5. 為顧客建立客帳；
6. 把發生的費用登入客帳；
7. 處理應付款；
8. 按要求把客帳轉帳到其他戶頭；
9. 在批准的政策範圍為顧客兌現支票；
10. 完成顧客結帳退房程序；
11. 為顧客辦理結帳；
12. 按要求正確處理現金、旅行支票、私人支票、信用卡和轉帳方式的結帳；
13. 登入非住店顧客的應付款項；
14. 做好帳目調整；
15. 結帳時將帳單記錄交給客人；
16. 把以信用卡支付的帳單以不同的信用卡種類匯總；
17. 把非住店客人發生的費用分別登入到各個有關公司的總帳單上；
18. 在結束工作時製作本班帳目平衡表；
19. 在結束工作時製作資金平衡表；
20. 管理保險箱。

工作規範：

學歷：高中畢業或同等學力。必須會說、讀、寫和理解工作場所主要語言。

工作經驗：最好有工作的經驗。

體能：在手指功能、抓握、書寫、站立、端坐、行走、反覆動作、溝通、觀察力等方面有要求，必須有基本的電腦操作技能。

HOUSEKEEPING MANAGEMENT

總機工作職責

工作名稱：總機

直屬上司：客務部經理

工作提要：用清晰、明確、友善、禮貌的語氣說話。使用聆聽技巧使來電者能流暢地說出需求以便獲得正確、完整的資訊。接聽電話並透過總機系統轉接客房或店內的個人和部門。接受並分發顧客留言，提供顧客服務的各種資訊，回答有關各種公開活動的詢問。為和員工提供尋呼找人服務。為顧客提供叫醒服務。

具體職責：

1. 接聽電話；
2. 把進店電話轉接到客房、相關員工或部門；
3. 受理出店電話；
4. 負責接受電話公司送來的話費帳單；
5. 為顧客接受、分發留言；
6. 記錄所有叫醒服務的要求，提供電話叫醒服務；
7. 向顧客提供顧客服務信息；
8. 問答內舉辦各種活動的有關問訊；
9. 懂得電話總機的操作方法；
10. 為顧客和員工提供尋呼服務；
11. 懂得一旦收到報警電話時應採取的相應行動；
12. 在工程維修部下班後，負責監管包括消防報警和電話設備在內的自動作業系統。

工作規範：

學歷：高中畢業或同等學力。必須會說和聽懂顧客使用的主要語言。

工作經驗：希望曾有工作的經驗。

體能：在手指功能、抓握、書寫、站立、端坐、行走、反覆動作、溝通、觀察力等方面有要求，有較好的口頭表達能力。

夜間稽核員工作職責

工作名稱：夜間稽核員

直屬上司：客務部經理或會計部

工作提要：每天檢查客務帳務記錄的準確性，匯總資料，編制財務報表。計算客房收入、出租率和其他客務經營統計資料。分類統計現金使用、支票和信用卡消費的數量以反映當天的財務狀況。把一天的房價和稅收以及白天櫃檯收款員未登入的客人消費單計入客人帳戶。處理顧客繳費憑證和信用卡憑證。審查早班收款員和櫃檯人員所做的消費憑證登入和平衡表。監管各種票據、折扣使用權和促銷活動計畫執行情況。能夠實施櫃檯接待員的工作，尤其是能夠按進店和退房程式為顧客提供服務。

具體職責：

1. 將房費和相應稅收計入客帳；
2. 整理顧客繳費憑證和使用信用卡消費的憑證；
3. 把白天收款員未入帳的客人消費單登入客人帳戶；
4. 把各種費用和現金匯總統計；
5. 審核所有帳單登入和平衡表製作的準確性；
6. 監管各種票據、折扣權和其他促銷計畫的實施情況；
7. 計算客房收入、出租率和其他各種櫃檯統計資料；
8. 匯總使用現金、支票和信用卡的消費數量；
9. 為管理層匯總經營成果；
10. 懂得稽核、做帳及結束帳戶的原則；
11. 懂得如何操作收銀機、打字機和櫃檯其他設備以及電腦；
12. 懂得如何實施入住和退房程式。

工作規範：

學歷：至少二年制大學程度。必須會說和理解工作範圍使用的主要用語，以及必須會聽會說來店顧客使用的主要語言。

工作經驗：至少有一年工作的經驗。

體能：在手指功能、抓握、書寫、站立、端坐、行走、反覆動作、溝通、觀察力等方面有要求。

顧客服務經理工作職責

工作名稱：顧客服務經理

直屬上司：總經理／客務部經理

工作提要：監管所有顧客服務的運作，包括櫃檯、預訂、總機、行李、班車以確保服務質量和顧客的滿意度。

具體職責：

1. 信函回覆關於價格和其他方面的問題；
2. 訓練新進部門的員工；
3. 清楚瞭解客房狀態顯示架的位置、客房類型以及客房狀態顯示架的使用、套裝產品和折扣規範等方面的知識；
4. 詳細瞭解服務專案、內容以及服務時間；
5. 監管提供保險箱服務的狀況和安全；
6. 瞭解各項安全措施和緊急狀況處理程式，知道一旦出現問題應採取的行動。懂得事故預防政策；
7. 瞭解現金處理程式，把所有費用歸檔並計入客人總帳單和掛帳單；
8. 透徹瞭解信用和支票兌現方面的知識，知道如何操作並能嚴格遵照執行；
9. 參與解決一切引起顧客不滿的事件，爭取在政策許可的範圍內使顧客重新獲得滿意感；
10. 建立與保持和預訂系統有關的各方面的關係，以最大可能提高盈利能力。

工作規範：

學歷：至少兩年制大學以上。會說和聽懂顧客使用的主要語言。能說、讀、寫和理解工作場所使用的主要語言。

工作經驗：至少有一年以上擔任櫃檯主管的工作經歷，有處理現金、帳務程序和一般管理事務的能力。

體能：在手指功能、抓握、書寫、站立、端坐、行走、反覆動作、溝通、觀察力等方面有要求。

服務中心主管工作職責

工作名稱：服務中心主管

直屬上司：客務部經理

工作提要：顧客與內外聯絡的作用，發揮櫃檯功能的延伸作用。為客人提供有關旅遊景點、設施、服務、各種活動的資訊。懂得如何才能詳細、準確地介紹。為顧客代訂和購買機票、戲票或其他活動的入場券。組織舉辦一些專項活動，貴賓的歡迎酒會，安排秘書服務等。

具體職責：

1. 對的設施和服務以及周圍社區有非常深入的瞭解；
2. 就某一目的地或內外設施的方位、特點、功能提供資訊；
3. 向顧客介紹當地或內熱點專案、設施、服務和正舉辦的各種活動的資訊；
4. 代客預訂機票以及車船等其他交通票證，並安排行程和取票；
5. 代客預訂戲票以及其他各種文娛演出的門票，並代客取票及告訴前去的方向和路線；
6. 根據領導指示，組織一些特別活動；
7. 為顧客安排秘書或其他辦公室服務；
8. 就客人提出的一些特殊服務和特殊設施要求與有關部門協調；
9. 定期與住店顧客聯繫以確認客人還需解決的問題；
10. 在允許的範圍內，處理顧客投訴，解決問題。

工作規範：

學歷：至少兩年制大學以上學歷，最好主修過商業、銷售或市場方面的科目。必須會聽、說、讀、寫工作場所使用的語言和顧客使用的主要語言。

工作經驗：至少有兩年以上從事銷售的經歷和至少一年以上的管理工作經歷。

體能：要能彎腰、曲伸、攀登、站立、走動、端坐、指法、伸展、抓握、提物、舉物、反覆動作、視覺敏銳，有傾聽、書寫和口頭表達方面的能力。

3

CHAPTER

客務部的營運

學
習
目
標

1. 掌握傳統顧客服務過程中的不同階段顧客服務和客帳處理的內容。

2. 界定表示客房不同狀態的專門術語的含義。

3. 瞭解客務檔案資料系統是如何發展的。

4. 瞭解飯店在電信方面所提供的服務以及所擁有的設備。

5. 掌握飯店電腦管理系統有哪些常用的客務基本功能。

6. 掌握後場系統的基本作用以及與飯店電腦系統如何連接。

　　客務部所有的功能、活動及組成部分都是為了支持、促進對業務銷售和顧客服務的目的。正確地利用客務部工作場所、設備以及各種報表是一家飯店以及一個部門成功的關鍵因素。當然首要的因素應是精確地計畫和掌管客務的業務活動。

　　對許多旅客而言，客務部就代表了飯店。客務部是顧客與飯店員工接觸的主要場所，幾乎涉及飯店提供的每項顧客服務內容。這一章將回顧在顧客入住期間客務部在每一階段所發揮的作用，這一過程稱之為顧客服務全過程。討論將集中在這一過程的每個階段、各種報表、工作場所設計、設備、相關任務及電腦的使用這些方面。

第一節　顧客服務的循環過程（The Guest Cycle）

　　一位顧客在一家飯店居住期間所發生的財務交易活動，決定了飯店的經營活動流程。傳統上這個業務流程可以分成顧客服務的四個階段。圖 3-1 以圖解的方式顯示了這四個階段：抵店前、抵店、入住和退房。對每一階段的顧客服務和顧客帳戶管理相關的重要工作內容都將詳細說明和分析。

　　圖 3-1 顯示的顧客服務過程並不是一個一成不變的標準模式。因為各個階段的活動和功能是相互關聯的，有些飯店就把這一傳統的過程發生的一切稱之為銷售前、銷售中以及銷售後，這一改變會有助於飯店各部門之間的合作。但是傳統的顧客服務全過程的概念仍然在行業中廣泛使用。

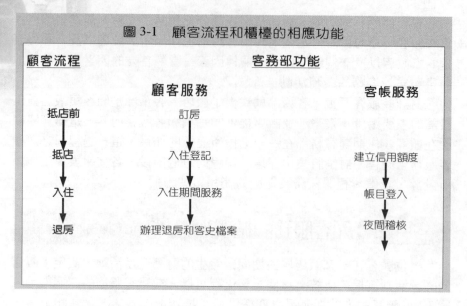

圖 3-1　顧客流程和櫃檯的相應功能

顧客流程　　　　　　　　　**客務部功能**

　　　　　　　顧客服務　　　　　　客帳服務

抵店前　　　　　　訂房

抵店　　　　　　入住登記　　　　　建立信用額度

入住　　　　　　入住期間服務　　　　帳目登入

退房　　　　　辦理退房和客史檔案　　夜間稽核

　　客務部的員工需要瞭解顧客居住期間所有階段發生的顧客服務以及房客帳目有關的活動，他們如清楚地瞭解飯店的這一業務流程，就能根據房客的需要提供高效的服務。圖 3-2 就是顯示了在每一階段中，哪些客務員工構成提供服務的主要角色。

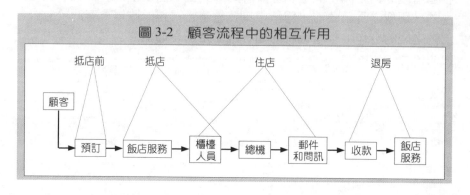

圖 3-2　顧客流程中的相互作用

抵店前　　抵店　　　　住店　　　　退房

顧客 → 預訂 → 飯店服務 → 櫃檯人員 → 總機 → 郵件和問訊 → 收款 → 飯店服務

一、抵店前

顧客選擇飯店，發生在顧客服務流程抵店前這一階段。顧客的選擇結果反映了許多方面的因素，有上次入住的感受、廣告宣傳、公司的有關政策、旅行社、朋友和同事的推薦、飯店的位置或口碑、顧客忠誠方案，以及對飯店或所屬連鎖品牌的期望。

辦理訂房是否容易，訂房員如何介紹飯店設施，房價和顧客服務內容，這些也影響顧客的決定。

訂房員必須快速、準確地回答訂房要求。正確處理訂房資訊對一家飯店至關重要。有效的程序能使訂房員利用時間蒐集相關資訊，同時更積極好地介紹飯店的服務。

如果一個訂房要求與訂房系統顯示的可銷售房間資訊吻合，那麼就能接受這個訂房要求，訂房員就建立起一份電腦訂房記錄，這份記錄就開始了飯店顧客服務的過程。這份記錄也能使飯店做好特殊服務的準備，配備好所需的人員和設備。透過對一個訂房的確認，飯店可以驗明房客顧客房的要求和其他個人資料，並使顧客瞭解他的要求已被接受。根據訂房階段收集到的資訊，飯店的管理系統可以自動完成入住前的一系列工作，包括自動按要求排房和定價，並在辦理入住登記前就建立起一份顧客的電子帳單，這份帳單於記錄了費用和入住期間獲得的信用授權。一個電腦化的訂房系統由於能做到正確地控制可出租房的數量和預測客房收入，所以能把客房銷售的數量提到最高程度。根據對各種訂房報表的分析，客務管理人員能更深入的瞭解飯店的訂房模式。在訂房階段獲得的資料，對進一步發揮客務的其他功能尤為重要。無庸置疑的是，訂房階段最重要的結果是顧客抵店時有一間他期待的客房。

二、抵店

顧客服務過程中的抵店階段，包括入住登記和安排客房。顧客到達後，就在客務部建立了自己與飯店間的交易關係。這時客務員工的責任是，通過釐清這種雙方的關係，來監控相互間的財務交易。

在辦理入住登記前，櫃檯接待員應確認顧客的訂房情況。如已經辦理了訂房的，則房客登記表已準備好了。如顧客未辦訂房，是散客，這對櫃檯接待員來講是一個推銷客房的機會。為了成功地抓住銷售機會，客務員工必須非常熟悉飯店客房的類型、房價和顧客服務的內容，並能

以自信向顧客介紹。散客如果對你介紹的客房將半信半疑，那他是不會辦理入住的。當一位顧客辦理了房住登記，那麼不管他事先有無訂房，他們就正式成了飯店的房客。一般來說，透過飯店客房管理系統，能迅速確定有無顧客要求的房間和設施。一份電腦訂房記錄，無論在抵店前還是抵店時建立，顧客務的有效管理都是不可或缺的。登記表中包含的資訊有顧客選擇的付款方式、居住天數以及顧客其他方面的需求，如加床和嬰兒床，還應包括顧客的轉帳地址、電子郵件信箱和電話號碼。

　　當顧客出示一種證明，這也就表示飯店一顧客關係的正式確定。如果登記時出示一張有效的信用卡，就可認為雙方希望成為飯店的顧客。這種關係的確立無論對飯店還是對顧客都是有利的，飯店得到了顧客支付飯店提供的客房和服務的法律保證，客人得到了在入住期間個人安全方面的法律保證。

　　在訂房和入住登記時蒐集到的房客資訊，為客務部增強了滿足顧客特定需求的能力、預測住房率的能力和為顧客正確結帳的能力。到了退房結帳階段，顧客的入住登記表可以成為建立客史檔案的重要資料。一份客史檔案是飯店對於顧客個人習慣和財務資訊的記錄，會對飯店的市場和銷售發揮作用，當顧客再度入住時可以利用它線上訂房或入住登記。飯店的客房管理系統按既定程序根據入住登記資料自動為每個顧客安排一種類型的客房和價格。客房和房價的分配既取決於訂房資料（長期可出租房數量），又取決於客房狀態資料（近期可出租房數量）。客房部發生的房態變化必須盡早與櫃檯聯繫，這是為了使客房管理系統有最大數量的可分配房。一些常用的客房狀態術語見圖 3-3。

　　飯店客房的類型從標準單人間起到豪華間。圖 3-4 陳述了飯店主要房型的定義。在一家飯店內同樣的房型，由於傢俱配備、用品提供和位置朝向不同，都可能產生價格上的差別。

　　櫃檯接待員必須時常提防可能發生的對顧客身體的傷害。美國殘障人士協會現在要求新建飯店都要做到無障礙設計，無障礙的意思就是在設計住宿設施和設備時必須有方便殘障人士的觀念。一些專門設計的無障礙客房，進門通道更寬，可以方便輪椅進出（客房和浴室門），增大的浴室，馬桶邊和浴缸內裝有把手。輪椅可直接進淋浴室，降低了洗臉台，還有不高於膝蓋的洗臉盆。房門和浴室門上安裝把手而不是旋鈕，煙霧感應器透過閃光燈和枕頭振動儀來報警（專門為聾人設計）。其他無障礙設計的介紹將在本章後面敘述。

圖 3-3 房態術語

在顧客入住期間，由客房部掌管的客房狀態會經常變化。在行業中用一些專門的術語來表示客房狀態的變化。當然並不是每間客房在每次出租時都會發生下列房態變化。

出租房（Occupied）：已有顧客正住在此客房。

免費房（Complimentary）：客房處於出租狀態，但住客不需要付租金。

續住房（Stayover）：住客今天退房，至少還會住一晚。

打掃房（On-change）：住客已退房，但客處於尚未清掃完畢可供出租的狀態。

請勿打擾（Do Not Disturb）：住客要求不要打擾。

外出過夜房（Sleep-out）：住客開了房，但未使用。

未結帳房（Skipper）：住客未作結帳安排已離開了飯店。

空置房（Sleeper）：住客已結帳離開飯店，但是客務員工未及時更改客房狀態。

待售房（Vacant and ready）：客房已打掃並檢查完畢可供出租給來店的顧客。

待修房（Out-of-order）：不能給顧客使用的客房，客房處於待修狀態有許多原因，包括需要維持保養、重新裝修以及徹底清掃。

反鎖房（Lock-out）：客房被加了鎖，住客因此不能進入，需要與飯店管理層澄清一些問題後才會恢復租用。

已結帳的在租房（DNCO，did not checkout）：住客已對結帳做好了安排（所以不是未結帳房）但是退房前未通知櫃檯。

即將退房房（Due-out）：住客將於次日退房。

已退房（Check-out）：住客已結帳，交回了鑰匙，離開了飯店。

延時退房（Late check-out）：住客要求在飯店規定的退房時間以後退房，並已得到准許。

登記表填寫完後；櫃檯接待員把注意力轉移到確定顧客付款方式上來。飯店客帳處理過程在於蒐集資訊以確定顧客會以何種方式支付款。無論顧客是以現金、個人支票、信用卡、智慧卡或其他方式付款，客務必須保證顧客最終會付款。最初的信用檢查能大大降低結帳時可能產生的隱患。如果某位顧客抵店前沒有得到管理單位對他入住期間賒帳的批准，那麼在辦理入住手續時，飯店可以拒絕顧客賒帳消費的要求。

在確定顧客付款方式和退房日期後，登記工作已經完成，發給顧客房門鑰匙，允許顧客自己進房或由大廳行李員引領進房。當顧客進入客房，那麼入住階段就開始了。

圖 3-4 客房類型的定義

以下是行業中通用的客房類型定義：

單人房（Single）：供一人住的客房。可能有一張床或不止一張床。

雙人房（Double）：供二人住的客房。可能有一張床或不止一張床。

三人房（Triple）：供三人住的客房。可能有兩張床或不止兩張床。

四人房（Quad）：供四人住的客房。可能有兩張床或不止兩張床。

大號雙人床（Queen）：房內有一張大號雙人床（Queen size bed），可以睡一人或不止一人。

特大號雙人床（King）：房內有一張大號雙人床（King size bed），可以睡一人或不止一人。

雙床房（Twin）：房內有兩張相同尺寸的床。可以住一人或不止一人。

兩張雙人床房（Double-double）：房內有兩張雙人床。可以住一人或不止一人。

沙發床房（Studio）：房內有一張沙發床一長沙發可當床用。房內有可能還有一張床。

小套房（Mini-suite or junior suite）：在一單人房內，除了床還有起居區域。在有些飯店，臥室與起居室不在同一間房內。

套房（Suite）：一個起居室連帶一臥室或不止一個臥室。

連通房（Connecting room）：客房除了分別有單獨房門外，客房之間有門連通。房客可以不經外走廊到達另一房間。

相連房（Adjoining room）：客房之間有公共牆，但無連通門。

相鄰房（Adjacent room）：客房與客房靠得很近，也可能隔著走廊。

三、住店

　　客務部員工是飯店形象的代表，因此他們的行為舉止在顧客服務全過程中有很重要的意義，尤其在顧客住店階段。作為飯店內部活動的中心，櫃檯擔負著協調顧客服務的責任。在住店階段的顧客服務中，櫃檯負責提供資訊和滿足顧客需求。客務部應透過及時、正確地回答顧客的需求，從而使顧客獲得最高的滿足度。服務中心主管也同樣準備著向顧客提供專門服務。

　　客務部在顧客服務過程中，最主要是鼓勵顧客再度光顧，因此建立良好的顧客關係是達成這一目標的最基本的因素。好的顧客關係有賴於

客務部與飯店其他部門以及和顧客之間進行的清楚、建設性的溝通。飯店必須瞭解顧客的不滿，才能解決問題。櫃檯人員應小心地處理顧客的投訴，嘗試尋找一種使顧客滿意的方法解決問題，而且越快越好。

在住店階段，客務另一個需要關注的問題是安全問題，這也是一個顧顧客服務全過程中都很重要的問題。與客務員工有關的安全問題包括顧客資訊和對現金和貴重物品的保管等。

在入住階段，顧客與飯店之間會產生許多財務帳單。這些財務記錄大部分通過飯店管理系統的記錄和稽核功能自動地登入到營收中心。

房價收入通常是房客帳單上最大的一筆費用。如果顧客在櫃檯辦理入住時就出示了有關信用保證的證明，那麼其他費用也可以記錄在客帳中。進入客帳的費用可能是在飯店餐廳、俱樂部、客房餐飲服務，還有在電話、交通方面以及禮品店或其他營業單位的消費。許多飯店給顧客確定了在館內消費的記帳額度，因此無須每發生一筆費用就要結帳。這個記帳額度通常被稱為飯店掛帳上限，由管理系統自動實施監控，對顧客帳單必須持續的施監控才能保證會不突破上限。

櫃檯必須定期檢查帳務記錄資料的準確性和完整性，這就需要經稽核系統的工作。稽核系統在任何時候都能自動履行稽核程序。電腦化的飯店也能做到，但大多數飯店都是在深夜進行稽核。因為深夜至清晨這段時間飯店營運活動大大減少。

不管稽核在什麼時間進行，將房租和稅金登入到客帳是稽核例行的一項任務，其他系統稽核內容有：檢查登帳情況，檢查信用額度是否得到監控，客房狀態是否正確以及製作報表。

四、退房

顧客服務過程中的顧客服務工作和客帳管理工作到了第四階段—退房時，已面臨完成。

這最後一部分顧客服務工作是為顧客辦理退房手續和建立客史檔案。最後一部分的顧客帳務管理工作是結帳（使借貸雙方的餘額為零）。

在辦理退房手續的過程中顧客退出客房，收到一份準確的帳單，交還房門鑰匙，離開飯店。房客一旦辦理退房手續，客務系統會自動更換可出租房狀態。

在辦理退房手續的過程中，客務員工要摸清顧客在店期間是否滿

意，並設法促使顧客下次再次光臨（或選擇同一連鎖集團的飯店）。飯店瞭解到的顧客資訊越多，飯店就越能為顧客提供更好的服務，還能制定出有效的市場策略，提升業績。再者，使顧客帶著對飯店的正面印象離開是十分重要的，這會影響到飯店的口碑，而且還會促使他們決定是否會成為飯店的回頭客。飯店管理系統要利用入住登記的記錄自動製成一份客史檔案。客史檔案是顧客入住資料的總彙，其中提供的資料使得飯店能更深入地了解它的顧客群，是飯店制定市場策略的基礎。飯店還能透過調查問卷的方式來獲得對顧客特性的瞭解，對住店顧客特性和習慣深入的瞭解能有效地了解他們的希望和需求。

結帳是為了在顧客退房前收回款項。根據顧客各自的信用安排他們以現金、信用卡結帳或在住店前就辦好轉帳的安排。在房客退房前，房客帳單上的數字必須得到確認，錯誤必須得到改正。結帳階段會出現各種的問題，如果等顧客退房後才發現有些費用未及時記入帳，這些費用叫做漏帳。即使這些漏帳最後收回了，但是飯店為此增加了成本支出，而且還可能激怒顧客，使得他向公司報銷的是一份不完整的帳單。退房房客用掛帳的辦法結帳，通常把帳單轉到後場系統由財務部處理，但是客務系統的責任是向財務部提供準確、完整的帳單資訊幫助財務部順利完成資金收款的工作。

顧客結帳退房後，客務部能夠對顧客入住期間的資料進行分析。系統報表，可以用來回顧經營狀況，找出問題所在，確定需要採取何種措施，以及業務發展的趨勢。系統每天產生的報表主要提供的資訊，反映現金和消費的記錄以及客務部的統計數字。這些經營分析能幫助經理們在評估客務運轉的有效性，並且制定出部門工作標準和規範。

第二節　客務作業系統

在 1920 年前，客務部沒有任何技術手段，飯店的人工作業成了不變的規矩。二十世紀 70 年代初期，半自動作業系統開始取代許多基礎工作，到了二十世紀 70 年代的後期逐步發展成自動作業系統。下面的介紹是經由傳統的顧客服務全過程的每一階段，來展現客務部資料系統的工作內容。在實際工作中，許多飯店會結合各種因素，發展出一個高效率、綜合的客務作業系統。

一、人工作業系統

　　用人工操作的客務資料系統是靠手寫的表格來完成的，這些用手寫完成的內容就是今天客務部許多營運內容的框架。人工作業系統的一些通用方法，即使在當今最先進的自動系統內也能發現。

(一)抵店前的工作

　　訂房員把訂房要求記錄在活頁本或索引卡片上。使用人工操作系統的飯店通常不受理6個月以後的訂房（叫做半年訂房期），不保留6個月以後的用房。由於做訂房確認、抵店前的登記表準備以及住房率預測這些工作太費人工，所以人工操作的飯店不常做這些工作。訂房資訊記錄透過訂房密度表，或用圖表形式反映出未來可出租房的數量，以供經理們瞭解客房需求量的高低波動時段。密度表是一張反映飯店客房訂房情況的總圖，橫軸表示一個月中的每一天，縱軸反映可出租房數量。用顏色在圖表上反映已預訂出或已留存的房間數量和入住日期。這些塗上顏色的小方格反映了訂房房的密度或集中度。

(二)抵店時的工作

　　顧客抵店時，要求他填寫訂房登記本上的內容或填寫一張入住登記表。分房工作是使用一張手工填寫的小卡條放入排房架中，不同顏色的卡條表示飯店每個客房的不同狀態。一張張客房狀態卡條插在金屬架，按房號順序排列，以此來反映房客和客房狀態的資訊。登記表在入住時要打上進住時間，放在客房架上表示此房已經出租。

(三)住房期間的工作

　　一式數聯的入住登記卡條，可視為登記表的一部分。卡條上面記錄著房客的個人資料，一聯插入排房架，其他幾聯分送總機、飯店服務處。原始登記表往往複製成住客帳單，各個營業單位把房客的簽帳單送到櫃檯以便登入到客帳上。各個營業單位也保留一份所有簽帳單的記錄表。這樣櫃檯客帳登入工作就可由夜間稽核員來交叉檢查。這項工作也是夜間稽核固定工作內容之一。雖然帳務方面的工作可使用計算機，但整個手工作業系統仍常常被認為是一個反覆、累贅和沉悶的工作。

㈣退房時的工作

在結帳退房時，住客結了帳，歸還了鑰匙，出納把房客退房的消息通知了房務部。登記表或是顧客狀況卡條從架上取出，並標記退房。如果登記表在房客入住時印上了時間戳記，那麼在退房時也應打上退房的時間戳記。

二、半自動作業系統

半自動作業系統或稱為電子機械系統，就是客務的作業系統由手工和機器來共同完成各項報表。半自動系統的好處在於能自動生成便於閱讀的檔案，而且還能更詳細地反映業務的每一步驟。這些檔可用作夜間稽核的資料。

半自動作業系統的不足之處，是複雜的營運和控制的設備未能與其他系統連結，這樣就產生了資料保管和繼續使用的問題。

㈠抵店前的工作

顧客透過網路或直接與飯店聯繫，辦理訂房手續。當要求訂房的數量增加，超出櫃檯的承受能力，許多飯店就設立了一個訂房部門。入住登記的準備工作包括預先列印登記表、顧客帳單和資料表。排房工作如果是人工作業系統的話，通常是根據排房架示架所顯示的客房狀態來完成的。人工操作的飯店和半人工操作的飯店常常都會有訂房密度表。

㈡抵店時的工作

當訂房客人抵達飯店時，他們只需要看一下記錄在登記表上的原先始資訊是否正確，然後在登記表上簽名就行了。散客通常要填寫一式幾份的登記表，複寫的表格隨後插在排房架上，還有的送往總機房和插到資料架上。

㈢入住期間的工作

半自動作業系統在飯店顧客服務過程中，並沒有省去太多人工書寫的工作量。顧客的消費記錄也是各營業單位的銷售記錄，要送往櫃檯。各營業單位的電子收銀機以及櫃檯的收銀機是用來登入顧客的這些消費資料，而以前這些都是由人工來完成的。利用這些設備使得櫃檯能更準

確、更快地處理顧客帳務。夜間稽核工作程序就是利用收銀機的記錄來檢查客帳登入和收支平衡表的。

(四)退房時的工作

有了半自動作業系統才可能進行更完整的稽核工作，也才可能使顧客退房時的結帳做得更快、更順利，出納人發生的問題減少了，結帳效率提高了。與手工作業系統相比，他們與房務部就客房狀態的溝通更快了。入住登記表被蒐集起來，作爲客史檔案，供飯店後使用。

三、飯店資產管理系統（Property Management System, PMS）

在飯店資產管理系統儲存客務資料，是這個單位每日既定的工作。專爲餐旅業設計的 PMS 最初是在 1970 年代初期，但到 70 年代後期才被業者廣泛接受。這些早期的系統價格比較昂貴，只能引起那些大規模的飯店的興趣。到了 1980 年代，電腦設備變得較便宜，較輕便，易於操作。使用者導向的軟體系統包含了飯店多種功能，而且毋須經過複雜的技術訓練。多用途的個人電腦的發展又帶動了適合小型飯店的電腦系統的產生。到了 80 年代後期，PMS 的價格已能被各種規模的飯店所接受。

(一)抵店前的工作

PMS 的訂房系統可以直接與訂房中心，或者全球訂房網路聯結，可以做到按事先預定好的報價來預留客房。訂房系統體還可以自動產生訂房確認和要求支付訂金的信件，還能做好入住前的準備工作，對使用信用卡或智慧卡消費的顧客在訂房時如告知了卡號，還能確定信用額度。電腦系統還能爲確認訂房的顧客做好電子帳單和抵店前的一系列準備工作。訂房系統還能制定出一份預期抵店的顧客名單、住房率和客房收入預測表以及各種相關的提供資訊資料的報告。

(二)抵店時的工作

訂房過程中，蒐集住客資料由電腦訂房系統的記錄資料直接自動轉送飯店 PMS 中的客務系統中。對於散客的入住資料由櫃檯員輸入客務系統中。櫃檯人員會拿出一張電腦列印的登記表交給顧客確認，然後請

顧客簽名。線上信用卡授權使得櫃檯人員能及時取得使用的許可。入住登記的資料儲存在 PMS 內，需要時可隨時調用，因此就不再需要使用排房架了。顧客電子帳單也會由系統的軟體進行維護和存取。

此外，有些飯店向顧客提供了自助式入住／退房服務。事實上這些服務已存在多年，只是近幾年這些設備的價格大幅下降。另外自動櫃員機（ATM）由於被大多數銀行和機場採用，因而對飯店的房客產生了直接影響，他們愈來愈願意接受飯店提供這種自動設備了。

在使用這些終端機服務時，房客要插入信用卡或智慧卡，電腦要閱讀這些卡的編碼資料與飯店資產管理系統進行溝通。中央系統記錄了房客的訂房並把資訊傳回終端機。終端機要求房客提供姓名、退房日期、房價和客房類型。有些系統還容許進行信息的更改，而有些飯店則要求顧客必要時前往櫃檯作更改。如果輸入的資訊是正確的，飯店 PMS 就會安排一間客房給房客，並把排房單和客房鑰匙交給房客。先進的系統能在房客辦理入住時自動產生出電子鑰匙交給顧客使用。

一些提供國際級服務的飯店不會使用自助式入住／退房裝置，因為他們希望在飯店員工和顧客之間保留面對面的接觸。自助入住終端服務被大型會議飯店所採用，那裡如果出現排長隊辦理入住和退房的情況會損害飯店的形象。這些終端服務能減少排長隊的情況，使得房客更快地進入客房。其他如經濟型等飯店以及一些中等飯店並沒提供很多面對面的服務，也會使用這些設備。對經濟型和中等飯店來說，另一個使用這類裝置的好處是省去了安排值夜班的人，因為機器能自動辦理入住和退房事務。

(三)入住期間的工作

有了客務系統，電腦終端代替了人工作業的排房架或是收銀機。一位顧客在營業單位的消費金額會自動從銷售點傳送到櫃檯的電腦中，然後自動記錄在相關住客的電子帳單上。即時地登入到客帳，同時還能記錄到部門收入帳目中。這個持續的帳務記錄功能能使客務稽核省卻了許多時間，而只要把精力集中在為顧客做好結帳的服務工作上。

(四)退房時的工作

一份整齊列印出來的電子帳單，能增強顧客顧客帳完整性和準確性

的信心。根據不同的結帳方法，電腦系統可以自動列印出符合要求的帳單。如果一位房客要求轉送第三者付款，PMS能製作出一份帳單寄授權消費信用的單位。一旦顧客辦理了結帳手續，客帳登入工作就完成了，退房顧客的資訊可以用來建立一份飯店的電子客史檔案資料。

　　館外的外包服務機構還能使飯店享受到其他的電子服務，而不需要飯店內部電腦的技術支援。這些服務機構要求飯店把需要處理的資料提供給他們，由他們來幫助處理。一個最常見的外包服務例子就是薪資支付處理。只要把員工的工作時間記錄交給服務機構，就能轉換成支付工資的支票，以及為管理單位制定出一份薪資報告。但是外包服務機構提供的服務大多數屬於後場方面的功能，前場活動起不了什麼作用，但外包服務提供機構現在也使用網路來支援飯店客務的資料處理和資料保管工作。

第三節　客務部的資料處理

　　客務部依靠各種表格來對顧客的入住活動進行管控，這部分討論涉及的是在傳統的顧客服務四階段中客務所需要的文件。

一、抵店前

　　由於訂房是顧客服務過程的開始，獲取和保管訂房資料對提高客務營運效率是至關重要的。訂房資料輸入到一份電子訂房記錄中，一份給房客的訂房確認信由系統自動生成，除了通知房客訂房已辦妥外，還可請房客核對訂房資訊是否正確。訂房這一步驟使得顧客抵店前，能在雙方溝通中糾正錯誤之處，還能查證顧客的地址是否正確，以備後用。近來的發展趨勢是用電子郵件來代替列印出來的檔案，作為對顧客的訂房確認。使用電子郵件的優點是飯店既節省了成本，又能給予顧客即時的答覆。

二、抵店

　　櫃檯可能會用一份紙質卡片或用電腦登記表的形式為顧客辦理入住登記。登記卡包括了顧客的資料、居住天數和付款的方式，登記卡上可能還有關於向顧客提供貴重物品寄存和付帳責任方面的說明。登記卡還標明了房價供住客確認，以避免了在結帳時出現房價方面的問題。

館內消費信用必須在入住登記時得到確認、查證或批准。大部分信用卡公司會要求一份信用卡的刷卡或要求有複製的憑證以確認賒帳的許可。櫃檯人員通常會要求取得顧客入住期間的信用額度的批准，如果住客在店期間的賒帳數超過了額度，就會向信用卡公司要求提高加額度的許可。客務電腦系統會在辦理入住時自動地要求信用額度許可，若是超過這個額度時，系統又會自動向信用卡公司申請批准增加額度。

三、入住

一旦顧客辦理了入住登記，客務系統會生成一份電子帳單，用來記錄房客的消費和賒帳情況。由於帳單與客務資料系統可相容，所以帳單格式上會有所不同。

近來所有的電腦系統都利用顧客登記資料來建立帳單，帳單是電腦記錄的一個流程，一般列印出來的帳單為一式兩份。一份作為客務保留的住客記錄，另一份在結帳退房時交給顧客作為帳目文件。而額外一份可用於顧客退房後的轉帳以及供部門作銷售報表使用。

電子帳單簡化了帳目登入和帳單處理工作。電腦收到了有關資料，系統就會給予一個帳號或一個訂房號。一份電子帳單是自動生成，以即時記錄消費情況，電子帳單儲存在系統內可以隨時列印或調用。

一張消費憑證（voucher）是記錄交易細節的支援性文件但是並不能代替交易的原始記錄。消費憑證的種類有消費記錄、現金支付憑證、轉帳憑證以及代付款憑證。在系統稽核過程中，消費憑證能幫助證實所有需要登入的交易記錄已正確完成了。

電腦化的飯店只需少量消費憑證，甚至在某些情況下根本不需要消費憑證，這是因為營業單位與客務系統能聯結，這樣就省卻了對支援性文件的需求。

PMS 以終端設施代替了傳統的排房架，所以就不再需要排房架和卡片。這些終端設備能快速找到房客記錄資料，顯示完整的資訊。由於電腦系統能相互聯結，所以客務系統還能與各營業單位、電子鑰匙系統、電話記帳功能和能源管理系統相互聯結。

四、退房

在顧客入住期間顧客帳戶應始終能即時地反映帳目最新狀況，這樣

就能確保顧客退房結帳時客帳的數目是準確的。除了帳單外，在結帳時還需要其他一些文件，例如，使用信用卡消費時的顧客的信用卡消費憑證。有些飯店，用現金結帳的顧客要有一張現金消費憑證，如果客人採取轉帳的方式結帳，那就要一張轉帳消費的憑證，以使消費款項從房客的應收帳款上轉移到後場非房客的應收帳上。即使對使用 PMS 的飯店來說，也還需要製作一些文件來證明交易活動的發生情況，並以此作為客務全面稽核工作的基礎。

在退房階段，PMS會製成一份客史檔案。如前面所述，一份客史檔案所涵蓋的資訊能對飯店的市場和銷售工作提供幫助，還能在顧客下次光臨飯店時在辦理入住登記和給予服務方面發揮作用。系統自動生成的客史資料是退房程序中的一部分，由電腦製作的客史檔案資料組成了飯店寶貴的顧客資料庫。

第四節 櫃檯

客務部的大部分功能是在櫃檯實現的。櫃檯是顧客辦理入住登記、要求提供訊息和服務、投訴和辦理退房的地方。

大多數飯店的櫃檯設置在大廳一目了然的地方。一個典型的櫃檯是一個大約 3 英尺半高、2 英尺半寬的櫃檯，櫃檯的長度則與飯店客房數量以及櫃檯的工作職務有關，這在飯店大廳設計時就有了考慮。位置的標示可以設置在櫃檯的檯面上或櫃檯的上方天花板，指示顧客方向以辦理入住登記、付款、退房、問訊和郵件等服務項目。客務的設計通常會將電腦螢幕和其他設備置於旅客的視線之外，因為許多客務資料需要保密，只為專人所用。

一、功能性組織

櫃檯功能的有效性取決於櫃檯工作的組織。櫃檯設計和布局應考慮使櫃檯接待員能很容易地使用各種設備表格和其他用品，以完成工作。理想的櫃檯布局是根據櫃檯的工作活動來布置家具和設施的。由於實際上需要交叉訓練以及使用電腦，櫃檯人員的責任區域已顯現重疊的現象，現在更多的櫃檯在設計都考慮職位的靈活性。

效率是櫃檯設計中的重要因素。不管什麼原因若是出現櫃檯人員需

要背向顧客，看不到顧客，或是完成一項工作需要太長時間，這些現象都應該修正。關於櫃檯接待員如何與顧客接觸的，如何使用設備的研究，會為給櫃檯設計的改進提供一些啟示。

二、櫃檯設計的改善方法

許多飯店對行業需求進行調查，對櫃檯區域進行重新設計，使之更加美觀。例如信件、留言和鑰匙架並非一定要放在櫃檯上；信件留言和鑰匙可以放在櫃檯的抽屜或櫃檯下的櫃子裡，或可以放置在櫃檯區域以外。這樣看起來會使櫃檯更加簡潔。而鑰匙、郵件放在暗處，會使顧客感覺更安全，使別有用心的人無法瞭解客房住客情況。

有些飯店的櫃檯呈現圓形或半圓形。圓形的櫃檯把員工圍在中間，半圓形的櫃檯通常背向牆壁，牆上有一扇門通往後場。圓形和半圓形的櫃檯能在同一時間接待更多的顧客，而且與傳統的長形櫃檯相比更有現代美感和創意。但是這種設計也存在潛在的問題：顧客可以從各個角度接近櫃檯，即使櫃檯的工作台和設備位置作了特別的安排，所以在櫃檯的設計創新方面還須小心周全才能確保工作的成功。

有些飯店在大廳的布局上曾經嘗試不設櫃檯。在沒有櫃檯的環境裡，入住和排房工作在一張位於大廳僻靜處的小桌上完成。而服務中心人員、櫃檯人員或其他顧客服務人員就像款待顧客的主人。作為迎接顧客的主人，可以完成類似櫃檯人員的顧客服務，而且這樣的服務會更顯得人性化。

顧客無須在櫃檯排隊長時間等候辦理入住，而是舒適地坐著辦理住房登記。還有一些飯店採用自助式終端服務，但還會有一個小的櫃檯為那些不習慣使用科技的顧客辦理入住，或為有問題的顧客提供服務。

(一)無障礙設計

傳統、標準的櫃檯設計可能還無法滿足所有來店顧客的外在條件，所以無障礙設計是飯店櫃檯設計中一個重要的考量。美國殘障者協會在 1990 年規定，為大眾提供服務的企業的公共區域和各項服務，必須推行無障礙設計。這意味著大量新建的或重新裝修的飯店的公共區域和住宿設施必須沒有障礙，包括櫃檯在內。根據法律，所有企業都要根據自身的規模和財力對建築和現狀作一些改變，以便於殘障人士通行，例如

就要求飯店去除台階、踏步等障礙物，還要更改門的尺寸和配置，法律還要求櫃檯的某個部分的高度要適合使用輪椅的顧客或者其他需求的顧客。如果櫃檯的設計不能改變，那麼權宜的做法是櫃檯人員前往顧客處，為其辦理入住。圖3-5展示的是一張櫃檯的設計圖。

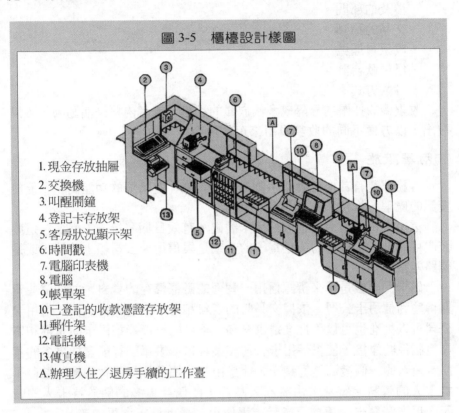

圖 3-5　櫃檯設計樣圖

1. 現金存放抽屜
2. 交換機
3. 叫醒鬧鐘
4. 登記卡存放架
5. 客房狀況顯示架
6. 時間戳
7. 電腦印表機
8. 電腦
9. 帳單架
10. 已登記的收款憑證存放架
11. 郵件架
12. 電話機
13. 傳真機
A. 辦理入住／退房手續的工作臺

(二)營業單位的收銀系統（Point-of-Sale, POS）

　　較小型飯店，櫃檯又是房客可以購買旅行必需品的地方。設在櫃檯的 POS 是用來記錄櫃檯銷售物品的現金交易，和記錄櫃檯銷售的各類物品數量，這些物品有報紙、雜貨及其他用品，與住房過程無直接關聯。櫃檯人員對這些服務的運作和具體內容負主要責任，而許多專門的功能可以在與電腦連接的收銀機上設定，便於處理櫃檯的交易。POS系統可以與飯店管理系統連接，以達到更完整的財務控制和帳目管理。

POS 系統還應包括印表機，用於列印帳單、收據、收款憑證和清單，還有價格控制報告。POS 用來記錄：

- ·交易的數量。
- ·交易的內容。
- ·涉及的部門。
- ·交易的種類。
- ·收銀員編號。
- ·已付款合計。
- ·付款方式。

收銀機的抽屜內分隔成多個放錢的小格，或者內格是活動的，可以取出，以方便不同的收款員用來存放現金。

(三)附屬設施

客務部還有其他自動或手動的輔助設施，使麻煩的功能簡化，便於資訊的處理，增加資料和檔案的儲存。

信用卡刷卡機用於獲取信用卡號碼、有效日期、持卡人姓名。這些裝置可能是人工操作的或是電子的，或是與信用卡公司線上連接，或是網路連接。

磁卡閱讀機是用來辨認信用卡背面的磁條儲存的資料，並把這些資料傳輸到信用卡公司。依據交易時的資料和持卡人的帳面狀況，信用卡公司可以批准也可以不批准這筆交易。現今的技術能把磁卡閱讀機和客務電腦系統連接，使得信用卡公司和顧客電子帳單記錄能交換更多的資訊。最新的一個發明是智慧卡，此是由一小塊晶片（代替磁條）儲存了持卡人的資料。智慧卡由於嵌入晶片，能儲存更多的關於持卡人的資訊。現在智慧卡閱讀機已廣受市場使用，最近幾年會更加普及。

隨著更多的旅客使用智慧卡，發卡公司會增加卡的用途，使它們具備更多的用處。例如，飯店的門鎖系統，如果也使用了智慧卡技術，那麼飯店房客能用自己的智慧卡打開房門。

安全監控設施，如閉路電視能使客務或安全部員工來監視主要區域的某些特定的位置。櫃檯通常用時間戳來蓋印一位顧客實際入住和退房的時間，並備有資料櫃來存放抵店和入住顧客的登記表。檔案櫃通常是按字母排列，而另外也有按客房號順序來排列的檔案櫃，預期抵店顧客的登記表列印後按字母順序排列，而入住顧客的卡片則按房間號碼排列。

第五節　電信服務

　　飯店必須配置足夠的設備以支援多種類的電話通訊服務，來確保有效的電信服務系統。顧客在店期間會使用許多種類的電話通訊：

- ・本地電話
- ・直撥長途電話
- ・使用電話卡通話
- ・使用信用卡通話
- ・對方付費電話
- ・第三方付費電話
- ・找人電話
- ・掛客房帳單電話
- ・國際電話
- ・800 或 888 免費電話
- ・高計費電話（900 premium-price calls）
- ・網路撥接

　　以上所有這些電話都可以不經總機幫助，直接完成通話，住客常常要求櫃檯人員幫助接通電話。再者一次通話會涉及不止一種的通話方式。例如，一個直撥長途電話可以同時是一個對方付費的通話；一個本地的電話也可以是由網路來進行的；一個國際電話可能是一個信用卡支付的找人的電話。以上許多種類的通話，飯店都可以向顧客收取服務費，因為飯店提供了電話設備服務。

　　在本地範圍內通話，話費是按通話次數而不是以分鐘計算。本地電話由當地電話公司控制。飯店可以按通話次數向顧客收費，或不管住客一天打多少次均以日數計費。有些飯店則不向住客收取本地電話的通話費，每個連鎖飯店都根據各自政策來決定是否收取本地話費。

　　入住顧客最常用的是直撥長途電話，其通話對象不在本地。當一個長途電話號碼撥出，它由飯店電話線路到達當地電話公司，然後按選擇的通話方式進入長途電話線路。直撥長途也稱為「1+」電話。由於飯店要求先撥「1」接通外線，然後再撥地區號和對方電話號碼，這個號碼的組合省卻了總機的工作。

用電話卡通話是指向出售電話卡號的公司收取費用的電話。電話卡的號碼可能是持卡人的區域號碼和電話號碼,加上多位數組成的個人密碼(PIN),或是一連串混雜的號碼,與持卡人的電話毫無關聯。需要注意的是電話卡不是信用卡,大多數使用電話卡是先撥「0+」,或是使用免費接通的線路,即先撥免費電話線路號,然後撥電話卡號,再加上通話號碼。使用電話卡通話,飯店不向通話人收費,但可能會收取服務費或電話使用費。電話公司負責向電話卡供應商收費,許多電話公司接受如Visa卡、萬事達和美國運通卡等信用卡,作為付費的信用卡。使用信用卡通話其方法與電話卡通話程式類似。

使用對方付費電話,顧客先撥「0」,然後是完整的電話號碼,然後等候電話公司的總機。顧客要告訴總機這個電話是對方付費電話,也就是說由對方支付這次通話費。總機線上證實對方接受付費的要求。大多數電話公司允許飯店接受房客使用對方付費電話。由第三方付費的電話與對方付費電話類似,不同之處是付費者不是受話方。在大多數情況下,總機會要求第三方證實願意承擔通話費的前提下,才接通電話。飯店總機所屬的電話公司會向第三方收費,而房客帳單上不出現該電話費。飯店可能會收取手續費和其他服務費用。找人電話是要找到通話人指定要求接聽電話的人,只有找到這位指定人才能開始通話。這種通話費較貴,但如果找不到對方則無須付費。與電話卡通話、對方或第三方付費電話不同的是,找人電話由通話人支付費用,另外飯店還可能收取手續費和其他費用。

大多數飯店的電話設備都包含「電話計費系統」。這系統會區分通話方式(直撥、電話卡等等),一旦通話結束就計算出費用。這筆費用自動進入 PMS 登入到房客帳單上。由總機幫助接通的電話和找人電話的話費是向飯店而非向住客收取的,因為通話是由飯店接通的。在這種情況下,電話公司會通知飯店每次通話的時間,飯店總機必須把費用告知住客,然後由櫃檯把這筆費用登入到住客帳單上。

國際電話也可直撥或由總機幫助接通。直撥國際電話,顧客先撥國際通話線號碼,然後是國家代號、城市號碼和電話號碼,這與長途通話類似。由飯店向顧客收取直撥國際電話費,與電話公司向顧客收取電話卡和信用卡通話費一樣。

免費電話可以在客房直撥,與打本地電話和長途電話的方法一樣。

住客在接通外線後撥「1」，加上免費電話的號碼（如 800，888，877 等）。飯店可能會收取服務費和其他相關費用。由通話者付費的某種商業電話（這筆費用不同於電話公司的收費標準），這就是 900 或高計費電話。如果由客房打出此類電話就可能發生問題。顧客在收到此類高計費電話費時會大吃一驚，會錯怪飯店。高計費電話由於加入業務收費，話費價格差別很大。某一家單位的收費價每分鐘 1.5 美元，另一家可能第一分鐘 3.5 美元，隨後每分鐘 2.2 美元；而第三家則可能是按通話次數計算，每次 9 美元。另一個問題是，飯店總機系統只能追蹤電話公司的計算標準而不能追蹤高計費電話的計費標準。當一位房客付了 2.5 美元的電話帳單退房，而飯店過後卻可能收到了一張 40.50 美元的帳單。由於會發生此類問題，一些飯店就選擇在客房內封閉高計費電話線路的做法。

電信設備

為了提供顧客有效的服務以及準確地計價，飯店需要配備合適的電話設備和線路。電話的線路有許多類型，每種電話都需要專門的線路來傳遞。

有些線路用來傳送進飯店的電話，有些是傳出的電話，當然也有雙向傳送的電話線路。根據飯店顧客服務等級，每家飯店必須決定採用什麼樣的電話線路，以及需要多少條線。飯店使用的電話設備和系統包括：

- 總機（PBX 系統）
- 飯店電話計費系統（HOBIC）
- 客房內電話
- 電話帳務系統
- 公共電話
- 呼叫器和手機

(一)總機系統 （Private Branch Exchange, PBX）

以往，飯店的客房數超過 40 間就需要一個用來控制飯店電話服務的設備，這就是總機或叫交換機（PBX）。這一設備將所有進入飯店電話都交由總機處理，總機再把電話送往各個分機，或許是大廳，或許是客房、辦公室、廚房或其他地方。這一作業可以使飯店用較少的電話線來應對大量的電話分機。打出飯店的電話通常也經飯店總機幫忙，總之

都要經過同一設備。有些飯店的總機系統有很先進的功能，不但能通話而且還能處理資料。房務人員可以在客房內通過撥號來更新客房狀態。

(二)飯店電話計費系統（Hotel Billing Information Center, HOBIC Systems）

在飯店對通話進行計價前，電話公司已經對通話進行了計價。用來對這些通話進行計價的系統稱爲飯店電話計費系統。房客利用飯店專線與館外通話，也就是占用飯店電話計費系統的線路。當某位房客打電話時，當地電話公司的總機會攔截這個電話，根據通話方式做出不同的收費安排，如向受話方收費，由第三方付費，向電話卡公司收費或是把通話帳單轉到飯店的某個客房住客的帳戶上。如果在通話結束後，話費轉到飯店的某個客房，總機會把通話持續時間和費用通知飯店，還會以電話通知飯店通話時間和通話金額，或者輸出資料進入飯店電話計費系統，由該系統把話費記入到相關住客的帳戶上。今天飯店仍在使用HOBIC系統，作爲更爲複雜的電話計費系統的備分。

(三)電話帳務系統（Call Accounting Systems, CAS）

這個系統使飯店可以不需要電話公司總機或櫃檯人員的協助就能進行通話和計價。一個電話帳務系統（CAS）是一整套包括定位、計價和登帳的軟體程式。CAS可以與飯店的PMS系統連接，自動登入客帳的功能或者列印計費單提供櫃檯接人員登帳。有些CAS系統裝有最低收費線路的元件，當飯店撥出一個電話時，系統會安排一條最便宜的線路來通話。在把話費登入到顧客帳戶前，CAS系統可能已經加入了服務費或者其他費用。

(四)客房電話

與其他電信設備一樣，客房內的電話也變得更爲複雜、有更多的功能。例如：房客可以把個人電腦或手提傳真機的插頭插入客房電話機的插孔中。

這些話機有一個插孔供標準電腦和傳真機使用。許多飯店在客房內布置了雙線，使得住客在使用電腦時，還可以利用另一條線同時通話。客房話機還包括其他功能：可以開電話會議、來電顯示、快速撥號、來

MANAGING FRONT OFFICE OPERATIONS

電保留、來電等候、免持聽筒、留言、留言燈等。有些話機還兼有語音資料、郵件、傳真和其他功能，使顧客能夠利用電話機來接聽留言，訂客房餐飲服務，接收書面文件以及安排叫醒服務等等。

(五)公共電話

飯店很少會自己掏錢購買付費電話機，因為維修保養成本很高。這些電話機由於安置在公共區域如飯店大廳、會議室、大會議廳附近或是宴會廳、餐廳附近，所以常常會被濫用。許多飯店的公共電話不是當地電話公司，而是專門的公司來安裝和保養的。公共電話不與飯店總機和電話帳務系統連接，所以飯店不會從其中獲利。不過，大部分話機供應商與飯店簽訂合約以話務協助的名義，對公共電話的使用給飯店部佣金。話機所屬公司對通話定價並直接向通話者收費，然後按合約將佣金和其他費用寄給飯店。

(六)呼叫器和手機

有些飯店在顧客辦理入住時就向他們提供呼叫器和手機。如果是手機，飯店就按記錄中使用的分鐘數向顧客收取費用。用手機打電話，可能不需要提供飯店的電話帳務系統，是系統外的計價，需要用人工方法輸入到客帳中去。一些飯店已開始使用內部手提機通訊，這種手機只能在飯店範圍內使用，給房客使用內部手機實際上就是增加一部可移動的房內電話。

(七)其他科技

通常，飯店準備了多功能的電話系統，這不只是為了節約成本。這些功能有：自動叫醒系統、電話／房態系統、傳真機、網路介面和電話監測裝置。

在許多飯店，自動叫醒系統局限於提供叫醒服務。總機把房號和每個叫醒的時間輸入電腦，有些系統讓顧客自己輸入叫醒時間。到了預設的時間，客房電話會自動響鈴，住客這時接聽電話，電腦會自動發出合成的聲音報告時間、氣溫和天氣狀況。自動叫醒系統的另一個狀況是當發生緊急情況時，飯店可利用該系統通知到客房。此外，會議組織者也可以用它來提醒參與會議或活動的顧客相關事項。

電話／房態系統有利於客房管理，以及防止無關人員使用客房內電

話。房務部或客房餐飲服務的員工可以使用客房電話，輸入有關客房消費數額的資訊（例如房內小酒吧的消費情況），傳達即時資訊或即時房間狀況。這種功能有助於加強溝通，而且可以降低人工成本，還能幫助客房小酒吧有效補充貨品。

　　飯店的商務旅客需要傳真機的服務。一部傳真機能使旅客傳輸和接收整頁文件資料，這個過程是兩個影印機之間，透過電信來交換資訊。

　　越來越普及的客房服務設施就是網路撥接。其方式可能是電話機上的一個插孔或提供撥號上網，飯店則按時間收費或收固定費用。近來飯店發現網際網路占據飯店的通訊線路，影響了其他房客的使用。有些飯店選擇了擴大電話系統容量的做法來改善，其他飯店則是另外安裝不經過飯店的總機或通訊線路的系統。這個系統使用寬頻與網路服務提供者（ISP）連接，這樣就有一個飯店與網絡公司收費的協議。

　　有的飯店也在使用另一個新的科技：電話監控裝置，就是把電話監察軟體裝入飯店電話帳務系統。當一個電話接通時，電話監控裝置能準確判定實際接通的時間。這個裝置在接聽電話的一方應答時才開始計費，提高了記帳的準確性，減少結帳時的問題。

第六節　飯店資產管理系統（PMS）

　　客務的資源管理系統並不都相同，但是飯店資產系統的一些通用原則可以說明客務電腦的應用。一個飯店資產管理系統內包含了一整套電腦軟體來支援前後檯的各種工作。客務最常用的四套軟體用來幫助客務部的有：

　　　·訂房管理
　　　·客房管理
　　　·顧客帳目管理
　　　·綜合管理

　　圖3-6概述了客務電腦系統的應用。

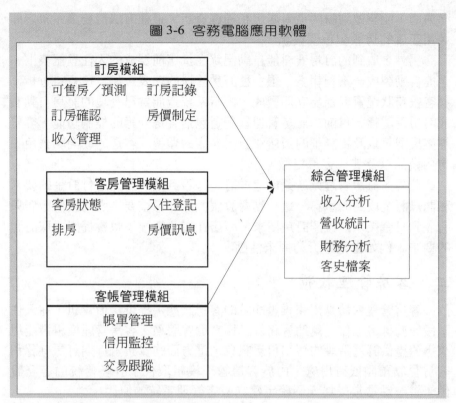

圖 3-6 客務電腦應用軟體

訂房模組

可售房／預測　　訂房記錄

訂房確認　　　　房價制定

收入管理

客房管理模組

客房狀態　　　　入住登記

排房　　　　　　房價訊息

客帳管理模組

帳單管理

信用監控

交易跟蹤

綜合管理模組

收入分析

營收統計

財務分析

客史檔案

一、訂房管理軟體

　　一個店內管理軟體模組使飯店能迅速處理訂房要求，並及時準確製成客房出租、營業收入和預測報告。大部分連鎖集團都加入全球訂房系統。全球訂房系統是獲取、處理、傳遞大部分來自旅行社和航空公司的訂房要求。而訂房中心通常屬於飯店的，主要用來溝通訂房資料，追蹤預留房的信息，按客房類型和房價來控制訂房的數量。由網際網路訂房系統受理的顧客的訂房資料，經過全球訂房系統或中心訂房系統會自動與飯店的訂房系統連接。

　　飯店使用的館內訂房模組能直接接受由任何遠端訂房系統輸入的資料。包括電腦訂房記錄、檔案和營業收入預測，都會因接受到訂房資料而瞬間更新。資料的即時更新能使電腦系統保持最新的訂房狀態，以及控制訂房作業。有時系統遠端訂房系統與飯店電腦之間可以進行同步雙

向溝通，能夠做到瞬間更新客房和顧客資訊，這種方法能夠讓系統之間共用正確的房態和房價資訊。

另外，收到的訂房資料能自動記錄在抵店前製成的入住登記表上，也能自動製成一系列報表。很多種訂房管理的報表，如訂房資料分析，顧客帳務狀況資料都能立即製成，同時系統還能為已受理的訂房自動製成訂房確認檔。目前的訂房管理軟體還包括客房升等的控制功能，客史檔案模型，以及更詳細的飯店資訊，如床的類型、客房的朝向和景色、房內備品以及其他客房特徵。

此外，訂房管理系統還能追蹤訂金是否到期，提出應付訂金的要求和記錄訂金收到的資料。這一點對渡假飯店非常重要，因為渡假飯店只有收到訂金後才能確認訂房要求。飯店在有些情況下也會提出收取訂金的要求，例如當地舉行的周末活動。

二、客房管理軟體

客房管理軟體是用來維護即時的客房狀態，提供房價資訊，在入住階段便於排房工作，幫助客務員工協調顧客服務。客房管理模組還能用來迅速提供訂房階段的可出租房訊息，這方面的資訊對近期訂房確認和客房營收預測很有用處。由於客房管理模組取代了許多傳統的客務設備，這一點常常成為人們確定建立飯店管理系統的原因。

客房管理軟體還能向櫃檯接待員提供客房狀態的匯整。櫃檯人員只需輸入房號，在電腦螢幕上馬上出現即時的客房狀態。當客房已經打掃完畢可供出租時，房務的員工只需在自己部門的電腦終端上輸入此資訊就行了。有些飯店可以透過客房內的電話或電視與櫃檯溝通，有了飯店電腦管理系統，房態的變化能瞬間傳送給客務系統。櫃檯的員工還能把顧客的一些特殊要求輸入電腦，來尋找一間使顧客滿意的客房。例如，櫃檯人員可以在所有面向高爾夫球場的客房中，找到一張有特大號雙人床的房間。有些客房管理系統還具有接受和完成一些特殊要求的功能。例如，一間客房的空調有問題或有間客房要增加毛巾，這些要求輸入到飯店管理系統，然後飯店的工程部或房務就會去完成這些要求。

客房管理系統還能對訂房功能給予幫助。當因為維修或清掃造成客房暫時停止出租，則可租房數量會自動減少。這一功能有助於控制房間數的總量，保證所有抵店顧客有房可住。

三、顧客帳務管理軟體

顧客帳務管理軟體增加了飯店顧客人帳目的管理功能，對監控客務稽核工作十分有用。顧客帳目由電腦自動管理就省卻了對帳單、帳單架和收銀機的需求。顧客的帳務軟體系統監控著預先確定的顧客信用額度，並授予形帳戶的彈性。

到了結帳階段，以前批准的累計掛帳額能自動轉成不同形式的應收帳單以備轉帳及收款。帳務管理系統的功能顯示了飯店 PMS 系統的主要優點。例如，大型飯店的信用部經理能透過電腦系統監控所有入住客人的信用額度，當出現接近或超出額度的情況時，能立即反應。

當飯店各營業單位與客務系統連結，即使相隔較遠，營業單位的電腦也能把顧客消費情況傳輸到PMS。這些消費記錄會自動地登入到相關的客帳上，這個程序提高了效率，減少了帳單遲到而旅客已退房情況發生。

四、綜合管理軟體

綜合管理軟體不能離開其他管理軟體獨立運行。它為集中訂房管理、客房管理和客帳管理系統的資料基礎製成綜合性報表。例如，綜合管理軟體可以製成一個當日預期抵店顧客名單，和可出租房數量的報表，這是一份結合訂房管理系統和客務管理系統資料的文件。另外，為了形成綜合性報表，綜合管理軟體模組還能聯繫前場和後場的系統。

五、與後場的介面

一個複雜的 PMS 系統一定包括飯店後場系統。雖然前場和後場的軟體模組可以相互獨立，而一個統合的系統能使飯店對各個區域的營運進行控制。這些區域包括客房銷售、電話計費、薪資、帳務分析等。只要把所有需要的資料集中到一個平台上，一個統合系統就能形成完整的財務報告。許多由後場系統產生的報表都需要用到客務系統所蒐集的資料。後場的主要應用軟體是：

· 綜合分類帳務軟體系統，包括應收帳和應付帳套裝軟體。應收帳款軟體與客帳系統連接，監控顧客帳戶和轉帳以及回收款的情況。預付款軟體系統追蹤著飯店的採購，同時使飯店保持足

夠的現金流量來滿足支付的需求。
- 人力資源軟體系統，有工資帳務、人事資料記錄以及排班一覽表。薪資帳務包括時間和出勤記錄、薪資發放和應含稅金。人事資料記錄包括在職和離職的人事資料，用勞務歷史以及績效考核記錄。排班一覽表包括與飯店人力放置有關的員工技能追蹤，和人力儲備狀況。
- 財務報表軟體用來幫助飯店製作財務方面的報告和資產負債表、損益計表，以及財務經營分析報告。
- 庫存管理軟體是用來控制庫存狀況、訂購單、庫存周轉、還能計算庫存使用量、庫存變化，和庫存延展狀況。

六、系統介面

在使用全自動管理的飯店，PMS 系統有許多介面。

(一)非顧客操作系統的介面

這些介面不是連接顧客操作設備包括：
- 銷售點收銀機系統，使顧客消費記錄快速傳輸到飯店PMS系統，自動登入到相關客帳。
- 電話計費系統，追蹤客房電話使用，計算價格，並傳輸資訊，自動登入客帳。
- 電子門鎖系統，與客房管理系統連接，提供房客服務的同時增強對房客的安全防護。
- 能源管理系統（EMS）與客房管理系統連接，自動控制客房和公共區的溫度、濕度、空調。

由電腦控制的能源管理系統能自動管理飯店內的機械設備運轉，提高節省能源的效率。如果一家 300 間客房的飯店，每天的住房率預測為 50 %，當天節約能源的最好辦法是安排旅客入住較低樓層的客房，並且明顯減少高樓層的能源需求。由於 EMS 與客房管理系統連結，飯店能自動控制排房，做到節約能源支出的目的。

(二)顧客操作的系統介面

飯店可以提供由電腦完成的各種便利服務。除了飯店電腦管理系統外，一些飯店還安裝了各種讓顧客操作的設施。在一些飯店，顧客如想

瞭解飯店內的活動，或當地活動可以使用設在公共區域的自動查詢裝置，或是客房內的電視機或個人電腦查詢。如果大廳的問訊裝置連著印表機，顧客還可以列印活動的一覽表。

最新的科技發展使得房客能在自己舒適、私密的客房中查看帳單和辦理結帳退房手續。客房內的電視機或電腦與顧客帳務套裝軟體聯結，使得住客能獲取帳單資料，以及按先前約定的付款方法辦理結帳，客房內的電視機與飯店電腦系統連接同樣可以達到這一目的。客房內的電腦與館外電腦資訊中心聯結使顧客能接受電子郵件、股票市場資訊、新聞和最新體育消息、商品介紹和線上遊戲。

客房娛樂系統也能與客務帳務系統連接作為一個獨立的運作系統。客房內的娛樂系統使房客利用客房中的電視機選擇多種娛樂方式。如果這些服務需要收費，如收費電影、線上遊戲或上網，那麼系統會自動計算費用並登入客帳。因為系統與帳務軟體連結，當房客使用電視的某個收費頻道，費用就自動記錄到顧客帳單上。為了防止無意中轉到收費頻道，電視機預設的不收費頻道可以成為預映頻道。有了預覽頻道，關於收費電視和電影的問題會大大減少。房內收費電影由住客與飯店電話聯繫，要求在付費頻道上播放成人電影。預覽頻道還給飯店提供了做廣告宣傳的機會，可以在預覽頻道上播放有關飯店設施娛樂，和會議廳的介紹。飯店也能把在這個頻道上做廣告的機會出售給當地一些單位，以增加飯店收入。

飯店還有有兩種房內自動販賣系統。房內小酒吧系統供應飲料和零食，食品飲料分別放在冰箱內或其他乾燥的地方。飯店員工對照小酒吧的原始記錄，每天檢查數量並作記錄，相關的消費記錄就會登入在房客帳單上。由於小酒吧可以隨時取用，所以會導致一定數量的漏帳。於是飯店的自動小酒吧系統用光纖傳導，來記錄放在固定位置的商品，當觸發了感應器，冰箱（自動販賣機）就把有關資訊傳輸到指定的微處理器上，然後客務帳務軟體就開始自動登帳。

其他的顧客服務科技還有房內傳真機。客房傳真機使房客毋須飯店員工的服務，自己可以在房內收發傳真，這種服務在接待會議和商務旅客的飯店尤為普遍。傳真設備的收費含在飯店電話系統內，能自動計費並把資訊傳送到飯店 PMS 系統。

(三)顧客服務和科技

加強顧客服務是飯店吸引新顧客的一個主要競爭優勢，現在一個新的趨勢是如何使用技術來改進服務，有些項目已在前面敘述過了。現在要介紹的一些服務，有的可能要在將來才能問世。

例如，客房娛樂專案開發公司正在設計一種系統，能透過開發軟體瀏覽器提供當地資訊。房客可以經由網際網路在房內查閱餐廳、博物館、商店以及其他感興趣的場所的資料，也可瀏覽網址、大賣場、電子郵件和其他線上服務。用同樣的方法，飯店也可以推銷自己及飯店集團的服務。如果顧客對其中的某家飯店感興趣，該系統可以直接進入那家飯店的訂房系統。

最有意思的，可能還是房客可以在客房內直接上網際網路，上網的途徑可以由數據機連接電話線，或透過本地區域網（LAN）或互聯網電視（WebTV）。有些還提供寬頻使得住客在自己的客房中「盡情享受上網樂趣」。另外有些飯店在公共區域設立網路瀏覽亭或電話線，提供上網的設施。網路瀏覽亭是飯店或其他供應商專為房客設計的上網設施，通常顧客使用這項服務是要收費的，費用可記入客帳或直接由信用卡支付。接待大型會議的飯店在會議廳內安裝網路介面也變得非常普遍，利用這項技術可以使更多大人群透過網路看到投影畫面。

飯店的商務中心提供個人電腦、傳真機、影印機、會議電話和網路介面，使用這些設備同樣也要收費。

以上只是顧客服務科技的一些實例。隨著加強顧客服務的趨勢，管理者可以想像，有更多的科技會應用到顧客服務的廣泛領域中。

小結

客務部所有的功能、活動和區域的設置都是為了顧客服務和銷售。對許多顧客而言，客務部就代表了飯店。客務部幾乎向每一位顧客提供服務。顧客入住期間所發生的交易記錄，顯示了飯店經營活動的流程，這一流程可以分為四個階段：抵店前、抵店、入住和退房。在每一個階段中，客務部都擔負著重要的顧客服務和客帳管理的責任。客務部員工應懂得顧客居住期間的服務和帳務活動內容。在抵店前的階段，顧客做出選擇一家飯店的決定。抵店階段包括入住登記和分房的功能。在入住階段，客務員工為顧客提供各種服務、資訊和用品。其他顧客服務和客

帳方面的工作，在結帳階段完成。由於每個階段的活動和功能可能出現交叉和重疊，有些飯店把傳統的顧客服務過程修正為銷售前、銷售中和銷售的過程，這個修正後的流程對飯店各經營部門的合作很有幫助。

客務的許多功能都在櫃檯得以完成。櫃檯設在大廳顯眼的區域，是顧客入住登記、詢問、投訴、結帳退房的地方。客務工作的有效性有賴於它的設計和布局，櫃檯的設計和布局應使每位員工很方便地使用設備、表格以及工作所需的用品。一個飯店PMS系統所包含的軟體模組，能充分支援對飯店前後場的各種活動。另外，許多由顧客操作的和非顧客操作的系統也能與飯店PMS系統連接。

關 鍵 詞

電話計費系統（call accounting system, CAS）：一個連接飯店電話系統的裝置，可以根據客房打出的電話號碼，正確地計費以及傳輸費用。

顧客服務的循環過程（guest cycle）：描述飯店經營流程的一部分，能夠辦識出飯店顧客和員工面對面接觸和財務上的交易。

客帳（guest folio）：一張記錄某個人或某間客房的交易情況的表格（紙質或電子錶）。

客史檔案（guest history file）：一份匯總曾經是房客的相關資訊的顧客歷史檔案。

飯店信用額度（house limit）：由飯店方面制定的信用額度。

詢問目錄（information list）：一份按入住房客字母順序排列的索引，用來轉接電話、傳遞郵件、留言以及回答訪客問題。

漏帳（late charge）：一筆應該記入客帳的交易，但在顧客退房後這筆記錄才進入客務登帳系統。

飯店資產管理系統（property management system, PMS）：一個電腦套裝軟體模組組合，用於支援飯店前後場各種管理活動。

入住登記表（registration card）：一張印製好用於記錄入住資料的表格。

訂房記錄（reservation record）：一份電子檔，記錄顧客的有關資料，如抵店日期，需要的客房類型，預付的訂金，來店人數等。

訂房記錄（reservation file）：一份訂房記錄的匯總文件。

收款憑證（voucher）：一份要登入到電子帳單上的記錄，記載詳細交易的內容；在營業單位尚未與客務系統連接時用來傳遞交易資訊。

網　址

訪問下列網址，可以得到更多資訊。主要網址可能不經通知而更改。我們建議透過 http://www.hospitalityupgrade.com 查閱全面的電腦系統供應商網址。

個案研讀

案例分析鍵時刻——由 Gordon Summer 的用餐經歷引起的聯想

自由撰稿人 Gordon Summer 步出飯店電梯，看了看手錶。時間是星期四上午 10 點鐘。他很高興昨天夜裡 11 點半到達飯店後能睡上一覺。新的一天開始了，他現在想做的事是好好吃一頓早餐。他朝櫃檯走去，想問飯店的餐廳在哪裡。

「早安」站在櫃檯後面的男子說：「有什麼需要幫忙的嗎？」

「飯店有餐廳，對嗎？」

「有的，餐廳最近還獲得了本市雜誌頒發的美食家金獎。」

「那好，今天有機會品嘗一下，不知獲獎菜餚好不好吃，不過我現在真想好好吃一頓早餐。」

「好的，先生，我們為您備妥了位子。」

Gordon 從櫃檯接待員處瞭解了餐廳的方位，過了 2 分鐘，他走進明亮的、裝潢華麗的餐廳，在餐桌邊坐下。回顧四周，他注意到有六七人在早餐台和咖啡桌邊徘徊，他望過去，那些食物不太誘人。

過了幾分鐘還是沒有服務員過來，Gordon 最後叫了正從其他桌子走過來的女服務員，向她要了份菜單。10 分鐘過去了，他再次讓她過來。天曉得，他想，這裡的菜一定好得出奇，因為服務那麼差，餐廳還能獲獎。

「什麼事情，先生？」女服務員邊說邊走近他的餐桌。

「我想點早餐，我想要一個……」

「對不起,先生,我們9點45分就停止供應早餐。」

「好吧,那我想用早午餐可以嗎?我餓了。」

那女服務員咬咬嘴唇說:「說真的,我們要到11點15分才開始供應午餐,現在離午餐還有一個多小時。」

看到別人在用早餐而自己被拒之門外,實在很令人沮喪。

「好吧,」他很不高興地說,「來杯咖啡行不行?我會到禮品店拿份報紙,然後……」

她搖搖頭說:「對不起,我們要到午餐開始時才接受訂位,我們也不受理外賣。」

「我明白了。」他邊說邊想,為什麼櫃檯那位男子不把這些事情告訴他呢?「好吧,請告訴我,附近什麼地方有東西吃?」

「到馬路對面的大賣場,那裡有很好的美食街。」

20分鐘後 Gordon 從大買場的食街回來,他已吃過了速食。當他穿過大廳時,櫃檯人員叫住了他,「您的早餐怎麼樣,名不虛傳吧,先生。」

「不,我覺得名不副實」,Gordon 邊說邊回答道。

櫃檯人員很震驚地看看他,「哦,對不起,不好意思,希望您給我們機會下次再為您服務。」

「不必了」,Gordon 邊說邊進了電梯。

Freddie Bulsara:參賽者和與會者

訂房部經理 Freddie Bulsara 非常期待,今天他將是一個輝煌的星期天。自己訂房本領真不賴。這個周末達到兩個成功的業績:周六飯店住著230名兒童芭蕾舞選手和家長,是來參加星期日本市舉行的芭蕾舞比賽的。今天,他們將退房,接下來所有客房都要用來接待 200 位來自 Wolves 兄弟會的與會者。

Freddie想,他的客房銜接計畫完美無缺。參與芭蕾舞比賽的顧客上午9點參賽前結帳退房,而會議顧客下午1點正好抵達。這樣的安排真是天衣無縫。Freddie 暗自高興。

但是情況好像不妙,弗雷德里到了櫃檯問,那些芭蕾舞選手怎麼了。LeighAnn Crenshaw 抬起頭對他說:「我也說不上,等他們退房時,我定會通知你。」Freddie 感到自己的心跳加快了,「現在已經 11:45 了,你在說什麼呀?」

「我今天上班時發現有張紙條上面寫著芭蕾舞參賽顧客要求延遲退房時間，等比賽結束後再退房。我想他們中的許多人想回房更換衣服後才退房。他們的領隊已經做好了這個安排。」

「和誰聯繫的？」

LeighAnne聳聳肩說：「紙條上沒留名字，但紙條像是 Brian 寫的。昨晚顧客進店時，他正好值班。」

Brian，一個新手，來店工作不到兩周。他的允諾把我們努力的一切都毀了，Freddie 想。「你知道他們確切的退房時間嗎？」

「比賽 9 點半開始，他們說要兩個小時，我想再過 30 分鐘，他們應該回來了。情況就是這樣。」

這也就是說在會議顧客進店前，房務部沒有時間整理。我們要想盡辦法讓房務部清掃後才能讓會議顧客進房。

「哦，我說錯了，」LeighAnne 說，她指著大廳入口處，「好像他們的巴士到了。」

「謝天謝地！」Freddie 說：「讓他們盡快進房，馬上洗完後就退房，然後房務部就可以立即打掃。時間雖然緊，但……」

Freddie 沒說完就看到巴士門開了，有人下了車進了旋轉門。他希望看到一群穿著粉紅色芭蕾舞裙的女孩，然而面前的卻是一群戴著狼（wolf）耳套的中年人，他們高聲呼喊著、勾肩搭背進來。

「哦，不！」Freddie 嘀咕著。他看了一下時鐘。這時一位帶著會議標誌的人向櫃檯走來。

站在面前的是一位高大寬肩的人，他取下狼耳套伸手說：「你是 Freddie，」他笑道：「Darrell Drucker，我們曾經通過話。」

Freddie 心急如焚，努力從對方熱情的握手中抽回自己的手。會議顧客幾乎站滿了大廳的每一個角落。「您好，Drucker 先生」他說：「我們以為你們要 1 點鐘才到。」

德魯克先生向後看了一眼，「什麼，現在不正好是 1 點鐘嗎？」

他的臉上掠過一絲疑惑。「我們肯定忘了調整時差了，」他笑著說，「好吧！Freddie 讓我們進房吧，我們不想再打擾您了。」

「情況是這樣的……」

「大家看，」一位會議顧客大聲說，邊笑著指指大廳入口，幾十個不到 10 歲穿著粉紅色芭蕾舞裙的女孩推開大門進入大廳。

「她們回來了，」Leigh Anne 呆呆地說，那是 1980 年代一部鬼屋電

影裡的話。

Freddie 想，沒有回天之力，他是無法使顧客滿意的。

Reg Dwight：難忘之夜

這是一個安靜的周一深夜，直至凌晨 3 時櫃檯接人員 Reg Dwight 拿起電話，電話另一頭是一位國際航空公司的代表。「大約半小時前，我們飛往倫敦的班機接到一個炸彈恐嚇電話，飛機已加好油，坐滿了乘客，正準備起飛。」那位女士說，「為了大家的安全，我們要讓那些乘客下機，現在有 260 位旅客需要住房，直到我們清理飛機檢查完行李。另外再安排出發時間。我們能把旅客送到你們那裡去嗎？」

雖然 Reg 單獨一人上了許多次夜班，但這次面對的情況對他來說是第一次。他深深吸了口氣問：「需要多少房間？」

「包括所有的家庭和夫婦在內，我們需要 175 間房間。航空公司會支付住宿費，和在你們餐廳用一餐的費用。」

Reg 檢查了可用房的數量。旅客將分散在飯店各個樓層，因為剩下的客房很分散。他算了一下，這突如其來的生意能帶來很多收入，175 間客房，每間房價 84 美元。那位女士又說：「當然這價格應該是『意外旅客過夜價』。」

「哦，」Reg 想，「那樣是每間房 35 美元。」Reg 不瞭解面對這樣情況，飯店有什麼相應的政策。但是肯定這不是一個賺錢的好機會—實際上一個客房的成本要 40 美元。Reg 想為這些顧客提供所需的服務意義大於賺錢，他希望主管也能這樣想。

他告訴對方可以把乘客送來，他還要求對方一旦決定了重新起飛的時間立即通知飯店。他想顧客到達時一定十分疲勞、焦急，而且會因為深夜下飛機，耽擱旅程而發怒。他希望，經過努力能使他們緩和情緒。

「他們什麼時候到達？」他問。

「15 分鐘後巴士出發，大約 4 點左右到達。還有一件事，請你通知旅客，他們的手提行李和托運行李檢查後會盡快送到飯店，至少要到 6 點。我們也會把大家的鞋子送回來。」

她說：「什麼鞋子？」

「對不起，我必須掛了。」她說，「有事我會再來電話。謝謝你幫助我們處理了這起緊急情況。」

掛斷電話後，Reg 又拿起電話，他知道現在不像平時的清晨 4 點，他需要額外的人手幫忙，他打電話給在家的主管，把她叫醒，問問她還要聯繫哪些人。主管說她將親自前來。她還建議 Reg 立即通知廚房、餐廳、客房部和櫃檯人員。她以前也遇到過類似的情況，她還解釋了鞋子的問題。

「乘客用滑梯滑下飛機前都要脫鞋。事後把鞋子集中在走廊裡。在這種情況下，航空公司把所有、的鞋子集中成一堆和托運的手提的行李一起送來，不會一雙雙分開。我們可以把所有的行李放在 Heritage 房間內，鞋子放在 Carlton 房間。不知道 Lorenzo 有沒有為中午的會議布置好會場。希望鞋子能準時送到分完，這樣可以不耽誤團體用房。」

「我負責聯繫。」

「我盡快趕到幫你辦理入住，看看有什麼要幫忙的。剛才只是我的一些想法，但是我希望你要為那些心情不好的顧客提供服務—也就是顧客希望得到的和必須的服務，寫成一張單子給我看看。我們很幸運有足夠的客房給他們。」

Reg 深深吸了口氣，「我腦中想到的可不只是『幸運』。」

討論題

1. Gorden Summer 飯店員工應採取哪些步驟來改進他們的服務？
2. 有哪些因素超出了 Freddie Bulsara 的控制範圍？他應如何做才能預防問題的發生？
3. Reg Dwight 所列的單子應有哪些內容來反映此時此地這些顧客的需求？

案例編號：3323CA

下列飯店業專家幫助蒐集資訊，編寫了這一案例：
Richard M. Brooks, CHA, Vice President of Service Delivery Systems, MeriStar Hotels and Resorts, Inc. and Kenneth Hiller, CHA, Vice President, Snavely Development, Inc.
本案例收錄在 *Case Studies in Lodging Management* (Lansing, Mich: Educational Institute of the American Hotel & Lodging Association, 1998), ISBN 0-86612-104-6。

MANAGING FRONT
OFFICE OPERATIONS

CHAPTER

訂 房

學
習
目
標

1. 掌握各類不同的訂房，以及在訂房詢問中確定資料並登入在訂房記錄中。

2. 識別訂房的主要來源。

3. 瞭解團體訂房工作程序。

4. 辨識用於追蹤和控制訂房容量的管理工具。

5. 瞭解有關不同種類的訂房的確認、 更改、取消的政策和程序。

6. 解釋由訂房資料產生的訂房記錄和典型的訂房管理報表的功能。

本章大綱

　　從顧客的觀點來看，抵達飯店時就有準備好的客房，那就是訂房的最重要功能。這裡指的不是一般的客房，而是最能滿足客人要求的客房。對此，飯店的經理和業主持有不同的看法，他們所希望的是在訂房過程中，盡可能地提高住房率和增加客房收入。

　　為了實現上述目標，飯店必須建立有效的訂房程序。精心制定的訂房程序能使訂房員識別顧客的要求是什麼，以及飯店應該向顧客銷售的又是什麼，使他們便於記錄和處理訂房細節，推銷飯店的服務項目，和確保訂房的準確。訂房員必須迅速、準確及愉快地回答顧客要求，同時應該縮短查詢房價，或套裝方案時間，並把用於寫文案、存檔及文書工作時間降到最低程度。

　　訂房處理程序包括：根據訂房要求尋找適合的客房、房價；記錄、確認以及保管訂房資料；製作訂房報告。訂房資料對完成客務各種任務尤其重要。例如，客務部員工可以根據訂房階段蒐集到的資料，利用PMS 系統完成分配客房的工作，建立客人帳戶以及滿足顧客提出的各項特殊要求。

　　為了達到高住房率和高營收的目標，就要重視調查、計畫和監控等工作。負責這些任務的人通常是訂房經理或主管。有些飯店的客務部經理、客房部經理或者總經理都會擔負這些責任。無論如何，銷售客房是訂房部門一項非常重要的工作，他們要決定，以什麼價格銷售什麼客房。沒有適當的計劃和控制，客房可能空置著銷售不出去，也可能因銷售價格不當，導致營業額受損。

　　本章將敘述訂房過程中的主要業務，包括：
　　・受理訂房查詢；
　　・決定可租房的類型和價格；
　　・記錄訂房資料；
　　・確認訂房資料；
　　・維護訂房資料；
　　・製作訂房報表；
　　・調查、規畫和監控訂房資料。
　　在詳細討論以上這些業務內容前，將會首先研討訂房的性質和種類。

第一節　訂房和銷售

在電腦化之前，訂房員的注意力集中在可出租房的基本資訊上，他們缺乏有效的工具來分辨可租房的類型。當一位顧客要求訂一間房，訂房員可以確認這個訂房要求，但不能確定是否有客人所要的那種類型、那種特色或帶有那種家具的房間。訂房員可以把客人的要求記錄下來，例如一間禁煙房或一間有某種床型的或某種景色的客房；但是這要求能否實現，取決於櫃檯在辦理入住時的實際情況。同時，櫃檯首先考慮的是自己的主要責任，即讓飯店住滿，盡最大可能提高客房收入。櫃檯人員總是在顧客抵店時積極推銷較高房價的客房，這常常使顧客感到厭煩。

電腦的訂房程序提供了精確的客房和房價資訊。由於客房套裝管理軟體已把客房按其特徵分類，訂房員可以查閱某天的客房和房價資訊。根據客房類型、位置和特徵的要求，給予迅速確認是訂房程序的重要功能。許多訂房系統還能做到排房。

正因為訂房部的銷售功能，許多有關客房營業收入和營收分析的責任已轉移到該部門。有鑑於此，許多飯店把訂房部視作業務部的一部分，即使它在傳統上還是屬於客務部。訂房員不只是接收訂單，他們要受銷售技巧的培訓，許多飯店給予訂房員深入人細緻的銷售訓練，並確定他們願意投入銷售工作。多數訂房部有銷售目標，包括銷售客房的間天、平均房價以及訂房房的營業收入。

訂房部在銷售客房、提高營業收入、加強客房控制以及提高顧客滿意度等方面的能力，常常被視為評價客務系統的重要根據。適當的強調銷售和市場，可以使飯店更準確地做好預測，並能對業務流量有更好的適應。收集預測的銷售資訊並用來制定客房價格策略，這個做法通常被稱為營收管理（yield management）。

一、業務部在訂房中的角色

隨著住房率和營收責任，業務部門在訂房方面的作用越來越重要。有下列理由可說明這一點。

首先，業務部是飯店主要訂房客源的來源。團體業務經理或業務代表爭取到團體客源，常常是公司或商業協會舉行的重要會議。另外一位

MANAGING FRONT
OFFICE OPERATIONS

銷售代表可能會被分配去做 SMERF 市場，吸引社會、軍事、教育、宗教或兄弟會等方面的團體客人。然而團體顧客的訂房最後仍是透過電話、中心訂房或團體訂房郵件與訂房部聯繫來完成的。管理單位可以以此來評估業務部爭取到多少團體訂房。飯店高層管理者通常將銷售合約中的訂房數量與實際的團體用房數進行比較。這樣管理層就能查證業務部或某一位團體銷售代表是否在簽訂銷售合約前，就已對客源做了徹底瞭解。

其次，業務部還負責團體市場以外的銷售。業務部會指派專人去爭取公司的商務客人以及旅行社客源。在一個大型綜合性飯店，會有好幾位經理去開發同一個市場。他們的工作是熟悉當地企業和旅行社的特色以提供適當的優惠條件。如果本地企業或旅行社同意提供一定數量的客源，飯店常常會給予折扣。同樣，高層管理單位也也要確認享受折扣的一方能如期信守承諾。

業務部經理如果達到或超過他們的銷售目標就會受到金錢或其他方式的獎勵。在過去，目標通常由房間銷售的日數來衡量，也就是根據訂房部的記錄或某業務經理銷售的所有客房的的數來統計。可惜這樣做會導致業務經理們為了做成生意而大幅度降低房價。今天業務目標和獎勵措施（包括促銷）已與營業額結合，為了實現最終的營收目標，業務部經理們要積極設法在客房日數和房價之間取得最好的平衡。

二、訂房業務的規劃

業務部在數多月前，甚至一年前就開始接受訂房。對一家大型的主要接待團體業務的飯店而言，提前 5 年接受訂房也是常事。有些飯店甚至有更長遠的訂房合約，這因為所涉及的團體規模很大，只有少數飯店才能接待下來。其他飯店的大多數團體訂房在 6 個月之內，甚至更短。無論長短，業務部都要先制定訂房和營業收入管理程序，目的是做好未來的訂房安排。

近年來，飯店的訂房經理或主管越來越參與主要的業務活動，在這之前訂房部常常是在合約簽訂以後才知道對團體和公司的銷售情況。這樣會引發一些排房或房價的問題。例如業務部並沒有準確記錄已出租房數，或者，訂房部收到直接來自團體的更改通知，跳過了業務部。而讓訂房經理參與銷售過程，可以避免發生類似的情況。影響飯店住房率和

營收的每個決策過程都應該請經理參與。有些飯店,已受理的團體與散客訂房會轉交訂房經理管理,由他通知業務部正確的可出租房情況。無論處於何種情況,訂房經理都要同時注意飯店的營收目標,對每個售出的團體價格或公司價格都要作評估,都要告知管理部門,特別是當這樣的價格危及飯店的目標。有了這樣的參與,飯店經理們可以計畫和控制好未來的生意,而不是顧客要什麼就賣什麼。

決定團體顧客/散客的組合比例是計畫和控制團體業務的一項工作,通出現在年度計畫中。這個組合比例對飯店很重要,會對營收產生重要影響。由於飯店業務部門常常將注意力放注在團體銷售方面,他們會拿相當數量的客房用於團體銷售。這類客房叫團客用房。業務部在團體客房數量的範圍內,可以不經批准自行銷售,但是一旦突破團體用房的上限,業務部則要向業務總監或總經理提出申請,要求增加團體客房。而訂房部經理則要分析這類要求,分析決策的潛在影響。這方面的問題將在本章稍後部分有更多的闡述。

第二節　訂房的種類

飯店的大部分顧客都透過訂房入住。訂房有許多方式,下面介紹幾種主要的訂房種類,看看它們的主要區別。

一、保證類訂房（Guaranteed Reservations）

所謂保證類訂房即是向客人保證飯店將預留房間,直到客人預訂抵店當天的某個時間為止。這個時間可能是既定的退房時間,或飯店新起始日(客務稽核完成之時),或是飯店自行決定的時間。而顧客方面保證預付客房的房租,即使最後沒使用也同樣支付,除非是飯店按規定預訂安排。保證類訂房確保了飯店的營業收入,即使訂了房的客人沒取消訂房或者沒抵店入住。保證類訂房可分成下列幾種:

(一)預付款（Payment）

透過預付款作訂房保證,即客人在抵店日前就支付了全部費用。從客務部的立場來看,這是最受歡迎的保證訂房方式。這種方式通常為美國的渡假飯店及美國以外的飯店所採用。

MANAGING FRONT
OFFICE OPERATIONS

(二)信用卡（credit card）

主要的信用卡公司也建立這樣的體系，即飯店有客人訂了房但未入住時，可以用信用卡向有關飯店支付訂房保證金。除非客人在規定的時間前辦理了取消訂房手續，否則飯店將向客人的信用卡公司收取一晚的房費。信用卡公司事後將帳單向持卡人收費。以信用卡作保證訂房是常用的方式，尤其是商務飯店。大部分飯店收取一晚未住店的保證金時，還附加稅金。渡假飯店會收取不止一晚的房租，因爲在渡假飯店的停留時間都比較長，飯店很難立即彌補這類損失。

借記卡（debit card）也能用來作保證訂房。雖然飯店要付給信用卡公司一些費用，但是以信用卡來作保證類訂房是既容易又方便的一種方式。有些飯店在顧客訂房那天向信用卡公司收取一筆預付款，這種方法能較快地收回現金，顧客也能使用到信用卡的方便，而不需要再寄支票。

美國境外的飯店能得到一個額外好處，是不需要向銀行支付一筆處理國外支票的服務費，這筆服務費比信用卡的服務費更貴。

(三)預付訂金（Advance Deposit）

用預付訂金作保證類訂房（或者預付部分款項）是要求顧客在抵店前付給飯店一筆指定的款項，這筆預付訂金的數額足夠支付一晚的房費與稅金，訂房的天數如超過一天，訂金會收得更多。如果預付了訂金的保證訂房，而顧客沒入住飯店又沒取消訂房，那麼飯店會沒收訂金，並取消客人原先訂房的整個安排。這種類型類訂房在渡假飯店和會議中心尤爲普遍，不同的是有的預付訂金數額一直要計算到預期退房的那天，爲的是確保渡假飯店的營業收入，以防顧客提前退房。

(四)旅行社（Travel Agent）

旅行社的保證類訂房非常普遍。旅客付給旅行社一筆交通和住宿的預付款，旅行社則確認顧客的訂房。如果顧客未入住又未取消訂房，飯店一般會向旅行社收費，旅行社則向顧客收回費用。這種方式現在已經不太常用了，因爲只要有可能飯店和旅行社都希望透過信用卡和預付訂金的方式來保護自己，如今飯店只接受那些最大的、最有財務支付能力的旅行社所作的保證訂房。

(五)收費憑證或 MCO（Voucher or MCO）

另一種形式的旅行社保證金是收費憑證或其他費用彙單（MCO）。其他費用彙單是由航空報表公司（Airline Reporting Corporation, ARC）發出的，受旅行社和航空公司規定保護的支付依據。在只能接受收款憑證的情況下，許多渡假飯店寧可接受幾份費用彙單，因為如果出現旅行社拒付的情況，航空報表公司會擔保付款的。持旅行社收費憑證和其他費用彙單的客人，都是已經預先付錢給旅行社的人。旅行社把收費憑證或其他費用彙單交給飯店作為已付款的證明，並保證一旦收到飯店寄回的收費憑證，就會將預收的金額付給飯店。通常，旅行社在付給飯店金額前會先扣除佣金。使用收費憑證和其他費用彙單的情況如今已不多見，因為有些大旅行社關門停業後，應付飯店的錢也沒付，顧客也無法收回他們已經預付的費用。

(六)公司保證類訂房（Corporate）

一家公司可能與飯店簽訂一個合約，表明由公司付費的訂房顧客如果出現未入住又未能辦理取消訂房的情況，便由公司承擔支付責任。公司保證類訂房需要有公司和飯店共同簽訂的合約。這類訂房在市中心或商業中心的飯店尤為普遍，因為這些飯店散客居多。公司會收到飯店方寄出註明金額的房費帳單，飯店也會隨後收到公司寄出住宿費的支票。

二、無保證類訂房（Non-Guaranteed Reservations）

無保證類訂房是指飯店同意為來客保留客房至某個規定的時間（通常是下午4點至6點），這類訂房不能保證飯店在住客未抵店又未取消時能收到取費用。如果顧客在規定時間前未能到達，飯店可以把保留房出租，就是說把保留房列入可租房之列。如果事後顧客到達飯店，飯店可根據可租房情況予以安排。

那些客滿或幾乎客滿的飯店，或預計住客人數已達到目標的飯店，都只接受保證類訂房。訂房程序的有效性和準確性是非常重要的，尤其是在客滿或接近客滿的時候。這時的策略是盡量減少未抵店的訂房客人數量，以期客房收入最大化。同時飯店管理單位最為重要的是要瞭當地政府對於保證類訂房和無保證類訂房的法律規定。在有些地方，如不能

爲一位有保證訂房的顧客提供客房，顧客若向地方政府投訴，飯店是要被處罰的。

第三節　訂房查詢

　　飯店透過很多管道接受訂房查詢。可能是面對面的，或是透過電話、郵件、電報或傳真，也可能透過網際網路、中央訂房系統或全球通路系統（航空公司訂房系統），還可能透過多種銷售代理商（intersell agency）（見圖4-1）。連鎖飯店集團越來越意識到產品通路對成功經營的重要意義。他們擁有的管道越多，就愈有機會讓客人查詢到他們的產品，訂房他們的客房。不管是從哪種管道來的客源，訂房員都要瞭解有關顧客的居住資訊，這就是訂房查詢。訂房員或線上訂房表應蒐集下列資訊：顧客姓名、住址、電話號碼、公司或旅行社名稱（如果有的話）、抵店日期和退房日期、需要的客房類型和數量。訂房員或線上服務還應設法確定房價、同行人數、付款方式或保證金支付方法等等。

一、訂房銷售的七個步驟

　　訂房部有許多銷售飯店客房的方法，無論是直接到飯店訂房還是透過訂房中心，大部分連鎖集團希望訂房員在與訂房者的溝通中使用制式的程序。大部分程序中都包括下列七個步驟，來控制訂房銷售的過程：

㈠問候來電者

　　一句熱情的問候是很好的開場白。問候語可以是「您好，這裡是 Casa Vana Inn。我是 Mary，請問您需要什麼服務？」這樣的開始會比簡單的一句「訂房部」要好得多。

㈡確定來電者的需要

　　用恰當的方式詢問來電者的需求，包括抵達、退房的日期，顧客人數，對床鋪類型的偏好，所屬單位、團體以及其他有助確定顧客需求的問題。如一位來電者說他將和家人一起出遊，訂房員就要接著問有幾個孩子，以及他們的年齡。

圖 4-1　訂房管道

Central Reservations system

    Affiliate Reservation Network（Hotel Chains）

    Non- Affiliate Reservation Network

        Leading hotels of the World

        Preferred hotel

        Distinguished hotel

Global Distribution Systems

    SABRE

    Galieo International

    Amadeus

    World Span

Intersell Agencies

Property Direct

Internet

(三)根據對方的需求

　　介紹飯店的情況以及能給予顧客的種種便利。訂房員在第二步驟中要仔細聆聽對方的說話內容。在交談過程中應根據對方的需求,來強調飯店的特色及可以提供的便利,如強調全年開放的游泳池,可能是吸引家庭旅遊者的賣點;而此時介紹商務中心就是不得要領。

(四)推薦客房並根據對方的反應作調整

　　這一步驟緊是顧客在第三步驟中得到的飯店的整體印象而來,此時的訂房員要明示對方他一直在聆聽對方的需求。如果對方覺得客房太貴,或者所推薦的客房並非所需,那麼就要對所推薦的客房種類作必要的調整。

(五)結束銷售

　　主動提問,不要等對方作決定。可以這樣說:「Jones 先生,您是

否要我為您訂房一個有特大號床的房間？」應該覆述一遍顧客的要求。

(六)蒐集訂房資訊

根據飯店程序記錄所有訂房資訊，包括有顧客姓名、抵離日期、房間類型和價格以及特殊要求，並取得對方的確認。此時也是給予對方訂房代號的時候。

(七)感謝對方

結束通話的語氣與開始時同樣熱情，讓對方相信自己做出了正確選擇。

最重要的一點是，訂房是一個銷售的過程，訂房部成功的標誌之一是訂房員已被訓練成飯店的銷售員，而不是接受訂單的人。他們既營造了飯店的正面形象，又為訂房者著想。如果訂房員的聲音表露出對工作和飯店的熱忱，那麼這種熱情會感染訂房者。相反訂房員表現不熱情，對方就不會對飯店留下好的印象，有可能就到到別處去住宿。

訂房客人可能是為個人訂房，也可能是為團體或會議客人訂房。客人作為個人入住而不是一個團體的一員，這類客源被稱為零星散客（free independent traveler, FIT）。訂房的客人若是團體的成員抵達飯店，入住登記程序上與零星散客有所區別。例如，團體客人的資料，先要找到團體名稱，然後才能找到某位客人的名字。此外對訂房的團體客人抵店前的接待準備也會有不同的做法。

二、中央訂房系統（Central Reservation Systems）

大多數飯店訂房系統有兩種：直屬訂房網路和非直屬訂房網路。

直屬訂房網路（affiliate reservation network）是一個連鎖飯店集團的訂房系統，所有旗下飯店透過契約形式加入。如今每個連鎖飯店實際上都在運作自己的訂房系統，或將訂房功能外包給訂房技術供應商。連鎖集團都在盡量把訂房程序合理化以減少成本。另一個解決辦法是連鎖集團內，飯店相互介紹客源。在團體訂房時，訂房資訊透過電腦讓聯盟飯店共用。

訂房資訊常常由連鎖集團的一家飯店，透過訂房網路傳到另一家。如果一家飯店已客滿，訂房系統會把業務介紹到連鎖集團在同一地區的另一家飯店。若是某飯店地點對客人更方便、更有利，便會經由訂房系

統推薦給客人。直屬訂房系統容許非旗下的飯店加入，這一作法象徵著集團有著更大的市場。非連鎖的飯店加入直屬中央訂房系統被稱爲後備飯店（overflow facilities）。訂房要求在同一地區的各連鎖飯店都無法接待的情況下才會放到後備飯店（overflow facilities）。後備飯店（overflow facilities）則向連鎖飯店或訂房系統支付業務介紹費。

非直屬訂房（non-affiliate reservation network）是由不屬於任何連鎖集團的獨立飯店集合起來的訂房系統，使那些獨立經營的飯店也能享受到連鎖飯店的許多有利條件。與直屬訂房系統一樣，非直屬訂房系統也承擔了爲所屬飯店作廣告宣傳的責任。Leading Hotels of the World, Preferred Hotels 以及 Distingusihed Hotels 都是這方面的佼佼者。大多數非直屬訂房系統只在某一地區接納少數成員加盟，這是爲了保證參與者都能提供高品質的服務。

中央訂房辦公室（Central Reservation Office, CRO）依靠免付費電話和線上網址建立和大眾的溝通。多數大型連鎖飯店有兩個甚至更多的訂房中心，顧客可透過電話和直接接觸與聯繫。訂房中心或網路服務幾乎都是一天24小時都開放。旺季時，訂房中心有大量的員工在值班。

訂房中心主要的工作是與多家飯店交換可出租房資訊，以及與顧客溝通接受訂房資料，而且不少飯店是透過線上溝通完成的，訂房資訊可以藉此方法即刻在中心與飯店間交換。快速傳輸的訂房系統使得飯店和訂房中心能夠掌握準確的、最新的可租房資訊和房價資訊。有些訂房中心在做完訂房記錄後，直接透過電話或網路將資訊傳輸到飯店。

中央訂房系統爲所屬的飯店提供處理訂房資料所必需的連繫設備，例如有製表用的個人電腦，電腦網路、傳真機和殘障人士使用的電話裝置。中央訂房系統向所屬飯店收取提供訂房服務和設備的費用，而飯店除了支付使用設備的固定費用外，還要向訂房系統支付訂房佣金，有的訂房系統收取客房營業收入的固定的百分比作爲整個系統的費用。飯店要向中央訂房系統提供準確的、最新的可租房資訊，如果沒有這方面的資訊，中央訂房辦公室就無法有效地處理訂房業務。

直屬與非直屬中心訂房系統除了管理訂房程序和進行溝通外，還提供其他多種服務。中央訂房系統可以是一個與飯店之間溝通的管道，一個帳務傳輸系統，或是目的地資訊中心，而連鎖集團的各飯店可以把報表傳輸到公司總部。中央訂房系統還能作爲旅遊目的地資訊中心，各飯

店可把當地的天氣、特別的活動、季節性的房價等透過系統讓顧客查詢。

圖 4-2　由電腦顯示的訂房記錄樣本

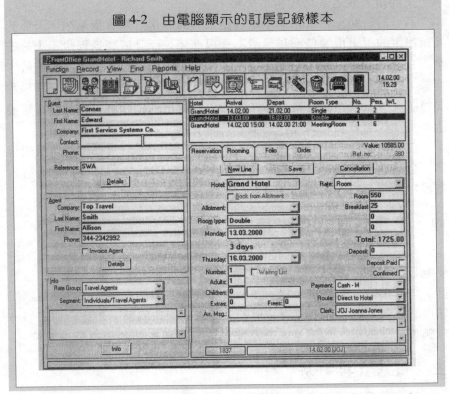

　　這張電子訂房表來自 Hotellinx System Ltd., Tuku, Finland。該公司網站（www.hotellinx.com）提供來自系統本身的螢幕選擇。

三、全球通路系統（Global Distribution Systems, GDS）

　　大部分的中央訂房系統，無論是直屬或非直屬的網路都與一個全球通路系統連接，最大和最著名的全球通路系統有 SABRE、GALILEO INTERNATIONAL、AMADEUS 和 WORLDSPAN。各個全球通路系統分屬於某家航空公司或航空協會，提供全世界範圍的訂房信息，並能向全世界銷售客房。全球通路系統還有訂售機票、出租汽車以及其他旅客必需的服務。

　　飯店客房的銷售是透過飯店所屬訂房系統與全球通路系統來完成的。世界各地的旅行社大都有一個或幾個與許多家機票訂房系統連接的終端電腦，整個系統既能辦理客房訂房，也能辦理租車訂房，大多數全

球通路系統都能滿足旅行社的要求。在一筆交易中，旅行社既能銷售機票，又能銷售飯店客房和租車服務。

　　有一段時間旅行社透過全球通路系統的客房訂房逐漸減少，因為此系統提供的可出租房情況和房價不是很準確，而且確認過程也不十分安全。在過去 10 年中，連鎖飯店把它們的訂房系統和全球通路系統做了連線，使得旅行社直接向飯店訂房系統訂房，可以獲得準確的可租房和房價狀況。這種連結叫做「無縫連結」。訂房的確認直接由飯店系統發出，免除了對資料不準確、確認不可靠的擔心。

　　由於大部分航空公司都有旅遊部，航空公司的訂房部也銷售飯店客房。全球通路系統在全球分布的據點超過200000處，已經成為飯店訂房業務中一個有力的分銷管道。

四、多項銷售代理機構

　　多項銷售代理機構是一個能受理多種產品訂房的中央訂房系統，主要為航空公司、汽車出租公司和飯店辦理訂房業務，是一種「一通電話，全部搞定」的作業形式。多項銷售代理機構把訂房要求直接傳給飯店中心訂房系統，他們也直接與客人要求的飯店聯繫。飯店參加一個多項銷售代理機構，並不意味著不能加入另一種形式的中央訂房系統。

五、飯店直接訂房

　　飯店受理許多直接前來辦理訂房的業務。根據直接訂房客源的數量，飯店可能設立一個獨立於客務部的訂房部。這種安排在客房數量為200 間以上的飯店較為普遍，訂房部受理所有直接訂房的業務，監管與中央訂房系統和多項銷售代理商的各種聯絡、維護和更新可出租房資訊。直接向飯店聯繫訂房可以有下列幾種途徑：

- ·電話：顧客直接用電話與飯店聯繫。這是直接訂房的一種最常見的方法。
- ·郵件：用書面形式訂房通常為團體、旅遊團體和會議客源所採用，郵件通常直接寄到目的地飯店的訂房部。
- ·飯店對飯店：連鎖飯店鼓勵顧客在下一站仍選擇同一集團的飯店，因而提供飯店之間的直接訂房，這種方法可以大大增加同一飯店集團的訂房量。

‧電傳、電報和傳真：電傳常用於國際訂房業務。電報、傳真和其他方法只占整個訂房業務的一小部分（見圖 4-3）。另一個訂房方法是使用殘障人士電話裝置（TDD），這設備是專門為聽力殘障人士設計的，類似電子打字機，使耳聾者可以透過該裝置進行溝通。

飯店直接訂房的新趨勢是設立一個集中訂房辦公室專門為某個特定市場服務。這在大型連鎖集團很常見，它們在同一地區有好幾家飯店，這種辦公室與連鎖集團訂房中心很相像，但服務範圍僅限於地區而不是整個集團的飯店。工作內容也不像飯店訂房部只接聽電話受理訂房。所有的訂房業務集中到訂房辦公室，當顧客直接打電話到飯店要求訂房時，飯店會把電話轉到集中訂房辦公室。同一連鎖飯店的中心訂房系統也像飯店一樣，與集中訂房辦公室連接傳送業務。

連鎖飯店的集中訂房有幾個好處。首先，與每個飯店都設有自己的訂房員的做法相比，較能夠節約人事成本的作用。人事成本是飯店業中最大的成本支出，任何減少人事支出的措施都是受歡迎的。其次，訂房員同時為幾家飯店服務，可以交互銷售，例如，一家飯店因接待會議已住滿，訂房辦公室可以提供附近的另一家飯店。這樣既方便了顧客，又提高了飯店的住房率。再者，房價和可出租房可以在飯店間、中央訂房系統以及全球訂房系統內得到協調，使得處理訂房的效率提高。

集中訂房辦公室可以設在某家飯店內，或在飯店以外的辦公室。如何維持良好的溝通是個問題。在沒有把飯店的訂房業務集中起來之前，總經理很容易觀察到訂房員的工作狀態，他只需親自察看或電話吩囑。業務集中後，飯店與集中訂房辦公室的距離就成了問題，最重要的一點恐怕是對訂房員的培訓。因為他們不在飯店工作，他們很少有機會熟悉飯店的客房、設施以及顧客服務。所以重要的是飯店經理要經常去訂房辦公室，設法使訂房員瞭解飯店發生的情況。

圖 4-3　飯店直接接受訂房—傳真

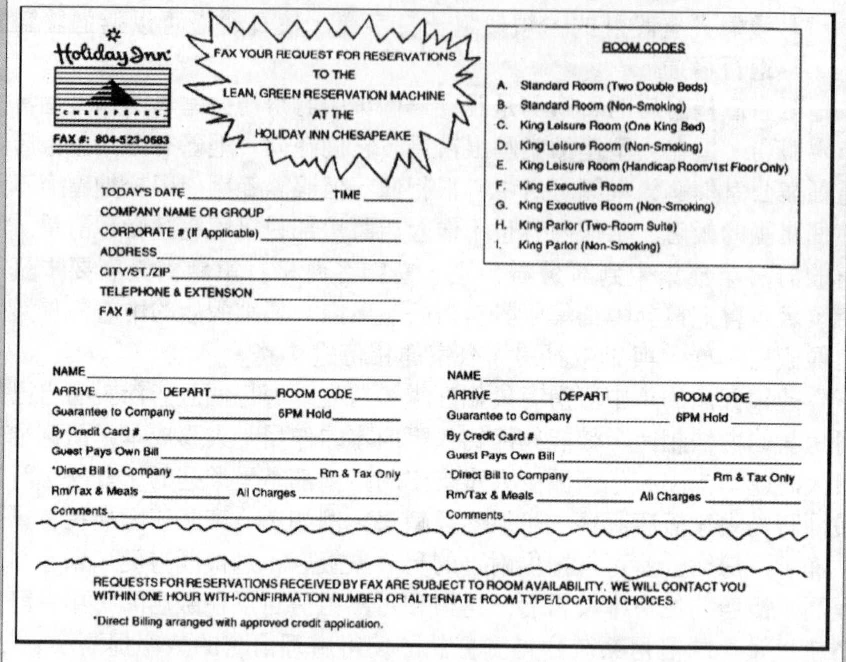

Holiday Inn
CHESAPEAKE
FAX #: 804-523-0583

FAX YOUR REQUEST FOR RESERVATIONS
TO THE
LEAN, GREEN RESERVATION MACHINE
AT THE
HOLIDAY INN CHESAPEAKE

ROOM CODES

A.　Standard Room (Two Double Beds)
B.　Standard Room (Non-Smoking)
C.　King Leisure Room (One King Bed)
D.　King Leisure Room (Non-Smoking)
E.　King Leisure Room (Handicap Room/1st Floor Only)
F.　King Executive Room
G.　King Executive Room (Non-Smoking)
H.　King Parlor (Two-Room Suite)
I.　King Parlor (Non-Smoking)

TODAY'S DATE _____ TIME _____
COMPANY NAME OR GROUP _____
CORPORATE # (If Applicable) _____
ADDRESS_____
CITY/ST./ZIP_____
TELEPHONE & EXTENSION _____
FAX # _____

NAME_____
ARRIVE_____ DEPART_____ ROOM CODE_____
Guarantee to Company _____ 6PM Hold_____
By Credit Card # _____
Guest Pays Own Bill _____
*Direct Bill to Company _____ Rm & Tax Only
Rm/Tax & Meals _____ All Charges _____
Comments _____

NAME_____
ARRIVE_____ DEPART_____ ROOM CODE_____
Guarantee to Company _____ 6PM Hold_____
By Credit Card # _____
Guest Pays Own Bill _____
*Direct Bill to Company _____ Rm & Tax Only
Rm/Tax & Meals _____ All Charges _____
Comments _____

REQUESTS FOR RESERVATIONS RECEIVED BY FAX ARE SUBJECT TO ROOM AVAILABILITY. WE WILL CONTACT YOU
WITHIN ONE HOUR WITH CONFIRMATION NUMBER OR ALTERNATE ROOM TYPE/LOCATION CHOICES.

*Direct Billing arranged with approved credit application.

　　　傳真訂房由 Holiday Inn at Chesapeak, Virginia 開發。訂房表發給訂房量大的主要客戶。這種訂房形式可以少占用電話的時間。

六、透過網際網路訂房

　　　許多航空公司、飯店和汽車出租公司透過他們的網頁提供線上訂房服務（見圖 4-4）。這使得許多不同市場的顧客能使用他們的個人電腦來訂房機票，訂房飯店客房以及選擇要租用的汽車。渡假客、商務旅客、企業客戶、國際旅客都能利用網路來安排自己的行程和食宿。各類潛在的顧客與網際網路提供旅行社和飯店連線就能完成簡單、愉快的訂房程序。

圖 4-4　城市旅遊網

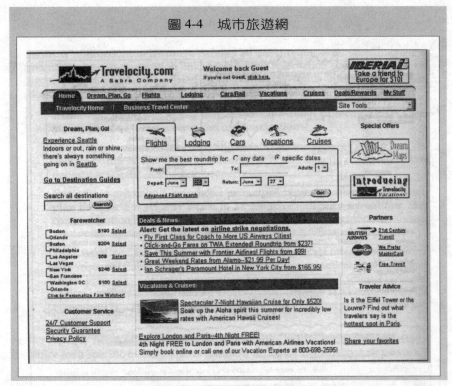

　　Travelocity 網（http://www.travelocoty.com）是 SABRE 集團公司在它的網際網路的延伸。它的航空機票訂房系統同樣提供全球飯店客房訂房，車輛租用，訂床訂早餐以及遊船航線。

　　無論飯店大小都可在網際網路建立網頁，而連鎖集團通常有一個網站著重展現它的品牌和企業特色。大部分連鎖集團的網站都允許消費者線上訂房，獨立經營的飯店也嘗試建立網站。但它們的網站不像連鎖集團的網站那麼複雜，因為成本很高，通常只提供一般資訊和讓消費者訂房。

　　圖 4-5 顯示的是顧客透過網際網路與假日飯店（Holiday Inn）訂房的一系列網頁。這種訂房過是首先由消費者確定旅行目的地，旅行的日期以及需求。選擇一家飯店後，消費者要輸入各種必要的資料。他們可以使用個人或公司的信用卡來作保證類訂房。

圖 4-5 Holiday Inn

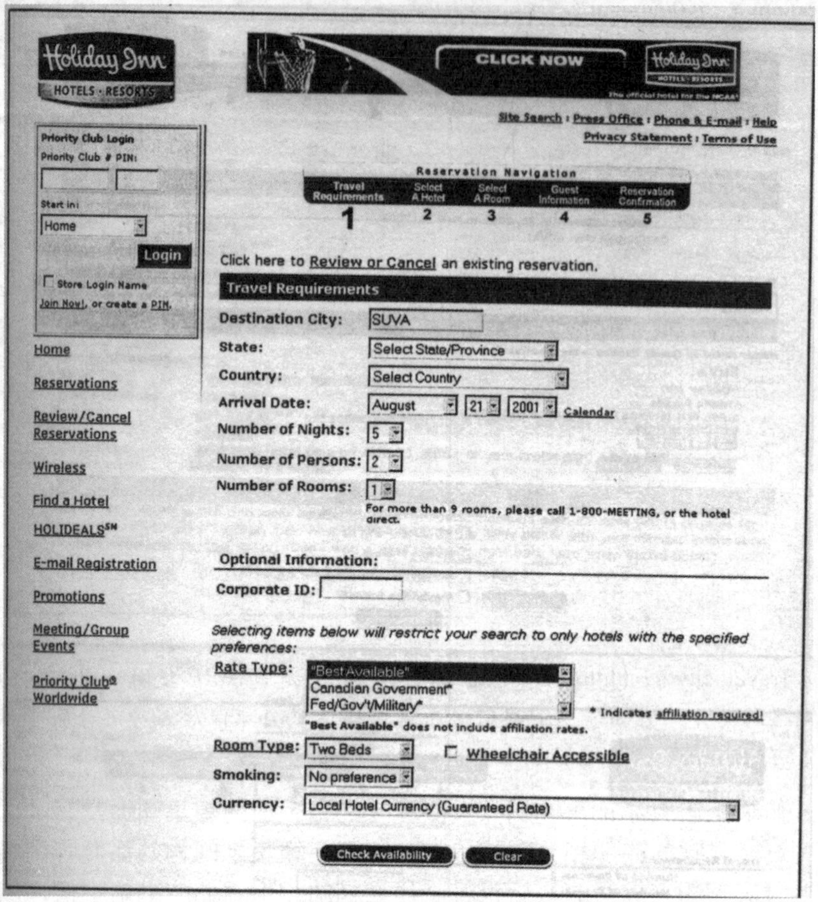

（續）圖 4-5 Holiday Inn

（續）圖 4-5　Holiday Inn

Holiday Inn
HOTELS · RESORTS

	Reservation Navigation				
	Travel Requirements 1	Select A Hotel 2	Select A Room 3	**Guest Information 4**	Reservation Confirmation 5

◄Exit

Your online reservation is Guaranteed.

Reservation Information

Your Itinerary

Hotel:	**SUVA**
	Holiday Inn
	Victoria Parade
	SUVA FIJI ISLANDS
Phone:	Local Phone: 679-301600
Arrival Date:	AUG 21, 2001
Number of Nights:	5
Number of Rooms:	1
Number of Persons:	2
Room Type:	Two Beds Other Non-Smoking
Rate Type:	Standard
Rate:	207.27 FJD **, per room, per night, plus tax***, services charges and <u>energy charges</u>.
Cancel By:	6PM local hotel time on AUG 21, 2001 or your credit card will be billed for a minimum of 1 night.

Guest Information

Making reservations is fast and easy for Priority Club members. Members earn valuable points or miles for every stay. If you are a member, login now to pre-populate the fields below with your member information. If you're not a member, <u>join today!</u> (Don't worry, we'll take you right back here when you're done.)

Priority Club Number: [　　　] **Pin:** [　　]

[Login]

-OR-

If you are not Priority Club member, please enter your information below:
* Indicates required fields.
<u>Privacy Statement</u>

Name:	*First [　　　　]
	*Last [　　　　]
*Telephone:	[　　　　]
*E-mail:	[　　　　]
*E-mail Verify:	[　　　　]
*Mailing Address:	[　　　　]
	[　　　　]
	[　　　　]
	[　　　　]
*City	[　　　　]
State/Province	[　　　　▼]
ZIP/Postal Code	[　　]
*Country	[UNITED STATES ▼]

Guarantee Information
* Indicates required fields.
Your Credit Card is <u>Safe</u>.

*Card Type:	[　　　▼]
*Credit Card Number:	[　　　] (EX: 123456789)
*Exp. Date:	[　▼] [　▼]

Special Information
We will forward any special information that you would like sent with your reservation. <u>Requests</u> cannot be guaranteed and are based on availability and on a first-come-first-served basis.
Comments: [　　　　]

[Confirm]　[Cancel]　[Clear]

It may take a few moments before your confirmation is complete.

MANAGING FRONT OFFICE OPERATIONS

　　網際網路的使用對個人隱私和財務交易的安全問題引起了消費者關注，而這方面的擔憂也限制了電子商務活動的發展。如今已經有了安全措施，將來這方面的措施會更加完善，當用戶進入線上訂房系統，網頁都會出現安全警示。

　　除了方便和安全外，線上系統還發揮了重要的市場的功能。訂房系統內有許多網站可供上網者流覽飯店的詳細圖片，有些還能供上網者下載多媒體的飯店特色和可享受的便利，並能在網上「瀏覽」飯店的各種房間和提供的服務。

第四節　團體訂房

　　團體訂房涉及許多種合約：有與顧客的、與會議組織者的、與會務中心、參觀機構、與躉售旅行社和旅行代理商的。團體訂房都會有中間代理商，並有特定的要求。通常一個團體選定了一家飯店，它的代理人就會與飯店的業務部打交道。如果能提供足夠的客房，那麼大家商定的用房數就會保留下來供團體使用，這叫做預留房（block）。該訂房團體會得到一個專門的訂房代碼或訂房卡，可在預留的房間範圍內為自己訂房客房，訂房員收到團體成員的訂房就會減少預留房的數量。為某一位顧客預留的房間叫做已訂房（booked）。團體成員訂房了客房，客房狀態就會從預留房轉成已訂房。一般說飯店會規定由預留房轉為已訂房的具體期限，過了期限，未被訂出的預留房會轉為飯店可出租房。這個時限通常叫做團體的訂房截止日期（cut-off date），這個截止期過後，如果飯店仍有可出租房的話，飯店也會接受這些團體訂房。

　　雖然團體訂房程序看似簡單，但仍會出現一些問題。以下提供的是解決問題的方法：

(一)為團體預留房間

　　飯店非常希望得到的團體客源。但在為團體預留房間和控制預留房的過程中常常容易出錯。在處理過程中，訂房經理應明白可能會出現下列情況：

　　　•對團體業務需要擬一份合約，寫明需要的房間數量及其價格。合約還必須強調大部分成員的抵離日期，以及其他需要注意的如套房數和免費房數、訂房方式、團體及個人的結帳方式安排

等問題。提前抵達和延期退房的安排也應包括在合約之中，而且合約還應寫明團體訂房的截止期。所有資料應輸入客務系統以便自動追蹤訂房狀況。

- 訂房經理應根據團體需要的客房數量搜尋飯店的可出租房。業務部常常在接受團體訂房前查看客務資料，確定可出租房的總量情況。但是為團體保留客房是訂房經理要做的事，在與團體負責人確認保留以前，他要確定電腦顯示的可出租房是最新、最正確的，如果團體把散客的用房拿走了，訂房經理應該把可能產生的影響報告業務部經理或總經理。散客房叫做非團體用房（non-group displacement）。確定適合的客房很重要，因為為團體預留的客房中常常會有本應用於散客的高價房，給了團體以後，散客可能因此流失。如果一家飯店住滿了團體客人，散客也會感到不自在。如果因為保留了團體房而無法保留散客房，散客就會到別家飯店了。

- 在訂定預留房前，訂房經理應查看這個團體有無先前的檔案資料。例如，以前出現過的情況，一個團體要了 50 間預留房，但根據記錄顯示一年前這個團體才訂房了 40 間客房，那麼訂房經理會在預留客房前把這一情況告訴業務部經理。根據飯店資料減少預留房叫做"wash down"或是"a wash"。如果團體無歷史資料，那麼可以查詢這個團體最近在某家飯店的用房情況。做了這些工作，訂房經理就能較有效地控制可出租房的數量，可以保證可出租客房的最大量。需要注意的是 wash down 的處理過程要謹慎，合約是有法律約束力的，飯店必須提供合約上註明的客房數，如果一位團體負責人發現飯店未保留合約上規定的客房數，就會引起很大的法律糾紛。

- 開始辦理團體訂房時，訂房經理必須控制好預留房的數量。重點是訂房經理發現預留房用不完或不夠用的情況時要及時通知業務部，業務部就會與團體聯繫，決定是否要調整預留房的數量。如果客房需求很大，並會對團體房安排產生影響，飯店可以選擇接受新的訂房還是把他們安排到其他飯店。如果需求量小，那麼業務部可以抓住時機再接待另一個團體。

- 掌握團體訂房狀態是訂房經理需要注意的一個重要問題。一個確定的團體訂房是指已簽訂了銷售合約的團體訂房。一旦知道

MANAGING FRONT
OFFICE OPERATIONS

了所有確定的團體訂房準確的預留房數目後，應該盡快輸入訂房系統。一個未確定的團體訂房是指合約已送交對方，但尚未簽字交回。有些飯店把未確定的團體訂房也輸入訂房系統，這樣一來飯店可以對房間是否出售進行追蹤，追蹤這些遲疑的團體客是爲了要更新他們的訂房狀態，確定他們是已經變成確定的團體訂房，或是應該將他們從訂房系統中刪除。保留未確定團體的時間過長有礙於接受其他確定的團體訂房，還可能造成業務部與訂房部的混亂狀況。

- 傳送團體的訂房方法也很重要，通常會包含在銷售合約之中。訂房旅客可以直接向飯店或中央訂房系統訂房，這個做法在協會舉辦的會議中很常見。另一種情況是，與會者希望在抵達飯店前收到訂房的安排。許多公司要求其商務客人在抵店前能從飯店拿到排房表，旅遊團體的客人也希望能從旅行社拿到房間安排表，他們希望能掌控住房和結帳安排。訂房部必須十分小心處理這些安排的要求，按規定程序辦理，不要答應超出既定範圍的訂房要求。

(二)會議

如果飯店業務部與團體會議規劃之間沒有建立緊密合作的關係的話，會議期間就很容易出問題。如果事前相互就有良好的溝通和合作，就可避免許多問題。對飯店接待會議團體，我們提供下列建議：

- 瞭解會議團體的情況，包括以往的取消訂房、訂房後爽約、臨時加訂房等歷史資料。
- 審查飯店制定的關於會議規劃者訂房的一切有關規定。
- 把會議的計畫安排通知訂房員，並把各項布置細節納入訂房過程中。
- 定期製作接待安排報告，更新團體預留房的狀態。
- 定期製作一份最新的已登記者名冊。
- 立即更正由會議規劃者的錯誤。
- 接到與會者的訂房要求應立即確認。
- 接到取消訂房的通知時，把訂房退回到預留房，並通知會議規劃者。
- 把最後的排房表交給會議規劃者，飯店所有員工投入接待會議

的工作。

(三)會議和訪客事務單位

　　大型會議要動用好幾家飯店來安排與會者的食宿。當會議需要由該城市多家飯店安排與會者食宿的話，就叫做全市性會議。通常會有一個單獨的會議和訪客事務單位來協調多家飯店的用房，也有專門的應用軟體來控管和協調用房的工作。每家飯店必須把願意提供給會議使用的客房類型數目確定並保留下來，會議和訪客事務單位的任務就是保證各飯店的可出租房能滿足與會者的要求。該單位還會透過網路每天或更頻繁地把資訊傳送到參加接待工作的各飯店，同時各飯店也要把任何訂房消息和取消訂房的消息透過訂房系統告知會議和訪客事務單位。有了這樣的資訊交換，會議和訪客事務局就能協助各飯店有效地管理會議預留房。

(四)旅遊團體

　　旅遊團體是指那些有自己的食宿、交通和活動安排的團體客人。飯店要特別留意地去調查那些團體旅遊領隊或旅行社的可靠性和以往的表現，一旦掌握了團體旅遊經營的歷史資料，訂房經理會放心地做團體預留房。對接待旅遊團體有以下建議：

- ‧確定團體預留房的數量和類型，包括為駕駛和導遊保留的客房；
- ‧明確規定訂房截止日期，過了規定的期限，未辦訂房的預留房會由飯店另作他用。如果沒有拿到排房名單，領隊應該為在到期日所需的房間數向飯店提出保證；
- ‧如果沒有規定訂房截止期的，團體旅遊負責人應該決定一個日期提供分房名單；
- ‧注意監管訂金的到帳日期和金額；
- ‧注意訂房記錄上的團體套裝旅遊中有關飯店要提供的服務和備品；
- ‧留下領隊或旅行社的姓名和電話；
- ‧註明各項特殊安排和要求，如提前抵達，行李的處理要求，入住和退房的安排等。

第五節　訂房的可供性

　　飯店接到訂房要求時，很重要的是把訂房資料與已經接受的訂房記

錄作比較。在處理訂房要求時會有幾個結果產生，一家飯店可以：
- ·按顧客要求接受訂房
- ·建議其他類型的房型、日期和／或價格
- ·建議去另一家飯店

任何訂房系統都有嚴密管制的訂房數以防超額訂房。當飯店出現即將客滿的情況，受理訂房要特別小心，有些地方政府有關於保證類訂房顧客抵店時，必須得到客房的法律條文。訂房系統可以做到嚴密監管，避免出現超額訂房。

將過去的訂房數和實際入住數進行比較，可以訂出一個防止超額訂房的參照係數。根據以往這種訂房後爽約的統計，管理單位可以允許訂房系統作超額訂房。超額訂房是飯店為應付訂房而不來，或取消訂房，或提前退房而影響百分之百訂房率的一項措施。歷史資料分析加上經驗豐富的經理，使訂房系統能準確地預測取消訂房，及爽約不來的客人用房數量。這個預測結果必須報告業務部和總經理，他們可能還掌握著訂房系統以外的資訊，如競爭壓力、天氣和其他方面的問題。當一家飯店的訂房房數量稍微超過它的可租房總數時，那麼訂房系統的工作就是盡可能實現高住房率。

對超額訂房必須小心處理，如果訂房系統超額訂出太多的客房，已確認訂房的顧客就無法安排入住，這就會破壞對客關係，影響飯店今後的客源。為了準確控制超額訂房的數量，經理們必須認真地監管接受訂房、控制預留房和取消訂房的情況，以隨時掌握可出租房的數量。

訂房系統

飯店內的訂房系統可以嚴密追蹤訂房資料，也可以密切控制可出租房的資料，自動製成許多訂房報表。圖4-6就是一份預期抵店、住店和退房的報表。報表顯示了 1 月 19 日那天，抵店數為 19，住店數為 83，預期退房數為 4，此外，這份報表還根據訂房資訊估計出那天的營業收入。訂房系統還能自動製成訂房分析報告，對客房類型、顧客特徵和其他特性作統計分析，最大的優點是提高了可租房和房價資訊的準確性。當訂房員輸入訂房或修改訂房或取消訂房的資訊，可出租房的庫存數就會立即更新。另外，來自櫃檯的訂房而爽約的、提前退房或散客的資訊也會即刻更改電腦中可出租房的數量。有些飯店業務部的電腦系統也與訂房系統連接，在那些飯店，可出租房的資訊的每一個變化都會傳送到

業務部。業務部經理無須打電話給訂房部，便可直接瞭解到可供團體或散客使用的客房數量。在一些設備更先進的飯店，房價資料也會自動與業務部溝通。做到這一點很重要，因為業務部因此有了參考資料，瞭解到按什麼價格銷售才能達到飯店的總營收目標。

圖 4-6　抵店、住店、退房報告

遞交 **KELLOGG CENTER** 的抵店、住店和退房客情報告

第 001 頁

01/19/×× 15:03

日期	抵店	住店	退房	客人數	已出租房	未出租房	收入
01/19	19	83	4	135	102	43	5185.00
01/20	34	57	45	131	91	54	4604.00
01/21	37	55	36	130	92	53	4495.50
01/22	15	6	86	29	21	124	1116.00
01/23	12	14	7	36	26	127	1252.00

資料來源：本表格由 Kellogg Center, Michigan State University, East Lansing Michigan 提供。

圖 4-7 是飯店銷售套裝軟體所顯示的客房控制記錄表。螢幕顯示了一周中的每天可出租房的數量，以及已確定的團體和未確定的團體預留的客房數，和為散客銷售預留的客房數。當銷售代表、訂房員和客務經理需要大量即時資訊時，電腦能同時反映出客房的銷售情況。

一旦某一類型的客房售完，訂房系統會拒絕接受此類客房的新的訂房要求。當要進一步查詢此類已售完房的情況時，訂房員會看到螢幕上打出的文字提示：「此類房已訂滿」。有些訂房系統會提供別的類型客房或另一種房價甚至到附近飯店訂房的建議。系統還能詳細列出以後可出租房的數量與型態，還能顯示未來一段時間內某類型客房的開放日期、結束訂房日期，以及有特殊事件的日期。開放訂房日期指仍有客房可提供出租的期間，結束訂房日期指那些根據預測已客滿的日子。特殊事件日期可以用來提醒訂房人員某個會議將在飯店舉行，或大型團體將抵店的日期。許多訂房系統還有管理無效功能（management override feature），使系統能接受超額訂房。運作這個功能要十分小心。

圖 4-7 客房控制記錄

14 Bookings			2002	Tue 3/5	Wed 3/6	Thu 3/7	Fri 3/8	Sat 3/9	Sun 3/10	Mon 3/11	
Total Available				175	190	30	170	190	330	390	
Group Definite				175	155	170	40	40	0	0	
Group Tentative				20	25	180	180	170	70	0	
Trans Protected				130	130	120	110	100	100	110	
MAR				110	120	110	90	90	90	110	
Archer	D	BK	125	25	25						
Ernst & Young	D	BK	220	20							
Ambleside	D	BK	140	90	90	90					
Merck	D	BK	145	40	40	40					
Brown Co.	D	JRL	130			40	40	40			
AMA	T	LRH	125	20	25						
Exxon	T	CMK	225			180	180	170	70		
Avery Labels	P	BK	125	200	200						
Oceans, Inc	P	BK	120	90							
MPC Holdings	P	BK	45					45	45		
IBM	P		110								
Johnson & Co.	P	BK	123						45	45	
Prudential	P	PH	230						100	100	
Toyota	P	BK	120						100		

資料來源：Delphi for Windows ／ Newmarket International, Inc., Durham, New Hampshire。若需詳細資料請參觀公司國際網站：http://www.new-soft.com

　　訂房系統會自動儲存訂房記錄，藉此在旺季能製成候補名單。這一功能對處理源源不斷的訂房和要求實現營收管理策略貢獻良多。追?未來的訂房資訊的時間的範圍稱為「訂房視野」。大部分的電腦訂房系統的訂房視野為兩至五年。

第六節　訂房記錄

　　訂房記錄是指顧客抵店前證明客人及其訂房要求的資料，根據這些記錄資料，飯店能量身訂做為客人服務安排，能更準確地規劃人力安排。訂房記錄還包含了各種用來製作重要報表的資料。

在與訂房者互動並確定可以接受訂房要求後，訂房員或電腦訂房表就能建立起一份訂房記錄。這份電子記錄就是顧客服務全過程的開端。為了建立一份訂房記錄，訂房系統必須得到以下顧客資料如：

- 顧客姓名（團體名）
- 顧客居住地址或接收帳單地址；
- 顧客電話號碼包括區域碼
- 顧客公司的名稱、地址和電話號碼（如果有的話）
- 如果不是顧客本人訂房，要有訂房者姓名和相關資訊
- 同行人數，如有小孩，要註明小孩年齡
- 抵店日期和時間
- 住店天數或預期抵店日期，這要根據系統設計而定
- 訂房種類（保證類、無保證類）
- 特殊要求（嬰兒、殘障人士或者要求禁煙房）
- 其他需要瞭解的資訊（交通工具、延期抵店、航班號、對客房的偏好、電子郵件地址等等）

對一位無保證類訂房的客人，如果他計畫抵店的時間在飯店規定的訂房取消時間以後，那麼應該把飯店的規定告訴客人。一旦取得了必要的資訊，系統會立即給予一個訂房確認號碼。這個號碼使顧客和訂房部都得到了完成訂房記錄的唯一證明。至於保證類訂房房，還需要其他的資料，根據作保證類訂房的方法，例如：

- 信用卡資訊：包括信用卡種類、號碼、有效期、持卡人姓名。線上訂房系統可能會連結信用卡自動驗證系統來取得信用卡資訊。
- 預付款或訂金資訊：這個資訊來自於顧客與飯店之間的合約，規定顧客在一定時間前要向飯店繳納訂金。飯店應密切注意顧客是否在規定期限如數繳納訂金或預付款；如果不是，那麼訂房記錄應被取消或歸入非保證類訂房。如果飯店政策是在確認訂房前要收到訂金的話，那麼應該要知會客人。如果訂房是用信用卡付預付款或訂金，那就應立即轉帳給飯店。
- 公司或旅行社帳務資訊：包括訂房公司的名稱及地址，訂房人姓名，公司或旅行社的帳號（如果飯店曾經指定過）。為了避免失誤，飯店會準備一份經查核的公司和旅行社的帳號。如果公司或旅行社不用轉帳的方法，訂房系統就要建立帳務追蹤，以監管這筆生意的動向。如果採用這種方法，業務部會與公司

洽談合約，合約內容中會包含這些資訊。

訂房系統應公開處理保證類訂房的要點。顧客應該知道他們的客房會保留到他們計畫抵店時間以後的某個時間，顧客也必須知道，如果他們未能在這段時間前取消訂房，他就會喪失的訂金或是飯店會針對該訂房保證收取費用。

獨立經營的飯店與連鎖飯店在訂房階段會有不同的報價方法和確認方法，雖然定價的變動無須提前通知，但是飯店在訂房階段已經報出的房價和已確認的房價必須遵守。遇到下列情況，訂房系統必須能夠修正房價：

- ·對額外的服務和備品收費
- ·如果對有抵店時間和最低住店天數要求的話，則要註明
- ·如果某個日期有特別的促銷活動
- ·遇匯率變動時，對國際顧客外匯報價
- ·房價的稅金比率變動時
- ·服務費變動時

第七節　訂房確認

飯店透過訂房確認表示承認和核實顧客的訂房要求及其個人資料。確認訂房的方法可以是電話、電報、傳真、郵件或電子郵件。書面的確認信明示的目的，並在姓名、日期、價格、客房類型、房間數、要求支付的或已經收到的訂金金額、同行人數等。已經確認的訂房可以是保證類訂房，也可以是無保證類訂房。

一般訂房系統會在收到訂房的當天發出訂房確認信函。相關資訊會顯示在訂房記錄上並自動記錄在一份特製的表格上。各家飯店都有不同的訂房確認格式，一般內容有：

- ·顧客姓名和地址
- ·抵達日期和時間
- ·客房類型和價格
- ·居住天數
- ·同行人數
- ·訂房類型，保證類還是無保證類

‧訂房確認代號

‧其他要求

根據訂房的性質，確認信可能還有要求預付訂金或預付款的內容，或是對原先訂房的再次確認，對訂房修改的確認或是對訂房取消的確認。

如果顧客要求的住宿設施和服務涉及美國殘障人士條款，那麼確認信函成了雙方很重要的溝通管道。確認信函會告訴對方，他們的特殊要求已被理解並做好了準備，飯店有專門為殘障客人使用的客房，而且分門別類作統計，以便更有效地控制。

許多飯店對以信件確認訂房作了限制：如果顧客在訂房之日起 5 天內抵達，飯店會不寄信確認，因為信件可能在途中停留過長。如果顧客覺得只憑訂房號不夠，還需要確認信函，飯店可以選擇用傳真、電子郵件或電傳方式傳送，以便顧客抵店時可以出示。

確認訂房代號／取消訂房代號

作為訂房確認程序的一部分，系統會發出訂房確認號碼，該號碼可以識別顧客的訂房記錄。飯店在收到訂房更改或取消時，訂房代號的作用更為明顯。同樣地，訂房系統收到一個取消訂房的要求後，也會發出一個訂房取消號碼。

發出訂房取消代號的做法能達到保護顧客和飯店的雙重作用。若是以後出現任何誤解，訂房取消代號能證明飯店收到過取消訂房的通知。遇到取消保證類訂房時，訂房取消代號能免除顧客繳納保證金的義務。如果沒有這個訂房取消代號，顧客可能會遇到像那些訂房而爽約的客人一樣，被要求付費的麻煩。如果顧客取消訂房的通知在飯店規定的時限之後才到達，電腦系統不會發給客人訂房取消代號，而這項取消訂房的要求會被歸入過時取消一類。如果過時取消的訂房不屬於保證類訂房，那麼顧客無須向飯店支付費用。

每個系統製定訂房取消代號和訂房確認代號的方法不盡相同。這些號碼會包含顧客預期抵達的日期、訂房員的姓名、飯店代碼以及其他有關資訊。例如，一個電腦系統的取消號為 36014MR563，這個號表示了以下資訊：

360＋顧客預計抵達的日期（一年中連貫的天數）

14＋飯店代碼

　　MR＋發出取消代號的訂房員姓名縮寫

　　563＋一年中發出取消代號的累計次數

　　用三位數表示日期，可以用 001 天到 365 天來表示一年中的任何一天（少數年份為 366 天）。這種表示日期的方法是凱撒大帝制定的曆法中的日期表達法（Julian dates），例如號碼 360 就表示正常年份的 12 月 26 日。

　　發出訂房取消代號，可以是飯店與信用卡公司達成收取訂房爽約費用協定的一個內容。取消代號和訂房代號應分別存放，以便快速檢索。參照某一天原本預計抵店顧客的訂房取消代號對其他工作也有幫助。例如，取消訂房將更新訂房記錄，幫助管理階層調整人力配置和設施規劃。

第八節　訂房資料的維護

　　不管訂房程序如何順利，仍舊無法避免訂房更改和取消的情況。這並不是說建立訂房記錄不重要，一個系統存取訂房資料和相關檔案的能力是訂房工作中是極其重要的。如果有人與飯店聯繫要修改訂房，訂房員必須能夠快速找到正確的原始資料，查明內容，再作修改。系統必須隨後更新訂房記錄與歸檔，並更新訂房報告。

一、無保證類訂房的更改

　　如果顧客能在飯店規定的取消時間前抵店，那麼他們就會選無保證類訂房而不是保證類訂房。但會有出乎意料的情況使顧客無法準時到達飯店，例如航班延誤，出發時間比預期的晚，天氣不好，交通擁塞。當延誤已成定局，有經驗的旅客通常會與飯店或連鎖飯店的中央訂房中心聯絡，告知延誤，或將無保證類訂房改為保證類訂房，因為他們知道如果維持原先的無保證類訂房，飯店會過時不候取消預留房。訂房系統必須遵照飯店的規定修改訂房資料，主要做法有：

　　1. 取得無保證類訂房資料。

　　2. 取得顧客信用卡種類、號碼和有效日期。

　　3. 如果飯店有規定，應重新發出新的確認號碼給客人。

　　4. 根據系統的步驟，將無保證類訂房狀態變為保證類訂房狀態。

二、訂房的取消

顧客花時間將取消訂房的消息告訴飯店,是幫了飯店的忙,飯店就能將原先保留的房間恢復出租,客務部也就能更有效地控制房間數量。飯店應讓取消訂房的操作程序快速而有效。與提升其他服務一樣,受理取消訂房時,訂房員或客務員工必須盡可能地做到謙恭禮貌、準確有效。

(一)無保證類

取消無保證類訂房時,訂房系統需要取得顧客姓名和地址,訂房的客房數,計畫的抵離日期以及無訂房確認號碼。有了這些資料將可查證已有的訂房記錄,並把它取消。登入了取消資料後,系統會給予一個取消代號。

(二)用信用卡作保證類訂房

大部分信用卡公司都接受飯店轉來的爽約客人的帳單,除非客人按規定取消了訂房,飯店給了取消代號。用信用卡作保證類訂房的取消訂房程序如下:

1. 進入原先的訂房記錄
2. 發出一個訂房取消代號
3. 把訂房取消代號鍵入取消訂房的檔案中
4. 更新可出租房數量(把預留客房歸到可出租房的庫存中)

(三)預付訂金

飯店的訂房系統,在這客房訂金的訂房取消規定上各有不同。處理這類訂房取消應和一般訂房的取消程序相類似。如果顧客按規定訂房取消,那麼應該把訂金退回給客人,同時訂房系統必須正確地發出和記錄訂房取消代號,這一點對於已付訂金的訂房尤為重要。

第九節 訂房報表

　　一個有效的訂房系統透過準確地控制可出售房的數量和預測客房營業收人，達到客房銷售最大化的目的。訂房系統提交的管理報表，在數量和類型上則根據飯店的需要和系統本身的性能和所設計的內容而定。常見的訂房管理報表有：

- ·訂房業務報表：這份報表分析每天的訂房業務情況，統計資料來源，訂房記錄，訂房修改記錄和取消記錄。其他報表可能有：特殊摘要如取消報表、預留房報表，以及訂了房既未取消也未抵店的顧客統計報表。
- ·代理商佣金報表：簽約代理商在飯店訂了房，就會得到佣金。這份報表顯示了飯店應付給各代理商的佣金數額。
- ·未作訂房和未接受訂房報表：未作訂房和拒絕訂房都屬於流失的生意。未作訂房是指顧客選擇不訂房，可能原因有房價、現有房型、位置和其他因素。拒絕訂房是指飯店未能接受一個訂房客房的要求，大都是因爲客房可供性的原因或有限制接受新的訂房的規定。許多飯店都要求把發生情況記錄下來，然後交管理單位檢查。如果飯店因房價原因造成太多的客人另選他處，那麼管理單位有必要調整房價，以適應競爭情形。拒絕訂房的統計將有助於管理單位做出是否接受團體訂房的決定，或者是要在飯店中增加某種類型客房的決定，有些飯店把這份報表稱爲業務轉移或業務流失報表。
- ·營業收入預測報表：這份報表是根據住房率預報以及相對應的房價，計算出即將得到的營業收入。這方面的資訊對長期計畫和現金管理策略尤爲重要。

一、預期抵退房客名單

　　預期抵退房客名單是根據即將抵店、退房或住店的客人數量和姓名所製作的清單。

　　預期抵店名單是由訂房部或櫃檯製作或列印的，櫃檯員工根據這份名單提供的資訊來準備顧客入住工作。同樣，預期退房名單可以用來做

好顧客結帳準備工作，加快退房服務。預期退房名單還能使櫃檯員工瞭解到哪些顧客會超過原定退房日期後，而且未把延期退房的消息告訴飯店。掌握這方面的情況是非常重要的，尤其是在飯店住房很高的時期，因為客房已經為即將抵店的客人預留了。

訂房系統還能執行顧客入住前的準備工作，以及為一些特殊客人如貴賓或有特殊要求的客人提供服務。根據在訂房階段蒐集到的顧客資料，客人有可能在入住階段只需在登記表上簽名或刷過信用卡就可以完成入住登記。如果訂房過程中蒐集的各種資訊是安全可靠的，那麼就可以建立一個更有效的顧客入住登記程序。

二、受理訂金

受理訂金的工作不應由負責訂房記錄的員工來完成，因為訂房部的員工不應直接處理支票或現金，各司其職會提高安全性。總經理秘書或飯店出納應該是處理此類業務的合適人選。收到支付訂金的支票後，應立即蓋上飯店的章，並把下列資料寫在訂金本上或輸入電腦：支票號碼，支票金額，收到的日期，顧客姓名，抵店日期，確認訂房號碼（如果有的話）。訂金登記或電腦記錄應傳到訂房部，收到訂金後，相關的每個訂房記錄都應及時更新有關訂金的資訊。訂房報表中當日訂金到帳的總數也應隨之更正。

一般來說，處理顧客交付的訂金應特別小心。大部分飯店不鼓勵顧客在信中夾寄現金，但提倡寄支票，這是出自安全的考量。

三、訂房歷史檔案

透過分析訂房資料，客務管理者可以不斷瞭解飯店各種訂房的形式。飯店的行銷業務部，可以利用訂房資料和分類報表來確定業務發展的趨勢，審視飯店的產品和服務，制定能對市場產生影響的策略。訂房歷史檔案包括訂房過程中每一方面的統計數字，如顧客人數，出租的客房數，訂房方式，訂了房既未取消又未抵店的客房數，未辦理訂房的散客客房數，延期或提前退房（客人在原定退房日期以前，辦理退房手續）的客房數。延期退房和續住是不同的兩回事。續住是指一位住客從入住到預期退房期間使用同一間客房。瞭解了延期退房和提前退房的百分比，能幫助管理單位制定接待散客計畫，和決定能否接受在入住前一

夜才辦理的訂房要求。歷史檔案還有助於追蹤一個團體客的蹤跡。瞭解團體的訂房模式，知道該團體是否會在預留房時段開始前抵店，結束後才退房，對未來處理此類團體的訂房有很重要的作用。另外，追蹤那些提前退房的團體客人時，要特別注意他們是否會返回飯店，這在飯店客滿時尤爲重要。

第十節　訂房的注意事項

　　這部分的內容並不等於訂房的組成部分，但是對訂房員來說瞭解有關訂房的法律條文，熟知候補名單、套裝產品、團體訂房以及熟悉受理訂房過程中容易發生的差錯是很重要的。

一、法律條文的意涵

　　飯店和顧客間的訂房協議始於飯店與顧客的聯絡，這個協議可以是口頭的或者是書面的。確認一位未來住客的訂房，用顧客將在某個指定日期入住飯店這樣的話來表述，就是建立了合約，就要求飯店在那段時間向顧客提供住宿。如果訂房確認符合未來顧客提出的要求，就要求這可能的顧客履行自己的訂房。

二、候補名單

　　有時飯店的客房已被訂滿，只好婉拒新的訂房。若距離顧客實際抵店日期還有一段時間的話，可以飯店有興趣的顧客按日期排列在候補名單上。此一做法，可使飯店可以獲得大量訂房。準備一份候補名單要注意下列事項：
　　　　·告訴顧客他所要求的時段目前已無房可租
　　　　·取得顧客的姓名、電話／或電子郵件位址
　　　　·承諾顧客如果一有空房或有訂房取消更改，會立即告知
　　　　·如果仍無房可租，幫助顧客選擇另個日期或更換其他飯店
　　當飯店經營管理得不錯時，提供候補名單的服務無疑是個好的經營辦法，來創造優良的服務氣氛。

三、套裝產品

165

許多飯店和渡假村向顧客提供套裝產品。套裝產品是在房價以外加入一些餐飲、高爾夫、網球、運動課程、轎車服務、觀光遊覽店內或附近的活動內容。大多數飯店和渡假村會給購買套裝產品的顧客一些折扣，而顧客也通常考慮套裝的方便和實惠，無須自己一一費神去購買這些服務。

訂房員必須十分清楚飯店提供套裝產品的資訊，訂房網頁的內容也要隨之及時更新。在購買套裝產品前，顧客通常會詢問訂房員或上網查看消息，以瞭解更多更詳細的套裝產品內容，包括所含的項目和價格。訂房員必須瞭解套裝產品的特色和所有相關的價格。例如，顧客希望在一個渡假地住上 4 天，但渡假地只提供 3 晚的套裝產品，訂房員或上網訂房必須能報出另一晚住宿所需要的價格。套裝產品對飯店和渡假村的經營非常有幫助，尤其是經過很好設計，銷售得又很得體的套裝產品項目。

四、訂房的潛在問題

訂房過程中有些步驟很容易出錯。如果訂房員對這些環節多些瞭解，並且知道如何處理，差錯的機會就會減少。下面就來討論訂房中一些常見的問題。

(一)訂房記錄中的錯誤

訂房員或顧客在上網訂房時很有可能出差錯，例如：

- 記錄的抵店和退房日期是錯的，顧客的姓名拼寫錯了，或是姓氏和名字的位置顛倒了，Troy Thomas 寫成了 Thomas Troy。
- 在訂房記錄上訂房者變成了住店客人。

為了避免類似的錯誤，訂房系統或訂房員應查驗輸入的訂房資訊，要向訂房記錄者覆述輸入的資訊。同時，還要提醒飯店的訂房取消規定以及相關的收費價格，以避免今後可能的訂房後既不取消又不入住所造成的費用，和不退回訂金會引起的糾紛。這些溝通對於接待國際旅客尤為重要。

(二)對行業術語的誤解

有時，訂房員或訂房系統使用的行業術語並未被消費大眾了解。這

就可能出錯，例如：

- 家庭旅客的訂房已被確認，但他們在飯店規定的取消訂房時刻之後兩小時抵店，結果發現無房可住；那個家庭的成員把確認訂房（confirmed reservation）看做等於保證類訂房（guaranteed reservation）。兩位商務旅客訂了一間雙大房（a double room），在他們想像中應該是兩張床，當他們知道房內只有一張大床時就顯得很不高興。

- 父母希望他們的孩子與他們安排在連通房（connecting room），但卻訂了間相鄰房（adjacent room）。在辦理入住時，父母發現孩子的房間與他們的房間不直接連通，而是要走過走廊或到隔壁。

為了避免類似的錯誤，訂房員或訂房系統應盡量少用行業術語來解釋他們店內各種項目的意思。訂房確認後，訂房的用語和條件應符合飯店的規定和系統程序的規定。

(三)與中央訂房系統的溝通不良

有些溝通上的錯誤，只會在顧客與訂房員和中央訂房系統聯絡時發生。如：

- 中央訂房系統為同一城市的好幾家飯店服務，可能會發生顧客訂錯房的情況；例如，顧客要的是機場飯店而不是市中心的飯店。

- 系統在處理相似店名的訂房時可能會在城市名或州名上出差錯。

為了避免出現以上問題，訂房員應提供所要求訂房的飯店的完整地址。當一訂房系統為同一城市的多家飯店服務時，對飯店地址的詳細說明是非常有助於顧客識別。電腦系統有一個核對郵遞區號的功能，在操作時訂房員輸入飯店的郵編，電腦會透過郵地區號，可減少因地名導致的錯誤。

(四)線上訂房系統的失誤

儘管飯店與線上訂房系統的溝通一直進行得不錯，但問題還可能發生。例如：

- 飯店可能沒及時將最新可租房數和房價變動通知線上訂房系統。

- 線上訂房系統沒有把已受理的訂房及時通知飯店。

- 線上訂房系統或飯店的溝通設備發生故障。

- 飯店決定在某日暫停線上訂房，但通知延遲了。

· 相反的情況也可能發生，飯店因發生了取消訂房或提前退房的情況，而有多餘房可提供，但來不及通知線上訂房系統。
· 全球通路系統也會出現類似的問題。訂房系統和全球通路系統之間沒有很好地連接，只好透過其他渠道來更新資訊。這樣既費時又易出錯。

爲避免出現以上問題，訂房員必須瞭解維持飯店與線上訂房系統間準確、及時的溝通的必要性。如果需要暫停某天的訂房時，飯店必須先確定線上訂房已經確認但尙未得知飯店的訂房數。許多飯店已經在飯店訂房系統和中央訂房系統之間安裝了自動連接裝置，這樣就減少了因可出租房和房價變動而引發的問題。任何一方在溝通過程中出現的設備故障都會對訂房操作造成損失。此類問題必須加以注意，以確保與訂房系統良好的關係。

另外，還要經常反覆檢查全球訂房系統所顯示的可出租房和房價的正確性。這可以透過定期查看全球訂房系統所列的報價表的複本，也可以與當地有著良好關係的旅行社聯繫，瞭解全球通路系統顯示的內容。還有一個辦法是選擇一個網路地址進行檢查，看看上面提供的飯店可出租房和房價是否正確。

小結

有效的飯店運作需要一個快捷的訂房程序，訂房系統必須能快捷、準確、禮貌地回應訂房的要求。訂房的操作過程包括按訂房要求尋找可出租房，記錄訂房要求，確認訂房以及保管訂房記錄，還要製作管理報表。訂房資訊也對發揮客務部的其他功能特別有用。

訂房部與飯店業務部必須經常協調相互間的工作和共用資訊。訂房部經理參與銷售會議，確保將最正確的訂房資訊提供給業務部。成功的訂房員在銷售的同時，也爲飯店的設施和服務建立正面的形象。飯店制定了專門的銷售程序來保證顧客收到飯店的準確資訊，訂房員也蒐集到了做好訂房必須有的顧客資料。訂房系統應持有詳細的、及時的有關房間類型和房價的資訊。由於電腦的發達，許多銷售客房的責任已轉移到訂房部以及所屬的網站。顧客對房型、位置以及其他功能方面的特殊要求也應在訂房過程。

飯店訂房主要有兩種方式：保證類訂房和無保證類訂房。飯店還可

以透過多種方法得到訂房來源，包括：中央訂房系統、多項銷售代理機構以及向飯店直接訂房。有兩種基本的中央訂房系統：直屬訂房系統和非直屬訂房系統。全球通路系統將中央訂房系統與航空公司的電腦連接，其使用者遍布全球。多項銷售代理機構的中央訂房系統不只是處理訂房飯店客房，其內容要廣泛得多。飯店直接訂房系統受理所有的訂房要求，負責與中央訂房系統和多種銷售代理機構溝通，及時更新飯店可出租房的狀況。

受理一個訂房要求可能有幾種不同的回應：接受訂房、建議選擇另一種房型、更換日期或選擇其他價格的客房，也可建議去另一家飯店。許多飯店訂房系統為了防止出現超額訂房，認為有必要採取嚴密控制訂房接受量的做法。一個可靠的訂房系統能幫助管理單位有效地控制可出租房的資料，還能製作許多與訂房相關的報表。

訂房記錄寫明顧客情況以及他們對住宿的要求，使得飯店能在顧客抵店前做好個人化服務的準備，以及更合理地安排人力。訂房記錄是透過與潛在顧客接觸的基礎上建立的。訂房記錄是飯店顧客流程的開始，一份訂房確認表示飯店已掌握並證實了顧客對客房的要求，以及相關的個人資料。一份書面的確認信表達了雙方的意圖，確認了協議的一些要點，包括房間類型和某一日期的房價。確認的訂房可以是保證類的，也可以是無保證類的。訂房確認號作為確認訂房程序中的一個步驟，應在每個訂房被接受後發給訂房者，訂房確認代號證明已對顧客建立了訂房記錄，這對飯店再次尋找該資料以作更改，或作抵店前的入住準備工作尤其有用。飯店也同樣會給取消訂房的顧客一個取消訂房的號碼。給顧客的訂房取消代號是保護顧客和飯店的雙方利益，特別是在認為顧客既未抵店又未取消訂房或其他誤會時，有助事實澄清。

一個有效的訂房系統透過正確地控制可出租客房和預測客房營收來，幫助飯店提高客房銷售的業績。由訂房系統製作的營業報表的數量和內容應根據飯店的功能需要以及系統的能力和所含的內容來確定。主要的訂房管理報表有：訂房業務報告；代理商佣金報告；未做訂房和拒絕訂房報告和營業收入預測報告。

預付訂金的保證類訂房（advance deposit guaranteed reservation）：一種保證類訂房的方法，要求顧客在抵店前付給飯店一筆指定數額的錢款。

直屬訂房網絡（Affiliate reservation network）：一個連鎖飯店的訂房網路，所屬飯店都與公司簽訂合約。

預留房（blocked）：將一批經雙方同意的客房保留起來，供團體成員住店時使用。

預訂房（booked）：用於提前作出租或儲備的客房。

取消時刻（cancellation hour）：過了這一時刻，飯店可按自己的規定把不屬於保證類訂房的預留客房變成可供出租的客房。

取消訂房代號（cancellation number）：給正確地辦理了取消訂房的顧客一個號碼，證明這個取消訂房房的要求已經收到。

中央訂房系統（central reservation system）：一個溝通訂房業務的網路，所有加盟飯店資料都能在電腦系統資料庫內找到，系統要求各飯店定時向訂房中心提供可出租房的情況。

確認訂房代號（confirmation number）：根據訂房記錄發出的唯一的索引號碼，證明顧客的確有一份訂房記錄。

公司保證類訂房（corporate guaranteed reservation）：屬於保證類訂房的一種，即由公司與飯店簽訂合約，明定由公司付費的商務旅客如發生爽約的情況，公司將承擔支付責任。

信用卡的保證類訂房（credit card guaranteed reservation）：由信用卡公司作擔保的保證類訂房房，信用卡公司承諾向某些有合約的飯店支付未使用的訂房費用。

訂房截止日期（cut-off date）：一個由團體和飯店商定的日期，過此日期所有為該團體保留的客房，如未收到訂房要求，將取消保留，歸入飯店可出租房總量中。

散客（free independent traveler）（FIT）：不屬於團體旅行的旅客。

全球通路系統（global distribution systenn, GDS）：一種訂房分銷管道，能提供全球範圍的飯店訂房資訊，和執行全球性的訂房服務。這個系統通常由飯店連鎖集團的訂房系統與航空公司訂房系統連接而成。

保證類訂房（guaranteed reservation）：一種訂房型式，飯店保證為顧客保留客房從入住日直到退房日的規定退房時間，而顧客保證即使未使用客房也同樣支付房費，除非該訂房已按規定辦理了取消手續。

非直屬訂房系統（non-affiliate reservation network）：一個中央訂房系統與獨立經營的飯店連結（非連鎖飯店）。

非團體回絕（non-group displacement）：由於接受了團體業務，造成客房短缺，只好回絕散客業務。

無保證類訂房（non-guaranteed reservation）：一種訂房合約，飯店允諾為顧客保留客房至抵店日的取消訂房時刻，如果顧客出現既未取消訂房又未抵店的情況時，飯店不會收取費用。

爽約（no-show）：一位顧客在飯店訂了房，但到了抵店時間既未登記入住，也未通知取消。

超額訂房（overbooking）：已接受訂房的客房數超出了可租房數。

後備飯店（overflow facility）：中央訂房系統中，在本系統某地區的飯店全部客滿的情況下，用來接待客人的飯店。

預付款保證類訂房（prepayment guaranteed reservation）：保證類訂房的一種形式，要求顧客在抵店日之前支付費用。

訂房記錄（reservation record）：一份記錄顧客抵店前對飯店住宿要求的資料匯整，這份資料使飯店能向顧客提供個性化服務以及合理安排人力。

訂房系統（reservation system）：指專門設計來處理接受訂房、更改訂房、確認訂房或取消訂房記錄的軟體系統。

無縫式連結（seamless connectivity）：旅行社能夠直接連接飯店訂房系統做客房訂房，能夠查找可用房的數量和價格。

旅行社保證類訂房（travel agent guaranteed reservation）：保證類訂房的一種，如果此類訂房出現既未抵店又取消的情況，飯店會向旅行社收取費用。

減少預留房（wash down，or wash）：根據先前的團體訂房記錄，預留的團體

客房數少於訂房數。

網　址

訪問下列網址，可以得到更多資訊。主要網址可能不經通知而更改。

一、網際網路訂房網站

Business Travel Net
http://www.busincss-travel-net.com

Biztravel.com
http://www.biztravel.com

Hotels and Travel on the Net
http://www.hotelstravel.com

Resorts Online
http://www.resortsonline.com

HotelsOnline
http://www.hotelsonline.net

Travelocity
http://www.traveloctity.com

Internet Travel Network
http://www.itn.net

Travel Web
http://www.travelweb.com

二、技術網站

CSS Hotel Systems
http://www.csshotelsystems.com

HOST International

http://www.hustgroup.com

Fidelio Products
http://www.micros.com

Hotellinx Systems Lid
http://www.hotellinx.com

Hospitality Industry Technology
http://www.hitecshow.org

LodgingTouch International Exposition and Conference
http://www.lodgingtouch.com

Hospitality Industry Technology
http://www.hitis.org

Newmarket International, Inc. Integration Standards
http://www.newsoft.com

 個案研讀

Sarah 的重大發現──參觀訂房中心的經驗

　　Sarah Shepherd 正在參觀飯店位於中西部愛達荷州的訂房中心，她在想為什麼總經理要她和其他訂房經理一起花上一天時間參觀這裡的設施。Bloodmington 還有大量工作等著她，她不明白到這裡來看滿屋子的訂房員接聽訂房電話有什麼意義。「老實說，我也不知道這樣的安排會有什麼意義」，她的總經理說，「我只是覺得我們還能利用中央訂房系統把工作做得更好。我們現在從這裡獲得 30％的客源，也許我們還有增長的潛力。我希望你們查證我的想法是否正確，並帶回一些建議。」

　　目前我的想法是搭早班飛機回去，Sarah 想。此時負責參觀的人士正在將參觀團體重新劃分成幾個小組。Gabe Culberson 是熟人，他是 Bloodmington 另一家姐妹飯店的訂房部經理，Sarah 加入了他所在的組。「至少我還有一位熟人」，Sarah 小聲地說，她和 Gabe 以及 Gwen Hsu（飯店在聖路易斯的一家飯店的訂房經理），三人組成一組。

實地考察開始了，Sarah、Gabe 以及 Gwen 看到大約有 200 位訂房員在接聽源源不斷打來的訂房電話。「這裡可以說是營運的神經中樞，」導遊告訴他們。為了避免影響正在進行的通話，他盡量壓低聲音。「所有潛在客人都透過免付費電話與訂房員通話。這些訂房員利用電腦螢幕上呈現的你們提供的資訊，回答有關飯店房價、可租房、設備設施、當地名勝等問題。這就是他們從事的工作。他們只能盡他們的最大努力，如此而已。」

　　「你這話是什麼意思？」Sarah 問。

　　「我們只有你們這些經理提供的資訊，如果系統中的資訊不全，我們就無能為力了。」

　　Gabe 對 Sara 說：「那是一定的，你想都想不到我們把新開幕的兒童博物館消息告訴這裡後所產生的反應」。他笑著說，「我指的是家庭旅遊業務大量增加，你們那裡也一樣，對不對？」「你在說什麼？」Sara 正要問，但是領隊走過來了。

　　這領隊在一位訂房員身後停下來，訂房員正在給來電者介紹飯店在芝加哥市中心的一家飯店的情況。「這是 Michelle」，領隊說，「她是我們這裡最熱心的業務代表之一。我希望你們聽聽她是如何透過電話來展現工作魅力的。」

　　「對的，Davis 先生」，Michelle 對來電者說，「現在我已經為您訂了兩間大床房間，另有一張加床，一共是 5 個晚上。您告訴我您和妻子帶著三個小孩旅行，所以我個人建議您考慮改訂套房，沒錯，房價要高一些，但是這會使您家人在不算短的居住期內有較大的空間。再說訂套房，我可以給您一個家庭特惠價，包括可以免費參觀當地自然歷史博物館，以及科學工業博物館和水族館。這樣一來，您在開會期間，您家人的生活安排會更豐富精彩。」Michelle 停了一下，看著她面前的螢幕。「是的，飯店有接駁車去這些景點。好，我為您預留一間套房，您放心，我按家庭特惠價收費。您可以在飯店大堂的值班台領取您的博物館和水族館的門票。哦，您可以告訴您妻子，飯店離最著名的商業區只有一條街的距離。謝謝您的來電，Davids 先生，我希望您和您的家人會有一個愉快的假期。」

　　真好，Sarah 受到很大的震動。Michelle 就像我們自己的業務代表，事實上，她比他們做得更好！

　　當 Michelle 開始接聽另一個電話時，參觀小組準備離開。突然 Sarah

聽到 Michelle 說出自己飯店的店名。

「等一下，」她對領隊說，「我想聽聽這個電話的訂房。」

Bloodmington 查看她的螢幕，「對不起，我不知道在 Bloodmington 有一家新落成的兒童博物館，我這裡沒有任何有關的資訊。其他景點？有一個一年一度的邊境節。根據資料，我們只知道有這麼一個旅遊項目。」

「什麼？」Sarah 脫口而出。邊境節早在兩年前停辦了。為什麼 Bloodmington 這位優秀銷售代表不告訴來電者，他們有世界著名的水上樂園，離飯店不到 1 英里，去年剛剛建成，還有他們那裡新建的購物中心和電影院？為什麼她對兒童博物館竟然一無所知？

「離機場只有 5 分鐘車程。對，有接駁車。請等一下，我再核對一下。對不起，我不知道是否要收費，也不清楚是飯店班車還是機場班車，因為我無法查到資料。也許要收費吧。」

但是這項服務是免費的，Sarah 的心裡一沈，這是我們自己的接駁車，你為什麼對此一無所知。

「那個房間目前所顯示的價格是 105 元，你要我為你預留房間嗎，McQueen 小姐？」這時，Michelle 停頓了一下，Sarah 似乎感到情況發生了變化。「我能理解，好吧，非常感謝您打來的電話，我們希望下一次能有機會為您提供服務。」

真倒楣，Sarha 轉向她的朋友 Gabe，「她剛剛失去了一筆原本應該屬於我們的生意。」

Gabe 盯著 Michelle 的螢幕看了一會兒，「事實上，Sarah，我想是你們自己弄丟了飯店的生意」，他在參觀活動的休息時段向 Sarah 解釋了他的想法。

「說說看你們是如何配合訂房中心工作的？」他說。

「我不大確定你想知道什麼。我們告訴他們有多少房間可銷售，他們也銷售了。很簡單，人家打電話進來，業務人員就接訂單。」

「這並不簡單，至少不像你想的那樣簡單。你剛才聽到 Michelle 向芝加哥那位男士的對話。她絕對不是簡單地『接訂單』。她是在銷售。她之所以能這樣做那是因為芝加哥那家飯店向她提供了銷售過程所需的各種資訊。我也想在我們飯店同樣嘗試。我平常告訴館內業務人員的每件事，都要同樣通知訂房中心。如果游泳池修理停用，如果換了菜單，如果我們增加了設施或者附近增加了景點，如果我們提供公司特別折扣，我們都要將這些加到這裡的資料庫。這樣客人打電話進來時，所有

這些資訊都會顯示在螢幕上。」

　　Sarah 茅塞頓開。「你是說因為我沒有將資訊告訴這裡，所以蜜雪兒就不知道兒童博物館、邊境節、機場交通車、新的價格結構等等資訊。」

　　Gabe 點點頭。「同時我也注意到，一年半前你們重新裝修的資訊這裡一點都沒有。」

　　「Gabe，你再說說，」Sarah 說著笑了起來，「我承認我沒想到資訊會這樣影響銷售人員。」

　　正說著，Gwen Hsu 走過來，「哦，對的，影響很大，要我說的話，那太多了。我的問題是訂房中心還繼續著本飯店的超額訂房，表面上客人川流不息，還都確認了，可是我一間客房都拿不出來了。」

　　「這樣說，你就把他們請走了。」

　　「是呀，我一定不能把直接向飯店訂房的人請走，他們是我們的常客。訂房中心的客人是一次性的，一定是來開會的。」

　　「Gwen，你們多久向訂房中心更新客房的資料？」Sarah 疑問道。

　　「你想說什麼呀？」

　　「Gabe 告訴我說，訂房中心的工作只能依賴我們提供的資料。我只是不清楚你們多久改變一次客房的配額或是通告客房的租售資訊。」

　　「我想通常是早上一次，晚上一次。上午我將當天客房配額通告他們，晚上我查看他們的進展和我們自己飯店的訂房情況。通常我會得到壞消息。」

　　「可能問題就在這裡，」Gabe 插話說，「我在自己的系統裡一天 12 次更新資訊和調整配額。我們沒有超額訂房。」

　　Gwen 皺皺眉頭，說這聽起來工作量很大。她必須評估一下這樣做產生的效益與付出的額外人力是否在合理的範圍。她接著向導遊提了一個特別的問題，隨後是下半段的參觀。

　　「問得好，Sarah，」Gabe 說。「你曉得下次再來訂房中心看的話，我猜想你們飯店對訂房系統付出的熱情一定會像我一樣。」

　　「Gabe，我是這樣想的，下次反倒是你們飯店要想辦法要追趕上來。」Sarah 說著露出一絲微笑。

1. 要與訂房中心的工作良好的配合，Sarah 需要提供自己飯店各個部門的哪些種類的資訊？

2. 作為訂房經理，Sarah 可以透過做哪些工作來提高自己飯店和訂房中心的有效合作？

案例編號：3324CA

下列行業專家幫助蒐集資訊，編寫了這一案例：Richard M. Brooks, CHA, Vice President of Service Delivery Systems, MeriStar Hotels and Resorts Inc. and S. Kennth Hiller, CHA, Vice President, Snavely Development, Inc.。

本案例也收錄在 *Case Studies in Lodging*(Lansing, Mich: Educational Institute of the American Hotel & Lodging Association, 1998), ISBN 0-86612-184-6。

5

CHAPTER

入住登記

學
習
目
標

1. 瞭解入住登記準備工作的功能以及工作內容。
2. 瞭解入住登記資料和入住登記卡片的作用。
3. 識別入住登記過程中會影響排房和定價的各種因素。
4. 瞭解入住登記過程中確定顧客預付款方式的步驟。
5. 掌握櫃檯人員在入住登記過程中處理顧客特殊要求方面應起的作用。
6. 掌握入住登記過程中可使用的促銷高價房的技巧,以及出現難以安排入住時的應對措施。

本章大綱

　　從櫃檯人員向顧客表示由衷歡迎的那刻起，入住登記就開始了。一句熱情問候為接下來的一系列工作開了個好頭。當櫃檯人員確認顧客的預訂狀況後，馬上進入入住登記程序。在很大程度上入住登記要依靠訂房資料的資訊。櫃檯人員會有這樣的感覺，只要在訂房階段獲得的資訊準確並且完整，那麼入住登記的工作就會簡單容易。

　　從櫃檯人員的角度來看，入住登記程式可以分成六個步驟：
- ·入住登記的準備工作
- ·建立入住登記記錄
- ·排房和確定房價
- ·確定付款方式
- ·發給顧客鑰匙
- ·滿足顧客特殊要求

　　除了細說這些步驟外，本章還將討論進行入住登記的其他方式，客務部的銷售角色以及無法安排入住時可使用的策略。

第一節　入住登記的準備工作

　　在預訂過程中，顧客幾乎提供了完成入住登記所需要的全部資訊。換句話說，訂房客人希望入住飯店的過程能加快。

　　入住登記前的準備（即顧客抵店前的登記工作準備）有助於縮短登記過程。可利用訂房階段蒐集的顧客資訊來完成入住登記的準備。做好入住登記的準備工作最突出的好處是，只要顧客確認一下登記卡片上的有關資訊並在登記卡上簽字就結束了登記工作。

　　入住登記前的準備通常不僅是指顧客抵店前就製作好的入住登記檔。分配客房、確定房價、建立客人帳單和其他的工作都屬於入住登記前準備階段的內容。可是，有些客務部經理不願意在顧客入住前分配好房間，原因是訂房有時會被取消或修改。一旦預訂資料在最後關頭發生了變更，已分配好的客房會被搞亂。另外，如果大量空房在顧客抵店前就做好了預分配，可能會影響未作訂房登記準備的顧客的用房數。其後果會使入住登記的過程變長，還會形成對飯店的不良印象。飯店應根據運轉經驗制定出預先做好入住登記工作的政策。

　　有些飯店的客務只給某些特定的客源或顧客、團體客人做入住登記

的準備工作。但是，大多數有經驗的客務部經理傾向於給有預訂資料的客人做入住登記前的準備。因爲這樣的安排能縮短辦理入住登記的時間，還能使他們掌握還有什麼樣的空房可以接待未辦預訂的散客。由於預訂過程中獲得的資料能在預登記階段中使用，客務系統可以將預訂記錄重新格式化爲入住登記記錄。圖 5-1 顯示的是一份由電腦系統生成的預登記表格。雖然最後階段的預訂取消通知會給已完成的預分配客房造成混亂，但是與顧客能順利入住、節省時間相比，前者少量的預訂取消所造成的工作量就顯得微不足道。

做好入住登記前的準備還有助於落實顧客的一些特殊要求，這對飯店是有利的。例如，有些常客喜歡居住飯店的某間客房，有些殘障人士希望客房的設施能滿足他們的特殊要求。爲這些顧客做好入住登記前的準備，客務員工就能確保提供的設施使他們滿意，還能將要求通知有關部門。例如，一間客房要用來接待家庭旅遊者，客務部就可以把排房結果通知客房部，這樣在客人抵店前一張嬰兒床就能提前安放在客房內。入住登記前的準備還能使經理們掌握飯店在以後的哪幾天會客滿。爲了精確地利用客房，有必要使預訂管理軟體只接受住一晚或兩晚的客房預訂，以便與一兩天後的預留房數相吻合。由於事先的這種安排，預留的客房就能保證接待屆時抵店的顧客。有些飯店在這一過程中不時地嚴密監控客房，以確保顧客所訂的房間不會落空。

做好入住登記前的準備還可以使飯店創造新的辦理入住的方法。例如飯店班車去機場接一名訂房客人。駕駛員已準備好了必要的資料和表格，他可要求顧客在預先準備好的入住登記表上簽字，刷顧客信用卡後就可把預先準備好的鑰匙發給顧客，這一切都可在顧客抵店前完成。

在入住登記前的準備方面另一個變化是在機場接待乘坐飛機的旅行者。一些豪華飯店在機場安排了方便顧客辦理入住登記的地方。顧客只需在指定的櫃檯（通常是機場的交通值班台）刷信用卡。顧客的信用資訊就會通過專門的設施傳輸到櫃檯。這個方法能使客務提前證實顧客的信用狀況，準備並列印好顧客的入住登記表，並預先準備好房間鑰匙，還能爲顧客蒐集列印好留言。當顧客抵達櫃檯時就可省略辦理入住手續的過程。

另一種變化不大的訂房登記做法是不在櫃檯，而在另一處專門爲顧客提供入住登記服務，例如在服務中心，有些飯店安排專人引領顧客直接進房，這就可避免在櫃檯業務高峰時刻造成顧客的等候。

圖 5-1 電腦制成的訂房表格樣式

NAME BUCKNER, LORIN	ROOM
FIRM	TYPE TB
ADD 777 RED CEDAR RD	# PTY 1
CITY PLYMOUTH, MICHIGAN 48995	DEP 05/24
RATE 47.00	ARR 05/23
TELE	CLERK 19

MY ACCOUNT WILL BE SETTLED BY

☐ AMEX ☐
☐ VISA/M. CHG ☐
☐ CASH ☐
☐ CB ☐ OTHER

SPECIFY

IF ABOVE INFORMATION IS NOT CORRECT,
PLEASE SPECIFY IN AREA BELOW.

PLEASE PRINT

(LAST) (FIRST) (INITIAL)
NAME _____
☐ HOME
STREET _____ ☐ BUSINESS
CITY _____ STATE _____ ZIP _____
COMPANY _____
SIGNATURE

SS CODES: RESV#: 38923

BC4423000015692435

** MSU IS AN AFFIRMATIVE ACTION/EQUAL OPPORTUNITY INSTITUTION **
BUCKNER, LORIN 05/23
47.00
777 RED CEDAR RD 05/24
PLYMOUTH, MICHIGAN 48995 #G 1

BC4423000015692435

ROOM: RATE: 47.00
NAME: BUCKNER, LORIN
DEPARTING: 05/24
SS CODES:
GNAME:

NAME DONOVAN, JOHN	ROOM 727
FIRM ATLAS INC.	TYPE LD
ADD 1299 MICHIGAN BLVD.	# PTY 2
CITY FLINT, MICHIGAN 48458	DEP 05/24
RATE 75.00	ARR 05/23
TELE 313-686-0099	CLERK 19

MY ACCOUNT WILL BE SETTLED BY

☐ AMEX ☐
☐ VISA/M. CHG ☐
☐ CASH ☐
☐ CB ☐ OTHER

SPECIFY

IF ABOVE INFORMATION IS NOT CORRECT,
PLEASE SPECIFY IN AREA BELOW.

PLEASE PRINT

(LAST) (FIRST) (INITIAL)
NAME _____
☐ HOME
STREET _____ ☐ BUSINESS
CITY _____ STATE _____ ZIP _____
COMPANY _____
SIGNATURE

SS CODES: UF SS RESV#: 38921

NGUAR

** MSU IS AN AFFIRMATIVE ACTION/EQUAL OPPORTUNITY INSTITUTION **
727 DONOVAN, JOHN 05/23
ATLAS INC. 75.00
1299 MICHIGAN BLVD. 05/24
FLINT, MICHIGAN 48458 #G 2

UF SS

NGUAR

ROOM: 727 RATE: 75.00
NAME: DONOVAN, JOHN
DEPARTING: 05/24
SS CODES: UF SS
GNAME:

資料來源：Kellogg Center, Michigan State University, East Lansing, Michigan.

第二節　入住登記記錄

　　顧客抵店後，客務員工就建立起一份入住登記記錄，該記錄是顧客重要資料的匯總。

　　入住登記卡在使用人工操作或半人工操作的飯店使用。入住登記時要求顧客提供（或確認事先填寫在登記卡上的）姓名、地址、電話、單位名稱（如有單位的話）以及其他個人資料。圖 5-2 展示的就是一張登記卡的樣本。如登記卡所顯示的那樣，其內容還包括飯店為顧客保管貴重物品方面的責任。州法律可能要求飯店刊登這樣的聲明。登記卡一般還留有讓顧客簽名的地方，表示顧客接受上述房價和退房日期。在有些州，顧客的簽名是表示他和飯店間建立契約關係的先決條件。這個要求在許多州已經被其他規定所代替，比如在入住登記時顧客主動出示信用保證等。

　　雖然州或市政當局可能會要求一份經簽字的入住登記卡，電子記錄雖然不是入住登記卡，但卻是入住登記程式的基礎。直接進店入住的客人（散客）其入住登記過程就會很不相同。櫃檯人員會蒐集顧客的有關資料，接著把資料逐一輸入客務系統，建成一份入住登記記錄。所有資訊都是在顧客辦理入住時蒐集得到的。

　　無論是顧客填寫的入住登記表，還是電腦製成的入住登記表，都要求顧客說明他們打算支付客房或其他的飯店商品或服務的方式。另外櫃檯人員應確認顧客的退房日期和房價。這些因素對銷售和營收管理都十分重要。在入住登記階段確定了房價可以在退房階段減少顧客可能出現的疑問和帳單修改。許多登記卡還包括顧客方面的承諾，即出現信用卡或轉帳失敗的情況下，顧客個人承擔付款責任。

　　圖 5-3 用為顧客入住登記資訊對電子檔案以及飯店其他功能和區域的影響關係。顧客的付款方式會決定他在營業單位的消費方式。例如，一位顧客在登記時決定以現金方式結帳，那麼他在飯店其他營業單位就不能記帳消費，也就是說，這位客人不能把其他消費金額記在客房帳上。如一位顧客在入住登記時出示了一張有效的信用卡，那麼他就可能獲得在營業單位記帳的特權。所以是否給予顧客消費特權，一般是在入住階段根據可接受的信用方式來決定的。

184

圖 5-2　登記表樣本

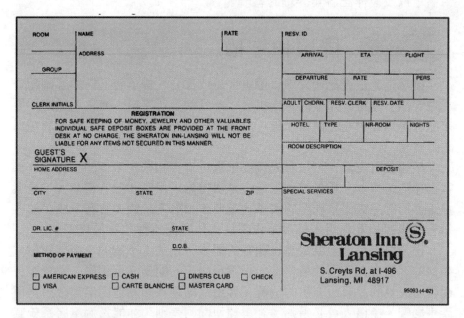

資料來源：The Sheraton Inn, Lansing, Michigan.

圖 5-3　顧客入住登記訊息流動狀況

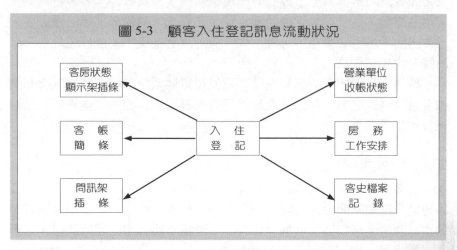

　　在退房階段，顧客入住登記表上的資料可能被用來建立客史檔案。
這份檔案會成為飯店市場銷售部今後開展促銷的一部分資料來源。客史

檔案所提供的資訊可供管理層用來進行分析，從而制定出市場策略，客戶名單以及製作出各類詳細的報表。

第三節 排房和定價

　　排房是入住登記過程中一個重要組成部分。排房包括向顧客確認並為他安排一種特定類型的可出租房。一旦顧客要求有了變化或顧客所要求的客房已經售完，櫃檯人員可以請求客務電腦系統另外尋覓一間類似的待售房。

　　根據預訂資訊，可以預先按要求進行排房和確定房價的工作（在顧客抵達前進行）。預先排房工作一是根據對可租房狀態的預測，二是選擇適當的客房來滿足顧客的需求。這要求預訂系統能與客務系統中的客房管理模組相互作用。排房工作經過入住登記過程才算最終完成。

　　僅僅靠客房類型就來滿足顧客的需求，是遠遠不夠的。飯店對相似類型的客房會有不同的價格。如果客房內床的配備完全相同，那麼客房面積、家具的品質、客房的位置、客用品的選擇和其他因素都會對房價產生影響。櫃檯人員必須熟悉客房類型間的差別，並能透過電腦系統查找每間客房的房價類型、最新的出租率狀況、家具設施、客房位置以及客用品種類，以求最大程度地滿足顧客的要求。對尚未抵店的預訂客人已做出的承諾也必須在排房時一併考慮，只有這樣才不至於在日後不久的排房中出現衝突。

　　櫃檯人員對飯店的認知程度以及使用電腦系統來確定客房狀態和選擇合適房價的能力，對入住登記效率的影響是很大的。這些重要的話題將分別給予闡述。

一、客房狀態

　　有效的排房和定價取決於準確、及時的客房狀態資訊。客房狀態資訊通常分兩個時間段來討論。長期客房狀態（當晚之後）是指一間客房的預訂狀態。短期客房狀態（當晚），是指一間客房的現時狀態，是否能立即出租。典型的現時客房狀態包括：

　　　　· 住客房（Occupied）：客房已經分配給了一位入住的顧客或已經有顧客居住。

MANAGING FRONT OFFICE OPERATIONS

‧空房（Vacant）：空房目前未被租用。

‧打掃房（On-Change）：為迎接下一位顧客，客房正在打掃過程中。

‧待修房（Out-of-Order）：客房有問題暫時不允許出租。

在為提前抵店的顧客辦理入住登記時要依靠客房部向櫃檯提供的房態資訊，這是重要的一環。尤其是飯店處在高出租率的時段或客滿期間。入住登記的過程越有效，給客人留下的印象也就越深刻，顧客會把飯店有效經營的良好印象銘記在心。在大多數飯店，櫃檯人員在客房未被清掃、檢查、直至收到客房部可以出租的通知前，是無權把客房安排給顧客的。即使出現一位顧客提前抵店等候進房的情況，客人亦能理解客房正在準備，需要等候。這樣做要好過客人拿到客房鑰匙但發現客房並沒清掃好。

客房狀態的差異

在客務系統中產生這種差異有兩個原因。首先由於不完整的或不準確的記錄造成的實際上的差異。例如，一位顧客已付了帳，離開了飯店，但是櫃檯人員沒有在電腦系統中輸入退房資訊。出現這種情形的客房叫做空置房。這時，客房部看到的客房狀態是住客，但客務部看到的卻是走客房。其次，客房狀態的差異源自於客房部的房態資訊未能及時通知到櫃檯。

在許多飯店，櫃檯人員負責制作每日的客務報表即客房住客一覽表。這份日報表表明當晚租用的客房狀態，還註明了第二天預期退房的那些客房。房部行政總監在一早收到這報告的副本，依此安排打掃那些住客客房。而預期退房的走客房，通常會被安排在稍後打掃，因為顧客退房前仍會繼續使用客房。如果這類客房先打掃的話，客人走後可能還會重新打掃。而且走客房的打掃內容要多於住客房（也稱為續住房）。如果一位顧客在原先的退房日期前辦理，櫃檯必須通知客房部這間房不再是一間續住房，需調整客房狀態。為了協調一早退房的客房的清掃與檢查，客房部與櫃檯之間進行例行的溝通是必需的。

在下班前，房務部要準備一份客房部房態報告（見圖 5-4）。這份報告是按實地檢查客房的結果制定的。報告說明了每間客房的現時狀態。這份報告可以用來與櫃檯的客房住客情況表核對，發現任何不一致之處應報告給客務部經理。這一程式確保櫃檯人員掌握最準確的即時房

態資訊，並依此開展工作，這對接待此後入住的顧客尤為重要。

圖 5-4　房務部房態報告

Housekeeper's Report									
Date _____, 20 _____							A.M. P.M.		
ROOM NUMBER	STATUS	ROOM NUMBER	STATUS	ROOM NUMBER	STATUS	ROOM NUMBER	STATUS		
101		126		151		176			
102		127		152		177			
103		128		153		178			
104		129		154		179			
105		130		155		180			
106		131		156		181			
107		132		157		182			
108		133		158		183			
120						195			
121		146		171		196			
122		147		172		197			
123		148		173		198			
124		149		174		199			
125		150		175		200			

Remarks:
_____
_____
_____
_____

Housekeeper's Signature

Legend:
- ✔ - Occupied
- 000 - Out-of-Order
- — - Vacant
- B - Slept Out (Baggage Still in Room)
- X - Occupied No Baggage
- C.O. - Slept In but Checked Out Early A.M.
- E.A. - Early Arrival

　　許多電腦系統把房態分得更細，不僅僅限於安排出租或打掃。這些系統的典型房態表述有：

　　·V／O—空房，待打掃
　　·V／C—空房，已打掃，但尚未檢查完畢
　　·V／I—空房，且已檢查完畢
　　·O／C—出租房，已打掃

MANAGING FRONT
OFFICE OPERATIONS

二、房價

房價就是飯店對使用住宿設施的收費。成本的構成決定了房價的最低水平，而且競爭態勢決定了房價的最高水準。一家飯店常常會為每間客房制定一個標準價格。這個價格就稱為門市牌價（rack rate）。以往這個標準價格是寫在櫃檯的一個叫做客房狀態顯示架上面的。門市牌價也可稱為客房零售價。在大多數情況下，飯店提供的折扣價是在門市牌價的基礎上打折。

房價通常在預訂過程中已經確認。這種做法已被大多數商務旅行者和旅行代理商所接受。對於散客，櫃檯人員則根據飯店的政策和銷售準則來確定房價。櫃檯人員可能會給予一個比門市牌價低的房價。通常這種情況只會在管理層認為有必要時才這樣做。例如，飯店管理層認為出租率不高，為了盡可能地吸引更多的客源，可能會給未經訂房的顧客一個低於門市牌價的房價，以鼓勵他們住店。有些飯店還公布季節性價格來適應業務出現的波動。這樣做的目的是企圖在需求降低時能獲得較大的收益，以及在需求增加時能最大程度地實現客房營收目標（營業收入管理的一種方法）。

其他影響房價的因素有客房的數量、服務的水準和客房的位置。例如，房價內可能含有餐費。按美式報價（American Plan, AP），房費還含一日三餐。按修正美式報價（Modified American Plan, MAP），住宿外還包含一日兩餐（大多是早餐和晚餐）。有時全包（full pension）是指美式報價，而半包（semi-pension）是指修正美式計價。有些渡假飯店使用全備式計價（All Inclusive），是指每日房價內包括所有的用餐、飲料和活動費用。按歐式計價（European Plan, EP），餐費和房費是分開計算的。渡假飯店常常使用美式報價或修正美式計價。美國大多數非渡假飯店都按歐式計報價來門市牌價。

房價與顧客的種類也有很大關係。在辦理入住登記過程中櫃檯人員應懂得如何以及何時實施各種房價。不同的房價有：

- ·針對常客的商務價。
- ·針對業務促銷的免費房。
- ·針對達到規定人數的團體價。
- ·針對孩子與父母共居一室的家庭價。
- ·針對不過夜住客的白天房價（通常是在同一天內辦理入住和退房）。

．針對房價內還包括各種活動安排的套裝價。

．針對通過飯店常客活動而贏得折扣的常客特價。

是否符合各種特價規定，通常既要取決於管理層的政策，又要取決於顧客的特徵。

三、客房位置

分配客房時，櫃檯人員必須瞭解各種房型的特徵。在大多數近 50 年內建造的飯店，每種類型的客房大致面積相同。而早期建成的飯店由於當時的建築技術和材料的原因，客房的面積和構造差別很大。現代飯店客房的差別主要在於所配備的家具、客用品和所處的位置。櫃檯人員應該熟悉各種客房的構造，也要熟悉飯店的客房位置圖。這是滿足顧客需求所必需的。圖 5-5 就是一份飯店樓層平面簡圖。注意其中有一連通房和殘疾人士客房。

客務電腦系統內儲存了每間客房的有關資料，如類型、價格、配備的床型以及其他相關的資訊。編制好的客務系統還能以圖表方式一目了然地提供各種客房資訊，比如：連通房、客房的特徵和配備以及客房的位置等。

散客或團體客可能在預訂過程中提出要某個位置的客房要求。團體客人也可能已由接受預訂的部門（通常是行銷業務部或餐飲部）承諾給予某個位置的客房。但接受預訂的部門在處理此類問題時要謹慎，應事先與預訂部核實是否有可能提供此類客房給入住的團體。雖然預訂部可以事先做好預留房的安排，但是把預留房在入住登記時安排給顧客是櫃檯職責範圍的事。

四、預留房

在入住登記階段的排房工作中首先要注意的問題是要瞭解哪些客房是做了預留的，準備用來接待不久將抵店的顧客的。通常預訂員或客務主管在日曆上、牆上的圖表上、客房控制記錄本上或電腦上做預留房的處理。如果由於某種原因預留的房間不準確或不小心沒做預留，資訊就會出現偏差或產生用房衝突。

比如，櫃檯給一位散客安排了一間客房，住兩晚。但是偏偏這間客房是為次日抵店的顧客預留的——而這位櫃檯人員並不知曉——當次日

顧客入住時就會出現排房的問題。電腦系統有助於減少類似的訂房錯誤，因為電腦系統可以設定禁止櫃檯人員選擇已做預留處理的客房安排給其他抵店的顧客。

圖 5-5 飯店樓層平面簡圖

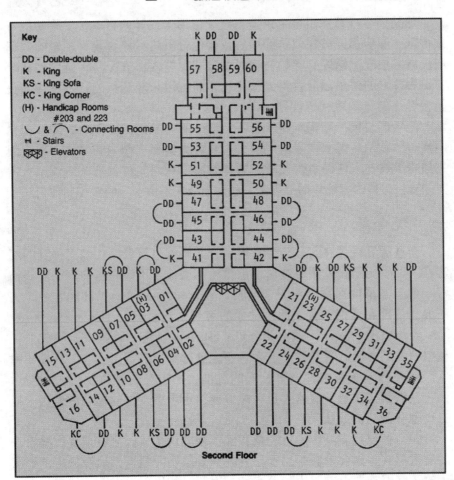

資料來源：The Sheraton Inn, Lansing, Michigan。

　　顧客一旦住進了某間客房，飯店就不應該再讓他們換房，這是大多數顧客的想法。要求一位入住顧客換房的建議常常會遭到抵制；即使客人同意了換房，也會使他產生不快的感覺。換個角度，一位抵店客人，

已經得到給他所要客房的許諾，也會因預留房沒有控制好而帶來不便和擔心。客務人員應該懂得這些道理，懂得兌現預留房承諾的重要性。

第四節　付款方式

無論顧客打算採用現金還是支票，信用卡或其他可以接受的某種方式付款，飯店都應該採取防範措施以確保付款的最終實現。結帳的效率取決於入住登記階段確定的顧客付款方式。在入住登記時，確定的結帳方法和核准的信用額度會大大減少結帳時出現未經認可的結帳授權以及隨後發生的欠款收回等問題。

飯店的規模、架構和組織各不相同，飯店制定的付款方式的準則也同樣有所區別。但入住登記過程是客務客人帳務工作中的關鍵一環，因為櫃檯人員在入住時負責收集有關顧客將要採用的付款方式的資訊。常見的支付房費的方法包括：現金、私人支票、信用卡、轉帳和其他方法。

一、現金

有些顧客願意在入住前，在辦理登記時就付房費。如前面提到的顧客在入住登記階段就用現金付了房款，那麼他就不能在店內享受記帳消費。各營業單位都會收到要求現收 PIA（paid-in-advance）的顧客名單，不允許這部顧客把消費額記入他們的客房帳內。

在大部分飯店，現收名單（PIA lists）由客務的電腦系統製成並由櫃檯傳輸到飯店的營業單位。系統不允許營業單的員工把客人的帳單輸入客房帳內。顧客由於沒有賒帳的批准，必須在營業單位現付消費金額。在辦欽入住時，櫃檯人員可能會要求用現金支付的顧客刷信用卡以方便他在飯店內賒帳消費。

銀行把現金支票、旅行支票和匯票視同現金。飯店在接受這些合法的支付形式時應要求顧客出示必要的身分證明。櫃檯人員應把上述憑證上的簽字與證件上的照片和簽字進行對照。如出現疑點，上述支付憑證應交發證的銀行和機構證實。

二、私人支票

　　有些飯店允許以私人支票付款，而另一些飯店則制定了嚴格的政策規定拒收私人支票。雖然飯店沒有義務接受私人支票，但卻不能以性別、種族或其他原因拒收私人支票，那會導致因歧視而違法。飯店在是否接受私人支票問題上必須制定政策。飯店需要注意的還有支票的種類，如薪金支票、在別州簽署的私人支票、外國銀行支票、政府支票和第二方及第三方支票。

　　有些飯店允許顧客用私人支票支付，因為他們歷來要求顧客以信用卡作為其支付擔保，而且要求支付的現金金額不超過信用卡公司給予的信用額度。屆時，櫃檯人員會將信用卡號記在顧客的私人支票背面或登記表的背面。有些飯店只在銀行的營業時間段內接受私人支票，這個規定是為了必要時客務有查驗支票的機會。有些飯店僅僅允許顧客用私人支票支付房費以及稅金，而其他消費要以現金或信用卡支付。

　　飯店接受私人支票時應該要求顧客提供相關的證件。駕駛執照號碼、地址和電話都應記錄在私人支票的背面作為背書的資料。銀行章和票據交換所的印記也應蓋在支票的背面。有些飯店把金額和支票付現的日期記錄在顧客的入住登記表上，這一步驟幫助確認顧客並沒有超出飯店預先規定的付現金額。如果客務收款員被授權接受私人支票，那麼當顧客要開一張私人支票時，他們必須掌握如何應對的方法。

　　飯店為了防止由於接受了虛假或偽造的私人支票而造成的損失，必須注意以下幾點：

- 對於用私人支票結帳，不要找給現金。只要有可能，歸還私人支票，要求以其他方式支付。有些飯店不開退款支票，即使需要退款，也要在得到顧客所在銀行對其有效性的證實之後。
- 不要接受不寫日期或寫當日之後日期的私人支票，即沒有日期，或所寫日期不是當日日期而是未來的某個日期的私人支票。
- 要求私人支票上寫上支付飯店的帳單，不能寫「現金」。當允許顧客在私人支票上寫取現金，而不是付帳，這張支票就會以現金方式提取。這樣做是為了防止一旦出現逃帳，事後會申辯那張兌現了現金的支票是用來支付飯店帳款的。

(一)第二方和第三方支票

　　總體而言，飯店不接受第二方或第三方的支票。第二方支票就是在顧客出示支票本之前開出的支票。第三方支票就是某人開給另一個人的支票，而那個人又轉簽給了顧客。飯店如接受此類支票可能會造成資金回籠的問題，尤其當開票人「停止支付」支票的情況出現時。如飯店接受了一張第二方支票，櫃檯人員應該要求顧客在櫃檯背書，即使在之前已經有過背書。櫃檯人員可以核對顧客兩次背書的筆跡（前一次背書和剛剛做的背書）。

(二)支票擔保服務

　　私人支票擔保服務，這對餐旅業來說是一項有價值的資產。如果飯店提供此項服務，櫃檯人員通常使用電話或電腦提供支票持有人的資料和發生的金額數。然後擔保方根據支票簽署人的信用情況做出擔保承諾或做出拒絕支付的決定。由於飯店必須為每張支票支付一定的費用，所以常常只允許用私人支票付住宿費。境外銀行的私人支票常常不能用來作保。

圖 5-6　受理支票的建議步驟

1. 警惕新開帳戶 90%被拒收的支票是從新開號鳥不到一年的帳戶中簽出的。第一本支票本第一張支票的起始編號為 101 號，印在右上角。在接受支票時，你應特別關注編號較小的支票。瞭解帳戶的新老問題已變得越來越重要，不少銀行現已把帳戶開戶年份印在支票上（如 0278 意即 1978 年 2 月）。	**4. 關注其他發票機構識別碼** 由儲蓄、貸款機構合作社發出的匯票代碼通常以 2 或 3 開頭。信貸社的匯票通常寫明由某家銀行擔保。國際旅行支票的代碼以 8000 打頭。美國政府支票包含 000000518 的代碼數字。
2. 在支票正面記錄有相關資訊 在支票正面記錄有相關資訊。根據當局規定，你應將開票人的資訊寫在支票正上方：	**5. 識別旅行支票** VISA 旅行支票－舉支票高於視平線，可見正面左方有一地球圖案，右上方有一鴿子圖案。萬事達及湯瑪斯，庫克旅行支票－舉支票高於視平線，可見右方出現一圓圈圖案，裏面是一黑短髮女子。花旗銀行支票－沒有特別浮水印。美國運通旅行支票－翻轉支票背面，用沾濕的手指摩擦左面的名稱會使字跡模糊，右面則不會。

（續表）

駕照號	信用卡號
收票職員姓名	其他身分證或經理批准

3. 仔細檢查對方駕照 當開票顧客將他的駕照遞給你時，迅速問自己以下問題：駕照上的照片與本人相貌是否相符？駕照何時過期？去年，60%的偽造支票是通過檢查駕照的方式被識別的。過期駕照不能用於身份證明。小心檢查駕照，受益無窮。	**6. 要「憑票識人」，切忌「憑人識票」** 不要因為顧客外表看上去體面就忽略以上步驟。一個名叫法蘭克，艾巴內特的著名偽造犯在退休後曾經面對隱藏的攝影機，用一張餐巾紙寫成支票，成功兌換了 50 美元現金，這完全是因為銀行職員為他體面的外表打動，根本沒有仔細看支票。當你因為急於完成一項交易或打算破例時，想想萬一退票你將如何解釋自己的失誤。切記，要「憑票識人」，切忌「憑人識票」。

Developed by Frank W. Abagnale

資料來源：Frank W. Abagnale & Associates, Tulsa, Oklahoma。

三、信用卡

　　與處理其他付款方法必須小心一樣，在客務帳務流程中仔細驗證信用卡的授權和真偽是很重要的。客務部通常都有專門制定的受理信用卡的一整套步驟。另外，信用卡公司也常常有明確的有關交易結算的要求。如圖 5-7 顯示的是信用卡公司提供的一些防止接受到偽造信用卡的方法以及受理的程式。飯店應請律師檢查一下他們制定的信用卡受理程式是否符合州和聯邦法律，是否涵蓋了信用卡公司的合同內容。當地銀行也會提供操作指引。飯店在制定客務處理信用卡的政策方面要考慮到下列幾個方面。

(一)失效期和有效使用地

　　當顧客出示信用卡，櫃檯人員應立即檢查信用卡的失效期。如果過期了，櫃檯應向顧客指出，並要求另換一種付款方法。因為信用卡公司不會要求持過期信用卡的客人償付帳款的。接受一張過期的信用卡會使飯店處於百般無奈的境地。飯店不小心接受了一張失效的信用卡，就可能收不回顧客的消費款。另外，有些銀行的信用卡只能在指定國家內使用。外國旅行者所持有的信用卡有的可能只能在他們所在國家內才能使用。

(二)線上授權

　　檢查了信用卡的失效期後，櫃檯人員要確認信用卡不在失竊或其他原因造成的失效名單上。許多飯店是通過一個與電話線連接的線上電腦裝置來查證信用卡的有效性。一旦連線完成，信用卡的資料可以通過口述或鍵盤或信用卡自動分辨器傳輸出去。資料輸入後，查證機構會給予這次交易一個授權號或一個拒絕授權號。

　　線上授權服務的另一個好處是櫃檯人員可以在機構對信用卡進行線上檢查時抽空從事其他服務。櫃檯在檢查完後，再記錄授權號或拒絕授權號。需要注意的是，線上授權服務常常是要收取費用的。

(三)取消公告

　　沒有安裝信用卡線上授權裝置的飯店，其櫃檯人員要使用信用卡公司公布的即時取消公告來檢查信用卡的有效性。。過期的取消公告最後

圖 5-7　信用卡公司的小經驗

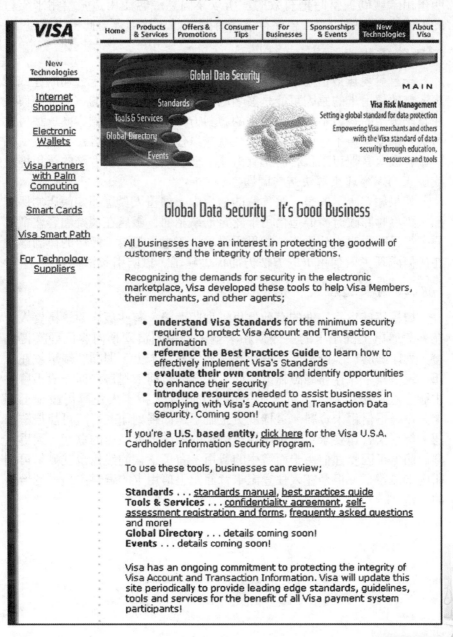

會引起信用卡公司和飯店之間的爭議。飯店可以持那時的取消公告來證明信用卡號碼在當時是有效的，所以才同意顧客使用這張信用卡支付的。飯店對每張取消公告保存多長時間爲好，律師會對此提供意見。

(四)無效信用卡

一旦發現無效信用卡，櫃檯人員應按照客務和信用卡公司的程式辦事。無效信用卡的原因可能是簽名已被篡改或信用卡上的簽名筆跡與入住登記卡上的簽名不一致。通常的應對方法是禮貌地請顧客換一種付款方式。櫃檯人員不應引起顧客的注意或以任何方式使顧客感到難堪。如果顧客沒有其他可以代替的付款方式，櫃檯人員可以請客務的信用經理或飯店的總經理來解決這一問題。

如果顧客出示的是一張失竊的信用卡，櫃檯人員應通知飯店的保安部。雖然聯邦政府將僞造信用卡認定刑事犯罪，飯店在懷疑顧客盜竊或僞造行爲時還應十分小心。如果弄錯，飯店會被起訴。飯店的律師應該在如何處理失效信用卡的方法方面提供建議，以防引起法律糾紛。

(五)列印刷卡憑證

櫃檯應該爲經核准的有效信用卡列印憑證。有些飯店要求櫃檯人員在列印憑證上圈出卡的失效期和卡號，以證明這兩項內容已經獲得查證。列印好的刷卡憑證一般附在顧客入住登記卡上，與顧客帳單放在一起，或者集中保存在憑證檔案櫃內。在結帳之前或退房之前一般不會要求顧客在憑證上簽字。近來，信用卡公司要求持卡人在專用設施上劃卡，以獲得信用卡資料。這樣就更正確了，因爲列印的憑證可能很難辨認。信用卡公司要求用專用設備來刷卡的做法很受飯店的歡迎，因爲這樣做節省了因受理信用卡而發生的費用。有了這樣的設備也就無須再列印刷卡憑證了。但是在入住登記卡背面記上信用卡的資料還是一個恰當的做法。

㈥信用額度

信用卡公司可能會給飯店一個信用卡額度。一個信用額度就是飯店可以接受的持卡人在店內的最高消費金額。不突破這個金額就無須另外申請授權。如果顧客的消費金額超過了信用額度，客務應與信用卡公司聯繫，要求獲得批准。

有些飯店在沒有獲得准許的情況下就突破了這個額度，就會付罰金，罰金的數額不是超出額度的那部分費用，而是整個消費金額。電腦系統能監管顧客的消費額是否臨近信用額度。有些飯店要求信用卡公司授權較高的信用額度，使顧客能支付房費和其他消費。獲得較高的信用額度後，櫃檯就不會由於經常性的要求授權而影響顧客，或者為了飯店安全而要顧客另換付款方式。

㈦預留信用額度

客務在顧客的信用帳單上預先留下一筆經授權的金額來保證支付飯店的商品和服務，比如，有位顧客抵店後預計居住幾天，估計他的房費將會超出飯店的信用額度，為了防止出現信用卡申請授權問題，客務部就會要求顧客預留一筆信用卡上的費用，至少與估計會產生的費用額相同。

管理層必須瞭解法律關於預留信用額度可能產生的問題以及信用卡方面會產生的問題。如果客人提前退房，而他接著又去消費時發現自己的信用卡上的錢被飯店凍結了。法律關於這類問題的處理，州與州有很大區別。一些州規定飯店在顧客退房時，應將未使用完的那部分預留的信用額度通知信用卡公司予以歸還顧客。另一些州規定飯店只能預留經顧客同意的金額數，預留要取得顧客的准許。飯店在公布這類政策時要聽取律師的意見。

近來使用的科技也引發許多類似上述問題。當顧客抵店辦理入住時，櫃檯人員在查看電腦中的入住資料前先要顧客出示信用卡。員工把信用卡放入與櫃檯電腦相連接的信用卡識別儀。電腦就能識別信用卡並將有關資訊展示在入住登記卡上，或者把資料歸入專門的名單中。當櫃檯人員證明了客人的身分，電腦會自動計算出需預留的信用額度並通知信用卡公司，這一切無須人工作業，都是自動完成的。此時入住登記程式已經完成，飯店已在顧客的記錄上有了個批准號或一個拒絕號。許多

信用卡公司不要求在入住時列印刷卡憑證，所以入住登記的過程大大加快了。

四、轉帳

有些飯店同意給顧客或其所在公司事後轉帳。轉帳的安排通常在顧客抵店前由顧客或其所在公司與飯店客務通過檔往來確定的。顧客或同意支付的公司代表方要獲得飯店的同意。客務經理一般會檢查顧客方的信用情況並負責做出決定。批准轉帳的顧客名單通常會存放在客務部供辦理入住時查閱。在退房時允許轉帳的顧客只需看一下自己的帳單，確認帳單上的內容，簽上名就可以了。帳單上的金額會直接通過轉帳來收回。對於轉帳的安排，飯店既不靠信用卡公司，也不靠其他第三方，能否收回的責任全部由飯店承擔。

五、特別安排和團體結帳

在入住登記時，顧客可能出示收款憑證、票據或其他企業、航空公司或代理商給予的獎勵券。櫃檯人員必須瞭解飯店在承兌這些憑證方面的協議並懂得如何準確受理。櫃檯人員還必須十分小心地處理這些憑證，因為這些東西的價值各異，而且條件、內容也各不相同。由於憑證代表了一種支付方法，這也是櫃檯向發證的公司收取錢款的憑證，必須小心處理，確保資金回收成功。由於憑證和票據對飯店來說都是有價證券，員工在接受這些東西時都要再查看一下所存放的樣本。樣本識別應列入客務培訓的內容，並能隨時備查。

櫃檯人員在為團體顧客辦理入住時，必須仔細查看他們的特殊要求是否得到落實。為屬於團體的客人辦理入住與為散客辦理入住是不同的。抵店參加商務會議的顧客，常常事先就做好了結帳方法的安排。有些客人的房費和由此產生的稅金是直接記入團體總帳單的。其他如電話費、餐費和洗衣費則由個人負責支付。遇到這種情況必須為每位顧客安排結帳方法。但是，當遇到團體組織者同意為顧客支付所有費用，就不需要為每一位元顧客作結帳安排了。例如，顧客或邀請前來為會議作演講的客人只需在入住登記卡上簽字，並核對一下退房日期，發給客房鑰匙就行了。遇到這種情況，可能還不應把房價列印在入住登記單上。

六、拒絕賒帳要求

如果櫃檯人員發現某位顧客的信用評等很差，可以拒絕給予顧客賒帳消費的要求，但在處理時要十分小心。一個人的信用程度比金錢更重要，這常常涉及到人的自尊。在討論由信用引發的問題時，櫃檯人員必須盡量做到不動聲色。不管顧客變得如何激動，員工的說話聲音應盡量保持友好和鎮靜。飯店有權檢查和評估顧客的信用資訊，顧客也有權瞭解為何客務不接受他的私人支票、信用卡或轉帳的要求。圖 5-8 展示的是一些處理信用問題的建議。這些建議要根據具體的問題，不同的客人物件以及飯店的具體情況加以靈活運用。

圖 5-8　處理顧客信用問題的一些建議

當信用卡公司拒絕授權交易時：

· 與顧客私下討論此事

· 向客人描述授權未被批准時要當心用詞（如，不能說客人的信用卡是「無用的」、「無價值的」一類的話）

· 提供電話使客人能與信用卡公司商討此事

· 允許顧客用一種可以接受的方式支付帳款

當顧客的私人支票遭到拒收時：

· 解釋飯店的支票付現政策

· 保持友好合作的態度

· 與顧客商討換一種支付的方法

· 如在當地銀的營業時間內，指引客人去附近的營業單位，或讓顧客使用飯店的電話

第五節　發給客房鑰匙

發放了客房鑰匙，櫃檯人員就完成了入住登記的過程。在一些飯店，一位新入住的客人拿到客房鑰匙後由櫃檯人員帶領進房。在大型飯店，顧客會拿到一張地圖，上面標著客房的位置，還有餐廳、酒吧、游

泳池、健身房、會議設施和停車場等飯店其他設施的位置。出於對顧客和飯店的安全考慮，客房鑰匙必須得到妥善管理。客房鑰匙的被盜、丟失和失控都會對飯店的安全構成威脅。

飯店應有制定好的書面程式來管理、控制客房鑰匙。程式的內容應包括誰有權發放客房鑰匙，鑰匙交給誰，客房鑰匙應存放在櫃檯何處，如何存放等。

出自安全的原因，櫃檯人員在把客房鑰匙交給顧客時不應報房間號碼。櫃檯人員可以把顧客的注意力吸引到地圖上標出的房號或者鑰匙上的房號上來。櫃檯人員也可在鑰匙上寫一個代碼來代替房號，不過他要向顧客介紹如何理解這個代碼或把房號寫給顧客。許多飯店將客房鑰匙裝在信封內交給顧客，這樣櫃檯人員可以寫上房號。

飯店如提供行李服務，櫃檯人員應詢問顧客是否需要行李員幫忙。回答是肯定的話，應把行李員介紹給顧客，把客房鑰匙交給行李員，叮囑行李員把客人送到房間。在去客房的途中，行李員可以介紹飯店的一些情況如餐廳的位置，零售店的營業時間，製冰機和自動販賣機以及緊急出口的位置，還有發生緊急情況和其他事項時的應付方法等。到了客房，行李員應介紹客房的設置如空調控制器和電視設備，盡量使顧客感到舒適，回答顧客提出的問題，然後把鑰匙交給顧客。顧客如對客房不滿意，或是沒按顧客的要求準備好，行李員應注意聽取顧客的意見，並轉告櫃檯及時採取糾正措施。如家庭旅遊客抵店時要求在房內加床給孩子睡，那麼行李員應立即幫助落實此事，使加床盡早安置進房。

第六節　滿足顧客特殊要求

識別顧客的特殊要求並予以落實，是入住登記工作的一個組成部分。比如，在預訂過程中，顧客可能提出連通房的要求。那麼應預留好這些客房，保證顧客抵店時能提供。如果顧客的訂房要求沒有得到很好的處理，那麼櫃檯人員如有可能應在入住登記階段想方設法滿足顧客的需求。其他特殊要求可能會有下列幾方面的內容：

- ·位置
- ·景色
- ·床型

· 吸煙／禁煙方面的要求
· 設備設施
· 供殘障客人使用的設施

顧客可能要求自己的客房靠近電梯，也可能要求遠離電梯；有些客人希望看到海景或游泳池或城市景色；有些客人希望得到特大號雙人床；有些客人希望有健身房或會客室；有些顧客還會提出對房內設施和布置提出特殊要求。攜領孩子出遊的顧客可能會提出加兒童床的要求。如果客人抵店前沒有在房內做好安排，那麼櫃檯人員應與客房部聯繫，找個合適機會把床安置進客房內。當然這些要求最好在入住登記前就完成。有些顧客還會提出一些其他的特殊要求如加床板或燙衣板。殘障顧客的客房會有專門設計的設施，如衛生間的把手或連接煙感器和防火報警裝置上的專門燈光。美國殘障人士條例要求絕大多數的飯店要有專門的設備供殘障人士使用。這類客房應盡可能地保留，不要輕易出租給非殘障人士使用，除非處於客滿階段。

有時會出現由其他人提出的給予顧客的某些特殊要求。如，總經理想在顧客的房內放水果籃以表示對常客的歡迎。旅行社會訂一瓶香檳要求送到他們的顧客房內。對渡蜜月的夫婦，會提出在他們抵店前在房內擺放香檳和鮮花。

做入住登記準備的階段對許多特殊要求要作細節上的處理，櫃檯人員要跟蹤落實每一項要求，這非常重要。如果顧客進了客房，發現他們的要求沒有兌現就會感到失望。在辦理入住時，櫃檯人員應復述顧客的特殊要求以確認飯店的安排無誤。用這種方法可以使顧客更好地感受到他們的要求得到重視。

第七節 其他方式

本章描述的入住登記過程是針對絕大多數飯店的。有些飯店還嘗試使用一些其他方法和技術手段，使入住登記過程更有效率。這些技術手段試行過程中獲得不同程度的成功：

· 不設櫃檯。取而代之的是櫃檯人員拿著預期抵店的顧客名單和預先做好的分房資料在大廳等候。接待員在弄清客人身分後很快辦好了入住登記，有時還帶領顧客進房。有些連鎖飯店現在就選擇旗下的一些飯

店用此方法接待顧客。顧客的信用情況已在訂房階段通過中心預訂系統的電腦與信用卡公司的連接獲得查證。由於需瞭解的事都已瞭解，飯店要做的只是為顧客做好入住登記準備，把客房鑰匙和入住登記卡放在一起。當顧客抵達時，只需簡單地證實有關顧客在入住登記卡上的資訊有無變動就可結束這一入住過程。有時這種服務還與飯店常住客計畫配套。飯店可用常住客已記錄在案的信用卡號碼來做預登記的工作。

- 在大廳專設一個區域迎接飯店的入住顧客。將原先的櫃檯遮掩，只用來整理資料和存放資料，但在退房結帳高峰時刻可暫時移動遮掩物，用於辦理結帳。
- 為顧客特設一單獨辦理入住登記的地方。這種做法與前面的相同，但只限於為顧客提供此項服務。
- 在大樓的一個專用區域內與會議報到處一起聯合辦公，為會議客人辦理入住。把團體客人與非團體客人區分並辦理入住登記，能使飯店提供更有針對性的服務。
- 在飯店大樓以外的地方如機場、會議中心等地為顧客辦理入住登記手續。

入住登記的任何創新都要使顧客得到方便和關愛，這便是挑戰之處。

對於商務聚會、旅行團體和大型會議的客人的入住分房程序可以進一步簡化。團體聯絡員或客務電腦可以向櫃檯人員提供預期抵達的團體的客人名單。房號可在團體抵達前分配好，客房鑰匙可裝在信封裡，內有總經理簽名的歡迎信。在大廳的一角而不是在櫃檯設一張桌子，專門用來為抵店的團體顧客發放鑰匙。櫃檯人員仍處理入住事宜，團體聯絡員負責歡迎抵店的團體顧客，向他們提供會議資訊或發放會議資料。

有些飯店的客務服務還包括為在退房高峰時刻抵達的顧客暫時保管行李。櫃檯人員還可能為等候的顧客提供飲料和食物，那些顧客可能會因為等候而感到不舒服。也可以把這些顧客直接帶到飯店的茶廊或餐廳，使他們在一個更休閒更放鬆的環境中等候，直至客房準備妥當。

自助式入住登記

一個相對來說較新的入住登記概念是自助式入住登記。自助式入住登記的裝置一般設在全自動化飯店的大廳內。這些終端裝置被設計成不同的形式：有些類似於像銀行的自動取款機，而有些有視覺和語音溝通

功能。圖 5-9 是一種自助式入住登記終端的照片。最近科技的發展使得
飯店可以把自助式入住登記的終端安置在飯店以外的地方如機場和汽車
出租點。不管顧客使用何種形式的裝置,自助式入住終端裝置將會大大
減少客務和顧客的入住登記時間。

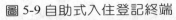

圖 5-9 自助式入住登記終端

資料來源:CAPDATA Inc., Scottsdale, Arizon

　　使用自助式入住登記裝置的顧客一般來說都做過預訂,電腦記憶體
有顧客的訂房記錄。在辦理入住時,顧客需要輸入一個預訂確認號或在

機器中插入有效的信用卡。終端機識別了信用卡背面的磁條,把顧客的姓名和信用卡號碼輸送到飯店的電腦,調出儲存的訂房資料。然後顧客可以利用終端機的鍵盤輸入必須增加的入住資料。大多數終端機與電腦的客房管理系統相連接,這樣就可以實現自動分房和門市牌價。有些終端機會列印出入住登記表,並要求顧客簽名後投入箱子。向顧客表示歡迎的致詞或關於飯店特別活動和促銷資訊會出現在由系統生成的表格上或顯示於終端機的螢幕上。有些終端裝置還會指示顧客到一個專門的地方領取鑰匙。有些飯店的終端機由於與客房電子門鎖系統連接,可以製成鑰匙發給顧客。

第八節　銷售客房

如果顧客對飯店客房的價值缺乏信心,那麼櫃檯人員就沒有機會向顧客展示高效的入住登記服務程式以及創新的登記方法。櫃檯人員的工作任務的組成部分是提高顧客對飯店產品如客房、設施和服務的接受程度。櫃檯人員可以有好幾種不同方法來鼓勵顧客住店。

櫃檯人員應在工作中使用銷售技巧。例如在入住過程中,必須簡化幾個步驟以求實現快速的入住服務和體現對顧客的關心。而在這幾個步驟中,常常是櫃檯向顧客進行面對面銷售的好機會。經過良好訓練的櫃檯人員能通過運用客務銷售技術尤其是各種推銷方法大幅度提升客房收入。

促銷高價房(upselling)是指預訂員和櫃檯人員設法使顧客租用高於標準房價的設施。飯店客房通常由於裝修、面積、位置、景色和家具配備的不同,有幾種不同類別的價格。有時兩間類似的客房門市牌價相差很大。

為了做好推銷工作,客務和預訂員工必須接受訓練使自己不再只是個接受訂單的人。他們必須被訓練成專業的銷售員。他們必須認識到比起推銷一個開胃菜或甜品來說,在客房推銷方面他們有更多的辦法可以運用。預訂員和櫃檯人員應當學習向顧客進行建議性銷售的一些技巧。這其中包括如何以及何時進行推銷可以使顧客不感受到壓力,還應懂得如何從顧客的期望出發來進行推銷。

提供不同種類的客房供顧客選擇是預訂和入住登記過程中進行推銷

的關鍵，這需要精心計畫和實施。雖然促銷高價房的重點是在預訂過程，以及在櫃檯接待散客的機會之中。有些飯店制定了這樣的政策，對登記入住的顧客提供多個類型的客房，以供選擇，並根據顧客意見確定房型。為了能使顧客接受，櫃檯人員必須懂得如何以積極、自信的方式介紹飯店的設施和服務。

顧客可能會提供一些自己對居住環境的偏好；有些資訊可能已經記錄在預訂資料上面。櫃檯人員應針對性地介紹客房特徵以及可能對顧客帶來的利益和便利。客人聽了介紹可能會立即決定，也可能會等櫃檯人員介紹完所有的客房類型後才作定奪。圖 5-10 顯示的就是關於促銷高價房中的一些建議。有時飯店正好只有高價客房可供使用。成功的預訂員和櫃檯人員會向顧客介紹高價客房的價值所在。可是當一位顧客已經預訂了一間較低價的客房，而且他不想再多付費用時，飯店必須提供按預訂時的房價提供客房。

在顧客選定客房後，櫃檯人員一般會要求他填寫一張入住登記表。當客人填寫完登記表後，櫃檯人員要扼要重複有關客房的特徵，以使顧客確認自己的選擇。入住過程即將結束，櫃檯人員應介紹飯店的一些營業單位的名稱、服務內容和設施設備。許多顧客對此類資訊頗感興趣。

在顧客離開櫃檯前，員工應對住客選擇本店表示感謝，並表達自己非常願意隨時為他提供服務，會盡一切可能使他居住期間愉快順利。有些飯店在顧客入住登記後會給客房打個電話，以證實顧客對一切是否感到滿意。

向散客進行推銷是為飯店創造更多收入的一個最好的機會。有時飯店只有一些最高價格的房間可供出租。而有時，一個高超的推銷努力會使顧客感到物有所值。許多飯店對預訂員和櫃檯人員的推銷實行獎勵。

第九節 無法安排顧客入住

一般說，飯店若有客房可供出租，就有義務安排顧客入住。法律禁止公共住宿機構因種族、性別、宗教或國籍原因對某些人採取歧視的態度。合法拒絕顧客入住的理由有：無房可租，或事先聯繫中出現差錯或者客人不願意支付房費或服務費。另外各州的法律還有拒絕接受客人入住的其他理由。櫃檯人員不應該是一位可以決定讓誰入住不讓誰入住的

人物，這是客務管理者的責任。管理者是通知顧客另找住處的責任人。飯店管理層應根據法律有關條文和州飯店協會的規定，指導屬下員工如何執行有關接納或拒絕顧客入住的相關政策和程式。

　　有時飯店可能出現可租房短缺的現象，無法安排顧客入住。所以制定處理這種情況的政策和程式是十分緊迫的任務。在極個別情況下飯店會出現無法安排預訂客入住的個別情況，尤其也會出現無法安排作了保證類預訂的客人入住。這時大多數飯店會為這位顧客在其他飯店安排住處。對於作了保證類預訂的客人，提供全方位服務的飯店不但會為他安排好住處還支付客房費用。但飯店對無保證類預訂的顧客則無須承擔這樣的責任，記住這一點很重要。一般而言，在規定的取消訂房的時間之前抵店的預訂客人，飯店應安排入住。

圖 5-10　促銷高價房的建議

· 始終以友善的聲音和笑容迎接每一位顧客。保持令人愉悅的、有條不紊的工作狀態。記住：你在銷售飯店設施和服務的同時也在銷售你自己。

· 與顧客保持目光的接觸。

· 立即尋得顧客姓名，在對話過程中至少三次用姓名稱呼顧客。始終禮貌地稱呼顧客如「先生」或「小姐」。不要直呼其名。

· 嘗試確定在預訂過程中未能確定的顧客的真正需要。根據顧客需要來介紹客房的設備、設施。如一位將在飯店住三四晚的顧客比過一夜的顧客更需要一間面積稍大且不受干擾的客房。渡蜜月或渡假的顧客可能會更願意付錢得到一間景色好的客房。

· 一有可能就推銷。在介紹高價客房時先介紹特徵和好處，然後再報價。如果顧客已訂了房，則介紹高價房與預訂房之間的差別；接待散客是推銷的最好機會，如有兩類不同的客房、則要兩者的特徵長處和價格都要介紹。不要冒險只介紹高價房而導致丟失生意的局面。

· 完成入住登記程式。

· 感謝顧客並希望他居住愉快。

一、散客

對於散客來說最不堪忍受的事是經過長途跋涉後發現飯店客滿。已客滿的飯店沒有責任向門市客提供住宿。遇到這種情況，櫃檯人員可以建議顧客入住在附近另一家飯店，甚至為了幫助客人可以事先代為電話聯繫。

在大部分情況下，飯店無法接納顧客入住，可以代為安排在一家類似的飯店。飯店應有一份當地相同層級的飯店電話號碼單。飯店間相互介紹客源不但有可觀的利益收穫，還能樹立信譽。如，透過介紹客源可以使飯店將其他飯店的做法與自身進行對照。其他原本為競爭關係的飯店也會介紹客源。相互介紹客源最重要的出發點是可以看作為建立飯店對客關係的組成部分。對未能安排入住的顧客給予額外的關心有助於營造產業良好的風氣。

當一位散客認為自己是作了訂房時，情況會變得複雜起來。飯店可以採取以下步驟弄清事實：

- 如果顧客出示確認信，那麼要查看日期和店名；顧客有可能記錯了日期和搞錯了飯店。大多數確認信都有確認號，這可以幫助櫃檯人員找出預訂資料。
- 詢問顧客是否由別人代為訂房；可能是在另一家飯店訂的房，也可能是以訂房者的姓名而不是房客的姓名作了預訂。
- 重新檢查訂房資料或電腦系統內的顧客資料，也許儲存出現錯誤或其他處理過程出錯。
- 用客人姓名的另一種拼寫方法再次檢查訂房資料。因為在通話時 B、P 和 T 經常會弄混淆。還要查一查顧客的姓和名有沒有在無意中顛倒。
- 如果訂房是通過旅行社或其他代理商的，允許顧客打電話與他們聯繫，弄清問題所在。
- 詢問顧客他們確切的抵店日期，可能顧客應在另外的日子抵店，比如晚了一天抵店。許多飯店保留著前一天未抵店的顧客入住登記表，就是為了這些客人有可能晚一天抵店時可以備查。

如果以上步驟都不能解決問題，那麼客務經理而不是櫃檯人員應請客人到一私密的辦公室向客人解釋情況。在他人在場的情況下，告訴客

人無法安排入住會使客人感到難堪。

二、無保證訂房的顧客

有時顧客因情況變化無法在預定時間抵達飯店。此時顧客往往沒有時間在規定的取消時間前將無保證訂房改爲保證訂房，結果飯店沒有預留客房。顧客抵店時飯店已經客滿。此時客務部經理在通知客人時必須十分注意技巧。出現這種情況既不是顧客的錯，也不是飯店的錯，所以雙方都不應責怪對方。

三、保證訂房的顧客

如果訂房程序和預測程序都得到謹慎處理，那麼飯店就不會無法安排一位保證訂房的顧客入住。然而飯店還是應該備有處理此種情況的政策供櫃檯人員遵照執行。

客務部經理應對飯店無法安排作了保證類預訂的顧客入住一事負責，並作一系列必須的決定。這位經理可能會：

· 再次檢查飯店是否真的客滿。

· 再次檢查住客房數，檢查所有方面的資料。

· 將客房狀態顯示與客房部的查房報告和客人帳單資料進行比較，看看有無不一致的情況出現。

· 與預期退房的但尚未辦退房手續的顧客通話，確認他們的退房時間，如無人接聽電話，客房部實地查看客房狀態。住客也許未去櫃檯但已經退房或此時正在辦理退房手續。未去櫃檯的原因可能是用轉帳方式結帳的客人，或是已經預先付清了費用或是真的忘了去櫃檯結帳。對於忘了去櫃檯結帳而退房（skipper）的情況來說，由於飯店的及早發現，使客房能盡早出租給另一位顧客。

· 親自檢查待修房，也許會找出一間可租房。如果顧客願意住在一間待修房裏，那麼房價應作調整。

· 這些決定都應由客務部管理層做出。

· 找出爲明、後天抵店顧客作的預留房，以及從已做好預登記的預定今日抵達但會在預留房顧客抵達前退房的顧客。

櫃檯人員在與抵店顧客講述無房時必須口徑一致。以下建議將有助於他們的工作：

- 鼓勵顧客一旦有客房立即回本店住。屆時將顧客放入貴賓名單。客房免費升級，或在客房內放禮品作為對客人造成不便的補償。
- 管理層應向未能安排入住的預訂客寫致歉信。對造成的不便再次表示歉意，並鼓勵客人再次光顧飯店（當然要有某些相應的獎勵措施）。
- 如果無法安排一位前來參加會議的客人入住，那麼應通知會議組織者。會議組織者也許可以採取調整其他與會者的住房安排來解決這一問題。遇到這種情況，很重要的一點是客務人員應與會議組織者有緊密的工作合作關係。
- 如果無法安排一位旅遊團體的客人入住，那麼應立即通知組團方並介紹情況。這樣做有助於組團方妥善地處理這個問題以及由此引起的顧客投訴。
- 飯店可能要支付因顧客搬到另一家飯店而發生的交通費用。當不得不為一位曾作保證類預訂的顧客另擇住處時，考慮財務方面的應對措施尤為重要。飯店還應通知總機，將客人的電話和傳真轉到另一家飯店，不致再次犯錯。這既是出於為來電者的著想，也是為重新安排住處的顧客考慮。

小結

在訂房過程中，顧客幾乎提供了完成入住登記所需的全部資訊。獲知抵店顧客的預訂情況後，預訂狀態轉入入住登記狀態。客務人員會有這樣的感覺，當顧客的訂房記錄正確完整時，入住登記的過程會順利而又快捷。入住登記過程可以分成六個步驟：入住登記的準備；入住登記記錄；排房和門市牌價；確定付款方式；發給客房鑰匙；滿足顧客特殊要求。

入住登記的準備在顧客抵達前進行，目的是為了加快入住登記過程。當訂房員蒐集到必要的資訊後，顧客的預登記工作就可以進行。做好預登記的顧客只需確認一下登記表上的資訊，簽了名就完成了整個入住登記過程。當然排房和門市牌價，建立客人帳單，以及其他有關方面工作也可能是飯店入住登記準備的組成部分。

入住登記資料是重要的顧客資料匯總，是在進店入住時形成的。入住登記表或由電腦製成的入住登記資料應包括徵詢顧客的付款方式以及計畫退房的日期。櫃檯人員應再次確認顧客的退房日期以及預先定好的

房價。

排房包括為顧客確定並安排好一間特定種類的可租房。有了預訂資訊，就能做到在顧客抵達前排好房，訂好房價。提前排房時，既要預測客房可用狀態又要考慮顧客對客房的要求。排房工作在入住登記程式中才最後完成。有效的排房和門市牌價取決於正確及時的客房狀態資訊（既包括長期客房狀態資訊或叫預訂客房狀態資訊，又包括短期客房狀態資訊又叫住客房狀態資訊）。

對客結帳服務的效率取決於入住登記階段確定的付款方式。在入住登記時準確確定結帳方式和信用授權將會大大減少以後可能發生的資金回收問題。如同飯店與飯店之間在規模建築形態和組織機構各不相同一樣，各飯店制定的有關顧客付款方式的規定也各不相同。由於付款方式在入住登記階段確定，所以這一過程的工作在客人帳務處理中扮演重要角色。

發給顧客客房鑰匙後，櫃檯人員就完成了入住登記的過程。飯店應有控制客房鑰匙的書面的政策規定。如果飯店提供行李服務，櫃檯人員應詢問顧客是否需要行李服務，隨後把有關資訊告知行李員。

入住登記程序的另一個組成部分是顧客提出的特殊要求是否得到了安排。關於顧客提出特殊要求的許多細節是在預訂登記階段進行通知的，但在入住階段要注意落實結果，這一點很重要。如果顧客進房後發現飯店並未按自己的要求做好準備，會立即感到失望。櫃檯人員應在入住登記階段提及顧客的特殊要求以確保飯店的服務能滿足顧客的需求。

一個較新的有關客務入住登記的概念是自助式入住登記。自助式入住登記的終端裝置通常設在全自動化飯店的大堂內。這些裝置設計成不同的外形，有點像銀行的自動取款機。

櫃檯的促銷高價房是飯店增加營業收入的常見的做法。櫃檯人員應尋找向顧客提供更好的客房的機會，並透過向顧客介紹客房的價值來達成銷售。例如，對於經常旅行的客人，他們可能寧願多付一些房費，但希望客房內有便於辦公的一些設備設施。許多飯店設立了獎勵措施來推動員工最大程度地發現這些機會。

在建議顧客另擇住處時，言行必須十分慎重。顧客如認為飯店並沒盡最大努力安排他們的話，會感到非常不快。他們也許會在飯店吵鬧，也許今後再也不會光顧。他們還可能把對飯店的種種不滿告訴朋友和同事，造成對飯店的廣泛的負面印象。

　　為顧客另擇住處應由經理出面來辦,而不應由櫃檯人員做。顧客在其他飯店的房費都應由飯店來支付,飯店一旦有空房就應立即把客人接回飯店。高等級飯店還負責支付來回的交通費用以及通知總機把顧客的電話和傳真轉到另一家飯店。

關 鍵 詞

全備式計價(all inclusive):一種計價方式,其內容包含顧客的房費、餐費、飲料費和活動費用。

美式計價(American Plan, AP):一種計價方式,其內容包含房費和三餐費用,也可稱為全包報價。

授權號(Authorization code):由線上信用卡查證機構給予的一個號碼,表示批准信用授權。

拒絕授權號(denial code):由線上信用卡查證機構給予的一個號碼,表示不批准信用授權。

轉帳(direct billing):通常由顧客或公司與飯店之間透過檔案來往商定的一種信用安排,即飯店同意把顧客或公司在本店的消費金額事後轉帳。

預期退房客人(due-out):指預定那天退房但尚未辦理退房手續的客人。

歐式計價(European Plan, EP):一種計價方式,只含房費,不含三餐費用。

信用額度(Floor Limit)　指信用卡公司允許飯店接受持卡人在飯店的最高消費金額,不超過這一限額無須申請授權。

房務部房態報告(housekeeping status reports):由客房部製作的每間客房即時狀態的報告,資料來源於實地查看。

修正美式計價(Modified American Plan, MAP):一種計價方式,每天的房價中還含兩餐的費用,大多數情況是早餐和晚餐。

住客客房狀況表(occupancy report):由櫃檯人員每晚製作的報表,上面註明了當晚的住客客房以及次日預期退房的客房。

預付款(Paid-in-advance, PIA):指顧客在入住登記時用現金支付了房費;預付款的客人常常被拒絕在店賒帳消費。

213

門市牌價（rack rate）：飯店制定的特定類型的客房標準價格。

入住登記卡（registration card）：一份列印好的用於記錄入住登記資料的表格；許多州的法律規定入住登記卡上要有顧客簽字。

入住登記資料（registration record）：在顧客抵店時由櫃檯人員收集的有關顧客的重要資訊，有：顧客姓名、地址、電話、所屬公司、付款方式以及退房日期。

訂房狀態（reservation status）：指明了較長時期內可租房的狀態。

房價（room rate）：飯店收取過夜住宿的費用價格。

客房狀態差異（room status discrepancies）：指客房部發現的某個客房狀態與客務部的正用於排房的客房狀態不一致，有差異。

自助式入住登記（self - registration）：一種電腦系統裝置能自動為顧客辦理入住登記，發給鑰匙；實現自助式入住登記系統先要獲得顧客的預訂資料和信用卡資料。

逃帳（skipper）：一位顧客已退房但未付帳。

空置房（sleeper）：客房處於可出租狀態，但客務的客房狀態為住客房。

促銷高價房（upselling）：一種銷售技巧，向顧客推薦一間比他原訂的客房更貴的房間，然後通過對該房的特徵和價值的介紹以及對顧客需求的迎合，促使顧客接納。

散客（walk - in）：一位未辦訂房手續，抵店要求住宿的客人。

未能入住客（walking）：一位顧客已辦訂房手續，但飯店無房安排，只得為他另擇住處。

 網　址

訪問下列網址，可以得到更多資訊。主要網址可能不經通知而更改。

信用卡公司

American Express Company
http://www.americanexpress.com

MasterCard International
http://www.mastercard.com

Diners Club International
http://www.dinersclub.com

VISA International
http://www.visa.com

Discover Card
http://www.discovereard.com

 個案研讀

全員銷售：使櫃檯人員成為銷售員

「進來，進來!」

Ben，一位瘦長、頭髮灰白、穿著深色三件套西裝的男士從一張巨大的橡木辦公桌後的皮椅上站起來，向走進辦公室的 Keith 揮手，示意他在辦公桌前的椅子上坐下。Keith 說：「謝謝您」。一邊環視一下總經理辦公室四周。這時本已在他對面坐下。Keith 以前也來過好幾次，但是他還是感到辦公桌後的落地書櫥和牆上掛著的老飯店相片、各種熠熠發光獎牌十分顯眼。

「我今天想和你談談如何提高我們的平均房價，」Ben開始說：「你在飯店工作有好幾星期了，我想你對情況已有所瞭解。」

「是的，先生。」

Ben眨眨眼睛：「我對你說過，即使我頭髮已白了，在飯店工作時間也很長了，你也不必叫我 Sir，還是叫我『Ben』好了。」

Keith 笑了，他差一點又要說，「Yes，Sir」，好在忍住了。

「我得到來自公司方面的資訊，希望我們在本季度將平均房價提高 10％，而完成此項任務的責任落在客務。」他接著又以一位長者的慈祥口吻提醒 Keith。「我不是小看你，但畢竟當客務經理是你第一份工作－你才出校門不久對不對？」

「是的，沒幾年，」Keith 說，「可以說我是初出茅廬。」

「好吧，你不嫌煩的話，我想說說以往訂房部和櫃檯相互聯繫的事例，相信會幫你瞭解我們是如何發展至今的。然後我們再來討論如何達到 10％ 的增幅。」

「好的。」Keith 準備好好聽聽。

「我的第一份飯店工作是在訂房辦公室。那時沒有電腦，只有電話，你現在都會感到奇怪。」Ben 和 Keith 都笑了。「顧客來電要一間房，我們就用打字機打出一張預訂卡片。來電話的客人也不會提出『請給我一張寫字桌或一張特大號雙人床』之類的特殊要求。我們也不問他其他資訊，因為我們也不能確定還有什麼樣的房間可以提供，在那時，所有可用房都由櫃檯控制。卡片只是記錄來電人在某天到達，要為他留間客房而已。下班時，把卡片集中後交給櫃檯，由櫃檯將卡片按預期抵達日期排列存放。」

「等客人到了飯店，櫃檯人員找出卡片『是的，XX先生，我們已經為您準備了一間房』，然後開始了銷售過程，根據當時的可提供的房間來進行銷售。『您喜歡大床間？我們有幾間朝向公園的客房，您是否要挑一間？』如此等等。換句話說，櫃檯人員才是飯店的銷售員，因為他們掌握並控制了可租房資訊。只有他們知道哪些房可租，哪些已經租用。

但是有了電腦後，瞬間，銷售的角色由櫃檯轉移到了預訂。為什麼？因為電腦使預訂部能及時瞭解可租房的狀態。現在當顧客來電訂房，預訂員看著電腦螢幕能準確地告訴對方，抵達那天飯店有何種類型的客房可供出租。所有預訂員的工作起了變化：從訂一間房——受老系統的限制，到訂哪種房。預訂員也可以詢問顧客那些櫃檯人員常問的問題，比如：您喜歡什麼樣的床？您是否喜歡景觀房？您再多付5美元我為您保留間游泳池邊上的房間好嗎？您是否喜歡這樣的客房？等等。所以一旦使用了電腦預訂系統後，控制可租房的責任就由櫃檯轉到了預訂部，同時銷售的功能和銷售的訓練重點也從櫃檯轉移到了訂房部。」

Ben 攤開雙手做了個遺憾的手勢。「於是櫃檯不再強調銷售技巧。現在，許多櫃檯人員覺得顧客大都在預訂時就明確知道自己所要的房型，所以無須再對他們進行銷售。許多人想如果再向顧客推銷一間不同於預訂時輸入電腦的那間房，那無疑是打擾顧客。」

「但是，這剛好是你的前任沒有察覺或沒有採取行動的地方，」

Ben皺皺眉頭，「櫃檯人員仍可以透過各種推銷措施，發揮作用，提高飯店營收。比如看見一位顧客攜太太抵店，而櫃檯人員發現他訂的是間標準間，那麼他可以說：先生我這兒有間空房比您預訂的房間更舒適，是一間角房，有很好的景觀，還有按摩浴池和沙發區，床是特大號雙人床—這比您原先訂的兩張雙人床更舒服——而這需您加付 15 美元。您是否想要這間房？」

「再者，一位接待員看到客人帶著三箱樣本箱進店，他可以猜到那是位商人，可能會需要足夠的地方放置他的檔案和樣品。那位接待員可以接著這樣說：『您的東西真不少，您訂的是一間標準間，但是我這裏正好有一間大一些的房間，桌子也大得多，可以放很多東西，只需多加 10 元，這真是很合算的。』你覺得這樣做妥當嗎？」

Ben 停下來，看看 Keith 的反應。

「這有什麼不妥當呢？」Keith 大膽地表示。

「這就對了，根本沒什麼不妥！」Ben 興高采烈地說。「櫃檯人員的做法不僅使顧客住起來更舒適，還能為飯店增加收人。這就是銷售技巧的作用。但只是少數櫃檯人員受過這樣的訓練。就如我所說電腦改變了一切。過去訂房員是『訂單接受員』，而櫃檯人員是銷售員；現在兩者的角色顛倒了，這是不對的。櫃檯人員還應擔負起銷售員的角色。」

Ben 接著說，「謝謝你聽我嘮叨。你可能覺得奇怪『這事與我有什麼關係？』好吧，我告訴你，希望你把接待員再培養成銷售員。我們教會了他們如何銷售，再給他們銷售的工具，他們會建立銷售信心的。」

「我希望您不會認為我的話太幼稚」，Keith 說，「您講的推銷真能起這麼大的作用？我的意思是 5 元或 10 元，但不是每位客人都願意接受的」，Keith 停頓了一下。「我很難想像這樣做會對增加營收產生大的作用。」

「這正是推銷的作用所在，」Ben 回答，「推銷的每一元都將直接影響利潤。我們為了促使顧客光顧飯店投入了很多錢做廣告，安排訂房員接聽電話等等。在此基礎上能促使顧客多花一元錢都將是利潤。」

Ben 笑著說：「不過不要領會錯了，我不是說要強迫客人接受，推銷如果能投其所好，那就不是引誘客人買他所不需要的東西。櫃檯人員在任何時候都不能給客人壓力。但是可以告訴客人他只需多付幾元錢就可以住得更舒適，這絕不是一件壞事。通常顧客並不知道飯店還有別的更適合他需要的客房。也可能他碰到的是一位不擅長推銷的預訂員。所

以櫃檯人員的推銷不是讓顧客上當，而是給顧客更多的選擇，而有些顧客未曾想到。這些選擇會使客入住得更愉快，這就是你要展示給接待員的推銷之道。」

「我很想試試，」Keith 說，「但我不能確定從何處下手。」

「好吧，我想第一件要做的事是測試你的員工現有的銷售技巧。」Ben 說，「是否有人做得很好？你來了只有幾星期，我想你對員工還不太瞭解，所以要花些時間觀察員工的工作狀況。這同樣也能瞭解到接待員未能抓住的那些推銷機會。你一旦發現了問題的癥結，你就會有提高平均房價的針對性計畫了。」

「我還有些建議供你參考。」Ben 繼續說，「如果櫃檯人員開始開展推銷活動，但我們還沒有相應的獎勵措施，我們有許多事可做，如館內訓練，也可以送他們去參加館外的研討，如有必要還可以請專家訓練。當然我們還可以設立一個鼓勵櫃檯人員推銷的獎勵計畫。」

Ben 站了起來，表示談話行將結束，他把手放在基斯肩上：「不要擔心，我相信你一定能做到。你不是孤軍奮戰。我們希望從櫃檯這一塊增加 5 個百分點；預訂部和銷售部也各有指標，我們一起努力——我們會使大家和公司滿意的。你如果有什麼困難，請不要猶豫，隨時來找我。」

「謝謝您，Ben。」

在以後的幾周，Keith 觀察了櫃檯人員是如何為顧客辦理入住手續的。正如 Ben 所說，他們在推銷方面沒下任何工夫。他們彬彬有禮，業務能力也不錯，但是幾乎毫無例外地將顧客送入早先預訂的客房。甚至對門市客也不作任何的推銷。櫃檯人員總是將飯店的標準房—最低價的客房推薦給散客—而客人也都接受了櫃檯的推薦。Keith 發現只有一位散客問有沒有更好一些的客房，櫃檯人員說有的，飯店當時還有一些豪華房，甚至一間貴賓房可供出租（這家飯店有三種基本的客房類型：標準房、豪華房和貴賓房。標準房有兩張雙人床或兩張大號雙人床，或一張特大號雙人床；豪華房的床型與標準間相同，但面積更大，配備的家具也更好；貴賓房其實就是小套房，有特大號雙人床，有沙發區，客用品也與前兩種類型的客房不一樣，如加厚的毛巾，高檔梳洗用品，還有做夜床服務等等。）當顧客要求櫃檯人員介紹客房特點時，Keith 對他們拙劣的介紹大吃一驚。事後 Keith 問了其他幾位櫃檯人員，他們中的許多人甚至沒有實地看過飯店的任何一間客房，Keith 又一次被震驚了。

幾個星期過去了，有一個問題引起了 Keith 的關注：大部分的貴賓

房都被用於商務客人的升等。這些原本是飯店最值錢的客房，其房價遠遠高於標準房和豪華房。但是目前明擺著的問題是這些客房很少真正用於出租。飯店給商務客人的房價中有規定，當飯店的貴賓房有空時，商務客可以免費升等到此類客房。而貴賓房總是有空餘的，因為櫃檯人員從不銷售此類客房。Keith 決心扭轉這種情況，讓櫃檯人員推銷更多的貴賓房，而不是白白送給已享受商務價折扣的客人。這一舉動必將對提高平均房價產生巨大作用。

到了周末，Keith 在櫃檯人員上班前，召集他們開會介紹目前的狀況。「飯店的目標是將平均房價提升 10 個百分點；我們部門的目標是提升 5 個百分點。我們可以向所有客人推銷來實現這個目標，我們尤其要把重點放在散客方面。根據統計，大概有 12 % 的客人是散客。由於這些客人事先並未訂房，所以飯店不必像對預訂客那樣特別準備，這種情況會使推銷更易做成。如果我們首先向這部分客人推銷貴賓房而不是標準房，如客人不接受，退一步推銷豪華房，如果這件事能做成，即使不把向訂房客人的推銷成果統計在內，我們也能完成部門的指標。」

「讓我來給你們算一筆帳看看推銷方面的努力會產生多大的成果。」Keith 接著說，「上個月我們向散客出租了 1000 間客房。這些客人中只有 14 人是主動要求住 55 美元的標準房的。我們賣出的如果是貴賓房，那麼每間就能增加 40 美元，只要 200 間，即五分之一的門市客接受我們的推薦，那麼我們每月就能增加 8800 美元的收入。以 12 個月計算，我們就能為飯店增加 100000 美元的收入。如果還能將 200 位散客從標準房轉入 75 美元的豪華房的話，那麼每月就能增加 4400 美元，而這些增加的收入將直接影響盈利。

「如果我們能售出貴賓房，實現我們的每天推銷目標，這些客房就不再免費提供給商務客人升等，這樣既節省了開支，又給了我們推銷的機會：『對不起，商務客小姐，我們的貴賓房今天客滿，我們可以安排您入住您預訂的標準房，也可以將您安排到豪華房，那裡的面積要大得多，而且還有特大號雙人床，您只需多付 20 美元。』不要把貴賓房看作為用於升等的客房，你們的著眼點是把貴賓房推銷出去，而不是白白地送走。」

「這樣做是否對商務客不公平？」一位櫃檯人員問道。

「完全不是，」Keith 回答說。「我們接待商務客的原則是，如果有空著的貴賓房就可以為他們升等——但是我們並沒有因為要升等而停

止銷售貴賓房的責任。以前的做法不是一個好的經營之道，商務客人也不會希望我們這樣做。飯店在建造貴賓房方面投了大量的錢，肯定要設法收回的。

「我明白銷售對你們大多數人來說是一個新課題，」Keith最後說，「但是並不難，再說我也不會讓你們不做準備就倉猝上場。我們會對大家進行訓練，我還會制定一個獎勵計畫，使大家在為飯店創收的過程中個人也能得到相應的獎勵。

「推銷工作如進行得當，很有意思。讓我們做好準備，創造佳績！我希望大家從現在起記住這句話『全員銷售！』」

討論題

1. Keith可以採用哪些方法將他的櫃檯人員訓練成銷售員？
2. Keith可能採用什麼樣的獎勵計畫來激勵員工的銷售熱情？

案例編號：3325CA

下列行業專家幫助蒐集資訊，編寫了這一案例：Richard M. Brooks, CHA, Vice President of Service Delivery Systems, MeriStar Hotels and Resorts, Inc. and Kenneth Hiller, CHA, Vice President, Snavely Development, Inc.
本案例也收錄在 *Case Studies in Lodging Management* (Lansing, Mich: Educational Institute of the American Hotel & Lodging Association, 1998), ISBN 0-86612-184-6。

MANAGING FRONT OFFICE OPERATIONS

6

客務部的職責

1. 瞭解客務部回答顧客詢問的程序。

2. 瞭解顧客在櫃檯提出的服務要求內容？

3. 掌握處理顧客投訴的方法。

本章大綱

- 第一節　客務部的溝通
  - 與顧客的溝通
  - 工作日誌
  - 詢問手冊
  - 郵件和包裹的處理
  - 電話服務
- 第二節　部門間的溝通
  - 房務部
  - 工程維修部
  - 營收中心
  - 行銷公關部
- 第三節　顧客服務
  - 設備和備品
  - 其他服務內容
- 第三節　顧客關係
  - 申訴／抱怨
  - 識別投訴
  - 處理投訴
  - 追蹤程序
- 小結

　　溝通對客務的營運至關重要。因為發生在飯店的每件事幾乎都對客務產生影響，反之亦然。客務每項功能的發揮都有賴於清晰的溝通。客務員工必須能與他人、非本部門的人員以及顧客進行有效的溝通。有效溝通是有效客務管理的先決條件。本章將討論溝通的重要性以及客務肩負的其他幾項責任。

第一節 客務部的溝通

　　溝通不僅包括備忘錄的往來、面對面的對話以及通過電腦發送資訊。有效的客務溝通還包括使用工作日誌、詢問資料和正確地實施郵件和電話處理程式。客務溝通方面的複雜程度直接與飯店的客房數目和公共區域面積、功能設置和設施設備有關係。飯店越大，人數越多，溝通網路就越複雜。即使小型飯店，其中的溝通也非簡單容易。

一、與顧客的溝通

　　在飯店有許多方式的溝通，但是沒有一種比飯店員工與顧客之間的溝通來得更重要了。與顧客溝通過程必須展現飯店專業化及積極主動的形象，無論這種溝通是面對面的進行，還是通過電話進行，無一例外。正確的問候語、待客態度、語氣語調以及追蹤落實的能力都影響顧客對飯店的評價。

　　例如，當接聽電話時，就需要既熱情又恰到好處地提供資訊。比如這樣的應答語：「謝謝您的來電，Casa Vana Hotel。我是 Tracy，請問找誰？」這樣的應對語給了來電者熱烈的歡迎。反之，僅僅回應「Casa Vana Hotel」就無法產生殷勤、好客的印象而使人留下冰冷、生硬的感覺。飯店內部門間的通話也存在同樣的道理。一句熱情的問候，如「謝謝您致電 Casa Vana 飯店訂房部，我是 Tracy，請問有什麼事？」這勝於僅僅回答「訂房部」，前者既熱情又體現了專業水準。

　　當需要打電話給顧客時，重要的一點是記得介紹你自己以及說明打電話的原因。如：「您好 Wilson 先生。我是櫃檯的 Bob。我打電話是想瞭解您早上要求維修的空調是否修好了。您對維修結果滿意嗎？」這樣顧客就明白是誰來的電話以及為何來電。顧客就不會有被打擾的感覺，因為這個電話是回應他本人早些時候提出的要求。

面對面的溝通也同樣重要。電話溝通時措辭和語氣決定資訊的接受程度，面對面的溝通與之不同的是還包括肢體語言和目光交流。當員工的目光不注視顧客時，顧客就不會給予積極的回應。櫃檯人員看著電腦螢幕與顧客說話，會引起顧客的不快。飯店員工用自信、誠實的態度與顧客溝通，會贏得對方的好感，成功的溝通取決於使用正確的措辭、專業的舉止和好客的態度。

二、工作日誌

櫃檯備有工作日誌，目的是為了使客務部的員工瞭解上個班次發生的重要事情和做出的重要決定。常見的客務工作日誌就像一本日記本，記錄著不尋常的事、顧客的投訴和要求，以及其他有關資訊。櫃檯人員在值班過程中記錄以上有關內容。記錄的資料要按預先約定的格式；書寫要清晰，這樣才能使下一班次的員工有效地使用這些資料。

在開始工作前，櫃檯主管和員工應閱讀工作日誌並簽名。要關注有哪些事情，要繼續追蹤落實或要留意哪些潛在問題。比如說，上早班的櫃檯人員可能接到住客的報修電話或要求房內用餐的電話。接待員也可能記錄了他採取的解決問題的方法。諸如此類的記錄使下一班次的員工瞭解上一班次發生的事情，建立了兩個班次間的溝通。客務的工作日誌記錄的內容要詳細，包括發生了什麼，為什麼，什麼時候等方面的內容。查閱了這些資料，當值接待員就能得心應手地回答顧客的查詢。

對記錄在工作日誌上的顧客要求，如有可能最好由經手人親自追蹤處理。例如一顧客打電話要求增加一條毛巾，接聽電話的員工過後最好親自檢查此事是否落實。如果接聽電話的員工無法繼續落實，那只好轉交下一班次的員工。有些事當天無法給顧客答覆，那麼應告訴顧客何時才會有結果。如不提供相關的資訊就會使顧客感到心神不定，引起不快。一旦滿足了顧客的要求，應在工作日誌上記錄是否給顧客打過電話以及反映如何等等。

客務工作日誌對管理人員也很重要。它能使管理人員瞭解櫃檯發生的事情以及存在的問題。比如，與客房部或工程部的銜接問題，最容易在工作日誌上發現。如果有顧客投訴、表揚和其他異乎尋常的事也會出現在工作日誌上。所以工作日誌幫助管理人員瞭解正在發生的一切以及相應的處理方法。

三、詢問手冊

　　客務部員工必須掌握面廣量大的資訊以便向顧客提供詢問服務。常見的問題有：

　　　　· 值得推薦的當地餐廳
　　　　· 出租汽車公司
　　　　· 本地公司介紹
　　　　· 附近購物中心、藥房和加油站的介紹
　　　　· 附近宗教場所的介紹
　　　　· 附近銀行或自動取款機的介紹
　　　　· 本地劇院、體育場或售票處的介紹
　　　　· 大學、圖書館、博物館或其他當地名勝景點的介紹
　　　　· 國家和政府辦公樓、國會大廈、或法院或市政府辦公樓的介紹
　　　　· 飯店有關政策（比如退房時間、有關寵物的規定）
　　　　· 有關飯店內娛樂設施或附近娛樂設施的介紹

　　櫃檯人員還需要掌握一些非常用資訊以備顧客查詢。有些飯店將此類資訊蒐集成冊取名問訊資料手冊。客務的詢問資料手冊可以包含本地的簡明地圖，計程車和航空公司的電話號碼，銀行、劇院、教堂和商店的地址，以及各項重大活動的日期。櫃檯人員應熟悉詢問資料手冊的內容和排列方式。

　　有些飯店在公共區域包括大廳安置了電腦資訊設備。這些設備與客務詢問資料手冊的作用相同。用電腦來查閱資訊使得顧客可以不用依靠客務員工的幫助，自己就可以輕鬆獲得所需的資訊。這一方法使得櫃檯人員可以騰出時間來從事其他的顧客服務。

　　此外，許多飯店用書面的日程告示或閉路電視系統來顯示每日活動內容。展示每日活動內容的布告欄稱為告示牌（reader board）。告示牌的資訊通常有團體名稱、會議廳的名稱、各項活動的時間和活動內容。告示牌可以放在櫃檯附近，或電梯內或大廳和大樓的會議廳。用閉路電視提供資訊可以減少在櫃檯的問訊數量。電視機可以放在顧客容易到達的地方，這樣可以使他們從滾動的螢幕上查看到每天的活動安排。客房的電視機也能提供同樣的資訊。最近一個創新的措施是將電子告示牌系統與飯店的銷售部和宴會部的電腦系統連接。這樣使得電子告示牌能自動地更新資訊而不再需要人工操作。

在會議飯店，櫃檯備有團體記錄本（group resume book）的做法也很常見。每個團體的概要，包括活動內容、結帳方法、主要與會者、娛樂活動安排、抵離方式和其他重要資訊都包含在內。這些資訊記錄在這個活頁本上，存放在櫃檯。有些飯店以團體名稱的順序排列來記錄資訊，並要求櫃檯和飯店服務處的員工在每個班次工作開始前先閱讀團體記錄本。櫃檯員工應熟知所有進店團隊的活動內容以及自己應承擔的工作。櫃檯人員還應知道記錄本的存放位置，以便在回答顧客詢問有關團體的問題時可以很快找到答案。團體抵店前，大多數飯店會召開一個預備會議。會議由宴會部經理或會議服務部經理負責召開。團體的記錄資料常常在此時發給大家以便熟悉情況。組團方和飯店主要部門的經理都會出席這樣的會議。在團體抵店前任何變動和重要問題都要一一落實和給予解決。會後由各部門經理回到自己的部門再向員工傳達團體的接待資訊。

Reader Board Services

We provide weekly recaps of the group activity in Dallas and Houston hotels. We monitor the hotels each Monday, Wednesday, Friday & Saturday. Recaps are customized to your specifications providing the information in the format that best meets your needs. The following is available in each weekly recap:

* Group or organization name sorted by market segment
* A seperate report listing catering events
* Time & type of function
* Function room used
* Function room square footage, capacities & approximate number of attendees
* Addresses & phone numbers are provided

Click here to Request Information

[Home][Services]:
[Telemarketing][Qualified Blitzing Campaigns][Database Creations]
[Fulfillment Mailhouse][Hotel Competitive Profiles]
[Office Building Tenant Directories][Reader Board Service]
Copyright © 1999 Hotel Resources

Designed By:
Catt
Productions

Hotel Resources

資料來源：http://www.hotelresources.com/reader.html

MANAGING FRONT OFFICE OPERATIONS

四、郵件和包裹的處理

入住的顧客需要客務部能快速、高效地遞送他們的郵件和包裹。客務部經理通常在美國郵政總局的政策和規定的原則指導下制定飯店處理郵件和包裹的政策。

一般來說，顧客郵件到達飯店時，客務部會在郵件上打上時間戳印，標明抵店日期和時間，目的是防止出現對郵件確切抵店時間的疑問，以及顧客懷疑郵件遲送時起到證實的作用。收到郵件和包裹後，應立即核對收件人的狀況，是住店還是即將抵店或者是已經離店。要有應對各種不同狀況的郵件處理程式。

顧客的郵件通常存放在留言架或郵件架相應客房的郵件格內，也可以按顧客的姓氏的字母順序排列存放。歷來鑰匙和郵件都放在櫃檯某個顧客和其他訪客看不到的地方，那是出於安全的考慮。鑰匙和郵件的這種存放辦法保留至今沒有改變。這樣做可以防止他人看到某個客房的郵件從而判斷客房內是否住人。櫃檯應將收到郵件的資訊迅速通知顧客。有些飯店通知顧客的做法是開啓客房內電話機上的留言燈，還有些飯店是列印一份通知送到客房。如果收件人是尚未抵店的顧客，那麼應在該客人的入住登記表上註明，並將郵件保留到顧客抵店之日。如果顧客一直未取走郵件或郵件到店時收件人已離店，那麼要將郵件再次打上時間戳印，然後退回給寄件人或按顧客留下的地址轉寄。

郵件中也會有掛號信、快遞或其他需要收件人簽收的郵件。有些飯店允許櫃檯人員代客簽收。然後逐一將郵件登記在客務郵件簽收本上，轉交顧客時再由顧客在本上簽字。圖6-1展示的是郵件簽收本的樣本。如果寄件人對收件人的簽名有明確的限定，那麼客務人員就不能代為簽收，而應透過尋呼廣播顧客或遞送通知到客房的方法告知顧客。

包裹的處理方法和郵件相同。如果包裹的體積大，不便在櫃檯存放，那麼應另擇安全之處存放。包裹及存放地都應記錄在客務的郵件簽收本上。

收到包裹和郵件後一般應立即通知客人。大多數飯店會立即用電話通知客人，如果沒有應答就應打開留言燈給顧客留言。

圖 6-1　郵件簽收本

日期	房號	登記號	姓名	從何處來	簽名	經辦人	日期	轉發	地址	備註

資料來源：Origami, Inc., Memphis, Tennessee。

五、電話服務

　　許多飯店提供 24 小時的國內國際電話服務。無論櫃檯人員還是總機甚至其他員工，在接聽電話時都應做到彬彬有禮，樂於助人。外界通過電話與飯店第一次接觸，如何接聽電話，會在很大程度上影響飯店的對外形象。客務管理層可能會出自保護住店顧客的隱私和安全的考慮，而限制客務人員將客人有關資訊告訴來電者。

　　客務人員書寫的電話留言單上應加蓋時間戳印，存放在郵件留言架上。如果客房的電話機上有留言裝置，則應開啓留言燈，以提示住客有留言在櫃檯。有些飯店總機話務員或櫃檯人員可用電腦直接輸入留言。電話總機系統在收到客務電腦系統的留言後會自動開啓客房內的留言燈。當住客回到客房，電話機上閃爍的燈光會使他知道自己在櫃檯有留言。住客可以向總機或客務留言中心詢問留言內容或要求遞送留言。在有些飯店，顧客可以在客房電視螢幕上查看留言內容。

　　許多飯店增加了語音留言系統。語音信箱是可以儲存留言內容的設

施。來電者希望為某位住客留言，只需直接通過電話就可將留言收錄在相關顧客的語音信箱裡。語音留言的好處是能親耳聽到來電者的聲音，這對境外來電者尤其適宜，因為他可能不會熟練使用當地語言，難以筆錄。語音留言還提高了留言內容的保密程度，還省去了飯店員工的翻譯筆錄工作。

語音留言的另一個常用功能是團體的廣播通知。這一特殊功能使得同屬一個團體的顧客能自動地接收到留言。如領隊可利用語音留言通知每位團隊成員晚餐用餐時間的更改。客務電腦系統可通過該團的編號識別它的每個成員。把成員房號輸入語音留言系統後，所有成員都可以獲得領隊的留言，瞭解這一資訊。

(一)傳真

傳真留言的處理方式如同郵件，只是要格外地小心。顧客常常在等候這類文件的到來。接收到的傳真在遞送方面有諸如立即送到某某會議室之類的特殊要求的話，櫃檯應立即派遣一位行李員送交。如沒有特殊要求，飯店會將傳真存放在郵件架上，然後開啟房內的留言燈。有些飯店會將傳真放在信封內送往客房。傳真與郵件不同，無須打上時間戳印，傳真本身也沒有封套。傳真紙上通常有日期和傳送的時間。對於傳真的內容要予以保密，這是最基本的要點。櫃檯人員不應閱讀傳真內容，遞送傳真是他們唯一的責任。

有些飯店備有傳真登記本，或將傳真和郵件等其他收件登記在同一記錄本上。傳真登記本包含的內容有收件人、寄件人、收到的時間以及傳真件的頁數。櫃檯人員也可寫上什麼時候通知到顧客，什麼時候顧客取走傳真。如果飯店提供發送傳真服務，那麼發出的傳真也要有類似的記錄，絕大多數飯店對發送傳真要收取費用，因為其中有電話費的成本。有些飯店對收到的傳真也實行收費。無論是否收費，櫃檯人員都應快速處理及遞送傳真。應盡快讓顧客知道有傳真的消息。最近在技術裝備上的一個發展是在客房內裝傳真機。傳真機接在第二條電話線上，這不僅方便了客人還帶來了安全感。顧客可以直接在客房內收到傳真，不再需要通過飯店的公用的傳真機。另外客房內的傳真機現在還可以讓住客收到報紙的新聞提要甚至他們的帳單。

(二)喚醒服務

住客可能會由於睡過頭而錯失了一個重要約會、一次航班或耽誤了一次外出度假的出發時間。所以櫃檯人員必須十分小心地處理顧客喚醒的要求。客務的機械裝置或客務的電腦系統可以用來提醒櫃檯人員，及時地提供喚醒服務，電腦系統可以自動實施喚醒，播出已錄製好的喚醒語。儘管有了先進的科技，許多飯店仍傾向於讓櫃檯人員或總機來實施喚醒服務。主要原因是因為顧客最喜歡的是面對面的服務。

總機房有用於喚醒服務的時鐘。這一做法很常見。這個時鐘也叫飯店時鐘。時鐘指示的是飯店所在地的時間。每天要校對時鐘，以保證它的準確性。飯店的其他計時器如時間戳印等都應與飯店時鐘保持一致，以確保部門間工作和服務的準確性。飯店時鐘一般都放在總機旁側。

當然，科技的發展使得在這方面又有了新的服務。不再需要飯店總機或其他服務部門來提供喚醒服務，顧客可以用電話撥一個分機號碼，然後按系統指示輸入喚醒的時間。這樣飯店可以選擇是採用自動喚醒服務設備呢，還是由飯店總機話務員來提供個性化的喚醒服務。飯店也可以將喚醒服務與提供房內用膳服務兩者結合起來，使得顧客在接受喚醒服務時可以下早餐訂單。

(三)電子郵件

飯店的很多商務客人在工作中使用電子郵件。目前愈來愈多的顧客希望在飯店收發電子郵件。電腦的使用者通過電子郵件製作和交換電子資訊和檔。攜帶手提電腦的顧客可在客房接駁網路介面（在電話機或牆面上）就能透過公司網路或公共網路與公司辦公室、家裡、其他公司或其他正在上網的顧客溝通。許多飯店都已實現客房高速上網，以向顧客提供更好的電子郵件服務。再則，由於高速上網服務無須通過飯店總機，所以不用增加外線。高速上網可以透過加設專門的線路到客房或者無線連接或者利用客房的電視系統來實現。

(四)聾啞人電話機（TDDs）

飯店提供的特殊服務中有提供聽說有困難的顧客專用的電話設備。聾啞人電話機是專為此設計的。它看上去像一部小型打字機，鍵盤上方有一個連接電話聽筒的裝置。美國殘障人士條例要求飯店備有此類設備

供客人使用。同樣櫃檯也應有聾啞人電話機，以便接聽聽說有困難的客人從飯店外打來的電話。使用時，將電話話筒放在連接器上，撥電話號碼，當對方拿起電話話筒時就可以開始打字。鍵盤上方的小顯示幕會使對方看到輸入的內容。

提高通話技能

　　無論你與誰通話，必須注意給對方留下良好方印象。接聽電話是為你本人也是為飯店樹立良好的專業形象的好機會。

　　在所有的業務通話中，你應該：

1. **讓對方感到你在微笑**
   你的微笑會自然而然地改善你的通話品質。你的聲音應該是愉快的、好客的。
2. **坐直或站直**
   坐直或站直時，你才能更加注意地傾聽到對方的聲音。
3. **不要用高強度的聲音說話**
   較低強度的聲音更能顯示你的成熟與可信度。
4. **說話速度與來電者對應**
   讓來電者定下對話的語速。比如，對方有急事時，你也應快速提供資訊。
5. **控制音量**
   說話聲音太響，會顯得粗魯或盛氣凌人，太低了又會顯得膽怯和猶豫不決。
6. **避免使用 "uh-huh" 以及 "yeah" 之類的應答聲**
   這類用語會使你顯得呆板、毫無特色或不熱情好客。

　　客務部員工常常為顧客和其他員工接聽留言。許多客務部都備有標準的留言單。在接聽此類電話時，十分重要的是仔細聆聽對方的說話，並做準確的筆記。作電話留言時，要確認以下資訊：

- 日期
- 來電時間
- 受話人姓名全稱
- 來電者姓名全稱
- 來電者所屬部門（如是館內電話）
- 來電者的單位（如有必要）
- 來電者所處時區（如不在本州）
- 來電者的電話號碼（包括區域碼）
- 留言內容（不能簡略，而是完整的內容）

　　如果留言很緊急，應予以標明，覆述回電號碼以保證準確無誤，是很好的做法。有些飯店的客務要求述留言的內容。最後還簽上經辦人的姓名，按客務工作程序予以存放或遞送。

　　按照上述簡單的準則，將提高你在接聽電話時的通話技能。記住對所有來電者，無論是顧客還是員工都應以禮相待。

資料來源：http://www.mcopinc.com/telecom.htm

第二節 部門間的溝通

　　飯店的許多服務需要客務部與其他部門合作提供。其中客務與客房部和工程維修部間的人員資訊溝通最為頻繁。櫃檯人員應該認識到他們的建議會對顧客以及飯店營收中心產生的影響。

一、房務部

　　房務部與客務部之間必須互相通知房態變更情況，以確保實現高效地為顧客安排客房，避免出現混亂。兩個部門的員工越熟悉對方的工作程序，就越能使兩個部門間的工作關係順暢。

二、工程維修部

　　在許多飯店，工程維修部的員工在每班次開始工作前要閱讀客務工作日誌，明確需要維修的專案。櫃檯人員在工作日誌上記錄由顧客或員工提出的需要維修的專案，如冷暖空調失靈，管道出了問題，設備有雜訊，家具破損。客務的工作日誌對飯店工程維修部員工來說是很好的工作任務參考本子。

　　許多飯店用一式數聯的報修單來填寫需要維修的專案。圖6-2就是一張報修單樣式。維修工作結束後，維修人員通知部門將報修單存檔。如維修需要時間長影響客房出租，那就應通知客房部，當維修結束，客房部應立即將客房轉換成可租狀態。及時地交換房態資訊，可以減少對營業收入的負面影響。為了提高飯店營運質量，有些飯店安排工程維修人員24小時值班。

三、營收中心

　　雖然飯店最大的營收來自客房銷售，其他服務專案也會對整體營利水平產生支持和增強的作用。除了客房部以外，飯店的營收中心還包括：
　　‧全天經營的餐廳、點心吧和特色餐廳；
　　‧酒吧、交誼廳和夜總會；
　　‧客房餐飲服務；
　　‧洗衣、乾洗服務；

‧自動販賣機；

‧禮品店、美髮店和書報攤；

‧宴會、會議以及餐飲外送服務；

‧健身俱樂部、高爾夫球場和健身房；

‧出租汽車、豪華轎車和旅遊服務；

‧博奕和遊戲機設施；

‧收費電視節目；

‧代客停車和收費停車場。

從客房服務指南等印刷品或客房電視廣告，住客可以瞭解到飯店的這些服務和設施。櫃檯人員也必須熟悉這些設施和服務內容，從而能胸有成竹地回答顧客詢問。客人在飯店餐廳、禮品店和其他營業單位的消費單據必須及時地傳送到櫃檯以確保最後的收款。

四、行銷公關部

客務的員工是首先瞭解飯店宣傳活動內容的員工之一。飯店行銷公關部的工作有效性在很大層面上需要客務員工的支援和參與。例如對顧客的接待，為顧客組織的各種健身活動、家庭活動，甚至在飯店大廳的咖啡招待活動都提供了瞭解顧客、吸引回頭客的機會。客務部員工還能在業務通訊、客史檔案和提供專門的入住登記和退房服務過程中發揮作用。這都將極大地提升飯店的個別化的顧客服務水準。

圖 6-2　報修單樣本

DELTA FORMS MILWAUKEE　USA
（414）401 · 0008

HYATT　　　　　　　　維修要求
HOTELS　　　　　　　　1345239

由 _____ 日期 _____
地點 _____
問題 _____
_____
_____
_____
_____

任務下達給 _____
維修完成日期 _____ 工時 _____
維修人姓名 _____
備註 _____
_____
_____
_____
_____
_____
_____

APHK-04

HYATT HOTELS MAINTENANCE CHECK LIST

框中打（☒）表明有問題，具有內容請在備註
中說明。

臥室－客廳－衣櫃

☐牆面　　　☐木製品　　☐門
☐天花板　　☐電視　　　☐燈光
☐地面　　　☐空調設施　☐遮光窗簾
☐窗戶　　　　　　　　　☐窗簾

備註：_____
_____
_____
_____

浴室

☐飾品　　　　　　☐淋浴
☐下水管　　　　　☐燈光
☐牆紙　　　　　　☐油漆
☐磁磚或玻璃　　　☐門
☐配件　　　　　　☐窗

備註：_____
_____
_____

資料來源：Hyatt Corporation, Chicago, Illinois.

第三節　顧客服務

　　作為客務部的中心，櫃檯負責協調各項顧客服務。典型的顧客服務包括資訊提供以及設備和用品的提供。顧客服務還包括按一定的程序來安排客人入住。顧客的滿意度取決於櫃檯對他們提出的要求的反應程度。如果某項要求超出了櫃檯的許可權，就應轉交有關部門或個人。

　　越來越多的飯店設立服務中心主管或其他專人來處理顧客的要求。在服務中心主管身上應展現飯店的熱情和好客。許多飯店由於其許多功能實現了自動化，大廳服務主管在加強飯店對顧客面對面服務方面更起著重要的作用。

　　有些飯店連鎖公司設立了顧客服務中心。顧客只需撥一通電話（或只需在客房電話機上按一個鍵）就可以得到任何或者說所有專案的服務。服務可以是代客停車、代訂房內用膳、洗衣熨燙或是回答會議時間，說明去當地某家公司的路線或其他方面的服務。服務中心的員工都是經過專門訓練的，能處理顧客的要求和根據需求分配落實相關服務。

一、設備和備品

　　顧客在預訂、入住登記或住店期間會提出需要某些用品和設備。預訂員應負責記錄這些要求以確保落實顧客的需求。入住登記以後，如顧客還需要一些專門的設備和用品，他們就會與櫃檯人員聯絡。櫃檯人員隨後就會與服務中心或飯店相應的職能部門聯繫。顧客通常需要的設備和用品包括：

- ‧加床或嬰兒床
- ‧增加布巾、枕頭
- ‧熨斗和燙衣板
- ‧增加衣架
- ‧視聽和辦公設備
- ‧為有視力、聽力障礙和有其他生理障礙的顧客提供專用設備

　　當顧客要求的設備或服務因相關部門下班而不能滿足時，櫃檯人員應設法予以解決。比如顧客的許多要求涉及房務部，但房務部可能不是24小時都配備人員。有些飯店允許客務員工在夜間進人棉織品倉庫。

另一種做法是客房部把備用的棉織品存放在一壁櫥裡，鑰匙交給客務員工。這樣一旦客房部員工下班，客務員工仍能滿足顧客提出的布品方面的要求。

二、其他服務內容

顧客在預訂客房、辦理入住、結帳退房的任何時間都有可能提出一些額外的要求。有時這些要求超出了客務的一般作業程序。訂房員應認真記錄這些要求並轉達給有關客務員工。櫃檯人員也應該記錄他們收到的或受理的這類要求。此外櫃檯人員還應評估顧客的要求是否得到了滿足。有些要求超出了一般作業的範圍，但又是客人需要的。那麼櫃檯人員應該獲得授權來處理這些要求，盡量設法使客人滿意。要滿足作業程式方面的附加要求，需要比滿足設備用品方面的要求花上更多的時間。這類要求包括：

- ·分立帳單
- ·建立總帳單
- ·喚醒電話
- ·交通工具安排
- ·預訂娛樂節目入場券
- ·遞送報紙
- ·秘書服務

一位熟練的櫃檯人員通常能夠完成上述客人要求包括住客在帳單方面的安排。分立帳單支付常由商務客人提出來。一般要求將帳單分為兩份或兩份以上。一份帳單專門記錄房費和稅金，這份帳單會轉到住客所屬的公司或進入團體的總帳單中去。另一份帳單記錄其他費用如電話費、餐飲費，這部分費用直接由客人自付。

一個在飯店內舉行會議的團體可能會要求建立一份總帳單（master folio）。只有經核准的團體發生的費用才能記入總帳單。會議結束後這份帳單將由會議發起人支付。每位與會者可能要負責支付個人帳單上的費用。建立總帳單的目的是用來匯總那些經事先認定不適合記入其他帳單的費用。

飯店服務中心主管可以負責處理各種其他服務方面的問題。如飯店不設這個職位，那麼可以由櫃檯人員來負責更新客務問訊資料手冊，並

利用這一資料來提供各項服務。

　　有些飯店設有服務中心。顧客可能會感到迷惑，當他們有疑問或要求時不知道誰可以來幫助解決。他們常常會致電櫃檯人員。櫃檯人員必須採取相應的行動或轉交給其他部門。其實服務中心能使問題解決得更快。比如在有些飯店住客只需撥一個分機號或在電話機上按一個專用鍵就可進入服務中心。服務中心員工接受過處理各種情況的專門訓練，從接受房內用膳的訂單到代客從停車處取回車子等等。服務中心員工掌握大量的知識和具有高度的責任心，使得顧客服務過程得以簡化。比如，顧客來電要求派去行李員幫助取下行李，服務中心的員工肯定「會」問有多少件行李，因為行李員推什麼樣的車取決於行李的多少。同樣接受客房餐飲服務也是件複雜的工作，服務中心員工必須「瞭解」廚房的生產能力，還應「懂得」如何應對較為特殊的要求。

第四節　顧客關係

　　不管客務員工的顧客服務如何高效、殷勤，顧客有時還會發現差錯或對飯店的某些事或某些人表示失望。客務部應傾聽顧客的投訴並制定出幫助員工處理這些狀況的有效策略。

　　客務部處在最易看到的位置，這就意味著櫃檯人員成為首先瞭解顧客投訴的人。處理投訴應十分小心，並尋求一個及時的、能使客人滿意的解決方法。沒有什麼事情比忽視、懷疑顧客的投訴更能激起他們的惱怒了。當然大多數客務部的員工都不喜歡聽到投訴，但是他們也應該明白大多數顧客也一樣不希望投訴。如果顧客沒有機會將投訴告訴客務員工，他們就會告訴親朋好友或同事。

　　顧客有表達自己意見的暢通渠道，這對飯店和顧客都是好事。飯店瞭解了潛在的或業已存在的問題，獲得了糾正的機會。對於客人他們對住店期間的滿意度也會增加。當問題獲得了快速解決，顧客會感到飯店對他們的需求十分關心。從這一角度出發，任何投訴都應受到歡迎，都應被視為增進對客關係的機會。一位不滿意的顧客離店後再也不會成為回頭客。飯店行業的一個普遍定律是吸引一位元新客人需要花 10 美元，但使住客變為常客只需花 1 美元。主動積極地增進對客關係將受惠無窮。

一、申訴/抱怨

顧客投訴可以分成四個類別的問題：設備、態度、服務以及意外事件。大多數顧客投訴與飯店設備故障有關。此類投訴包括溫度控制、燈光、電力、客房設備、冰機、自動販賣機、門鎖、水管、電視、電梯等等。即使飯店已制定了一個極其完善的預防性維修計畫也不能完全杜絕此類問題的發生。有效地使用客務日誌和報修單可以減少此類投訴的發生。有時投訴並不是針對設備問題，而是針對飯店處理問題的速度。所以很重要的一點是要盡快派遣有關人員帶著必需的設備去妥善解決問題。為了保證服務的時效性必須有相應的追蹤方法。

顧客有時因飯店服務人員的粗魯或不得體的接待而發怒，於是就發生了有關態度方面的投訴。顧客有時偶爾聽到員工間的對話或來自員工的抱怨也會對飯店提出態度這類的投訴。不應讓顧客聽到員工間的爭論或員工們對問題的議論。經理和主管們（不是顧客）應該聽取並關心來自員工的投訴和發生的問題。這對建立牢固的對客關係是十分重要的。

顧客發現飯店服務方面的問題，有時會投訴。這類投訴涉及面很廣，如等候服務時間過長，沒人幫助搬運行李，客房不整潔，通話過程遇到困難，沒接到喚醒電話，食物不熱或味道不對，增加客用品的要求未得到重視等等。客務部在飯店客滿或高出租率時期，此類投訴常常會增加。

顧客有時還會對沒有游泳池，缺少公共交通工具，天氣不好等提出投訴。此類投訴稱為異常事件投訴，飯店對所處的周遭環境幾乎沒有控制能力。但是顧客希望客務能解決或至少聽取這類意見。客務管理層提醒櫃檯人員，他們有時會受理自己根本無能為力的投訴。有了這樣的思想準備，員工們會使用相應的預先準備的顧客關係技巧來處理這類投訴，避免事態惡化。

二、識別投訴

所有的顧客投訴都應予關注。一位激動的顧客在櫃檯大聲地投訴需要立即予以關注。這並不是說對顧客謹慎的投訴可以不那麼關注，當然採取行動的速度可以不如前者那樣急迫。

客務部能系統地識別顧客最易發生投訴的區域，將有助改善飯店的

對客關係。透過查閱得到有效維護的客務工作日誌，管理層常常能識別並找出重複發生的投訴和問題。

另一個識別投訴的方法是評價顧客意見卡和顧客問卷。圖 6-3～圖 6-5 展示的就是用各種不同的詳細程度和不同方法對精心設計的顧客意見卡的分析統計。圖 6-3 的「顧客意見表」，逐一列出了飯店有關部門的一連串問題（表上所列的是行李／為客停車服務以及櫃檯兩個部門）。不同的部門，所涉及的問題也不相同，各個問題的調查結果用圖表表示出來。還列出了本月、上月和本年度至今的顧客好評率，這些統計數位都是用於對比的目的。圖 6-4 的「顧客滿意度示意圖」展示了全飯店各個部門的顧客滿意率，由高至低進行排列。飯店平均好評率（顧客綜合感受）也在圖表上顯示出來。位於平均線以下的部門就是需要改進的部門。圖 6-5「滿意度趨勢圖」展示了某一部門所有問卷的綜合百分比的發展趨勢圖。這張圖表不僅起到幫助識別投訴區域，便於改進的作用，而且還能衡量已做的努力對目前的和今後的表現會產生何種作用。

識別問題是採取改進措施的第一步。確定了收到投訴的數量和類型後，客務管理層就能區分哪些問題帶有普遍性，哪些僅僅是個別發生的問題。客務部員工也就有應對的準備，禮貌高效、胸有成竹地處理各類投訴，尤其是遇到那些立即可更正的問題，更不會措手不及。

三、處理投訴

忽視顧客的投訴通常是不可取的做法。許多飯店要求櫃檯人員接到投訴後交由主管或經理處理。但是，櫃檯人員有時無法這樣做，特別是遇到需立即回應的投訴更是如此。客務部應該有一個處理意外事故的計畫並給予相應的授權，以便應對類似情況。

客務部可能會收到有關店內餐飲的投訴，不管這些營業單位是否由飯店直接管理，客務部還是要和餐飲部的負責人員共同制定處理投訴的程式，否則顧客不可能滿意，客務部也還會不斷接到此類投訴。飯店與各營業部門應維持緊密的溝通，制定出處理顧客投訴使顧客滿意的工作程式。

客務部的管理層和員工在處理顧客投訴時應遵循下列原則：

．顧客在陳述投訴時可能十分惱怒。客務員工不要單獨隨同客人進房調查，以防可能發生的危險。

- 客務員工不能做出超越自己權力範圍的承諾。
- 如問題不可能得到解決，客務員工應及早通知客人。在處理顧客投訴時，誠實是最好的應對方法。
- 櫃檯人員應當瞭解有些顧客就是喜歡投訴。客務部應設法制定專門應對此類客人的方法。

圖 6-3　顧客意見表

量化的具體內容：	Sample Hotel

❶表格名稱和調查地點

❷被調查的具體部門和地點

❸所有問題按部門或類別排列

❹選擇答案－顧客通過選擇答案來表達自己的意見

❺被選答案百分率－這一數字表明被選擇的答案佔整個顧客回答人數的百分比

❻顧客回答數－顧客就同一問題做出回答的總人數

❼按問題對顧客滿意度排序並進行當月、與上月和當年至今日的比較

❽答案平均人數－選擇同一級答案的平均人數

❾總平均滿意度－對整個部門／類別的所有問題的平均滿意度，並與當月、上月和當年至今日作比較

Sample Hotel
Anywhere, USA

❶部門／顧客意見表

❷行李員／停車員	顧客回答						滿意度排序		
	%出色	%良好	%一般	%差	%不回答	顧客回答人數	本月	上月	今年至今
行李員／停車員是如何帶您指引您去櫃檯的？	42	13	0	0	45	❻53	92	92	89
行李員是如何幫你提行李的？	80	11	0	2	7	54	94	93	92
您對停車員／迎賓員的總體印象如何？❸	49	❺12	0	0	39	51	94	88	89
行李員用姓名稱呼您的頻率。	79	17	2	2	0	52	91	83	81
行李員介紹飯店設施的方式如何？	44	40	0	0	13	45	83	85	82
平均數 ❽	59	18	1	1	21	51	91	❾88	86

	顧客回答						滿意度排序		
	%出色	%良好	%一般	%差	%不回答	顧客回答人數	本月	上月	今年至今日
櫃檯在處理您的預訂時的效率如何？	70	23	0	0	8	53	92	93	91
在入住登記時評估您的預訂的準確性。	78	19	2	0	2	54	93	92	90
櫃檯人員用姓名稱呼您的頻率。	55	41	2	0	2	44	85	84	82
您對入住登記的處理速度的評價。	75	25	0	0	0	51	92	91	88
平均數	70	26	1	0	3	51	90	90	88

1993 Strategic Quantitative Solutions, LC.　　Data Obtained from Guest Comment Cards

資料來源 Strategic Quantitative Solutions, Dallas, Texas。

MANAGING FRONT
OFFICE OPERATIONS

圖 6-4　顧客滿意度示意圖

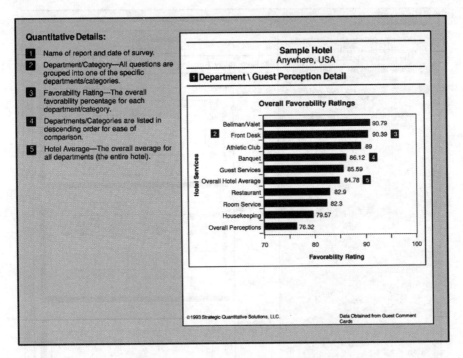

資料來源： Strategic Quantitative Solutions, Dallas, Texas。

圖 6-5 滿意度趨勢圖

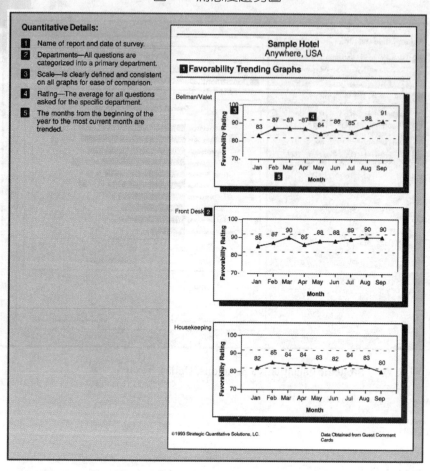

Quantitative Details:

1 Name of report and date of survey.

2 Departments—All questions are categorized into a primary department.

3 Scale—Is clearly defined and consistent on all graphs for ease of comparison.

4 Rating—The average for all questions asked for the specific department.

5 The months from the beginning of the year to the most current month are trended.

Sample Hotel
Anywhere, USA

1 Favorability Trending Graphs

Bellman/Valet — 83, 87, 87, 87, 84, 86, 85, 88, 91

Front Desk **2** — 85, 87, 90, 86, 88, 88, 89, 90, 90

Housekeeping — 82, 85, 84, 84, 83, 82, 84, 83, 80

©1993 Strategic Quantitative Solutions, LC.   Data Obtained from Guest Comment Cards

資料來源：Strategic Quantitative Solutions, Dallas, Texas。

　　圖6-6列出了處理顧客投訴的一些專業指南。掌握有效地受理顧客投訴需要經驗的累積。客務部員工應當參與如何處理飯店一些最常見的投訴的討論。角色扮演是掌握此類技巧的最好的方法。透過參與，可以瞭解計畫、實施和追蹤的方法，客務部的員工將能更好地在工作實踐中處理顧客投訴。

四、追蹤程序

　　客務部管理人員可以從工作日誌上瞭解到採取的補救措施是什麼，檢查顧客的投訴是否已經獲得解決，以及識別這類問題有無再次發生的可能。這本包羅萬象的記錄本還可以使管理層與那些對飯店某些方面不滿意的顧客聯繫。顧客離館後，一封由客務部經理擬給客人的致歉信，可以表達飯店對客人滿意度的關注。還有一個可取的做法是由客務經理給已經離店的顧客打電話，以求瞭解整個投訴更詳細的情況。連鎖的飯店也會從總部獲得顧客投訴的內容。總公司會將對各個飯店的投訴匯總，然後分發給每位經理。這一追蹤的方法使得連鎖飯店總部可以對

圖 6-6　處理投訴指南

1. 專心聆聽。
2. 盡可能在其他顧客聽不到的地方受理投訴。
3. 保持冷靜，避免消極態度，避免形成敵對狀態，不與顧客爭論。
4. 理解顧客有自尊的需要，表示對問題的關切。多次用姓名稱呼顧客，用嚴肅認真的態度受理投訴。
5. 在受理投訴過程中要全神貫注。關注問題本身，不推諉責任，不得侮辱客人。
6. 做筆記。記錄要點。這樣可使對方放慢語速，因為要記錄。更重要的是讓顧客放心，因為客務員工正在聚精會神地聽取他的投訴。
7. 可告訴客人您將採取的行動，可讓客人抉擇。不要承諾無法辦到的事，也不要承諾超越你權力範圍的事。
8. 留有充裕的時間以便完成補救工作。要有明確的時間承諾，但是不要低估解決問題所需要的時間。
9. 監控補救工作的過程。
10. 追蹤檢查，即使投訴已交他人處理。與顧客聯絡，確保顧客的滿意度。記錄整個事件，記錄所採用的行動和所獲得的結果。

各家飯店的對客關係狀況作比較和評估。飯店一本完整的顧客意見記錄也許在總部管理者來訪時，可以解決這些問題。

小結

有效的溝通對成功的客務管理是必不可少的。客務部員工必須能與本部門的員工、其他部門的人員以及顧客良好地溝通。與顧客在業務方面的溝通從預訂階段就已開始，並一直貫穿整個住店過程。無論是用電話還是面對面地溝通，所有與顧客接觸的員工都應該得到正確的訓練，都應該知道說什麼，如何說。

客務部溝通的複雜程度直接與飯店的客房數量、規模、公共區域範圍和配備的設備設施有關。飯店規模越大，溝通的頻率和複雜程度也就越高。櫃檯應該有一本客務工作日誌（一本記錄不尋常事件、顧客投訴和要求以及其他有關資訊的日記本），客務部員工可以從中獲知上一班次發生的重要事情和做出的重要決定。一本團體記錄本同樣可以在處理櫃檯團體安排事項中發揮作用。

此外，櫃檯人員還可能需要接觸到一些館外的資訊（比如地圖、銀行、劇院、教堂和商場位置以及各項活動日程安排），便於回答顧客的問訊。有些飯店的客務部把這些資訊匯總裝訂成冊，做成一本客務問訊資料手冊。告示牌擺放在顧客和訪客容易到達的地方，用來展示飯店每日的活動內容。飯店還備有一個飯店時鐘，作為協調各部門各項活動的標準時間的依據。

住店客人需要得到客務提供的快速郵件和留言遞送服務。客務部員工應該在所有到店的郵件上打上時間戳印。這樣做是為了證明郵件的抵達時間以及確保及時遞送。未被顧客取走的郵件應第二次打上時間戳印，然後退回給寄件人。

客務部管理層可能在回答顧客查詢方面設立一些限制性規定，這是為了保護隱私權和出自安全的需要。語言信箱使得來電者能給住客留下自己的語音留言。

飯店的許多服務需要客務和其他部門的共同協作來提供。客務部與房務部和工程維修部之間需要交換的信息量最大。比如，房務部和客務部必須互換房態資訊以確保排房效率和避免差錯。許多飯店要求工程維修部員工在每班工作開始前先閱讀客務工作日誌，看看有哪些需要維修

的專案。

　　櫃檯人員可以透過對于銷和公關技能的運用來影響飯店營業點的表現。他們必須熟悉各營業單位的設施和服務，以便回答顧客的詢問。飯店餐廳、禮品店和其他分散在飯店各處的營業場所，必須將客人的消費結果立即與客務溝通以保證最後的收款。

　　櫃檯作為客務部一切活動的中心，承擔著協調顧客服務的責任。櫃檯主要的顧客服務包括提供資訊和提供各種專項設備和服務。顧客服務也包括為顧客提供各項特別的作業項目。如果顧客的要求超出了櫃檯人員的職責範圍，那麼就應轉交專人或有關部門處理。

　　儘管員工提供高效的無微不至的服務，但有時顧客還可能會對某些事、某些人表示不滿。客務部應預見顧客的投訴並制定出幫助員工處理投訴的策略。顧客投訴的內容可以劃分為四大類問題：設備問題、態度問題、服務相關問題以及意外事件。

關 鍵 詞

團體記錄本（group resume）： 用於記錄每個團體所有的活動安排、結帳方法、主要成員情況、娛樂活動安排、抵離方式和其他各種重要資訊的本子，通常放在櫃檯。

飯店時鐘（hotel clock）： 飯店總機的時鐘用於校對飯店的辦公時間。

詢問手冊（information directory）： 一本匯總了各種資訊的冊子，放在櫃檯供櫃檯人員回答顧客詢問之用，內容有當地的簡明地圖、出租汽車公司和航空公司的電話號碼，銀行、劇院、教堂和商場的位置以及各項大型活動的日程安排等。

工作日誌（log book）： 一本記錄客務發生的重要事件和做出的重要決定的日記本，用於兩個班次的交接。

告示牌（reader board）： 告示飯店當日活動的牌子，也可透過客房閉路電視予以告示。

分帳單（split folio）： 把一位客人的帳單按要求分開成兩份或兩份以上的帳單。

語音留言（voice mail box）： 經過電話總機為顧客儲存、記錄和播放留言

的設備。

 網　址 ....

訪問下列網址，可以得到更多資訊。主要網址可能不經通知而更改。

一、住宿業出版物（包括線上和印製刊物）

Hospitality Net
http://www.hospitalitynet.org

Lodging Hospitality
http://www.lhonline.com

Hotel & Motel Management
http://innvest.com.tw

Lodging News
http://www.lodgingnews.com

二、技術網站

CSS Hotel Systems
http://www.csshotelsystems.com

Hospitality Industry Technology Integration Standards
http://www.hitis.org

Fidelio Products
http://www.micros.com

HOST Group International
http://www.hostgroup.com

First Resort Software

http://www.firstres.com

Hotellinx Systems, Ltd.
http://www.hotellinx..com

Hospitality Industry Exposition and Conference
http://www.hitecshow.org

Technology Newmarket International, Inc.
http://www.newsoft.com

 個案研讀

Simpson Hotel 的服務補救措施

「Carrie，你在做什麼？快到出發時間了。」

「我正在找一本新書。媽媽，你有沒有看見過？」

Abraham 的聲音迴旋在樓梯上空：「你們準備好了沒有？」

「我們還有幾分鐘時間，Abe」，他的妻子 Angela 回答道。

「好的，不過當心，我們已經比原定時間晚了，我先去車裡把小孩安置好。」

兩周前，Abe 被邀請出席一個為期兩天的會議，會議地點是在離他家 5 個小時車程的一個城市。他和 Angela 決定將出席會議和全家外出度周末兩者結合起來。在與 Simpson Hotel 作訂房時 Abe 告訴訂房員所有的要求：周四晚上 11 點抵達，需要一間乾淨的禁煙房，房內要有兩張雙人床，另加一張嬰兒床給才 6 個月的 Jason 用，還希望為他們 8 歲大的女兒提供膳食服務；希望飯店有游泳池和健身中心；週四和週五按團體價收費。

周四晚離家前，Nicholses 的晚餐吃得很快。Carrie 吃得不多，她的父母早料到她在度假前一定會很興奮。後來他們一家上路了。

Nicholses 一家抵店後，除了 Carrie，其他人都希望盡快進房就寢。Carrie 覺得父母為她準備的點心不夠吃，「我還餓，爸爸，飯店有自動販賣機嗎？」

「好吧，別擔心，我先前問過飯店的人，他們說即使夜裡也有送餐服務。你會喜歡這裡的。這裡有個大游泳池，你可以游泳。好了，我們到了。」Abe 推開了飯店大門。

Angela 把嬰兒從車上抱起來，Abe 費力地拖著兩個大箱子和小孩的行李。Carrie 也拿著自己的行李。「有個行李員幫忙就好了，」Abe 對 Angela 抱怨道。

「我知道，最好還有停車服務」，她回答說，「你去停車吧，我們把行李拿進去。」

Angela 拉一手抱著 Jason，另一手拖著一件行李，還用腳來移動另一件行李。

Carrie 在打哈欠。「你能幫我把其他箱子拿進來嗎？」她媽媽問道。

他們進門後，櫃檯人員抬起頭看見了這一切，說：「哦，對不起，讓我來幫助你們。平常有行李員值班，但是不巧他生病了，又沒有人代班。歡迎光臨 Simpson Hotel。等我把行李拿到櫃檯後，馬上為你們辦理入住手續。」

幾分鐘後 Abe 回來了，一家人辦好了入住手續。他們在樓上看到了自動販賣機，但 Carrie 不喜歡裡面的東西。當他們進入客房後，發覺房間乾淨，空氣清新。房內有兩張雙人床，但是沒有嬰兒床。Abe 馬上與櫃檯聯繫：「我訂房時在電話裡對那位訂房員說過要為我們準備好一張嬰兒床的。」他對櫃檯值班人員說。

「哦，非常對不起，先生，我馬上找人為您送來。」那位接待員說。

「你能不能給我們一份客房餐飲服務菜單？」Abe 問。

「先生您可以從房內的服務指南中找到這份菜單。在書桌的藍色本子內。」接待員回答說。

「好吧，謝謝你，」Abe 回答道。

卡里與母親一起看了菜單，未發覺喜歡的食品。「只有兩種沙拉和一些做好的冷三明治，」她對父母親說。Angela 設法安慰 Carrie。Carrie 現在是又興奮又餓，看來她是不想睡了。最後 Angela 為她點了一小袋脆片，接受客房餐飲服務的服務員說，這次是為他們破了例，平時脆片要與三明治一起點才行。

嬰兒床是由一位氣喘吁吁的先生送上來的，脆片幾乎同時送到。他用了 5 分鐘時間解釋為什麼才送來。Abe 很禮貌地向他致謝，然後安撫 Jason 入睡。

「會議要到明天上午 10 點才舉行，我們可以好好睡上一覺，」Abe 對 Angela 說。

「是呀，但要看 Jason 的表現，他不知道我們正在渡假。」她回答道。

第二天早上，全家在 8 點 30 分被一陣吵聲驚醒。這聲音並不是 Jason 的哭鬧聲，而是敲門聲。"Housekeeping" 聲音從門外傳進來。Abe 打開房門看到房務人員。這時 Jason 開始哭了。

「非常抱歉，先生，我並不是有意要吵醒您，」房務人員說。「您沒發現……沒關係，我過會兒再來。對不起。」房務人員想這並不是我的錯，他們根本沒有用請勿打擾的標誌。

全家吃了早飯，Abe 去開會了。Carrie 急著要去游泳池。但是首先，Angela 要問櫃檯游泳池在哪裡。「非常對不起，女士，」那位接待員說：「沒人告訴您嗎？游泳池正在維修之中。」Carrie 聽了很不高興。Angela 試想情況也許會變化，「是否很快會修好？星期天行嗎？」

「我想不能，夫人，」接待員回答說。

「好吧，我從雜誌上獲知附近有 Pinkerton Museum of Natural History？」

那位櫃檯人員知道那家博物館，但是沒有現成的介紹資料。她在一隻信封的背面畫了一張示意圖，告訴他們如何步行去那家博物館。那位接待員記不清每條街的街名，也不知道博物館的開放時間和門票價格。儘管這樣，Angela 和孩子們還是去了，並在博物館度過了快樂時光。回飯店後，Carrie 非常興奮地把她在那裡的所見所聞告訴櫃檯人員。Angela 對接待員表示了謝意。

周五下午，Abe 參加的會議結束了。他意識到他應該掛上「請勿打擾」的牌子，但他環視四周，找不到那張牌子。

Abe 剛剛有了空閒時間，Angela 把孩子託付給他看管，這樣她就可以去健身中心。她用了一下腳踏車後又去使用划船器，發覺其中一個把手已經鬆動。回房間時，她把發現的情況告訴了櫃檯人員。她還詢問了附近有沒有適合家庭用餐的餐廳。那位接待員拿出電話號碼本，翻開黃頁，說：「所有適合家庭用餐的餐廳都不在城裡，但是有一家高級餐廳就在附近……」Angela 對他表示感謝，結果那天全家的晚餐是吃外賣送來的比薩。

那天夜裡，他們全家感覺到他們的房間正好在交誼廳的上方。到了深夜 12 點都能聽到傳來的音樂聲，但還不算太糟，因為歌手唱的都是他們熟悉而喜歡的歌。週六夜裡的情況就不同了，強勁的聲音使房間顫

動起來。儘管有這樣的吵雜聲，孩子們還是入睡了；Abe和Angela無法入睡，直至凌晨2時才睡著。他們談起次日何時離開飯店，結果他們決定比原計劃出發時間提前退房。經過這一夜折騰，他們感到渡假的心情大大地打了折扣。Abe開始填寫顧客意見表。

次日，在辦理退房結帳手續時，飯店的記帳又出現了錯誤，把三天的房費都按定價計算了。「我們馬上為您重新製作一份帳單，Nichols先生」，櫃檯人員對他說。

Abe在等候期間把顧客意見表投入了專用箱內。這時飯店的總經理Tom Girard走來，他作了自我介紹。「我今天正在做非正式的顧客調查，您在這兒的住宿情況如何？」

Abe把整個情況告訴了他，包括好的和不好的方面。Tom聽得很仔細，並做了筆記。他對Abe表示了感謝，並對他一家所遇到的不便之處表示了歉意。然後他請他們全家在餐廳免費用了午餐，並告訴Abe如果他們全家下次再來這裡，請他們與他的辦公室聯繫，他會為他們免一天的房費。

三個星期後，Nichols收到了一封由Tom Girard寄來的有關投訴處理的後續信件。信中介紹他們全家退房後，他和飯店全體員工是如何針對發生的問題來研究糾正措施的。但是Abe告訴Angela，信用卡公司轉來的帳單比飯店結帳的帳單多出了14美元。打電話去Simpson Hotel查詢後才知道，飯店在他們退房後發現有小酒吧的消費，當時漏記了。

討論題

1. 回顧 Nichols 一家的住宿飯店經歷，飯店哪些方面做得不錯？哪些方面做得不好？Nichols全家對飯店的整體印象是好還是壞？
2. 總經理是如何回應 Nichols 先生的投訴的？
3. 對 Nichols 一家反映的住店情況，總經理應如何向部門經理和員工傳達？飯店能否承諾實現顧客百分之百的滿意率？如果能的話，那麼如何貫徹？
4. Simpson Hotel 的員工在改進溝通、品質控制以及最終在服務改進方面應做什麼樣的努力？

MANAGING FRONT
OFFICE OPERATIONS

案例編號：3326CA

下列行業專家幫助蒐集資訊，編寫了這一案例：Richard M. Brooks, CHA, Vice President of Service Delivery Systems, MeriStar Hotels and Resorts, Inc. and Kenneth Hiller, CHA, Vice President, Snavely Development, Inc. 。

本案例也收錄在 *Case Studies in Lodging Management* (Lansing, Mich: Educational Institute of the American Hotel & Lodging Association, 1998), ISBN 0-86612-184-6。

7

CHAPTER

安全與住宿業

學
習
目
標

1. 瞭解在安全方案的制定和管理方面有哪些主要問題。

2. 瞭解經理人員在旅館安全方案中的角色。

3. 瞭解制定安全方案的重要性，包括安全部人員的配備和與當地執法機構聯繫的重要性。

4. 確定安全訓練課程內應包含的哪些對有效的安全方案至關重要的內容。

5. 列出並掌握與安全有關的法律概念以及社會對安全問題的關注點。

　　這一章是根據《安全與預防損失管理（Security and Loss Prevention Management）》的第一章提供的資料改寫而成。該書的作者是 Raymond C. Ellis. Jr. 和 David M. Stipanuk。

　　從事住宿業的經理們肩負著許多責任，其中之一就是安全。行業最早期的住宿業，其店主的最重要的工作內容之一就是保護住客，不使他們在住店期間受到傷害。雖然對防護住客的解釋每個州都不一樣，但是每一州的法規都認定飯店負有安全的責任。這一安全的責任還規定飯店業主不僅對住店顧客的安全負有責任，對飯店員工和其他不是住店顧客的館內客人也負有安全責任。所以飯店的安全是一項保護人——住店顧客、員工和其他館內人士及其資產的任務。對於飯店而言，涉及因資產的盜竊造成的損失常常比涉及因對人的傷害造成的損失更大；但是對人的傷害會極大地影響公共關係（從而影響出租率），還可能使飯店支付更多的訴訟費用。

　　飯店在安全方面需關注的區域包括客房安全、鑰匙控制、門鎖、出入口控制、周邊控制、報警系統、通訊系統、燈光系統、閉路電視系統、貴重物品保險箱、存貨控制、信用和帳務程序、電腦安全、員工配置、員工聘用前的審查、員工訓練、提供含酒精飲料的責任、緊急應變程序、安全規章、資料保存等等。

　　這裡必須說明，飯店的情況各不相同，對安全方面的要求也不一樣，本章節的資料並不能成為向行業推薦的標準。

第一節　必須重視的問題

　　行業對安全的關注正在不斷增加之中，因為無論是對財產還是對人，犯罪的等級都在持續升高。此外，急速增加的對飯店業主甚至對員工的法律訴訟，都是因為未能提供足夠的安全措施而引發的，從而引起全行業對安全問題的關注。報紙和電視的報導也使許多案件廣為人知。

　　許多州規定，飯店業主對顧客及其訪客的安全提供「合理的關心」是義不容辭的法律義務。如果員工傷害了顧客，責任仍可能由飯店業主來承擔。飯店業主因未能向受傷害或受騙的人士提供合理的關心，而每年損失幾百萬美元用來支付法院的判決和庭外和解。

　　即使安全的重心僅是經濟方面的考量（當然不是），改進尚不完善的安全程序之緊迫性也是毋庸置疑的。

CS 9580 SMART
THE NEXT GENERATION LOCKING SYSTEM

Request Information

GREATER SECURITY
The information are really secured into the chip.

USER FRIENDLY
Eliminates Read/Write errors.

CREDIT AND PAYMENT
- Electronic purse,
- P.O.S. interface
- Vending machine interface.

INTERNET BOOKING
- Decreases reservation costs,
- Allows remoted check-in.

LOYALTY PROGRAMS
- Co-branding with bans, air-lines, car-rentals
- Guest preferences (PMS interface).

KIOSK CHECK-IN
- Hotel,
- Airport, train station...

GAMING
- Slot macine interface
- V.I.P. cards

TICKETS & VOUCHERS
- Promotions and coupons,
- Admission tickets.

PHONE CHARGES
- In house phone charge,
- Cellular phones for guests.

SAFE RENTAL

INDUSTRY STANDARD
- AMEX and EMV bank standards,
- Airlaines compatible (IATA),
- Meets ISO standards.

SMART ROOM INTERFACES
Energy saving system.

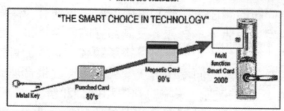

"THE SMART CHOICE IN TECHNOLOGY"

Metal Key — Punched Card 80's — Magnetic Card 90's — Multi function Smart Card 2000

資料來源：http://www.emgassoc.com。

第二節　制定安全方案

　　一個安全方案應該著重強調預防事故的發生。防止產生安全方面的事故，比一旦發生犯罪後設法抓住罪犯來說，對飯店更有利。一些做法和程序可能對預防和降低事故發生有幫助。儘管如此，我們必須承認並不是所有的罪行都是可以預防的。

　　一個關於設備方面的安全方案應該包含訓練員工預防可能發生的事故，還應幫助員工懂得當不可預防的安全事故發生時應採取的快速、適當和有效的方法。

　　凡飯店都還應該不斷檢討安全程序並不斷予以更新以應對不斷變化著的安全方面的需求。以下列出的是飯店安全方案中應包含的基本內容：

- ‧對門、鎖、鑰匙的控制和對出入口的控制
- ‧客房的安全
- ‧館內人群的控制
- ‧周邊與戶外的控制
- ‧對資產的保護（現金、顧客財產、設備、存貨）
- ‧緊急應變程序
- ‧通訊系統
- ‧保全記錄
- ‧員工安全程序

　　此外，飯店的設計和布局也會對安全方案產生極大影響。對仍處在方案討論階段的建設中飯店，應在建築設計階段就把安全的因素考慮進去。下面就飯店在設計階段如何考慮安全方面的需求作簡要介紹。

一、對門、鎖、鑰匙和出入口的控制

　　正式開業後，飯店通常就可以拋棄大門的鑰匙。這意味著飯店行業歡迎每一位來客，但這並不意味著就可以放棄對建築物各部分以及對整個地面的出入口控制。大多數人想到出入口控制，首先想到的就是對客房的控制，然而，還有許多地方需要安全控制，包括辦公區域、游泳池、健身房、會議、倉庫、更衣間和其他區域。例如，將食品倉庫或棉織品及其他物品倉庫上鎖，可防止飯店員工未經批准進入和偷盜飯店資產。對健身中心和游泳池上鎖，可防止在沒有適當的監控措施下，顧

客、訪客和員工去使用這些設施。

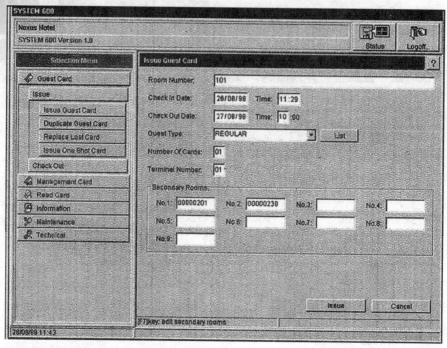

電腦螢幕顯示（http://www.nexuslock.com/large/46-2.jpg）的是電子鑰匙系統程
序的一個例子。

　　對出入客房的控制是安全最需要關注的問題。電子客房門鎖系統取
代了機械門鎖。電子門鎖系統有很大的靈活性，可以給顧客和飯店員工
分配不同類型的鑰匙。這個系統還能記錄每次授權進入和每次未授權的
進入。如果有住客報告失竊，飯店安全方面的人員可以查看 10 次、20
次或 50 次進入客房的記錄資料。對顧客而言，每次拿到的鑰匙都是不
同的，每位客人在辦理入住時拿到的鑰匙都有有關新的編號。鑰匙在辦
理入住時發給客人。這把鑰匙通常有一個有效期。比如這把鑰匙在客人
預期退房的那天中午以前是應該可以正常使用的，如果客人要延長住店
時間，那麼鑰匙必須重做。如果顧客提前一天退房了，那麼接著入住另
一位新客人，原來的鑰匙就會失效。對員工而言，拿到的客房鑰匙都做
了部門編號，而且還可能受時間的限制。例如，一位工程維修人員可能
會拿到一把臨時鑰匙去客房進行維修。這把鑰匙可能在一段時間有效，

MANAGING FRONT
OFFICE OPERATIONS

比如說在上午 10 時至 11 時之間，如需更長的時間，這把鑰匙必須重做。此外，客房門鎖朝客房裡的一面應有門鏈或其他保護裝置，這樣當顧客進入客房內部，就可以控制外人進入。

　　大多數客房門鎖有一個機械的雙鎖插梢。這使客人增加了安全感，只需扭轉插梢，一塊厚實的金屬就會插入門框內。客房門鎖還包括連通門的門鎖、陽臺或通往院子的門鎖。這些門鎖通常不用電子門鎖；所以必須格外小心，確保顧客的安全。陽臺或院子的門鎖不但包括門上的鎖，還包括從房內可以控制的鎖門裝置。連通房分開出租時，很重要的一點是將連通房關上並上鎖。只有飯店的員工才有可以開啟這些門的鑰匙。

　　許多飯店都將鑰匙分成不同的安全等級。最低一級是開啟單間客房、辦公室、倉庫或會議室的鑰匙。往上一級的稱為區域總鑰匙（section master）。區域總鑰匙一般在客房部使用，分配給某位房務服務員一組房間進行清掃或檢查。用區域總鑰匙來開啟這一組房間就代替了許多把鑰匙。樓層總鑰匙（floor master）又高了一個級別，這是用來開啟整個樓層的客房。樓層總鑰匙可能會有好幾把不同樣的。其中一把樓層總鑰匙可以開啟所有樓層的客房還包括其中的庫房。另一把樓層總鑰匙涵蓋了所有的公共區域，比如餐廳和會議室。一把全樓層總鑰匙可以開啟樓層內所有的門。緊急鑰匙（emergency）又稱為 E 鑰匙，可以開啟所有的門，包括從裡面上鎖的門。

Engineered for security and reliability

A parts of the Nexus System are manufactured by Omron and MIWA to exceed international standards.

- ANSI Grade 1 mortice lock to European and US profiles
- Comprehensive three year warranty
- Tested and certified for BS476 and UL 10B three-hour fire ratings plus international equivalents.
- Three piece anti-friction latch plus two piece hardened steel 25mm (1") deadbolt
- Teflon coated hubs for minimal wear.
- Access to electronics, batteries and lock body from room side only, by security screws.
- Maintenance free motor encased in lock body.
- Suitable for use in marine applications and other harsh environment
- Door controller electronics encased in ABS to resist water penetration

WHAT'S NEW
ABOUT NEXUS
THE LOCK
SYSTEM 100/500
SYSTEM 200
SYSTEM 400/600
SYSTEM SUPPORT
LINKS
CONTACT US

NEXUS

資料來源：http//:www.nexuslocks.com/lock.html。

　　所有鑰匙不管屬於哪一等級都應得到控制。對每一位新入住的顧客，或對他們退房日期的變動，客房電子鑰匙都會存有記錄。其他種類的鑰匙不需要經常重做，但仍需得到控制。例如，緊急鑰匙只有得到飯店總經理或安全部經理的許可才能領取。領取E鑰匙時應在安全日誌上記錄領取人的姓名、日期、時間、批准人、用途、領取鑰匙的原因。使用E鑰匙必須有一個限定的時間段。區域總鑰匙和樓層總鑰匙應在每天規定的時間發放；每個班次結束工作時應把原鑰匙歸還給安全檢查點。如發現鑰匙遺失或被偷，必須立即報告，以便採取相應措施使鑰匙失效。

二、客房的安全

　　客房安全延伸至客房的門外。或許最要關注的是客房門上的窺視孔，這是一個透鏡，可以使客人從裡面看到外面的兩側。窺視孔的高度一般應適合顧客的平均身高，以方便察看。為了符合美國殘障人士條例的要求，有些客房還設有第二個窺視孔，方便坐輪椅的顧客使用。走廊的光線必須足夠明亮，這樣客人才能看到走廊的整個區域。電話機也是

客房安全的重要組成部分，因為是客人用來求助的主要工具。電話機上
或電話機邊應設有明顯的標記，如「遇緊急情況請撥打0」。

三、館內人群的控制

這是安全保衛中最困難的問題。飯店的特性以及傳統一貫的做法就
是對大眾的開放。然而事實上並不是每位來店者都是真正受歡迎的。飯
店是私有企業，所以可以拒絕有某種特定目的的人進店。對員工進行此
類觀點的訓練是很重要的。訓練的內容應該包括如何來識別可疑的人
物，以及如何處置這些人物。在許多飯店，監視系統就起到了這方面的
作用，因為員工不可能隨時看到飯店的每個角落。監視系統通過攝影
機、行動探測器和其他方法來識別館內人群。攝影機通常都與安全部辦
公室、櫃檯、總機等地方的顯示器連接，都有專人監視。移動探測器和
其他一些觸發式安全裝置能發出警報。有些飯店張貼布告聲明飯店是私
人企業。這一公開的聲明可以使飯店從地方法律關於未經許可不得進入
私人產業的條款中受益。

四、周邊與戶外的控制

可以有許多方法對周邊和戶外進行控制。監視系統對掌控停車場、
游泳池、網球場等周邊和戶外安全非常有用。同時，明亮的燈光、門、
柵欄和其他設施也是保障安全所必需的。停車場必須有充足的照明，停
車場或建築物內的明亮光線會使顧客和員工感到更加安全。停車場應設
有門欄以便控制出入，這些門欄也會增加保護的作用。柵欄也很重要，
尤其在危險區域。比如，大部分州要求室外游泳池四周必須有建築物包
圍，否則就要建圍欄和門。飯店和相鄰的建築物也應建圍欄。飯店管理
層必須訓練代客停車員、園丁、維修員和其他員工警惕飯店範圍內出現
的可疑人物。

五、對資產的保護

飯店的有形資產和無形資產必須受到保護。這種保護措施包括安置
保險箱這樣的設備設施，例如安全，如同程序一般。對顧客而言兩個最
重要的安全性設施是飯店的貴重物品保險箱和客房內的保險箱。各州都

要求飯店免費向顧客提供貴重物品的存放設施。顧客必須知道飯店有這方面的設施。通常飯店是通過客房內的告示來讓客人瞭解的。有些州還要求飯店在櫃檯這樣的公共區域張貼類似的告示。貴重物品保險箱通常設在櫃檯或櫃檯附近。高等級的以及國際性飯店通常有一間獨立的房間作爲貴重物品的存放之用，這樣客人寄存物品時可以避開他人視線。貴重物品存放間的門，若沒有飯店工作人員的協助，外人是無法從大廳進入。有些飯店，貴重物品保險箱就放在櫃檯，顧客在大廳開啓或關閉保險箱。客人使用貴重物品保險箱必須簽字，員工核對簽字後才允許客人使用。此外貴重物品保險箱的鑰匙必須得到妥善保管以免遭到偷竊或遺失。對每項貴重物品保險箱飯店只有一把鑰匙。如果顧客遺失了鑰匙或者鑰匙被盜，保險箱的鎖芯必須更換，重新安裝。如果飯店有不止一把鑰匙，客人發現保險箱內東西缺少，就可以聲稱是飯店員工用其他鑰匙打開保險箱的。

在客房內安置保險箱已變得越來越普遍了，這樣做方便了旅客。但是一些州現在還沒有明確的法律規定房內保險箱可以取代飯店的貴重物品寄存服務。有些房內保險箱使用專用的鑰匙，有些是數碼鎖，客人要輸入密碼，還有的是客人使用信用卡來開啓保險箱。

另一個在櫃檯的重要裝置是防盜報警器。這一類報警器一般不發聲，只是把資訊傳輸到當地的員警部門。這類裝置常常安裝在隱蔽處，比如員工的腳邊，從櫃檯外是看不到的。防盜報警器也可與飯店的監視系統聯動，因此當防盜報警器啓動時，攝影機就會自動記錄報警區域的情況。

飯店使用的保險箱不止一個。飯店會有一個主要的保險箱用來保護現金和重要的資料。此外，由於電腦軟體變得越來越重要，也需要存放在保險箱內，但通常不放在存放現金的保險箱內，而是存放在另一個如電腦房這樣的安全地方。飯店可能還會有一個投入式保險箱。需要保管的物品可以投入到這種保險箱內，但要想取出來則必須開啓保險箱。投入式保險箱是專門用來暫時寄存櫃檯和飯店各個營業點收到的帳款。當投入需要保管的帳款時，經辦人應在日誌上填寫金額、日期、時間、營業單位名稱以及經辦人姓名。許多飯店還要求有人在旁見證，並在日誌上聯合簽名。開箱後的第一個工作步驟是把箱內實際的帳款封套數與日誌上的記錄進行核對，以查證與記錄的一致性。飯店的總保險箱和投入

式保險箱都是按防火標準來設計製造的。

一個保護出納備用金的重要程序是查帳。查帳可以是按計劃進行，也可以事先不通知的突擊抽查。大多數飯店採用事先不通知的突擊抽查，這樣的話，員工就不會有時間來改變備用金數額。其目的是為了確保備用金的安全，防止現金遺失，防止員工「挪用」現金。

飯店也必須保護員工的財產。員工更衣室必須是安全的。許多飯店為員工配備了更衣櫃。需要穿工作服上班的員工，上班前換上工作服，把自己的物品鎖進更衣櫃。當他們下班退房時工作服就存放在更衣櫃內。有些飯店採用更靈活的系統，用一個可以上鎖的包來存放員工的衣物。然後將存放了衣物的包交給一個安全的庫房寄存。員工下班時可以去領取這個包。大多數部門都有安全的地方供女性員工存放拎包和其他必需品。好的設計會考慮在櫃檯或附近安置帶鎖的抽屜，每位員工在上班時都有一個抽屜可以使用，抽屜不上鎖時，鑰匙是不能拿走的，很像客房內的保險箱，這是為了防止員工把抽屜鑰匙帶出店外。

CISA
Security by Design

CISA - Guest Room Safes
THE NEXT GENERATION GENERATION GUEST ROOM SAFES.
HOW TO CHOOSE THE BEST GUEST ROOM SAFE ?

Product Features
Request Information

LAP TOP CAPACITY
The business travellers will be able to secure their notebook computer still allowing extra space for other belongings.

MOTORIZED LOCK
Long life, high security and low power consumption.

DIGIT
4 or 6 digit (up to 1 000 000 combinations).

PLASTIC FREE MECHANISM
Long life plastic free components.

BRAILLE
Braille references on the keypad.

USER FRIENDLY

Request Information

STAFF TIME SAVER
"Digit to close, digit to open" : to avoid the time wasted by the staff members when a guest has left the safe locked after his check-out.

MASTER CODE
To open the safe if the guest has forgotten his code (up to 1 million combinations).

SUPER MASTER CODE
Exclusive super security feature by CISA! To open the safe if the guest has forgotten his code. Eliminates master code change operations on each safe required when staff turnover occurs. Electronic key plus code allows high security control (2 operators required to open). up to 1000 billion combinations.

資料來源：http://www.engassoc.com/cisafl.html。

六、緊急應變程序

　　凡是飯店都會發生緊急情況。這些可能是被傷害、被搶劫、財產受損、火災或其他需要飯店的部分員工採取額外行動的情況。飯店對估計到的各種緊急情況都應制定完備的應對程序。這些程序必須包含在員工的人職訓練和以後的強化訓練課程中。像有些飯店邀請當地消防部門來飯店訓練員工掌握正確使用滅火器材。救生員必須經過正規的救護溺水者和心肺復甦等技能訓練；櫃檯員工必須懂得在遭到搶劫或顧客要求醫療救助時應該採取的行動；飯店也要懂得遇到颱風或水災時的應對程序。

　　一旦接到發生火災的報告，所有員工都應知道如何反應。有些員工可能被指派負責將顧客疏散到戶外，而另一些員工可能被指派去帶領消防隊去火災現場。

　　應急程序中最重要的內容之一是如何幫助殘障客人。許多飯店的電腦系統為每位殘障顧客作了特別標誌。如飯店需要疏散顧客時，必須有員工前去殘障客人住房幫助實施疏散。又如，飯店遇到火災，不能使用電梯。坐輪椅或行動不便的顧客就需要得到特別幫助才能撤離火災現場。

　　所有的州都要求飯店必須把緊急出口和應急程序告訴顧客。大多數提供全方位服務的飯店的行李員，在引領顧客去客房的同時會簡單介紹緊急應變程序。在客房主要的房門背後會張貼緊急撤離路線圖。

七、通訊系統

　　通訊工具是任何成功計畫的支柱，安全也不例外。通訊的方式可以採用移動裝置，如給主要員工配備無線對講機和傳呼機。另一種溝通方式是張貼安全資訊以提高大家對安全的警惕性。安全應該是部門會議和員工會議上一個經常提及的話題。此外，飯店應定期公布安全資訊，如飯店最近出現一次虛假報警。員工還應掌握識別偽鈔的方法，以及識別可疑人物的特徵。這些能力在對付販毒或盜竊集團時也同樣有用。員工還必須得到非常明確的指示，知道在遇見可疑情況時應該採取的行動。

　　當顧客需要醫療救護時，員工應通知櫃檯和安全部。飯店必須有一份醫療救護處置程序放在適當的地方。應將顧客轉交醫生或醫院。當病情真正危急時，應與當地救護中心聯繫。但是對於什麼時候打電話去救護中心，員工應該事先得到明確的指示。另一點同樣重要的是，訓練員

工學會在緊急情況下與顧客和其他人群的交流。比如遇到撤離大樓的通知時，員工必須表現得冷靜和自信，同時舉止也要鎮定自若。如果員工顯得驚慌失措，就會波及到顧客身上。如何與大眾打交道也是十分重要的。當媒體得知緊急情況後，他們會設法與飯店聯繫，瞭解飯店方面的反應。員工應知道飯店制定的有關如何與媒體打交道的規定，並知道遵守規定的重要性。

六、保全記錄

任何與安全有關的事項都應記錄備查。例如，每次發放緊急鑰匙都要在安全記錄中登記。清點收款員的備用金箱不能只安排一個人，所有涉及的員工在清點後都應在安全記錄上簽名。顧客或員工遭到搶劫、攻擊或傷害，單位遭受破壞或盜竊，車輛維修保養記錄，所有這一切都必須登入在安全記錄本上。

重視安全記錄的原因有這樣幾個：首先飯店管理層可以對記錄的問題進行追蹤。比如飯店可以認定某間客房的門鎖存在問題，因為根據記錄做好的鑰匙卡不能正常開啟，經常需要安全部派人查看。車輛的維修記錄可以使飯店跟蹤保養檢查的結果，如輪胎的磨損情況。大多數地方當局都要求飯店定期對消防報警系統作測試，並將結果記錄在案。

另一個重要原因是安全記錄可以保護飯店免受法律糾紛。飯店應把所有有關安全方面問題的報告填寫在一張標準格式的記錄單上，詳細記錄案發時的情況和飯店獲知後所採取的行動。這些記錄屬於保密資料，必須嚴加保管，除非總經理批准，不得外傳。圖7-1展示的是一張樣表。

最後安全記錄還會幫助飯店獲得保險賠償。無論是針對飯店的賠償還是針對顧客的賠償，安全記錄都可以提供飯店方面對所發事件的觀點。事發數月後如需飯店員工陳述事發經過和飯店曾採取的行動，安全記錄就尤其有用。

圖 7-1　事故／遺失報告

事故／遺失報告	時間＿＿＿＿＿＿＿＿＿＿＿＿＿＿
	顧客＿＿＿＿＿＿＿　房號＿＿＿＿＿
	員工＿＿＿＿＿＿＿　部門＿＿＿＿＿
	其他＿＿＿＿＿＿＿＿＿＿＿＿＿＿＿

（請用正楷填寫）

事故／遺失的種類（火災、盜竊、騷擾等）

＿＿＿＿＿＿＿＿＿＿＿＿＿＿＿＿＿＿＿＿＿＿＿＿＿＿＿＿＿＿＿＿

事故／遺失報告人（受害方）

姓名＿＿＿＿＿＿＿＿＿　電話＿＿＿＿＿＿＿＿＿＿＿＿＿＿＿＿

城市／州／郵遞區號＿＿＿＿＿＿＿＿＿＿＿＿＿＿＿＿＿＿＿＿＿

工作單位＿＿＿＿＿＿＿＿　電話＿＿＿＿＿＿＿＿＿＿＿＿＿＿＿

事發日期和時間　　　　日期＿＿＿＿＿＿＿　時間＿＿＿＿＿

通知飯店的日期和時間　日期＿＿＿＿＿＿＿　時間＿＿＿＿＿

事故概述（誰，什麼，何處，為什麼）＿＿＿＿＿＿＿＿＿＿＿

＿＿＿＿＿＿＿＿＿＿＿＿＿＿＿＿＿＿＿＿＿＿＿＿＿＿＿＿＿＿＿＿

＿＿＿＿＿＿＿＿＿＿＿＿＿＿＿＿＿＿＿＿＿＿＿＿＿＿＿＿＿＿＿＿

＿＿＿＿＿＿＿＿＿＿＿＿＿＿＿＿＿＿＿＿＿＿＿＿＿＿＿＿＿＿＿＿

＿＿＿＿＿＿＿＿＿＿＿＿＿＿＿＿＿＿＿＿＿＿＿＿＿＿＿＿＿＿＿＿

被盜車輛

年份	製造商	型號	顏色	編號	證件號

見證人＿＿＿＿＿＿＿＿＿＿　電話＿＿＿＿＿＿＿＿＿＿＿＿＿

價值＿＿＿＿＿＿＿＿＿＿＿＿＿＿＿＿＿＿＿＿＿＿＿＿＿＿＿＿

是否通知了警方＿＿＿＿＿＿　由誰＿＿＿＿＿＿＿＿＿＿＿＿＿

警員姓名和警號＿＿＿＿＿＿＿＿＿＿　報告序號＿＿＿＿＿＿＿

採取的措施

已通知總經理　　　　　　□是　　　　　□否

已通知安全部　　　　　　□是　　　　　□否

＿＿＿＿＿＿＿＿已通知　□是　　　　　□否

報告人＿＿＿＿＿＿＿＿＿＿＿＿＿＿＿＿＿＿＿＿＿＿＿＿＿＿

職位／部門＿＿＿＿＿＿＿＿＿＿＿＿＿＿＿＿＿＿＿＿＿＿＿＿＿

家庭電話＿＿＿＿＿＿＿＿＿＿＿＿＿＿＿＿＿＿＿＿＿＿＿＿＿＿

八、員工安全程序

不管飯店在技術和設備方面做出了多大的投資，訓練有素的員工仍是保障飯店安全的重要因素。雖然每家飯店情況各有不同，一些常見的安全措施還是共同的。其中的內容有：

- 不在櫃檯大聲說出顧客房號。如果有人要問顧客住在哪間房，應帶領他到飯店的內線電話處。
- 總機接通該顧客的客房電話，但不會說出客房房號。同樣，在給一位新抵店的顧客發放鑰匙時不要在櫃檯說出房號。房間號碼應當手寫或事先列印，書面告知顧客。
- 櫃檯人員對任何來領取鑰匙的人都要求其出示證件。如果證件上沒有照片，那麼領取鑰匙的人還需提供一些飯店電腦系統中已存儲的資料，如住家地址、電話號碼、公司名稱等。
- 房務人員不應讓無鑰匙的人員進入客房。有人要求打開客房門時應帶領此人去櫃檯或打電話給飯店安全部。
- 代客停車時應用三聯單來控制車輛。第一聯交顧客作為收據，第二聯和第三聯與車鑰匙放在一起。當客人要取車時，第二聯作為部門留存，第三聯放在車上，在將車歸還客人時，必須將客人手裡的第一聯和車上的第三聯進行核對。有些飯店使用的是四聯單。
- 飯店應在客房內擺放「顧客安全須知」。美國飯店與住宿業協會（AH & LA）出版了「旅行者安全提示卡」，闡述了顧客應注意的安全事項（見圖7-2）。
- 當顧客要求將消費付款轉到客房帳單時，應要求他們出示客房鑰匙或其他住店證明。
- 對於可能涉及安全的問題，員工應立即報告。比如，客房走廊上的燈泡壞了應立即更換。緊急通道的門應保持開啟狀態，任何時候都不應上鎖。任何安全問題都應作為最先考慮解決的問題來處理。

圖 7-2　旅行者安全提示卡

1. 在飯店或汽車旅飯居住時，在未證實外人身分前，不要開門。如來者聲稱自己為員工，請與櫃檯聯繫以證實來者身分與進房目的。
2. 在深夜返回飯店或汽車旅飯時，請走正門。在進入停車庫前要先注意觀察四周。
3. 進入客房要仔細地關門，充分使用所有的門鎖安全設施。
4. 不要無意中把客房鑰匙暴露在大眾視線下，或者放在餐桌上、游泳池邊和其他容易遭到盜竊的地方。
5. 攜帶的大額現金或貴重首飾要避開眾人視線。
6. 不要邀請陌生人進入房間。
7. 把所有的貴重物品放入飯店或汽車旅飯的保險箱內。
8. 不要把貴重物品放在汽車內。
9. 檢查所有的玻璃拉門、窗戶以及連通房門是否都已關好。
10. 如發現可疑情況，請向管理層報告。

資料來源：美國飯店與住宿業協會（America Hotel & Lodging Association），華盛頓 D.C.。

第三節　管理者在安全方面的角色

一、管理效能的需求

　　飯店所有的經理和主管都應當參與制定安全守則的工作。在編寫守則過程中要注意結合飯店自身的特點。法律機構也會審查這方面的內容。安全守則獲得批准後，管理團隊應把守則內容完整地傳達給所有員

工。如果守則是按不同部門的情況來編制的，那麼就應根據工作職位作分別傳達。如果守則的內容是規定各崗位應做的工作而不是涉及處理整個飯店的安全，那麼在這裏一定要強調崗位責任的相互影響和作用。員工在工作調換和交接時必須進行例行的安全守則學習，以便使所有員工都明白自己的安全責任。

顧客和員工也可能由於偷盜飯店的財產和服務設施而由此引發安全問題。安全應得到重視並作爲管理的工具。無論是擁有一個龐大安全部的大型飯店還是只有一兩名安全人員的小型飯店，都應該明確安全部的責任並認真履行其職責。爲了確保顧客、員工和財產的安全，經理人員（實際上是所有員工）都應堅持不懈地對可能出現的安全問題保持警惕。

二、容易受到攻擊的區域

在一個世界範圍內流動加快的社會，因毒品而引發的犯罪以及不斷上升的犯罪率所產生的安全威脅，是飯店要正視的事實。在以前，安全問題主要集中在客房偷竊，而襲擊或搶奪幾乎聞所未聞。不久前有一個新的訴訟案例，陪審團裁定 1960 年度藝人 Connie Francis 因在住飯店期間遭受襲擊而獲賠 250 萬美元。這一結果不僅對飯店本身產生影響，並且在相當程度上也提出了公眾對飯店安全問題的關注。飯店也會因遭遇襲擊、縱火、武裝搶劫等犯罪事件而遭到曝光。傷害顧客的犯罪活動雖然在數量上很少，但產生的社會影響則很大，會嚴重地損害飯店的聲譽，飯店還會在由此引起的訴訟中支付高昂的費用。

在考慮飯店的安全方案時，就有一個如何在對付犯罪活動的同時採取措施來維護飯店形象的問題。住宿業說到底是個服務行業，殷勤好客的形象是飯店的主要產品。安全措施如果給人以戒備森嚴的感覺，雖然對安全會有好處但對殷勤好客的形象會有損害。考慮不周的安全措施可能會冒犯顧客或使他們感到不便，從而會迫使客人離開。

另一個容易遭受損失的地方是由於對顧客信用授權檢查不夠而引起的財產損失。由於疏漏而接受未經認可的或偽造的信用卡、個人支票以及旅行支票，從而造成損失。這類事故比起人爲的犯罪事件來說，不會引起很多人的關注，因此也不會對公共關係形成壓力。不過爲了防止飯店出現壞帳而受到財產損失仍需制定信用政策，只是必須注意實施時應避免冒犯顧客。

飯店的物資是一個面廣量大、易受損失的地方。飯店常常忽略這方面的開支，以為是經營成本。在如何控制餐具、煙缸、布巾、毛巾等的損耗方面飯店做出的努力不夠。這些用品遭受盜竊也會造成飯店財產的損失。從物品單件價格來看，成本不高，但是如果飯店遭到一個有組織的犯罪團夥的盜竊，甚至盜竊了電視機，那麼損失的資金就很可觀。不管是防止有組織的犯罪集團，還是防止顧客或員工對飯店財產的盜竊，管理層都有責任採取保護行動。

美國小型企業協會的調查報告指出，企業經營的失敗，常常與員工偷竊直接有關。這類現象也可能在飯店內以多種方式出現，應當引起高度關注。

三、安全的要求

由於全美住宿行業各類企業數目不斷增加，要提供足夠的安全防範措施已經變得越來越困難。各種渡假飯店、渡假共管公寓、會議中心、全套間飯店和機場飯店都在不斷湧現。每一種新概念或者說是新的成功方式為旅行者提供的服務，既增加了住宿業的多樣性，也增加了企業所在社區的多樣性。這種變化是住宿業的優勢所在，也是使飯店面臨巨大挑戰的一面。這在安全方面也許尤為現實和明顯。比如在有些長住飯店，夜間只有少數員工或根本無人值班。飯店只提供少數員工駐店執行安全保衛任務，這種做法可能會引起極大的安全問題。

飯店對安全的需求每家都不相同。對這樣一個包羅萬象的行業運用國家統一標準是不可能的。而且一個不斷增長的形形色色的住宿企業，其布置、布局、用工、功能以及面對的顧客群都不同，所以很難制定出一個合理的行業共同遵守的標準。由於企業之間存在差別，對一家飯店有用的安全方案對另一家飯店就沒有使用價值。

本章列出的安全方面的條件，為各飯店提供了在制定自己的安全方案時需要考慮的領域，並非作為行業的推薦標準。

第四節 實施安全方案的準備

住宿業的管理層必須評估企業特殊的安全要求是否得到了重視。如果回答是肯定的，那麼管理層必須決策如何使這種要求與日常經營很好

地結合起來。一個管理班子對安全的責任承諾，最終體現在將安全工作與日常的經營和管理工作結合在一起。

實施這樣一個相互融入的安全體系包含了許多因素。其中可能包括了與當地執法部門的工作聯繫，包括選擇哪一種方法來負責企業的安全，是設立自己的安全部還是與專業保安公司簽約，包括為全體員工制定一個切合實際、行之有效的安全訓練課程。

一、與執法機構聯繫的重要性

由於飯店受到所在社區的影響，管理團隊在研究潛在安全問題時會查看當地社區的犯罪率和飯店以往的記錄。加強與飯店相鄰的員警部門的聯繫能夠幫助飯店管理層瞭解當地犯罪情況的性質和程度。應和當地執法部門一起回顧飯店所在地以往的案件記錄，目前的作案發展趨勢和面臨的問題。

發展這種聯繫的作用很明顯。在一些社區，當地社區組織制定了社區犯罪活動監視計畫，類似的活動是發動居民和組織街區活動來警惕可疑的人和事。一些飯店也採納了類似的概念，建立起一個電話聯繫網。當發生了一起犯罪活動時，在通知員警署的同時也通知聯繫網的其他飯店。這樣網內的每家飯店都得到了警示。一些飯店感到參與這樣的計畫對飯店的安全很有幫助。但是，參與這種計畫前一定要聽取當地律師的意見，以確保這種消息的傳遞不會違反聯邦貿易委員會的規定，也不會與其他聯邦或當地的法規有抵觸，否則會遭到誹謗罪或損害名譽罪的起訴。

公眾安全毋庸置疑是執法機構的首要責任。為了共同做好飯店的安全工作，管理層應當加強與當地執法機構的聯繫，把有關飯店、顧客和員工安全方面需要關注、令人擔心的問題告訴他們，邀請他們來飯店訪問，使他們熟悉環境。有些飯店還邀請不在班的警員來擔任一些特別職位的保衛工作。如有可能，把飯店的安全方案交當地執法機構審閱，確保在預防犯罪的過程中能得到警方的指導，並經常以書面檔形式向他們通報這方面的情況。

與當地執法機構建立起來的良好關係，常常使飯店在遇到安全方面的事件時獲得及時的幫助，並且也能得到更多的警力巡視。員警的出現會對某些犯罪活動起到威懾的作用：根據記載的統計資料，加強了這種

聯繫之後，犯罪活動總體都呈下降趨勢。良好的工作關係對處理一件安全事故或一件緊急事件都是非常有幫助的。

通常由於受預算的限制，社區警力不可能專門對某家飯店出現的犯罪活動進行單獨的評估。但是所在地區的警力會全面考慮整個社區包括社區中的飯店的安全情況，這是完全可能的。

一個潛在的問題

執法機構和飯店安全人員並不總是能默契地配合工作。警方覺得飯店聘用的都是沒受過良好訓練的老年（或退休）人員，大都效率低下，甚至感覺遲鈍。時過境遷，這種觀點已變得陳舊，也對飯店的安全部門不公平。現在，地方上的安全機構也變得更加規範、更加有經驗。良好的溝通能使當地執法部門改變對飯店所制定的大範圍安全計畫以及對不斷提高專業化水平的人員素質的原有的觀念。

只有警方和飯店安全部門相互瞭解對方的需求後才能產生最好的合作局面。警方應充分瞭解飯店以及它既有的安全方案的作用。飯店應預先告知警方它所要舉行的重要活動和有重要顧客（例如政要或明星）會抵店。因為屆時飯店可能會有安全方面的風險存在。另一方面，飯店員工應對警方的工作程序有一個基本的瞭解，這樣就能在警方到達後給予最大的幫助。當地執法機構會向飯店介紹他們最希望得到什麼樣的幫助。這方面的資訊應作為飯店今後安全訓練的內容之一。

一些採取主動工作方式的警方，已經派遣警員直接與飯店的安全部門負責人聯繫。這些警員能向飯店安全部門員工直接傳授警方的工作步驟和需求，告訴他們需要觀察的要點是什麼，並傳遞可能對飯店構成威脅的當地犯罪活動資訊。在此同時，他們也瞭解飯店及其安全體系，改善了雙方的工作聯繫狀態。這樣飯店一旦有需要時能及時得到警方的幫助。

HOTEL SECURITY

SOLUTIONS

McKenzie Security Consultancy

Securing Your People
Securing Your Property
Securing Your Profitability

Hotel Security
Solutions Home

Security Training

Fire Training

Investigations

Security Surveys

Contact Us

The McKenzie Security Consultancy specialises in providing security solutions for the hotel and leisure industries.

With a wealth of experience, gained in prestigious establishments, we are able to offer professional, discreet and confidential advice on all aspects of security.

We hope that you find our site of interest and that you take time to review the services detailed on the following pages.

資料來源：許多公司提供專業安全服務，都有網站介紹他們的服務內容，以下展示的只是是其中之一：http://website.lineone.net/-rod.mckenize/hotelsecurity。

二、安全部的員工配置

　　飯店在安全部員工配置方面必須做出如下的選擇，是聘用全職員工，還是與一家當地的保安公司簽約，或者聘請不在班的警員作兼職保衛人員，或者是一個綜合以上這些方法的方案。

　　根據飯店的規模和組織機構，會把安全的責任指定給某位管理人

員，可能是駐店經理或經理，總工程師或人力資源總監。大多數大型飯店有全職安全部員工，每班不少於一人。小型飯店可能無法承擔聘請全職安全人員的費用，採取兼職保安員和經過訓練的全職飯店員工混編的辦法可能是合適的選擇。如果管理層決定飯店需要設立安全部，那麼必須同時決定是配備自己的員工呢，還是由當地一家聲譽良好的、有資質的保安公司來負責日常安全工作。還有一些做法是聘用一些不在班的警員負責某些時間段的安全工作，而飯店員工只負責白天的安全責任。

一旦決定成立安全部，落實了安全責任，就要考慮其他的問題，包括員工是否要著工作服，是部分員工還是全部員工配備武器，如果保全部門的職能已經融合到飯店產業中，那麼以下有關方面就不需要分開考慮了：保安人員是否要穿制服，是否要攜帶武器，是否可以缺席某些工作班次（除非由當地或州當局負責管轄，否則飯店安全部門的管理人員一致認為安全部員工不攜帶槍枝為好。安全部員工攜帶武器是為了應對緊急情況，但為此需要支付保險費，同時攜帶武器可能出現事故，或者誤射他人致死，這一切遠遠超過攜帶武器的價值。）

事關安全的事宜均需仔細考慮，並要和律師討論。每種選擇都會得到贊成或者反對。

(一)安全合約

那些贊成與保全公司簽訂合約的者認為保安公司經驗豐富，飯店還可以節省開支。此外，信譽好的公司還能提供經嚴格挑選考核並且訓練有素的員工。它還可以提供多方面的建議，包括對飯店安全設置的調查意見，電子監視的範圍（一個調試方案），資料安全方案以及幫助制定應對炸彈威脅和自然災害的方案。最後一點，他們還認為自己飯店的安全部員工會與其他員工出現過於熟悉和親密的關係，如果警衛抓到偷竊的人又是他的朋友，可能會礙於情面壓下不報。而從外公司派來的安全人員就很少會出現這種情況。

在選擇保安公司時，要弄清保全人員是否接受過有關各項能力的專項強化訓練。要與法律顧問一起檢查合約內容和有關保險的要求（比如說作為投保證明材料的投保專案和條件）。瞭解保全公司管理層和保全員對飯店保全已擁有的經驗，以及他們與顧客、員工和其他人打交道方面的專門訓練。如果飯店所在的州或社區要求保全公司必須出示資質證

明，那麼要確證你選擇的公司符合這一法規的要求。對簽約的保全公司所提供的服務內容必須清晰明確。要求保全公司無論白天還是夜晚都要履行突擊檢查、嚴格管理所派出的員工，以保證該公司的員工遵守公司的規定。確認對方在面對突發的安全大事故時能否提供足夠的人手。要求保全人員持之以恆地填寫每日報告和非正常事件報告。查看保安全司每年有多少家飯店與之簽約，飯店客源占該家公司總客源的百分比，這個百分比是衡量該公司服務水準的極好指標。

當飯店管理層給簽約保全公司的員工下達指令時，就會形成一種不尋常的關係。簽約公司的員工會對自己的行動由誰負責感到含糊不清，有些情況下簽約公司的員工的傷賠責任應由飯店來承擔而不是由自己所屬的保安公司。如果員工接受了飯店管理層的指示而使自己受到了傷害，保安公司會要求飯店給予勞動賠償並會勝訴。在另一些案子中，員工要求自己所屬公司負責勞動賠償，但是也要求飯店負責連帶責任，這樣員工得到的賠償金額就會比一般勞動賠償金大得多。

如果飯店自身沒有實施過安全調查，也沒請其他公司進行過調查的話，簽約的保安公司總是願意為飯店作深入的安全調查。但是要記住一點，保全公司是為了銷售自己的服務，有時會誇大飯店在安全方面的需求，從而使飯店業主面對一些棘手的問題。假如飯店按保安公司的建議去落實（即使大部分都落實了），儘管做了這些努力，當飯店發生安全事故時，原告仍可在法庭上利用保安公司書寫的建議資料作為飯店方「缺乏安全措施」的證據。即使這份建議資料已高估了飯店安全的需要，由於飯店並未能按要求落實每一項建議，陪審團可能更傾向判決飯店為過失方。

(二)設立飯店安全部

贊成設立飯店安全部的人指出，建立這樣的系統有好幾方面的長處。他們強調這樣的事實，即飯店對安全部管理人員和員工的控制加強了，不再有外面監管的阻隔。他們還認為對直屬安全部員工的訓練能更直接地針對飯店的特點。他們相信與簽約保安公司相比，自己的安全部更能突現飯店行業的特徵和特殊需要。此外，他們還指出人員的素質方面由飯店直接控制遠比由保安公司控制要好，而且飯店安全部的管理幹部及員工與其他部門的員工的配合也會更加有效。如果安全部員工是飯店的職工，那麼安全部主任就可以是飯店安全委員會的成員，採取行動

時就無須簽約方員工和簽約管理方的參與。他們還指出飯店自己員工的忠誠程度要遠遠高於簽約方員工，因為他們自身事業的發展與企業的前景連接在一起，他們可能從安全職位轉移到飯店的其他職位。最後很重要的一點是簽約保安公司員工的持續的高流動率。

(三)非當班的警員

　　有些飯店聘用下了班的員警當安全員。這樣的做法肯定有不少好處。這些人員都接受過對付罪犯和處理其他緊急事件的全面訓練，他們都瞭解法律，有與人打交道的經驗，他們更能識別罪犯，比平常人更有權威（可以對犯罪者實施拘捕）。還可以起到加強與警方聯繫的作用，可以獲得警方的及時反映。但是同時也有些不利之處。首先，警員的著眼點在於處理發生的案件，而不是在預防方面。其次，有些警員在下班時也被要求攜帶武器，而這不是飯店所需要的（如果他們的武器誤傷了他人，飯店要對此負責）。此外在有些地方，下了班的警員不允許穿工作服。最後一點，警員結束了自己一整天的工作，再來飯店上班會感到疲勞。

(四)人力布置

　　在挑選和聘用所有員工時都要注意安全問題。當然在聘用安全部員工時，這個問題就尤其重要，因為他要擔負起保護飯店人員和財產的責任。如經律師批准，飯店可使用授權聲明和宣誓書的方法，讓求職者在聲明書上簽字，這樣飯店可以很容易地對求職者的背景進行調查。透過與保險公司簽約（防員工偷盜險），可以更有理由地對求職者進行審查甄選，因為安全部員工由於工作上的需要可以進入飯店的大部分區域。這就好比招聘駕駛員時要接受警方對其是否違反過交通條例作背景調查一樣。這個背景調查應在決定聘用前進行，以後每年至少進行一次。這種調查不僅是對一些特殊職位的員工，如機場班車駕駛員，而且對那些可能會駕駛飯店車輛的員工如工程部員工也要進行。

　　飯店還要決定安全人員的排班。在白天，所有員工都可以成為飯店的耳目，因此有可能減少一些人手，只留一些關鍵人手處理與安全有關的電話。在排班時，每個班次中一些特定的專案和活動內容會對安全人員的數量產生影響，應把這一點考慮進去。在許多飯店，夜間需要增派安全人員。

第五節　安全訓練的要點

不管飯店是否有全職安全人員，都不可能同時在各處都安排安全人員。所以每位飯店員工都需要接受安全方面的訓練，明白發現問題時應如何辦。訓練的內容可能是飯店提供的安全訓練課程，也同時可以通過當地警方組織參觀活動。

每位員工必須懂得當地法規有關安全負責人的許可權是什麼，自行拘捕應遵循的程序，作為安全人員的拘捕權力，以及對不在班警員的權力限制都是這類訓練班的內容。

另外，由於飯店的每位員工都可以成為安全方案的一個組成部分，所以員工在受聘時都要接受全面的安全知識的訓練，並且在整個在職期間都要定期接受強化訓練。這類連續進行的安全教育課程可以按部門展開，也可以以員工會議的形式進行。管理層把出現情況和會議記錄留作檔案以備後用。

廣泛的訓練課程應當包括對顧客、一般大眾、員工的人身安全的保護以及對顧客、員工和飯店資產等方面的保護。根據各飯店設備設施的特殊要求，訓練的內容還可以擴大到對緊急情況的管理和與飯店各部門的聯繫。

這方面的要點是要根據各家飯店的不同要求來設計自己的安全系統和安全訓練課程。當然，這不是說兩家飯店在安全的考慮方面就毫無相同之處了。雖有區別，但在安全的需求方面，飯店間還有相似的地方。這些相似點會引發出飯店業面臨的共同的潛在問題。

訓練的課程，包括訓練的資料如安全手冊或員工手冊必須針對自身的特殊需求。安全課程的教材是訓練的重要檔，可以按飯店的要求來編寫，可以指出飯店業存在的普遍問題，也可以討論各家飯店已經處理過和可能會遇到的問題，但無法提供解決一切飯店安全問題的靈丹妙藥。對一家飯店的安全需求進行仔細研究，然後做出判斷，這種方法也應包含在飯店的安全課程中。

保安人員透過閱讀行業的各種出版物，獲得行業最新的發展資訊，這也會對訓練的效果產生很大影響。因為新的保安設備會在這類期刊上會定期刊登，不斷加強的保安方法也會定期介紹，期刊提供的這些資訊

可以使管理層各自的安全方案不斷得到更新。圖 7-3 列出的是這些出版
物的名稱。

HOTEL SECURITY
Solutions

SECURITY TRAINING

- Hotel Security Solutions Home
- Security Training
- Fire Training
- Investigations
- Security Surveys
- Contact Us

McKenzie Security Consultancy is able to provide comprehensive in-house training for employees in all aspects of security. Particular emphasis is placed on reception areas, cash handling, credit card fraud and general guest security.

Personnel employed in retail outlets, which are regularly targeted by professional thieves, require specific training in identifying and dealing with shoplifting and the possibility of armed robbery. Employees are taught the value of adhering to and complying with security procedures and instructions.

Travel and personal security are major issues today. Depending on your particular requirements, we will provide your employees with self defence training and instruction on best practice in travel security.

We can also provide your management team with comprehensive security guidelines and policies that will help to safeguard their employees and assist in the protection of revenue and property.

Criminal activity in hotel and leisure areas is often easily perpetrated due to a lack of effective security training

資料來源：許多公司提供專業安全服務，都有網站介紹他們的服務內容，以
　　　　　下展示的只是是其中之一：http://website.lineone.net/-rod.mckenize/
　　　　　hotelsecurity。

　　訓練課程可能包含的內容有：私人保全的性質和角色、犯罪的性質
和程度、刑事審判制度的審視。面對這些特定的內容，飯店安全人員要
懂得自己行使合法權力所受到的限制。為了使他們能更有效地開展工
作，還應該傳授員工有關巡邏技巧、通道控制程序、擬報告、火災防

止、報警系統、溝通系統等方面的內容。

　　飯店經理如果對實施精心安排的訓練課程的重要性認識不足的話，那是很糟糕的。實施一個安全方案並有很完善的記錄資料，包括訓練員工的記錄資料，這在飯店面臨訴訟案時能有部分的保護作用。記錄資料證明員工經過安全訓練，會對陪審團的判決發生作用。在涉及飯店的許多案件中，如飯店介紹自己有一個精心組織的、確能發揮作用的安全方案，這對陪審團和法官都能起到很大的說服作用。

　　有些經理人員不相信訓練的作用，他們認為：

- ‧「流動率太高不值得訓練」。過高的流動率，有時會引發是否需要進行深入細緻的訓練的爭論。但是導致流動率過高的原因之一卻常常是因為缺乏訓練或現有的訓練不起作用。
- ‧「有經驗的員工無須訓練」。不是所有的經驗都是有用的經驗。一些有經驗的求職者接受過品質差的訓練，這可能使他們養成壞的工作習慣。況且測評經驗是一件很困難的事。一位有 10 年工作經驗的人可能只有一年的經驗，只是在 10 年時間裡重複了 10 次而已。
- ‧「訓練很簡單，任何人都能做」。有些經理或主管認為自己就是從基層提升上來的，所以對受訓者的工作知道得一清二楚，只要有需要他們可隨時教課。這種沒有準備、沒有目的的訓練不會產生好的結果。
- ‧「員工總是拒絕受訓」。員工不會抵制受訓，他們只是拒絕接受那些未經充分準備的、上課品質很差的、工作中又未能落實的那些訓練課程。

　　當然，製作一個高質量的安全訓練課程既要花時間又要花錢。管理層需要仔細研究自己的經營特點和飯店建築的特點以確定潛在的安全需要。然後必須決定，如何才能最好地使用各種資源（系統、程序和人力）來應對這些問題。管理計畫的每一方面都依賴於人的表現，這就需要通過訓練來影響人。

　　作為準備安全訓練課程的一個重要部分，不光是決定需要學什麼，還應該決定誰應該學。訓練員應著重向受訓員工提供那些能使他們更有效率地開展工作的有關資訊。

圖 7-3 安全和法律強化讀物精選

餐旅業法規 Hospitality Law 747 Dresher Road P.O. Box 980 Horsham, PA 19044-0980 （215）784-0860	安全信函 Security Letter 166 East 96th Street New York, NY 10128 （212）348-1553
飯店／汽車旅館的安全管理 Hotel/Motel Security and Safety Management Rusting Publications 402 Main Street Port Washington, NY 11050 （516）883-1440	安全管理 Security Management American Society for industrial Security 1655 North Fort Meyer Drive Arlington, VA 22209 （703）522-5800
警長 The Police Chief International Association of Chiefs of Police 515 N.Washington Street Alexandra, VA 22314-2357 （703）836-6767	安全技術與設計 Security Technology & Design Locksmith Publishing Corp. 850 Busse Highway Park Ridge, IL 60068 （847）692-5740
研究報告 Research in Brief National Institute of Justice Office of Justice Programs 810 7th Street, NW Washington, DC 20531 （202）307-2942	安全世界 Security World Cashners Publishing Company Cahners Plaza 1350 East Touhy Avenue Des Plaines, IL 60018 （847）635-8800

　　每家飯店都應擬自己的安全營運手冊，其中包括安全的標準和程序。這本手冊將在訓練員工方面起到幫助的作用。一本精心製作的手冊能保證員工訓練和員工工作表現的質量。編寫手冊的過程能使管理者斟酌自己的想法，並把這些有關安全的想法進行很好的組織。受訓員工常常只靠記憶，所以僅僅用口頭指令的方法是起不到好的效果的。安全運

轉手冊的格式有許多種，不管用何種格式，其內容必須涵蓋對自身安全的廣泛考慮。

此外，在許多飯店安全部管理人員的共同努力下，美國飯店與住宿業協會製作了一個很有效的訓練安全部管理人員的課程。順利地完成 "Lodging Security Officer Training" 課程的人士將獲得結業證書。[1]

一、誰是責任者

當一家飯店使用了屬於自己的安全人員，那麼很明顯飯店要對自己的員工的行為負責。飯店同樣也不能拐彎抹角地稱自己使用的是不在班的警員或者是一個合約安全服務人員，而因此推卸責任，因為安全人員通常也被認為是飯店的代表。如果安全人員在工作中粗心大意，犯了錯，飯店可能要負上責任。使用此類人員並不能減輕飯店應提供必要的照管方面的法律責任。

使用不在班的警員也可能引發某些潛在的法律問題。如果一位不在班的警員使用權力拘捕了某人，結果證明這次拘捕是不適當的，是毫無根據的，那麼為警員負責的人是誰？是地方政府還是飯店？在有些案件的審理中認為警員是飯店的代表。這意味著飯店可能要為抓錯人和關錯人負上責任。同樣如警員誤傷了其他人，飯店同樣要為此負責。

二、安全部人員的權力

穿著工作服的安全部員工其外表使有些人感到他們是執法人員。事實上也有些安全部人員一旦穿上了工作服，佩戴了肩章，有時還攜帶了一些武器便錯誤地認為自己擁有與執法人員同樣的權力。這一觀念必須轉變，無論是警員，還是大眾，還是安全部人員都應懂得並接受這一觀點，即某一單位的安全人員的角色和責任是防止犯罪。作為飯店業主方的權力是保護自己的企業，那麼作為飯店代表的安全部員工應遵循的最高原則也是這一點。

一位飯店的安全人員如沒有得到特別的委託授權或當地法規的批准，那麼他的許可權與任何其他公民的許可權相同。但是，由於安全人員的工作涉及保護的功能，所以他們在工作時有些權力會比大部分公民大一些。這些權力的使用僅限於制止某些不當的行為，或者可能會發生扣留某個人的情況。在所有涉及到妨礙他人權力的行動中，安全人員應

*MANAGING FRONT
OFFICE OPERATIONS*

當努力取得另一方的同意與合作。

　　大部分安全人員在事業生涯中會面臨幾次不得不做的決定：是否採取必要的法律行動如通知警方，盤問可疑者或扣留某人。為了防止出現由於行為不當引起對本人或雇主的法律訴訟，安全人員必須懂得刑法中關於構成犯罪的要素，這樣他們就可以在與公共執法機構的合作中，在提供資訊方面更加專業化。

槍枝和安全人員

　　雖然其他行業的安全人員有攜帶槍枝或其他武器的情況，但飯店業類似的情況幾乎沒有。飯店業的安全負責人對此敘述了許多理由，其主要原因如下：

- 攜帶武器可能使安全人員自身受到更多的傷害。如果罪犯發現武裝了的安全人員，如果他們自己也有武器就會更傾向於使用武器。再者安全人員可能發生誤傷自己的事故。例如安全人員在休息時，保險栓沒上，快速拔槍就會傷到自己。
- 武器可以使飯店負上法律責任，當法庭判決為不恰當的使用武力後，飯店要支付損害賠償金。安全人員抓捕了闖入者，用槍對準他的頭部，把他押解到經理辦公室。在到達辦公室前，槍走了火，闖入者被殺害了。
- 飯店是人員集中的場所，可能會發生誤傷旁人的情況。傷及了清白無辜的旁觀者對安全人員本人、受傷害者和飯店都是一場災難。

　　法令（民事侵犯法令）對飯店安全人員的行為作了限定。超出這些限制的行為可能會導致受到攻擊他人、毆打、殺人或其他類型犯罪的刑事指控。陶德法（Tort Law）允許行為受害方為自我利益提出賠償，這同樣也對保安人員的行動做出了限制。民事侵權行為法使受傷害的一方可以對安全人員，同時也對雇主提起訴訟，理由可以是錯捕、錯關、惡意誣陷、誹謗中傷或其他非法行為。肩負著安全保衛責任的人士應該熟悉國家和地方有關對私人企業安全保衛的法規條例，尤其是那些有關拘留的條例。

(一)公民自行對犯罪者的逮捕

　　許多州，通過立法或司法公告或習慣法允許公民在某些指定環境自

行逮捕罪犯。各州在這個問題上的授權和管束有很大區別。公民自行逮捕罪犯只有當某人法定自由被剝奪時才能發生。一般情況下逮捕罪犯的人應是員警。即使當地法律允許保安人員可以自行扣押犯罪人，他也只有當員警未能及時趕到，以及在飯店範圍內根據正確判斷必須立即採取行動時才能發生。非保安人員不應嘗試執行逮捕罪犯的任務。

安全部的管理人員都必須熟悉他工作的飯店所在地關於自行逮捕罪犯的法令。例如在紐約只有當疑犯有犯罪勾當的事實時才能將重罪者扣押，僅僅有對犯罪者合理、可信的根據是不足以構成扣押的依據的。在其他州，必須在犯罪行為出現的當下才能扣押犯人。有些州不允許扣押任何犯有輕罪的人，而另一些州，如紐約，對犯有輕罪的人實行扣押也是被允許的，只要提供犯罪的事實就可以對犯罪者實施扣押。在任何情況下，任何一個州的飯店在制定飯店拘押程序前，都應聽取當地律師的意見。

此外，安全部人員不能借行使合法的拘留權力而達到其他的目的，只能將被扣留的人員移交正式權力機構。

沒有正當法律授權的扣押可以構成錯捕和錯關，發生這樣的情況後，會導致安全部人員負上民事和刑事責任，而飯店要負上民事責任。除非州法律允許對犯有重罪的和有輕度犯罪的人實施扣押，或者有些州法令規定在非常特殊的人店行竊案發生的情況下可以實施扣押，一般情況下不允許非自願的扣留或扣押。任何自願接受扣押的人應該清楚地瞭解他隨時都可以自主地離開。

即使有正式員警身分的人基於飯店方的投訴而去扣押人，也可能使飯店面臨潛在的危險。如果在飯店方的鼓勵下去扣押了一位顧客，而拿不出證據，那麼飯店可以面臨惡意檢舉的起訴。

(二)搜查

當保安人員對一名重犯或有輕微犯罪的人士執行合法的扣押時，在某些州，認為在一些特定情況下，根據自己的權力對扣押者進行是否攜帶攻擊性武器的搜查是可行的。飯店，應徵詢當地的律師，弄清在什麼情況下搜查是可行的，目的是弄清伴隨著合法的扣押而進行的搜查是否也是合理的。如果被扣押者自願接受搜查，那麼保安人員應儘量設法讓對方以書面的方式表示自己的意願，同時至少應有一兩名證人在場。

㈢使用武力

一般來說，一般公民只有在合法的理由下扣押罪犯或防止在押的罪犯逃脫時才能使用武力。如果過分地或不恰當地使用武力，保安人員將遭受刑事訴訟，而他本人和飯店可能對遭受武力者進行民事賠償。

任何員工都不能企圖使用置人於死地的武力或對人造成嚴重傷害的武力，除非對方威脅到他本人或者其他人的人身安全。絕對不要使用置人於死地的方式來保護飯店的安全。

第六節 團隊觀念

訓練課程的一個重要目的是把全體員工組成一支保障飯店安全的隊伍。樹立整體的觀念將對保護飯店的顧客、員工和企業本身起到有益的作用。這種團隊精神的確立，使所有部門的經理和主管都把安全看作自己工作的一個組成部分。雖然他們通常不直接參與日常安全工作，但是他們能在維持飯店的安全環境方面發揮巨大的作用。同樣，每一位員工在維護安全方面都負有責任。比如，當客房服務人員在客房區域或後台服務區域發現可疑人員時，應立即通知安全部人員或飯店管理人員。員工有了這樣的警惕性，就可以在防止飯店發生事故和抓獲罪犯中發揮作用。無論安全的責任人在小型飯店中是由副經理或駐店經理還是飯店業主兼任，還是在大型飯店中由專職安全部經理負責，這一團隊安全觀念都是有效的。員工無論在哪種規模的飯店中工作都應懂得：

· 在飯店內的任何地方發現可疑的人或事都應該保持警惕並報告有關方面。

· 避免與可疑人物發生衝突，員工應走進一個安全的地方（客房、能反鎖的棉織品倉庫或者其他有電話的地方），鎖上房門，打電話報告專門負責處理此類緊急情況的人士。

· 在客房工作時如發現有攜帶毒品或其他可疑物品的情況時，要予以報告（絕對不要搜查顧客的行李或物品）。有一個案例，客房服務員發現放珠寶的箱子打開著，結果抓獲了一個住這一家偷另一家的、專門從事盜竊珠寶的竊賊。還有一個案子的破獲是由於發現了盜賊用來專門入室行竊的工具的箱子開啓著。

· 在安排客人入住時，對那些攜帶大而空的箱子的顧客要保持警惕。
· 檢查有關飯店業主的法律條文是否張貼在適當的地方。因為飯店所在地的司法管轄部門可能有這方面的要求。
· 向顧客提供安全資訊的各種告示或立式卡是否安放在合適的地方。

以上建議只是節選於內容廣泛的、實施員工訓練課程的指導性書籍。每家飯店都應該制定能應對自身安全需要的注意事項。

在 1993 年，美國飯店與住宿業協會就推行了「旅行者安全運動」，提示旅行者注意安全問題，鼓勵他們成為保護飯店安全力量的一個組成部分。這個運動的發起人是：

· 美國汽車協會（American Automobile Association, AAA）；
· 美國退休人士協會（American Association of Retired Persons, AARP）；
· 全國防止犯罪委員會以及它的吉祥物，反犯罪警犬麥克格拉夫（National Crime Prevention Council and its mascot, McGruff The Crime Dog）。

這個運動分發了幾百萬份「旅行者安全提示卡（Traveler Safety Tips）」（見圖 7-2），並以各種形式擺放在客房內。有些連鎖飯店在給顧客的鑰匙折疊卡中刊登了這十項安全建議，在每間客房的電視機資訊頻道中還播放製作好的有關錄影帶。

有些犯罪案件能得以防止，就是因為顧客按照安全提示的要求去做，將發現的可疑人物及時報告櫃檯的緣故。

第七節　安全與法律

每個州都有自己的有關飯店業主的立法和法庭裁決案例。這些法規規定了飯店業主的權利和責任，其涵蓋面相當的廣泛。雖然這些法規所涉及的主要方面是相同的，但在具體內容上州與州之間的差別很大。飯店管理層和安全人員應當閱讀所在州的有關飯店業主的法律條文，從中獲得的資訊能對於制定更有效的安全方案有所貢獻。

另外，在制定安全方案的要素時，回顧最近法庭和陪審團有關飯店安全方面的案件審判結果，不失為一個明智的方法；許多最近發生的案子會涉及到下列的一個或多個問題：門鎖系統、鑰匙系統、飯店內的安全人員、燈光、房門上的窺視鏡、與警方的聯絡、預知性或預先通知、

社區犯罪、飯店的安全需求與採取的安全措施,以及員工作爲飯店的耳目在安全方面發揮的作用。內行的原告證人常常在作證時會強調以上各個方面。

　　各種類型的訴訟案每年都呈上升趨勢,而對飯店、汽車旅館、鄉村客棧、俱樂部、餐廳和渡假飯店構成的危險也不見減少。管理層不可能負擔得起由於疏忽而造成的必須支付的昂貴的和解費用。由於招待業特別強調人對人的服務、面對面的服務,所以遭受訴訟的可能性是很大的。

資料來源:法律查詢(FindLaw)是由 Web by Awards 評定的五個最好的政治
　　　　　和法律網站之一。法律查詢網(http://www.findlaw.com)提供了法
　　　　　律和政府訊息方面的各種免費服務,以方便線上查詢。

法律上的定義

　　一般來說，在一個過失案件中，原告必須指出作為被告一方的飯店應該事先採取必要的、適當的照管以保護原告或受害一方，如果被告未能履行這一責任，或者因這方面的原因導致事故產生，使原告方事實上遭受了損失或傷害。

　　最重要的法律議題就是飯店業主負有保護飯店內所有人員的責任。未能履行這一職責的就會導致承擔安全方面的責任。在大多數州，飯店業主的職責或者說照管的標準法定定義是對一些能預見的行為採取合理的保護（reasouable care）。對住宿業影響最大的一點莫過於對適當保護這一詞的解釋。但不幸的是，在有關案子中法庭和陪審團對飯店業主應做出的適當保護並沒有簡明、清晰的定義。飯店到底有沒有施行適當保護，這要視每件案子的事實和情況而定。

　　與「合理的保護」類似，「可預見力（foreseeability）」也是一個含義模糊的詞。法庭和陪審團可能對某些飯店的某些案子的發生認為是可以預見的，而對另一些案子則不這樣認為。對一家飯店來說，決定可預見性的因素包括已發生的同類型案子的影響程度，或者飯店是否有過同類型的案子，飯店內已經發生過的所有案子的影響程度，以及周邊社區的犯罪率（案件呈上升趨勢）。在許多法庭和陪審團已做出的判決中，關於可預見力這方面對飯店業主的要求已延伸到對飯店內外的犯罪活動的瞭解。比如，一個案件是發生在社區，法庭和陪審團可以裁定為飯店業主有理由應該預見到此類案子也可能在飯店內發生；如果飯店內真的也發生了類似的案子，受害者聲稱飯店方因疏忽而未能採取適當的措施來防止犯罪案件的發生，那麼飯店方很難以不知情為理由來為自己成功辯護。

　　僅僅未能盡到責任並不因此要負上疏忽的責任。必須證明未能盡到適當保護是發生事故的直接原因。直接原因有時也稱為法律原因，是主要的原動性原因，由此使傷害成為自然的、直接的、即刻的結果，沒有這些原因，傷害不會發生。如僅僅證明被告方是造成原告方的傷害的原因之一是不夠的，必須是直接原因，也就是說被告的所作所為是造成事故的重要的決定性原因，而應當負上法律的責任。直接原因不一定是惟一的原因。

MANAGING FRONT
OFFICE OPERATIONS

可預見性又是另一個因素。「疏忽（negligence）」包含了一種可預見的風險，一種可能造成傷害的危險以及未能採取合理的保護措施而造成的可預見的危險。比如有人不注意把一罐汽油放在火旁，結果引發了爆炸，造成了傷害。陪審團會發現這是一起可預見的風險所造成的傷害，這個傷害事故是因為未能預先做好適當保護而引起的。

以疏忽理由提出的訴訟會要求被告支付傷害賠償金（damages）。有兩種傷害賠償金：補償性傷害賠償金和處罰性傷害賠償金。補償性賠償金（compensatory damages）是為了對原告所遭受的疼痛、損害以及因不能工作而遭受的經濟損失、醫療和住院、康復設施租用和家庭護理花費給予的補償。補償性賠償金有時可能由個人或公司所投保的保險公司負責支付。近年來有這樣一種趨勢，陪審團裁定除了支付補償性賠償金外還要支付處罰性賠償金。處罰性賠償金（punitive damages）是對引發錯誤行為者實施的懲罰。其主要目的是透過施行懲罰杜絕類似的行為再度發生。有些法庭允許在某種特定的情況下由保險公司支付處罰性賠償金，而另一些法庭則不允許由保險公司來支付這筆費用，並且將這一規定作為一種婦孺皆知的政策。處罰性賠償金是一筆很可觀的費用，有時總數會達到幾百萬美元。

接受訴訟案件並進行初審的法庭叫做審理庭（trial court）。訴訟由原告（plaintiff）向被告方（defendent）提出。訴訟案的開始階段被告方可以要求駁回指控。如果原告做出的指控沒有有效的合法依據，或者被告方有相當肯定的駁回理由，那麼指控應被撤銷。經過雙方對事實真相的陳述，在審判前，原告或被告的任何一方都可以要求進行即刻判決。如原告方的申訴因缺乏事實和不合法律要求而難以成立時，被告方就會在法庭陳述後接受即刻判決；如原告方提供的事實有正當合法的依據，無可辯駁，被告方的責任無可推卸，原告方就會在法庭陳述後接受即刻判決。

舉證階段結束事實清楚後，原告或被告任何一方都可以要求作直接裁決。如原告不能對指控的原因提供證據，被告方就會要求作直接裁決。如果被告方不能提供直接舉證，原告方就會要求作直接裁決。直接裁決是由初審法官做出的而不是由陪審團做出的。

如果裁決由陪審團負責做出，陪審團交回裁定結果時敗訴方可以要求初審法官實施不顧陪審團裁決的判決（judgement not with standing the verdict）。初審法官可做出全部推翻或部分推翻陪審團裁定結果的判決。法官也可以給予重新審理的機會。

　　無論哪一方敗訴都可以對判決結果進行上訴。上訴的一方為上訴方（appellant），而另一方則為被告方或應訴方（appellee or respondent）。

註　釋

[1]如要獲取以上有關內容更為詳細的資料，請與 the Educational Institute of the American Hotel & Lodging Association 聯繫（2112N·Hight street，Lansing，M1 4890，1-800-349-0299），或者參考住宿業安全部負責人訓練課程。（East Lansing，Mich：Educational Institute Of the American Hotel & Association，1995）

關　鍵　詞

控訴人（appellant）：　對法庭做出的裁決提出上訴的一方。

被上訴人（appellee）：　被上訴的一方，也稱為被告方。

公民自行逮捕（citizen's arrest）：　根據大部分州的習慣法，公民自行對犯罪人實施逮捕是指由普通公民自主合法地剝奪他人自由。這只能在正式員警未能及時趕到，而根據正確判斷，必須採取及時行動時才能發生。

補償性賠償金（compensatory damages）：　對原告所遭受的疼痛、損害以及因不能工作而遭受的經濟損失、醫療和住院的費用、使用康復設施和家庭服務方面的開支予以賠償。

賠償金（damages）：　由被告方支付的、對原告進行補償為目的的錢款。

被告（defendant）：　訴訟被指控的一方。

直接裁決（direct verdict）：　由於其中一方不能成功地舉證，在舉證階段結束後由法官做出的即時決定。

可預見力（foreseeability）：　基於對以往在飯店或周邊社區發生的類似事故的知識，有適當理由每能力可以預見可能發生的事故，從而採取預防措施。

不顧陪審團裁決的判決（judgment notwithstamding the verdict，或作 judgment n.o.v）：
由法官做出的全部推翻或部分推翻陪審團裁定結果的判決。

法律原因（legal cause）：　是首要的或主導性的原因，由此使傷害成爲自然的、直接的、立即的結果，沒有這些直接原因，傷害不會發生。

過失或疏失（negligence）：　作爲行爲謹慎的人未能在此類或類似情形下合乎情理地實施適當保護。

原告（plaintiff）：　是提出訴訟的一方。

直接原因（proximate cause）：　是主要的原動性原因，由此使傷害成爲自然的、直接的、即刻的結果，沒有這些原因，傷害不會發生，也稱法律原因。

懲罰性賠償金（punitive damages）：　對引發錯誤行爲者實施的罰款懲罰，也是透過施行懲罰對類似的行爲起到威懾作用。

合理的保護（reasonable care）：　對一個可預見的事件採取一般的保護性行動。法律關注的重點是飯店業主擔負著照管在店所有人士的責任。未能履行此項責任，可能導致安全方面的連帶責任。

被上訴者（respondent）：　被上訴的一方。

安全（security）：　對人和財產給予保護。安全需要關注以下區域如：客房、鑰匙、門鎖、通道與周邊、報警和通訊系統、燈光系統、閉路電視系統、貴重物品保險箱、存貨使用控制、帳務程序、電腦安全、員工配置、員工聘用前的審查、員工訓練、對含酒精飲料的服務管理、應急程序和安全章程以及資料保管。

即刻判決（summary judgment）：　接受即刻判決是 1.由被告方提出，因爲原告方的申訴缺乏事實和不合法律要求，難以成立；2.由原告方提出，因爲被告方應承擔的法律責任無可推卸。

陶德法（Tort Law）：　基於允許受害方爲自我利益提出索賠，受傷害的一方可以對安全人員及其雇主提出訴訟，理由如錯捕、錯關、惡意誣陷、誹謗中傷。

審理庭（trial court）：　對訴訟進行初審的法庭。

網　址

訪問下列網址，可以得到更多資訊。主要網址可能不經通知而更改。

American Hotel & Lodging Association（AH&LA）
http://www.ahla.com

CISA Security Products, Inc.
http://www.emgassoc.com

American Society of Travel Agents（ASTA）
http://www.ei-ahla.org

Educational institute of the AH&LA
http://www.astanet.corn/

FindLaw: Internet Legal Resources
http://www.findlaw.com

Legal Online
http://www.legalonline.com

International Association of Chiefs of Police
http://www.theiacp.org

National Crime Prevention Council
http://www.ncpc.org

International Association of Professional Security Consultants
http://www.iapsc.org

National Fire Protection Association（NFPA）
http://www.nfpa.org/

International Foundation for Protection Officers
http://www.ifpo.com

National Institute of Justice

http://www.ojp.usdoj.gov/nij/

Nexus Locks
http://www.nexuslocks.com

個案研讀

Steve 的 Royal 問題

　　Steve Tritsch 沈醉在當總經理一個月、工作得心應手的喜悅之中。之前，他在費城一家位於市中心的大型飯店供職，他在那裡的工作也很愉快。後來，那家飯店的總經理寫了一份很有價值的推薦信，為他爭得現在的這份新工作。雖然如此，Steve 對能脫離以前的總經理出來工作感到很興奮。儘管他現在任職的 Royal Court 規模較小，只有 198 間房間。這是一家提供全方位服務的飯店，有不少優勢：位於高速公路出口處的最佳位置，飯店的品牌在全國也有一定的知名度，有一支優秀的、經過良好訓練的員工隊伍。存在的真正問題是財務問題。然而前任總經理未能利用這些優勢來吸引更多的訂房。Steve 的工作是控制好支出，盡量提高營業收入，使飯店扭虧為盈。經過 30 天的努力，他在實現目標的路上取得了進展。

　　不久，來了封 Alexander 和 Fisk 律師事務所的信，說 3 個月前也就是 6 月 4 日一位女顧客的錢包在飯店的停車場被搶了。現在她的律師聲稱要提出訴訟，除非 Royal Court 負責賠償。來信要求飯店支付的賠償金高達 25,000 美元，其中包括財產損失、多處受傷以及遭受的痛苦。

　　Steve 倒吸了一口氣。他知道 25,000 美元對他正在爭取扭虧為盈的飯店意味著什麼：25,000 美元代表了一筆可觀的客房銷售數額，尤其是如果沒有這筆賠償，他的保險公司的扣交數可以是該數的雙倍。但是，他又想那封信可能僅僅是恐嚇而已。他要弄清事實。

　　首先，他查閱了前任總經理的檔案，看看有關這個事故的記錄材料。結果他找到了一個標著「飯店內部安全」的卷宗，裡面只有一份解除員工聘用合約的樣本。這是 6 個月前的 3 月份傳送給飯店安全部全體員工的。他還查看了前任總經理的工作計畫表，也沒有發現有關 6 月 4

日那起事故的記錄。無奈之中，他打電話給飯店的客房管家，那是一位有15年豐富工作經驗，記性很好的人。「Ginnie，是否還記得今年前些時候發生的皮包被搶的事情？」Steve 問道。

「您要講得詳細些，Steve，」她說，「一次是發生在樓梯間，那是冬天快要結束的時候，另一起是在6月，地點在停車場。」

「這麼說真有此事，」Steve 說，「一位顧客在我們飯店皮包被搶，還受了傷。」

「是有人受傷，」Ginnie 開始回憶道，「我記得那好像不是我們真正的客人，我要再想一下。」

「謝謝你，我很想知道這件事的真相。」Steve 最後說。

Steve 拿起信向櫃檯走去。Malia Etoise，另一位長期在飯店任職的員工那天正好在班。「嗨，Malia，我想查一個情況，」他看了一下信，「有位叫 Lauren Heidegger 的客人曾在6月3日或4日住在飯店。」

Malia 在電腦查閱了有關資訊。「在那兩天我找不到 Lauren Heidegger 或任何姓 Heidegger 的客人。但是那個姓名使我回憶起一些事情。」

「她聲稱自己是6月4日皮包被搶事件的受害者，」Heidegger 提示她。

「哦，我想起來了，」Malia 點點頭說。「想起來都使人後怕。她跑過來時膝蓋流著血，衣服也破了。很快許多其他女士都知道了這個消息，當即一片混亂。」

「很多其他女士？」Heidegger 問道。

「Heidegger 女士正在這裡以一個什麼名義舉辦婦女午餐會。我記不清所有的細節了。但當時消息傳開後，女士們都湧出宴會廳到大廳想瞭解事情的過程，還要我們通知警方。」

「當時你們是怎麼做的？」史蒂夫以一種設法弄清事實的口氣問道。

Maila 停頓了一下，「是的，那一次我確信我們是報告了警方。」

「那一次？這麼說，你們還發生過不向警方報告事故的事？」Steve 問道。

Maila 骨碌著眼珠，點了點頭。「不是我要這樣做。但是有人向我解釋，如果通知了警方，事情就會見報，您的前任並不希望那類事情被廣而告之。」

Steve 回到辦公室，坐在椅子上，不能肯定下一步該怎麼辦。有一點是肯定的，只要在 Royal Court 發生的事故就一定有目擊證人。但是，

MANAGING FRONT OFFICE OPERATIONS

Heidegger 女士人根本就不是一位住店客人，可能飯店不存在負責的問題。那位前任總經理甚至感到那件事不值得作任何書面記錄。在 Steve 以前任職的飯店，因規模大，足以負擔得起全職安全保衛人員，他那時對這方面的工作沒有加以太多的關注。現在看來，安全方面的責任毫無疑問地落在了他的肩上，他感到困難重重。「也許 Carson 可以給我一些建議，」Steve 想，給以前的上司打電話，拜他為師，他拿起了電話。

「那真是一件棘手的事，」Carson 也這麼說，「但是我相信你能處理好的。」

「好吧，」Steve 稍微恢復了一些信心，「我應該從何處下手呢？」

「讓我來替你想一下，」Carson 回答道，「首先與公司負責法律事務的部門聯繫。讓他知道有這樣一封信以及你正在調查這件事。他們可能會問你一連串的問題，你現在還答不上來，但是隨著調查的深入你會獲得答案。」

「對我來說真正面對的一個問題是我們接受和解呢還是上法庭？」Steve 禮貌地提醒他。

Carson 平靜地回答道，「但是只有你真正瞭解自己的處境後才能回答這個問題。你必須瞭解飯店在服務中是否提供了『適當保護』，在這方面並沒有嚴格的規定——每個地區對這個問題的看法都不同。你要設法弄清楚你所在地區對適當照管的含義是什麼。

「首先與警方聯繫，取得一份由電腦列印出來的飯店打出的電話記錄。只要你等一會兒他們就會給你。這份單子並不是飯店所有事故的記錄，有時可能是在街上，或是在車子發生了故障，駕車者借用你飯店的電話，諸如此類的事情都包括在內。你要查看單子，找出哪些是與事故的發生有關的電話記錄；

「然後，我會與當地報社聯繫，請他們查一下有關飯店所發生的事件的留存資料。任何驚動警方的問題都會見報。但是也有一些未報告警方的消息會在報上發現。給報社的資料室一些時間，讓他們查找一下你要的資訊。

「在等消息的時候，我建議你與當地的其他幾位總經理聊一下。請教他們曾經碰到過什麼樣的刑事問題。有些人可能不願意深入地談及自己飯店的這方面問題，你知道沒人希望給人家留下自己飯店不安全的印象，但是你能對自己的鄰居是何種飯店留下很正確的感覺。

「你已經開始與員工交談，這很好，希望你在這方面更深入一些，

走到他們中間去，問題是他們能否記得曾經發生過什麼樣的事故，他們對飯店安全和發生的犯罪事件有何印象。」

「Carson，」Steve 打斷他的話說，「我們倆都知道感覺並不都是正確的，感覺是很主觀的。」

「不錯，」Carson 回答道。「你說得很對，但是你不會希望一大群員工作為證人對陪審團說他們感到 Roual Court 並不安全。我不希望這樣的事情發生。現在發覺比以後發覺要好得多。」

「我懂了，」Steve 嘆了口氣。

「還有一件事，」Carson 補充道，「開車出去轉轉，盡量從原告律師的角度看問題，看看有沒有被認為是疏忽的地方。是不是只有你的飯店沒做護欄？有沒有配置安全用途的燈光？換句話說能不能顯示你對安全的關注？」

接下來的幾天既發現了有價值的線索，又有令人焦慮的東西。

警察局提供的電話單上有 6 月份皮包被搶的記錄，卻沒有 Ginnie 談及的冬末發生的那起案件。但有三起停車場發生的盜竊案件的記錄，一起是發生在一個婚禮宴會上（新郎新娘的結婚禮物和渡蜜月的行李被盜了），一些自動售貨機也遭到了人為的破壞，還有兩個電話是關於在客房內聚會時的盜竊，結果造成了物品的損壞。所有這一切都發生在過去的一年中。

Steve 在與當地一家飯店總經理首次通話中談到了他的前任。「如果不是他辭退了那三位保安的話，」她說，「我還不得不繼續尋找合適的人選呢。」她接著解釋了各家飯店實際上都在增加安全保衛人手，因為當地的犯罪活動在上升。據她所知，Royal Court 是唯一一家裁減保安人手的飯店——她立即雇傭了被裁減的其中兩名。另一家在同一條路的飯店將這第三名也聘用了。「我們很多人都認為他是搬起石頭砸自己的腳。」她說，「當然表面上看，他節約了些開支，但結果卻適得其反……」她沒有把話說完。Steve 已經理解了她心裡的意思。

其他事故是在 Steve 與員工交談過程中浮出水面的。有故意破壞的，有在酒吧鬥毆的。Maila 還提起最近外面有這樣的謠傳，說 Royal Court 近來是流竄在各州從事毒品交易的人最喜歡光顧的地方。街對面的 Carriage Bridge Hotel 開始給值夜班的員警提供麵包和咖啡後，現在這類活動已不像以前那麼多了。頻繁出現的巡邏車把那些毒品買賣人群嚇跑了，至少在深夜不敢出現了。但是這一切並不能使 Royal Court 的員工恢復信心。

有些員工繼續提出不願意上大夜班的要求，而其他人則在他人陪護下才敢進出飯店。對報社的調查結果只是肯定了 Steve 已瞭解的一些事件。Royal Court 存在的安全問題還不止這些。他很慶幸在他上任的 30 天裡沒有發生什麼新的案件，他意識到幸運之神不會永遠眷顧他。他僅僅向總部主管法律事務的部門彙報所調查的事實是不夠的，他還要立即實施一個行之有效的安全方案。準備好了面前的筆記，Steve 拿起了電話，他要給總部打電話。

討論題

1. 無論是選擇支付 25,000 美元的調解費還是選擇法庭裁決，Steve 都應向總部主管法律的部門提供哪些證據？
2. 在嚴格控制費用的前提下，Steve 和他的員工們應採取哪些有效步驟來減少 Royal Court 發生的安全方面的事件？

案例編號：3871CA

下列行業專家幫助蒐集資訊，編寫了這一案例：Wendell Couch, ARM, CHA, Director of Technical Services for the Risk Management Development of Bass Hotel & Resort; and Raymond C. Eills, Jr., CHE, CHTP, CLSD, Professor, Conard N. Hilton College, University of Houston, Director, Loss Prevention Management institute。

Doug 和兩難題

　　Phil Watson，Bluestone Hotel 的總經理剛處理完早晨的一些檔，內線電話就響了。他按下通話鍵：「什麼事，Jean？」「有位名叫 Douglas Koneval 在二線。他想知道您打球是否仍然『穩操勝券』，他說您會明白他在說什麼。」

　　Phil 笑出了聲。「把電話接進來，」他抓起話筒，說：「Doug!」

　　「Phil，你還在用那根舊球桿在辦公室練球嗎？」

　　「嗨！你不記得我在俱樂部用那舊桿子把你打得落花流水？你怎麼了？好久都沒聽到你的聲音了。」

　　「我最近真的很忙，」Doug 說。「你是否知道我已經到 Wellington 了？」Wellington 是一家位於本州北部的獨立經營的飯店「不，我不知道。」

　　「幾個月前我擔任了 Wellington 飯店的總經理。」

「那是你作為總經理的第一份工作，太好了！情況怎麼樣？」

「我正要打電話告訴你呢。到目前為止還都相當順利，這裡的員工不錯，我想對有些方面作些改進。但是昨天發生了一件事，促使我考慮飯店安全方面的問題。不是什麼了不起的大事，有位客人大聲喧鬧，我們要求他輕聲些，他卻吵鬧起來，這件事對我有些觸動，使我意識到我們與當地員警部門並沒有建立什麼聯繫。我真的不知道如何開展這方面的工作。你在藍寶石飯店做了好多年，我知道你們與警方的關係非常好。我想向你取經，知道怎樣才能與當地警方建立起一個良好的關係。」

Phil 大笑說：「我不知道有什麼秘訣可以告訴你，但是有些總經理都使用的基本做法可以供你參考。」

「我正需要知道這些做法。」

「好吧，」Phil 開始說，「首先要安排一次機會與警方負責人一起用餐。我不記得 Wellington 是否有餐飲設施了。」

「有，我們有一個很好的小餐廳。」

「我會邀請他到餐廳，順便問一下，那位警方負責人是『男士』還是『女士』？」

「是一位先生，」Doug 回答。「他叫 Malcolm Ramsey。我從未見過他，但聽說是個很不錯的人。」

「把 Malcolm 請到餐廳，好好請他吃頓飯，把自己介紹給他，同時也認識認識他。如果他有時間，飯後帶他看一下飯店，讓他指導你哪些方面容易出現安全問題，需要特別當心。」

「好主意！我甚至可以要求他以書面形式告訴我那些注意事項，這樣我……」

「停住，停住！」Phil 插話說，「你不要讓 Malcolm 以書面形式通知你。」

「為什麼？他可能會給我一些極好的建議，對飯店安全會很有用的呢。」

「是的，有這樣的可能性。但是他的那些建議可能你永遠也無法負擔得起。如果你有了一份有關安全方面的書面建議，而你又沒有採取行動，一旦飯店真的出了問題……」菲爾聳聳肩。「如果法庭又掌握了這份報告，你的麻煩就大了。」

「這個提醒很重要，好吧，不能以書面的形式。我還能做什麼？」

「好吧，讓 Malcolm 瞭解你非常希望與他的部門建立起良好的關係，你可以提出一些為他的部下提供方便的建議。比如警員巡邏時，歡

MANAGING FRONT
OFFICE OPERATIONS

迎他們來使用飯店的洗手間。比如警員在夾板上寫字很不方便，可以使用員工休息室的桌子。他們也可以停下來喝杯咖啡，用點點心。」

「對，可以提供炸甜甜圈。」Doug 笑了。

「不錯，」Phil 很贊同。「平時給予一點小幫助，一旦飯店出了事，就會受惠不淺。三周前，在我們飯店的客房裏發生了家庭爭吵糾紛。櫃檯在深夜接到電話一『隔壁房間吵聲使我無法入睡』——在櫃檯值班的 Sylvia 說『好的，我來管這事』。她給 410 客房打了電話，請他們安靜下來。她當時得到的回答是：『好的，沒問題，對不起』如此之類的話。過了幾分鐘，電話又響了，『喂，410 房的問題沒解決，現在能聽到女人的哭聲』——西維亞當時就與值班的保安和值班經理 Bret Russell 取得了聯繫。兩人到了客房的門口，敲了門。『出了什麼事，你們都好嗎？』『是呀，是呀』，裡面的男士說，『我們剛才發生了一點小小的爭吵』。『請把門打開』。門開了，男士穿著內衣站著，打開櫃燈後，發現女士穿著睡衣站在床的另一側，一隻手捂著一隻眼睛。『夫人，您好嗎？』『我沒事，我們剛才稍有爭吵，現在沒事了。』『您確定沒事了嗎？』『是的，我們很好。』『弄壞的東西我們會付錢賠的，』那位男士說。於是，Bret 說：『那好，我們走，不過不要再大聲爭吵了，好嗎？』『一定一定，對不起，』那位男士說。這樣 Bret 就和那位保安離開了。他們還未來到電梯間，那位男士又大聲叫喊起來，又傳來燈被打碎的聲音。Bret 說，『我們報告警方吧。』」

「員警署不錯，5 分鐘就派來了兩部警車，10 分鐘後那位丈夫就被押走監禁了起來。另一位警員看著那妻子收拾行李，到櫃檯結帳，然後把她送到被毆打婦女避難所。整個事件解決共花了 20 分鐘，做得乾淨俐落，一點也沒有驚動他人。其他住客根本不知道有員警來過。」

「這真是我想建立的合作關係，」道爾說。「聘用不在班的警員來負責飯店的安全工作是不是一個好主意？」

「記住一點，」Phil 回答說「不要帶槍。」

「不要帶槍？」

「聘用非當班的員警加入你的隊伍是好事，但要告訴他們在店期間不得攜帶槍枝。這是個責任問題。雖然這些員警在當地任職，但你聘用了他們，他們就是在為你工作。如果他們在店裡誤傷了一名無辜的旁觀者，責任是在飯店而不是市政府。」

「你告訴我的這一點很重要，」Doug 說，「我是否直接與員警本人

談這個問題？」

「我建議你在用餐時徵求警署負責人的意見。把你的想法告訴他們，問問他有關這方面的政策是如何說的。有些警署不允許警員做兼職保安，而另一些警署專門有一位警官負責在警員中分配類似的工作，還有些警署讓警員自行決定。」

「你真的為我想得很周到，」Doug 說，用的就像要談話結束，準備掛電話時的那種語氣。「我真的希望與 Malcolm 有個良好合作的開端。建立與警方的合作真是一件很重要的事。」

Doug 總結了一下談話內容：「好吧，第一件要辦的事是與 Malcolm 一起用餐，讓他知道我希望與他們的部門建立一種積極的工作關係。」

「謝謝你，Phil，我不得不掛電話了。我非常感謝你給我的建議，我會把這方面的進展告訴你的。」

「幹吧，Doug，祝你好運，我知道你能幹好。」

Phil 剛掛斷電話就聽到內線電話鈴又響了。「什麼事，Jean？」

「Lieutenant Foster 來看您。」

說到曹操，曹操就到，Phil 想。「請他進來。」

辦公室門開了，Glenn 帶來了一位當地警署的警官。Phil 從辦公桌旁邊走出來，與他熱情握手。

「嗨，Glenn，很高興再次見到你。是什麼風把你吹來的？」

「早安，Phil。」Glenn 在辦公桌前的兩張椅子中選了一張坐了下來。Phil 沒坐原來的椅子，而在 Glenn 旁的椅子坐了下來。

「我遇到了一個難題，也許你能幫我，」Glenn 接著說。「幾分鐘前聯邦調查局打來電話，尋找……」Glenn 停下來從他的運動上衣的口袋裡取出一筆記本，「找一個叫 Ruben Drosha 的人，我想那傢伙不是好東西。我們需要瞭解他是否在飯店，打了哪些電話，以及他們的信用卡號碼。他們希望瞭解他的行蹤，你知道怎麼查。」

Phil 顯得不安起來。「你有沒有帶傳票，Glenn？如果沒有的話，我能合法告訴你的唯一資訊是他是否住在飯店。」

Glenn 不屑一顧地說，「現實一點，Phil，今天是星期六。所有的法官都坐船外出釣魚了。而偏偏這時候聯邦調查局打電話找到了我。我希望你能看在多年的交情上私下幫幫忙。」

Phil 搖搖頭。「對不起，Glenn，我真的不能。我只能告訴你他在還是不在，即使你想與他講話，我可以幫你把電話接到他房內，在法庭沒

有下傳票前，我只能這樣做。」

「我很遺憾你堅持你的意見」，Glenn 站起來，顯示討論已接近尾聲。Phil 也站了起來。「我的上司會感到失望的。他想你是一位很好的合作夥伴，」Glenn 平靜地說，「但是我想你能做的事總應該告訴我吧。讓我們去查一下訂房資料，看看 Drosha 是否在此地。雖然不多，但至少我沒有空手去聯邦調查局。」

討論題

1. 除了 Phil 提醒 Doug 要注意的事項外，Doug 在加強與當地警方聯繫方面還能做些什麼？
2. 發生在 Phil 的飯店裡的「家庭爭吵」有可能引發更壞的結果。如果飯店員工不及時採取有效措施，那麼將會導致什麼樣的不良後果？
3. 儘管 Phil 給了 Doug 有關與警方建立良好關係的建議，並且儘管 Phil 希望維護與當地警方的合作關係，Phil 還是拒絕了 Lieutenant Foster 的向聯邦調查局提供有關資訊的要求，為什麼 Phil 拒絕了警方要提供的資訊呢？

案例編號：3871CB

下列行業專家幫助蒐集資訊，編寫了這一案例：Wendell Couch, ARM, CHA, Director of Technical Services for the Risk Management Development of Bass Hotel & Resort; and Raymond C. Eills, Jr., CHE, CHTP, CLSD, Professor, Conard N. Hilton College, University of Houston, Director, Loss Prevention Management institute。。

8

CHAPTER

客務部會計

1. 能定義在客務部會計中的帳戶和帳單的類型。

2. 能區別應收住客帳和一般帳。

3. 掌握客務部帳戶的建立和記錄過程。

4. 掌握典型客務部會計業務的處理程序和過程。

5. 瞭解客務部運轉的內部控制程序。

本章大綱

　　首先不要被客務部會計這個概念所嚇倒，實際上這裡只是以簡單的邏輯和基本的數學技能爲基礎。客務部會計系統監督和反映住店客人、公司、旅行社以及其他非住店客人使用飯店的服務和設施而產生的交易。客務部在執行會計的準確性和完整性職能方面的能力將直接影響到飯店收回欠款的能力。

　　本章將論述客務部會計的基礎知識，包括建立和維持帳戶，追蹤交易，以及內部控制程序和結帳。

第一節　會計基本原理

　　一個有效的客人會計系統要在客人服務循環體系的各個環節發揮作用。在客人預計到達飯店階段，客人會計系統要掌握有關預訂保證的類型，追蹤預付款和預付訂金。當客人到達客務部，客人會計系統要在客人入住登記時爲客人製作一份記錄客房房價和稅收的帳單。在客房出租期間，客人會計系統要追蹤授權客人的消費。最後，客人會計系統要保證客人結帳離店時支付所有的應收帳款。

　　非住店客人的財務交易也可由客務部會計系統處理。允許經批准的非住店客人交易，飯店能夠向當地客人推銷飯店的服務和設施，以及追蹤有關會議業務。非住店客人帳戶也包括已離店客人而沒有結清的帳項。收取非住店客人帳款的責任將由客務部轉給後場會計部門。

　　客務部會計系統通常包括：

　　·爲每位住店和非住店客人建立和維護準確的會計記錄；

　　·在整個客人循環過程中追蹤每一項財務交易；

　　·保證內部控制覆蓋到所有現金和非現金交易；

　　·記錄所有已實現消費的結算情況。

　　飯店行業有一般公認會計準則。飯店客務部會計程序通常只適合於某個飯店經營方面。各個飯店，各個飯店的會計術語和報表格式都不相同。以下幾個方面僅介紹客務部會計的一些基本概念。

一、帳戶（Account）

　　帳戶是用於累計及匯總財務資料的表式。帳戶可以想像成一種用來存放各種交易結果的容器或箱子。帳戶用於計算交易的增加、減少，以貨幣表現的最終結果爲帳戶餘額。飯店中任何財務交易可能影響到幾個

帳戶，而客務部帳戶只用於記錄並存儲有關住店客人和非住店客人的財務交易。

帳戶最簡單的書面形式像字母 T：

帳戶名稱

計費   支付

這種記錄形式稱爲T形帳戶。客務部電腦的日益使用削弱了對T形帳戶的普遍使用。但是T形帳戶仍然是講授會計原理的有用工具。對於客務部帳戶，計費表示增加帳戶的餘額，記錄在T形帳戶的左邊。支付表示帳戶餘額的減少，記錄在 T 形帳戶的右邊。帳戶餘額（account balance）爲T形帳戶的左邊總額減去右邊總額的差額。

客務部會計主要使用日記帳格式。在非自動或半自動會計系統中，日記帳格式主要包括以下資訊：

帳戶描述	計費	支付	餘額

與T形帳戶相類似，帳戶餘額的增加記錄在計費欄，帳戶餘額的減少記錄在支付欄。在全自動化的系統中，計費和支付也許列示在一個欄目，支付金額用括弧或減號表示其對帳戶餘額的影響。

用會計術語表述，帳戶的左邊稱爲借方（debit 簡寫爲 DR），右邊稱爲貸方（creditor 簡寫爲 CR）。儘管它們在飯店會計的其他領域作用突出，借和貸在客務部會計中扮演相當小的角色。在帳戶中借和貸只是個記帳符號，而沒有任何好與壞的含義。借方和貸方的數額來自於複式記帳法的使用，它是現代企業中財務記帳的基礎。在複式記帳中，每筆交易至少影響兩個帳戶。一筆業務的借方總額必須等於這筆業務的貸方總額。它構成了夜間稽核會計程序的基礎。

(一)住客帳戶

住客帳戶是用於記錄住客和飯店之間發生的財務交易。住客帳戶在客人作保證類預訂或在客務部登記時建立。在客人住店期間，櫃檯的責任是記錄所有對住客帳戶餘額有影響的交易。櫃檯通常尋求客人在結帳

階段結清所有應付的住客帳項。當然在某些情況下，飯店也要求住客在結帳階段前的任何階段支付部分或全部款項。例如：如果客務部實行飯店的住客信用限額制度，超過額度的住客可能被要求支付部分或全部應收未收款項。當實行信用限額政策時，在住客帳戶餘額一旦超過預先確定的額度就應開始採取措施，而不是在最後結帳時。

(二)非住客帳戶

飯店也擴展店內記帳權利給當地的公司或旅行社，作為推銷的手段或吸引其在飯店主辦會議。櫃檯建立非住客帳戶追蹤這些交易。這些帳戶也稱之為應收公司帳。非住客帳戶也用於記錄離店客人在離店時沒有能夠結算的帳款。當客人的狀態由住店客人轉變為非住店客人，帳戶的結算責任將從客務部轉給後場的部門。與住客帳戶需要每日編制不同，非住客帳戶通常是由飯店會計部門按月進行結算。

二、帳單（Folio）

客務部交易主要反映在叫做帳單的帳戶上。一個帳單是用於記錄影響到該帳戶餘額的所有交易（借方和貸方）的帳頁。當一個帳戶建立時，即設立一個起始金額為零的帳單。所有增加（借記）或減少（貸記）帳戶餘額的交易均被記錄在帳單上。當客人用現金支付，或轉到已授權的信用卡帳戶，以及直接郵寄帳戶結帳後，客人帳單的餘額應歸為零。

在帳單上記錄交易的過程叫做過帳。當一項交易已經被記錄在帳單的適當位置上，一個新的餘額就被確定。當登錄交易時，客務部可以使用手動帳單（如使用的是非自動系統），機器過帳帳單（如半自動系統），或者基於電腦的電子帳單（使用全自動系統）。

不管使用何種過帳技術，記錄在帳單上的基本會計資訊是一樣的。在使用非自動或半自動記錄系統時，住客帳單是以日記帳頁形式保存在客務部。在採用全自動記錄系統時，電子帳單是存儲在電腦裡，在需要時可以恢復，顯示或列印出來。

有四種類型的帳單被用在客務部會計操作中。包括：
- 住客帳單（Guest folios）：帳戶分配給單個的客人或房間；
- 總帳單（Master folios）：帳戶分配給不止一個客人或房間的情況下，通常用於團體帳戶；

· 非住客帳單（Non-guest）：帳戶分配給飯店授權記帳的非住客公司或旅行社；

· 員工帳單（Employee folios）：帳戶分配給飯店已授權的員工。

另外一種類型的帳單通常是由客務部經理為滿足特殊情況或要求而建立的。如一個商務客人要求將他的收費和支付分為兩個個人帳單：一個帳單記錄由公司支付的費用，另一個記錄由該客人支付的個人費用。在這種情況下，一個客人需要建立兩個帳單。如果客房和稅收部分是與其他費用分開的，客房和稅收應記入到客房帳單上，這個帳單有時叫做A帳單。食品、酒水、電話和其他費用記錄到雜項帳單或B帳單。

每一份帳單應有一個唯一的序列編號。帳單之所以要連續編號有很多原因：第一，他們作為確認號碼有助於保證所有客務部業務的帳單在夜間稽核時被核查。第二，帳單號碼可以用做自動系統的索引資訊。自動系統通常在預訂完成後建立帳單號碼，預訂號碼將提交客務部作為帳單號碼。最後，帳單號碼能夠提供一個完整的憑證鏈。在非自動和半自動系統中，帳單有一定的長度，只能記錄有限數量的帳目。當帳單餘額需要結轉到新帳單時，應該顯示舊帳單號碼作為起始餘額出處的參考。

大多數飯店嚴格規定員工帳單只用於那些保證因公司原因而使用的權利。例如，一個業務經理可以有權利在飯店餐廳招待客戶。

三、憑單（Vouchers）

憑單詳細反映記錄到客務部帳戶的交易。這個憑單列示了產生於餐廳或禮品店等所發生交易的詳細交易資訊。然後這些憑單被送到客務部過帳，例如，飯店營業單位使用憑單通知客務部，客人所發生的帳務需要過帳。在客務部會計中有以下幾種類型的憑單，包括現金憑單、簽帳憑單、轉帳憑單、折讓憑單和付款憑單。大多數電腦系統幾乎不需要憑單，這是由於各營業單位的終端直接與客務部電腦介面，能夠直接將電子交易資訊轉到電子帳單上。

四、營業單位（Points of Sale）

營業單位是提供商品和服務的地點。在飯店任何一個對其商品和服務收取營收的部門被認為是一個收入中心，也就是營業單位。大型飯店通常有很多營業單位，如餐廳、酒吧、交誼廳、客房餐廳服務、洗衣和乾洗服務、停車場、電話服務、健身中心、運動設施和商場。客務部會

計系統必須保證所有在各營業單位發生的帳項，應記錄到相關住客或非住客帳戶上。

一些飯店提供客人操作的設備，與營業點功能類似，也被稱之為營業單位，這些營業單位發生的銷售活動也應記錄到客人帳單中。三項自助項目是房內電影、高速網路服務和房內販賣服務系統。

在分散的營業單位發生的大量的商品和服務專案需要有一個複雜的內部會計系統來保證銷售業務被正確記錄和有相應憑證證明。圖8-1列示了客人在餐廳消費的帳目記人其客人帳戶的資訊流動過程。飯店營業單位的POS也許可以使用遙控的終端裝置直接與客務部電腦系統連接。全自動的 POS 大大地減少了將消費憑單記入到客人帳單上的時間、每一項業務處理的時間，以及大量的過帳錯誤和遲到憑單的處理。總之，全自動化有助於客務部員工建立憑證齊全的，清晰整潔的帳單，而且極大地減少了差錯。無論何處，在透過遙控終端或提交憑單將消費資訊記入到櫃檯帳單，營業單位必須提供一些基本的資訊。這些資訊包括憑單或交易的號碼、消費金額、營業單位名稱、房間號碼和客人姓名、消費項目等。如果消費是通過憑單傳遞的，憑單上必須有客人的簽名和服務員的身分確認。如果消費是通過遙控終端傳遞的，服務員工的身分將由電腦終端進行識別並隨同消費資料的傳輸記人到客人帳單中。即使透過全自動終端進行記帳，仍然需要客人在銷售憑單上簽字，一方面這是稽核的需要，另一方面是為了防止客人對消費專案和消費數額產生任何爭議。

五、分類帳（Ledgers）

分類帳是一組帳戶。客務部分類帳是客務部帳單的集合。客務部帳單是客務部帳戶，代表應收款分類帳的一部分。應收帳款表示欠飯店的款項。客務部會計操作通常將應收帳款分成兩組：住客分類帳（guest ledger，或稱房客簽帳）和外客分類帳（city ledger，或稱外客簽帳）。

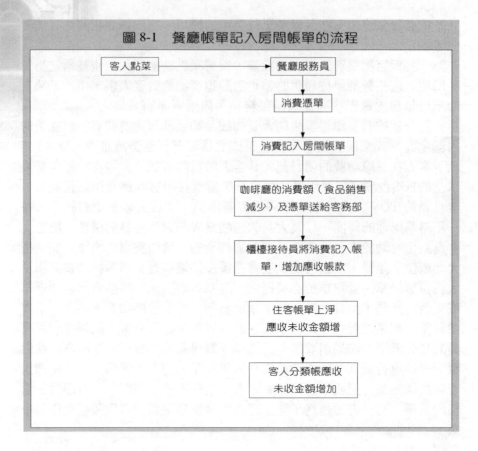

圖 8-1　餐廳帳單記入房間帳單的流程

```
┌──────────┐                    ┌──────────┐
│ 客人點菜  │ ─────────────────→ │ 餐廳服務員 │
└──────────┘                    └──────────┘
                                      │
                                      ▼
                                ┌──────────┐
                                │ 消費憑單  │
                                └──────────┘
                                      │
                                      ▼
                              ┌──────────────┐
                              │ 消費記入房間帳單 │
                              └──────────────┘
                                      │
                                      ▼
                          ┌──────────────────────┐
                          │ 咖啡廳的消費額（食品銷售 │
                          │ 減少）及憑單送給客務部  │
                          └──────────────────────┘
                                      │
                                      ▼
                          ┌──────────────────────┐
                          │ 櫃檯接待員將消費記入帳  │
                          │ 單，增加應收帳款       │
                          └──────────────────────┘
                                      │
                                      ▼
                            ┌──────────────────┐
                            │ 住客帳單上淨        │
                            │ 應收未收金額增      │
                            └──────────────────┘
                                      │
                                      ▼
                            ┌──────────────────┐
                            │ 客人分類帳應收      │
                            │ 未收金額增加       │
                            └──────────────────┘
```

(一)住客分類帳

　　住客分類帳是有關客人已經登記住宿或已經支付預付訂金而設立的客人帳戶。客人在住宿登記時作了適當的信用安排後，可以取得在住宿期間將其消費記入到他個人帳單的權利。客人也可以在住宿期間的任何時候支付他們的應收未收帳款餘額。為了便於追蹤客人帳戶的餘額，客人的財務交易也被記入住客分類帳。在實際的客務部運轉過程中，住客分類帳也叫做暫住客分類帳、客務部分類帳或客房分類帳。當收到預付訂金，它被記入到住客分類帳作為貸方餘額。當客人入住後，貸方餘額將由其住宿期間發生的消費來沖減。大量預收訂金的飯店，住客分類帳又被進一步分為預付訂金分類帳和住客分類帳，這有利於記錄大金額的預訂金。在較少收取訂金的飯店，將訂金記入住客分類帳已經達到有效

的財務控制。對於非自動或半自動系統的飯店，貸方金額（預付訂金）應立即記入住客帳單或預付訂金分類帳。在使用預付訂金分類帳的飯店，預付訂金應在客人入住時從預付訂金分類帳轉到住客帳單中。

(二)外客分類帳

外客分類帳也稱爲非住客分類帳，是非住客帳目的匯總。如果在結帳時，客人的帳項沒有完全以現金形式結清，客人帳單的餘額部分將從客務部轉至財務部門收取。在帳務轉移的同時，收取該帳款的責任由客務部轉至財務部（後場）。外客分類帳包括信用卡付款帳項、直接付款帳目和由飯店負責收取的以前住客的帳款。

第二節 客帳的建立和維護

保證所有交易準確和完整地記入到住客分類帳上是客務部的責任。客務部同時也記錄所有影響到非住店客人帳戶的交易。後場會計部門的最終責任是蒐集所有非住店客人分類帳。

住客帳單一般在預訂階段或在入住登記階段建立。爲了準備好帳單，客人的預訂資訊或入住登記單資訊應轉到帳單上。在非自動或半自動系統的飯店，通常使用預先編好號的帳單以便內部控制。當使用預先編號的住客帳單時，帳單號碼通常也記人到客人的入住登記卡上以便交叉控制。手動記錄和機器記錄的住客帳單一般存在客務部的帳單架內。帳單架也可以標爲待過帳帳單架和已過帳帳單架。

在使用全自動系統時，住客資訊自動從電子預訂記錄或入住登記記錄轉入到電子帳單。電腦將自動在客務部系統中檢查電子帳單與其他的電腦記錄。與非自動和半自動系統不同，在全自動系統中每一個帳戶可以保存不受限制的過帳記錄。在有些電腦系統，最初的電子帳單是與預訂記錄同時建立的，這樣在客人登記前就能夠記帳到客人帳戶。這樣就能通過電子記錄對預付款和預付訂金等帳目準確的控制。由於入住登記卡也是由全自動系統建立的，它與事先列印的信用卡憑單一起存放在帳單架內。另外，電子系統能夠在每位客人登記時自動建立帳單編號，根據預訂過程的事先設置，將費用直接轉到每一個住客帳單。

在入住登記時，經複核的預訂資料將與客房房價資訊和客人的房間號碼一起合併，建立住客電子帳單。對於散客，相關的資訊只在登記時

獲得而輸入客務部電腦終端。在客務部電腦系統中建立電子帳單能夠顯著地減少會計輸入交易的差錯。電子資料處理的一個主要優勢是需要的資料只要輸入一次。由於資料只要輸入一次，自動電腦系統能夠極大地減少多次重複處理資料造成的差錯。

一、記錄系統

由於客務部記錄系統不同，各飯店使用的住客和非住客帳單格式可能各不相同。

(二)非自動系統

在手動系統中，住客帳單包含一系列的欄目累計列示客人住店期間各項借方記錄（收費）和貸方記錄（支付）。在營業日結束後，每欄加總，並將當天的餘額結轉爲次日帳單的期初餘額。

(三)半自動系統

圖 8-2 是一個使用半自動記錄系統的住客帳單的格式。客人消費業務被連續列印在機器記錄帳單上。關於每項業務的記錄資訊包括發生日期、部門及其編碼、交易金額和新的帳戶餘額。帳單上的應收未收餘額是客人欠飯店的欠款，在餘額爲貸方的情況下是飯店欠客人的款項。滾動餘額欄目提供了機器記錄的稽核軌跡，幫助證明當前餘額是正確的。如果半自動記錄是由機器執行的，它並不能保留各個帳戶的餘額。這就是說每個帳戶的上筆餘額必須在記錄新業務前重新輸入一次。這個程序可以保證機器在帳單上產生一個新的總額。而全自動系統一般可以保留帳單餘額。

(三)全自動系統

圖 8-3 是一個使用全自動記錄系統的住客帳單格式。營業單位的業務可以自動記錄到電子帳單。帳單可按需要列印，帳單中的借方（收費）和貸方（支付）出現在同一個欄目，付款額使用括弧或減號表示以示區別。列印的帳單也可以使用傳統的多欄式帳戶格式。由於基於電腦的系統保存了所有帳戶的當前餘額，因此在全自動系統中就不需要手動輸入帳戶的上筆餘額。

圖 8-2　機器記錄帳單樣本

房號	姓名			房價	帳單號碼	403131
街道地址			OUT	Phone	Out	
				Reading	In	
城市、國家和郵遞區號			IN	上頁帳單號		
人數	信用卡		員工	下頁帳單號		

日期	摘要		收費	支付	餘額	滾動餘額
7月27日	餐廳	103	**14.25		**14.25	A*14.25
7月27日	客房	103	**60.00		**74.25	A*74.25
7月27日	長途電話	103	**6.38		**80.63	A*80.63
7月27日	其他	103		**18.38	**62.25	A*62.25
7月27日	支付	103		**62.25	*0.00	
					應付餘額	

二、簽帳權利

　　為了建立客人在飯店內的信用額度，客人需要在登記時提供一張信用卡或轉帳的授權。使用全自動系統的飯店也允許在預訂時建立信用，通常是獲得客人信用卡的號碼和失效日期，並將這些資訊傳給信用卡公司申請一訂金額的授權。一旦信用額度被批准，客人將獲得簽帳消費的權利。這些交易可以通過手動憑單或遙控電子設備將營業單位的消費資訊記錄到客務部的相應帳戶。

　　客人在入住登記時用現金支付食宿費用是不給予簽帳權利的典型情況。這些客人被叫做即時付帳客人（PIA客人）。在全自動客務部會計系統中，即時付帳客人被設定為不可簽帳狀態。由於飯店各營業單位終端直接連通存儲的帳戶資訊，不可簽帳狀態就不能接受簽帳交易。這就是說收人中心的收款員將不能記帳到不可簽帳狀態客人的帳上。在使用非自動和半自動系統的飯店，一份即時付帳客人清單將手動分發給所有收入中心。雖然這份清單和電腦的不可簽帳狀態具有同等作用，但是它也許並不便於使用和更新。

圖 8-3　電子帳單樣本

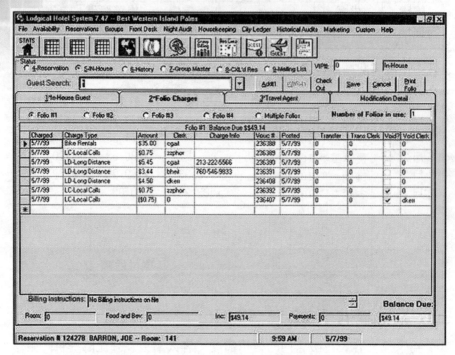

資料來源：來自於INNfinity公司的飯店管理系統。該公司的網址提供系統的
　　　　　其他訊息。

　　當地公司和居民可以向飯店申請獲得簽帳帳戶，簽帳帳戶類似於住
客帳戶，客人的簽帳將從飯店的收人中心轉到客務部記入其帳戶。由於
所有營業單位的交易憑單每天彙集到客務部，通常是由客務部稽核住客
帳戶和非住客帳戶。

三、信用監督

　　客務部必須監督住客和非住客帳戶以保證沒有超過可以接受的信用
額度。典型的情況是設定信用額度，客人在入住預訂或登記時獲得簽帳
權利。當客人在入住登記時提供了一張可以接受的信用卡，其信用額度
將達到信用卡公司授權的最低限額。這意味著只要消費不超過信用卡公
司·設定的限額，客務部可以直接記帳而不需要再授權。但是客務部仍

*MANAGING FRONT
OFFICE OPERATIONS*

然需要檢查信用卡的有效期。住客和非住客帳戶在獲得其他經批准的信用安排情況下，也不得超過客務部建立的信用限額。這些內部信用限制稱爲飯店信用限額。

當客務部帳戶接近其信用額度，需要通告客務部管理層。這些帳戶叫做高風險帳戶或超額度帳戶。客務部經理或夜間稽核員對確認帳戶是否達到或超過預先設定的信用額度負主要責任。客務部在超額度帳戶問題解決前，可能拒絕新的消費記入客人帳單。大多數飯店的客務部每天要定期檢查客人分類帳，以保證客帳沒有超過批准的信用額度。全自動系統的客務部可以根據需要由電腦列印一份客人清單，主要列示帳戶接近或超過批准的信用額度的客人姓名。客務部管理層可以向信用卡公司申請增加信用授漢或要求客人來支付部分帳款以減少應收未收款餘額。

在大型飯店，也許有一個全職的信用經理檢查超額度帳戶。對於接近或超過批准的信用額度的客帳，信用經理也可以向信用卡公司申請增加信用授權。另外，信用經理還負責向現在的和過去的住客收取沒有結清的帳款。在小型飯店，這項責任是由客務部經理或會計部門承擔。

四、帳戶維護

帳單用於記錄影響客務部帳戶餘額的交易。客人帳單必須準確、完整和以便於客人查詢帳戶餘額的方式存檔，或以備客人隨時結帳。交易記錄同樣遵循基本客務部會計公式。會計公式爲：

期初餘額　＋　借方金額　－　貸方金額　＝　淨應收未收餘額

PB　＋　DR　－　CR　＝　NOB

即借方增加帳戶餘額，貸方減少帳戶餘額。

這個公式能被應用於圖 8-2 的帳單。客人在 7 月 27 日登記住宿，第一筆借方金額——14.25 美元消費發生在當晚飯店的餐廳。由於客務部沒有收到現金付款或貸方金額，帳戶上第一筆應收未收款餘額爲 14.25 美元。

PB　＋　DR　－　CR　＝　NOB

$0.00　＋　$14.25　－　$0.00　＝　$14.25

或者，另一種方式表示為：

期初餘額：	$0.00
＋借方金額	＋ 14.25
－貸方金額	－ 0.00
＝淨應收未收餘額	＝$14.25

當日夜間，夜間稽核員將客人房費和房間稅（$60）記錄到帳戶上。這項交易出現在帳單的第二行，導致一個新的應收未收金額。

PB	+	DR	−	CR	=	NOB
$14.25	+	$60.00	−	$0.00	=	$74.25

接著，記錄了客人的長途電話費，導致借方增加 6.38 美元。後來客務部記錄了一筆雜項貸方金額（折扣）18.38 美元。在客人結帳時收到一筆現金付款 62.25 美元。當每一筆交易都記錄後，客務部會計公式產生一個餘額為零的淨應收未收帳戶。

PB	+	DR	−	CR	=	NOB
$74.25	+	$6.38	−	$0.00	=	$80.63
$80.63	+	$0.00	−	$18.38	=	$62.25
$62.25	+	$0.00	−	$62.25	=	$0.00

此時，客人結帳離店，其帳戶餘額歸為零，結帳完畢。

第三節　追蹤交易

消費交易必須有正確的憑證，以便客務部適當地維持帳戶。客務部員工依賴會計憑證提供可信的憑據。即使在全自動系統的飯店，營業單位（POS）終端機直接與客務部系統連接，客人在檢查帳單時仍然會詢問有關消費。客務部會計程序最主要關注的是交易資訊從營業單位傳遞到客務部。夜間稽核試圖核查交易資料以保證飯店提供的所有商品和服務與客務部獲得的應收帳款一致。

交易在客務部會計系統中產生帳目活動。從財務觀點來看，在交易產生前沒有發生任何事情。由於這個原因，客務部會計系統被描述為交

易會計系統。適當的記帳程序依賴於交易的性質和其貨幣價值。交易分為以下幾類：

- 現金支付
- 收費產生
- 帳項糾正
- 帳項折讓
- 帳項轉移
- 預付現金

在客務部會計系統中，每種交易類型將有不同的影響。每種交易類型可透過使用不同的憑單與客務部溝通，這將有助於簡化可能發生的稽核程序。大多數使用半自動系統的客務部要求每一張憑單由客務部記帳機列印上交易資訊。通過列印提供了可視的證據，證明憑單的性質和金額已被正確記錄到客人帳單。這個程序也簡化了夜間稽核的工作。

一、現金支付

在客務部客人用現金付款，減少其淨應收未收款餘額，應記入到住客或非住客帳戶的貸方，因此減少帳戶餘額。客務部可以使用現金憑單來證明這項交易。只有在客務部發生現金支付交易時，才將其記錄在客務部帳單上。在結帳或預付食宿費用時，現金支付也影響到客務部帳戶餘額。客人登記並為其食宿預付現金時，需要在他們入住前給他們一份帳單的一聯作為付款的證明。

當現金用於支付除了客務部消費以外的商品和服務時，將沒有記錄出現在帳單上。這筆交易的「帳戶」只在營業單位進行建立、增加、結帳和關閉，因此減少了客務部的憑證和記帳工作。例如，客人用現金支付在飯店餐廳用的午餐，就不需要出現在客人的帳單上。另外，一些飯店在客務部銷售一些項目如報紙，當客人用現金支付這些項目，可以簡化到不作任何記錄。

個人支票和旅行支票是可轉讓票據，可被客務部員工視為現金。然而它們的安全標準很高時，才能被接收用以支付帳款或兌換為現金。大多數飯店對於接收支票制定有專門的程序，通常要求將客人的姓名、地址和電話號碼重新寫在支票上，銀行名稱和支行標誌與支票號碼一起也應重新寫在支票上。另外，銀行帳號和銀行流程號碼必須清楚的寫在支

票的票腳。收款員應核查客人的簽字與原簽字樣本是否一致。然後,應在支票的背書欄中蓋上只支付到飯店的圖章。最後,客人的身分證明也應記錄在支票上,如駕駛證號碼。旅行支票要求客人當著客務部收款員的面進行簽字。作爲一項安全預防措施,旅行者在發出支票時要在支票上再簽字。飯店收款員在收到旅行支票時應核對原始的簽字與客人的簽字,以保證其有效性。

在接收個人支票和旅行支票時,另外一個注意事項是關於使用的實際貨幣。收款員應確認以當地貨幣支付,而不是外幣。如果支票是以外幣簽發的,收款員在接受時應首先將外幣折算成當地貨幣,再行支付。大多數當地的報紙登載當日外幣與當地貨幣的兌換率。匯率資訊也可以從當地銀行獲得。飯店通常向客人收取小額的貨幣兌換費用。

很多飯店使用支票保證服務來保證他們所收到的支票是好的。當使用支票保證服務時,銀行帳號、銀行工作號碼、支票號碼和金額要提供給服務中心。如果支票是可接受的,服務中心擔保付款給飯店。當然飯店要向保證服務中心支付保證費用,在多數情況下此項費用作爲飯店開展業務的成本開支。旅行支票只要填寫完整,面對面簽字,並背書,就不需要支票保證服務。

二、簽帳消費 (charge purchase)

收費產生表示延遲的付款交易。在延遲付款交易中,客人(購買者)從飯店得到商品和服務,但是並不在得到時付款。一項收費產生的交易增加(借記)客人帳單的應收未收款餘額。

如果交易是發生在客務部以外的地方,必須將消費資訊傳遞到客務部並恰當地記錄到帳單中。在非自動和半自動系統的飯店,通常是使用簽帳憑單或應收款憑單來溝通。當收入中心的收費是使用表式記錄銷售時(如餐廳的客人帳單),這個表式通常被認爲是原始憑證。爲了溝通這類已經存在的交易,支援憑證(憑單)被填寫並送到客務部過帳。許多非自動和半自動系統的飯店使用一張多項目的食品和酒水帳單,當客人將消費簽至他的房間時,一份帳單副本代替憑單傳至客務部過帳。

很多飯店的商店並不由自己所擁有和經營,它被出租給商店經營商。飯店和商店經營商通常有一份商業協議允許客人將其商店消費記入到他們的飯店帳戶上。在這種情況下,飯店和商店經營者必須制定程序

和所需的憑證把消費記錄到客人帳戶上。無論是採用手動還是自動記帳，飯店通常都有責任將所有記錄到客人帳戶的商店消費支付給商店經營者。因而飯店要有一個所有記入到客人帳戶的準確的消費記錄。商店經營者也有同樣的情況。程序必須能夠清楚地說明什麼銷售證據是需要的，以及在客人對消費有爭議時如何去做。

在通常情況下，客人在商店購物時要求他們出示他們的房間鑰匙或者其他住宿飯店的身分證明。有時商店的銷售系統直接與飯店的客務部電腦系統連接，商店經營者能夠向客務部系統查詢客人的身分，同時將客人消費直接記入到他們的帳戶。當消費發生時，商店經營者要求客人在消費憑單上簽字作為記錄到他們飯店帳戶的證據。該憑單一般一式兩份，第一聯商店經營者留存，第二聯送交客務部作為銷售證據。如果客人在結帳時對於這些費用有爭議或疑問時，這些憑單可作為證據出示。在客人結完帳以後，這些憑單轉給會計部門作為支付帳款給商店經營者的憑據。

三、帳款更正

帳款糾更交易解決在帳單上的過帳錯誤。按照定義，帳款更正是在業務結束前，也就是在夜間稽核前對當日產生的錯誤進行改正。帳款更正根據差錯的不同，可以是增加帳戶餘額或減少帳戶餘額。例如，如果櫃檯接待員不注意減少記入了某個客房的房價，這個帳戶就需要進行調整。在這種情況下，帳款糾正將增加客人帳單的餘額。如果偶然多記了某個房間房價，此時帳款糾正應減少帳戶餘額。更正憑單（correction voucher）用於證明帳款糾正的交易。

四、帳款折讓

帳款折讓包含兩類交易：一類帳款折讓是減少帳單餘額的折讓，是對服務品質問題的補償和優惠券的折扣。另一類帳款折讓是在營業結束後（夜間稽核後）對發現的記帳錯誤的更正，這類錯誤要另外輸入到相關收入中心的會計帳戶，因此需要調整他們的帳戶記錄。

帳款折讓使用折讓憑單（allowance voucher）作為憑證。折讓憑單一般需要管理層的批准。圖8-4是一份用於半自動飯店的帳款更正和帳款折讓憑單格式。

圖 8-4　帳戶更正和帳戶折讓憑單格式

房間號碼	日期	金額
		221538

以上不要書寫

日期	記號	金額

此處不要書寫

影響總額

說明

金額	收款員	批准

更正單

房間號碼	日期	金額
		311811
		日期

以上不要書寫

姓名	房間號碼帳號

日期	記號	金額

此處不要書寫

說明		

折讓單

簽字

MANAGING FRONT OFFICE OPERATIONS

五、帳款轉移

帳款轉移影響到兩個帳戶，一個帳戶餘額變動將抵消另外一個帳戶餘額變動的影響。例如，當一個客人爲另一個客人付帳，代付的帳款應從被付帳戶轉到代付客人帳戶。轉帳憑單（transfer voucher）是減少被付客人帳單餘額，增加代付客人帳單餘額的票據。帳款轉移也發生在客人離店時使用信用卡進行結帳，通過使用帳款轉移單將客人應收未收款餘額從住客帳戶（帳單）轉入非住客帳戶（應收款）。

六、現金預支

預支現金和其他類型的交易的不同點是，無論現金預支是直接支付還是代表客人支付，它都導致了現金流出了飯店。由於現金預支交易增加了帳單上的應收未收款餘額，被認爲是借方交易。現金預支使用現金預支憑單。客務部代替客人支付的現金，作爲現金預支記入客人帳戶是典型的現金支付。在有些客務部運作中，用現金支付憑單代替現金預支憑單（cash advance voucher）。

過去，客務部員工經常允許客人簽寫一份現金支付單從其住客帳戶提取現金，現在這已不再是通行的做法。許多飯店告知客人在飯店內或附近的銀行自動取款機提取現金。這一方面減少了飯店持有現金的數額，另一方面減少了飯店因客人退房不結帳而帶來的風險。但是，客人經常向鮮花店訂鮮花，要求櫃檯人員接收送來的鮮花並付款。由於大多數客人沒有爲此付錢給客務部，客務部仍然需要代表客人付款，客務部在付款時假定客人將承擔此費用。客務部政策應說明現金支付在多少元以內可以處理。

第四節　內部控制

客務部內部控制包括：

· 追蹤交易憑證。
· 核查帳戶記錄和餘額。
· 發現會計系統的差異。

稽核是查核客務部會計記錄正確性和完整性的過程。每一筆相互影響的財務事項通過產生書面憑證來記錄交易的性質和金額。例如，當發

生將客人的餐費記入其個人帳單的交易時，這項交易很可能由餐廳帳單、收銀機記錄和消費憑單所證實。消費憑單由收入中心填寫並送給客務部作爲交易的通知。在半自動系統的客務部，櫃檯接待員依次找出客人帳單，記錄消費交易，將客人帳單和消費憑證存檔。當晚，客務部稽核員要保證所有送到客務部的憑單已經適當地記錄到正確的帳戶。在此情況下，稽核員將檢查從餐廳轉來的消費總額與餐廳計算的總額是否一致。在帳戶記錄都有完整的憑據作爲有效證明時，相互帳款的差異是容易解決的。

一、備用金（Cash Banks）

客務部會計控制程序的一個主要部分是客務部收款員備用金的使用。備用金是分配給收款員的一訂金額的現金，以便他處理在各班次所發生的不同交易。飯店通常發給收款員一訂金額的備用金。這些錢用於爲客人結帳、現金預支，以及提供其他有關現金的服務時進行找零。備用金額度（bank limit）是每班開始前收款員應領取的備用金數額。典型的監控程序是要求收款員在上班前簽字證明開始使用備用金，同時也只有簽字的收款員在當班期間才有權使用備用金。在班次結束時，每個客務部收款員的唯一責任是將當班所有收到的現金、支票和其他可轉讓票據上繳。

在沒有安排每人每份備用金的飯店，收款員通常將備用金交給下一班。在這種情況下，已經使用備用金的收款員需要在當班結束時核查備用金餘額，將超過備用金額度的盈溢（overage）投入到飯店的保險箱。接受備用金的收款員也必須核查備用金的金額是否正確，因爲他將承擔接受責任。在當班結束，收款員通常先分出期初的備用金，然後將剩下的現金、支票和其他可轉換款項（如現金預支憑單）放在一個專用的現金憑證或客務部現金繳款袋中。收款員在將現金繳款袋投入客務部總保險箱之前，通常要在客務部現金繳款袋的袋面上詳細列明和記錄放入的內容。從內部控制角度，至少應有一位另外的員工目擊這個現金上繳過程，兩名員工應在登記本上簽字證實投放確實完成，並寫出投放時間。

客務部現金繳款袋中的現金和收款員的淨現金收入的現金差額應在收款員繳款袋上寫明，作爲盈溢（overages）、短少（shortages）或應補回現金（due backs）。淨現金收入（net cash receipts）是收款員抽屜裡的現金、支票和其他可轉換款項的總額，減去期初的備用金，加上現金支

付。

例如，假設客務部收款員開始上班的備用金爲 175 美元，當班期間，收款員做了 49 美元的現金支付。當班結束，所有現金、支票、可轉換票據的總額爲 952 美元。

爲了確定淨現金收入總額，客務部收款員首先加總在收款員抽屜中的現金，支票和可轉換票據的總額（$952），然後減去期初的備用金（$175），再加上現金支付額（$49），客務部收款員將得到淨現金收入額（$826）：

$$\$952 - \$175 + \$49 = \$826$$

盈溢發生在拿出期初的備用金後，收款員抽屜裡的現金、支票、可轉換票據和現金支付額的總和大於淨現金收入額的時候。可轉換票據通常爲憑證格式或證明形式，對於飯店，它具有現金價值。例如，客人可以使用已經預先支付現金給飯店的禮品券，飯店收款員將此券視同爲現金。短少發生在抽屜裡的總價值小於淨現金收入額的時候。客務部經理在評估客務部收款工作表現時，盈溢和短少兩者都不被認爲是「好」。盈溢和短少是透過將收款員的記錄與實際現金、支票和可轉換票據比較後得到的。好的記錄系統，無論是非自動、半自動還是全自動的，都將提供適當的現金記錄憑證。由於收款員是處理現金業務的，因此重要的是在客務部應有適當的程序以保證財務的完整性。

應補回現金發生在收款員付出的現金大於他收到的現金的時候，也就是說抽屜中沒有足夠的現金還回期初的備用金。在客務部應補回現金並不經常發生。一個特殊的應補回現金的情況是收款員在一個班次中收到很多支票和大額現鈔，如果不包含支票和大額現鈔，期初的備用金將難以補回。由於支票和大額現鈔在交易處理過程中不是非常有用，它們通常被作爲其他收入上繳。因此，客務部上繳款項也許大於收款員的淨現金收入，這個超額應補回到客務部收款員的備用金中。在收款員的下一個班次前，客務部應補回現金通常以小額現鈔和硬幣補回，因此備用金被補足。應補回備用金對收款員的工作表現並不產生正面的或負面的影響，因爲它在淨現金收入與實際現金相等或不等時都會發生。

二、稽核控制

多數的客務部稽核控制保證客務部員工正確地方處理現金、客人帳

戶和非客人帳戶。公開上市的飯店公司要求由獨立註冊公共會計師（independent certified public accountants）每年對其客務部和後場會計記錄進行稽核。另外，在有幾家飯店的公司通常雇用內部稽核師對各個飯店進行神秘訪問以稽核其會計記錄。在上述兩個例子中，應撰寫稽核報告交管理層和業主審閱。圖 8-5 是一個公司的內部監控檢查清單的格式。這個清單包括有關標準的客務部程序，稽核是為了保證客務部運轉的完整性。

圖 8-5　內部監控檢查表樣本

(A)客人帳單

1.經稽核的應收帳款

a.＿＿＿＿＿＿已結帳離店的客人帳戶　　　　　　　　$ ＿＿＿＿＿

b.＿＿＿＿＿＿退房後帳單　　　　　　　　　　　　　　＿＿＿＿＿

c.＿＿＿＿＿＿預付帳款和消費　　　　　　　　　　　　＿＿＿＿＿

d.＿＿＿＿＿＿爭議帳戶　　　　　　　　　　　　　　　＿＿＿＿＿

e.＿＿＿＿＿＿失職帳戶（超過 60 天）　　　　　　　　＿＿＿＿＿

f.＿＿＿＿＿＿逃帳　　　　　　　　　　　　　　　　　＿＿＿＿＿

g.＿＿＿＿＿＿旅行團憑單　　　　　　　　　　　　　　＿＿＿＿＿

h.＿＿＿＿＿＿員工帳戶　　　　　　　　　　　　　　　＿＿＿＿＿

i.＿＿＿＿＿＿公司內部帳戶　　　　　　　　　　　　　＿＿＿＿＿

j.＿＿＿＿＿＿＿＿＿＿＿

k.＿＿＿＿＿＿＿＿＿＿＿

l.＿＿＿＿＿＿＿＿＿＿＿

　　　　　　　　　　　　　　　　　　小計　　　　$ ＿＿＿＿＿

m.其他直接寄帳帳戶

　　　　　　　　　　　　直接寄帳總額　　　　　$ ＿＿＿＿＿

n.住客帳戶總額

　　　　　　　　　　　　應收帳款總額　　　　　$ ＿＿＿＿＿

o.減預付訂金

　　　　　　　　　　　　應收帳款餘額　　　　　$ ＿＿＿＿＿

p.差異

＿＿＿＿＿＿直接寄帳帳戶

＿＿＿＿＿＿信函確認帳款　　　　　　　　　　　$ ＿＿＿＿＿

根據報告重新設置控制號

根據機器重新設置控制號　　　　　　　　　　　　＿＿＿＿＿

（續）圖 8-5　內部控制檢查表樣本

	滿意	不滿意
2.由客人簽字的直接郵寄帳戶		
3.根據公司政策追蹤應收帳款		
4.只有經授權的人員允許簽批准直接郵寄帳款		
5.直接轉帳帳款有相符的消費證明副本附後		
6.及時將直接郵寄支票存銀行		
7.正確編制每月應收帳款清單		
8.分開和監督直接轉帳的付款、記帳和寄帳		
9.直接寄帳公司信用授權存檔		
(B)預付訂金	**滿意**	**不滿意**
1.帳單是完整的（入住日期等顯示在帳單上）		
2.預付訂金帳單是安全的		
3.及時處理以前的貸方餘額帳戶收入或返回款		
4.及時將預付訂金存銀行		
(C)信用卡程序	**滿意**	**不滿意**
1.確定刷信用卡的日期		
2.檢查完成的信用卡憑單是否顯示		
a.要求的批准		
b.所有卡有效（未過期）		
c.所有列印清楚的		
d.服務員的簽字和帳單號碼		
3.信用卡機正確完好（包括總額正確，非當地的信用卡費專案，增加機器紙卷）		
(D)支票	**滿意**	**不滿意**
1.服務員的簽名，帳單號碼，背書和收款人已正確完成		
2.每日存銀行		
3.正確有效實行支票取現政策		
4.正確維持支票登記		

（續）圖 8-5　內部控制檢查表樣本

(E)客務部	滿意	不滿意
1.重新正確設置控制號碼		
2.收入與客人帳戶的借方一致（檢查3天）		
a.客房		
b.餐廳		
c.長途電話		
d.洗衣		
e.其他		
3.現金支付和折讓款經管理層批准		
4.控制和平衡糾正款項		
5.所有憑單副本保存完好		
6.長途電話費正確計稅		
7.按法律允許收取長途電話服務費		
8.正確計算房間稅		

(F)客人帳單和登記卡	滿意	不滿意
1.登記卡和客人帳單完整存檔		
2.帳單和登記卡打上開始和結束時間		
3.續接帳單標上來自和結轉的帳單號		
4.按連續號控制未使用帳單		
5.正確處理作廢帳單		

(G)安全	滿意	不滿意
1.合理建造投遞式保險箱		
2.正確使用投遞目擊登記簿		
3.備用金在不使用時正確存放		
4.夜間稽核檢查鑰匙安全		
5.貴重物品保管箱		
a.正確保管登記簿		
b.未使用保險箱的鑰匙保存完		
6.汽車駕駛員有有效的執照		
7.收款員抽屜在不使用時應鎖上		
8.飯店安全		
a.上次改變的安全密碼＿＿＿		
b.沒有離店員工擁有安全密碼		

MANAGING FRONT
OFFICE OPERATIONS

（續）圖 8-5 內部控制檢查表樣本

	滿意	不滿意
9.所有鑰匙在未使用時有適當的安全措施	———	———
10 所有倉庫有充分的安全	———	———
11.電視登記日期	———	———
12.充分的布巾存貨控制	———	———

(H)帳單管理

1.未使用帳單（未開箱部分）：
手頭總量＿＿＿＿＿＿　　從編號＿＿＿＿＿＿＿　　到編號＿＿＿＿＿＿＿
未使用的總粘單存放在＿＿＿＿＿＿＿＿＿＿＿＿＿＿＿＿＿＿＿＿＿＿＿＿
可使用多長時間＿＿＿＿＿＿＿＿＿＿＿＿＿＿＿＿＿＿＿＿＿＿＿＿＿＿＿
根據檢查表，如下帳單沒有計算得到：＿＿＿＿＿＿＿＿＿＿＿＿＿＿＿＿＿
檢查的帳單數量＿＿＿＿＿＿　　期間從＿＿＿＿＿＿　　到＿＿＿＿＿＿＿
丟失的帳單數量＿＿＿＿＿＿＿＿＿＿＿＿＿＿＿＿＿＿＿＿＿＿＿＿＿＿＿
結論＿＿＿＿＿＿＿＿＿＿＿＿＿＿＿＿＿＿＿＿＿＿＿＿＿＿＿＿＿＿＿＿
＿＿＿＿＿＿＿＿＿＿＿＿＿＿＿＿＿＿＿＿＿＿＿＿＿＿＿＿＿＿＿＿＿＿

我確認接受這個檢查，贊同給我飯店的評分是客觀和準確的（除了上述列示的選項）
　　　　經理　　　　　　　日期　　　上次是同一個經理稽核的嗎？
　　　　　　　　　　　　　　　　　　　是＿＿＿＿　不是＿＿＿＿
我在此證明在上述日期我在上述飯店執行了稽核工作。

＿＿＿＿＿＿＿＿＿＿＿＿＿＿＿＿＿＿＿＿＿＿＿＿＿＿

稽核服務部門，檔案稽核師

第五節　客帳結算

　　應收未收帳款的付款收取稱為客帳結算，結算包含將帳戶餘額歸為零。在全部使用現金付款，或轉帳到批准的直接郵寄帳戶以及信用卡帳戶時，帳戶可以歸為零。所有住客帳戶應在退房時結完。應收未收款當

要轉爲被批准的延期付款時，應從住客分類帳轉到公司帳上。

　　雖然客人帳戶的結算通常發生在離店時，客人也可以在任何時候支付應收未收帳戶餘額。非住客帳單最早可以在交易發生當天發出，根據客務部的政策，結算也許在 15 天至 30 天後。例如，客人已經做了保證類預訂，但是沒有出現在飯店的情況，通常稱爲爽約的客人。由於客人從來沒有登記，其帳戶就不能在結帳時結清。作爲替代，客務部將發給客人一份擔保金額的帳單，希望在 15 天至 30 天以內收到帳款。如果客人是用信用卡擔保的，飯店可以與信用卡公司制定協議用於收取未抵店客人的帳款。然後擔保金額將轉入應收款分類帳，信用卡部分進行收款。

　　當一個帳戶已經全部支付，大多數飯店記錄最終的付款在客人的帳單上。它便於客人看到付款的證明，也有助於飯店有規律地稽核帳戶。例外的情況是當客人結帳離店後，又有消費記入，這叫做漏帳（late charge）。由於客人一般不接受漏帳，飯店都努力防止發生漏帳（late charge）。客人可能對漏帳有爭議或拒絕支付，而結果往往是飯店調帳。一個典型的漏帳是房間小冰箱消費在客人離店後才送到客務部。

小結

　　客務部會計系統監督和反映了住店客人、公司、旅行社和其他非住客使用飯店服務和設施的交易。客務部在執行會計的正確性和完整性方面的能力直接關係到飯店收取應收未收款的能力。

　　每個客務部會計系統只適用於本飯店的運轉。每個飯店的會計系統的術語和報告格式都不相同。總體而言，帳戶是用於累計和匯總財務資料的表格。計算帳戶的增加和減少並得出帳戶餘額的貨幣金額。飯店發生的所有財務交易都影響到帳戶。客務部帳戶用於記錄與保存住店客人和非住店客人財務交易資訊。在客務部會計中，消費增加帳戶餘額，應記入 T 形帳戶的左邊。支付減少帳戶餘額，應記入 T 形帳戶的右邊。客務部會計憑證主要使用日記帳形式。

　　客人帳戶是用於記錄客人與飯店之間的財務交易的。客人帳戶的建立是在客人做保證類預訂或在客務部入住登記時。飯店也擴展店內記帳權利給當地的公司或旅行社，作爲推銷的手段或吸引其在飯店主辦會議。客務部建立外客分類帳帳來追蹤這些交易。

　　客務部帳戶主要透過叫做帳單的帳戶來反映，一個帳單反映影響一個帳戶餘額的所有交易（借項和貸項）。所有增加（借記）和減少（貸記）帳戶餘額的交易將記錄在帳單上。在結帳時，客人帳單在用現金支付，或用批准的信用卡支付以及轉入直接收帳帳戶時應轉為零餘額。

　　在帳單上記錄交易的過程叫做過帳。當交易記錄在適當的帳單的適當位置時，過帳完成並產生一個新的餘額。

　　客務部帳單有四種類型：住客帳單、總帳單、非住客帳單和員工帳單。另外一種類型的帳單通常是由客務部經理為滿足特殊情況或要求而建立的。憑單詳細反映記錄到客務部帳戶的交易。這個憑證詳細反映了交易源產生的交易資訊。憑單然後被送到客務部。稽核是核查客務部會計記錄的準確性和完整性的過程。

　　營業單位是提供商品和服務供消費的場所。飯店任何一個對其商品和服務獲取收入的部門被認為是收入中心，即營業單位。一個電腦營業單位的POS可以用遙控終端直接與客務部電腦系統連接。自動的POS大大地減少了記錄消費到帳單的時間，處理每一筆資料的時間，以及大量的記錄錯誤和退房後帳款。

　　分類帳是一組帳戶。客務部分類帳是客務部帳單的集合。客務部使用的帳單是客務部應收款分類帳的一部分。應收帳款表示欠飯店的款項。客務部會計通常將應收帳款分為兩組：房客分類帳和外客分類帳。房客分類帳是登記住店客人的客帳。客人在住宿登記時作了適當的信用安排後，可以取得在住宿期間將其消費記入到他個人帳單的權利。外客分類帳，是非住客帳戶的集合。如果一個房客帳戶在結帳時沒有用現金付完，客人的帳單餘額將從客務部房客分類帳轉到會計部門的公司分類帳讓其收款。飯店的商店也許安排允許客人將消費記入到他們的房帳上。在這種情況下，飯店將消費記入到客人帳戶，向客人收取其應付的數額，付出應付給商店經營者的數額。

　　客務部政策要求有完整的現金憑單作為影響客務部帳戶的現金交易的憑證。

　　建立和監督客人的信用通常是信用經理的責任。在很多情況下，這項任務也許是客務部經理職責的一部分。信用經理協助客人建立信用以及檢查住客、非住客分類帳，以保證帳戶沒有超過建立的信用額度。

帳戶（account）：是用於累計及匯總財務資料的表式。

帳戶餘額（account balance）：以貨幣表現的帳目總額，也就是一個帳戶總的借方額與總的貸方額兩者的差額。

應收帳款（account receivable）：欠飯店的款項。

應收帳款分類帳（accounts receivable ledger）：一組應收帳款，包括住客分類帳和外客分類帳。

折讓單據（allowance voucher）：用於證明帳戶折讓的憑單。

備用金額度（bank limit）：在班次期初發給收款員作備用金的現金數額。

現金預支憑單（cash advance voucher）：用於證明直接支付或代表客人支付的現金流出飯店的憑單。

備用金（cash bank）：是在每班開始前分配給收款員的一定數額的現金，以便他處理所發生的不同交易；收款員對這筆備用金以及當班收到的所有現金、支票和其他可轉換帳款負責。

現金憑單（cash voucher）：用於證明客務部現金付款交易的單據。

簽帳憑單（charge voucher）：用於證明除了客務部以外的任何地點發生的消費憑單，也作爲應收帳款單據。

外客分類帳（city ledger）：所有非住客帳戶的集合，包括在店應收帳戶和未結帳離店客人帳戶。

更正憑單（correction voucher）：用於證明對當日營業結束前發現的當日發生的過帳錯誤進行糾正的單據。

借方（creditor, cr）：帳戶左邊的記錄。

貸方（debit, dr）：帳戶右邊的記錄。

應補回帳款（due back）：在收款員發生付款超過他的收款的情況下，其差額是應補回收款員備用金的帳款。在客務部，應補回帳款通常發生在收款員當班收到很多支票和大額現鈔，在下班時如果不包括支票和大額現

鈔，他不能補回期初的備用金。

員工帳單（employee folio）：用於記錄允許某位元有記帳消費權利的員工的消費交易的帳單。

最低額度（floor limit）：信用卡公司給予飯店的額度，表示不需要對某張信用卡取得特別授權，可用信用卡在飯店消費的最大額度。

帳單（folio）：反映影響某個帳戶餘額的所有交易的帳單。

客務部會計公式（front office accounting formula）：用於客務部會計記帳的公式為：期初餘額 ＋ 借方金額 － 貸方金額 ＝ 應收未收款淨額。

客人帳戶（guest account）：用於記錄客人和飯店之間的財務交易的帳戶。

客人帳單（guest folio）：用於反映各個客人或房間帳戶的交易的表格（紙張或電子形式）。

客房分類帳（guest ledger）：一組所有現在登記住店客人的帳戶，也叫做客務部分類帳、暫住客分類帳或客人分類帳。

超額帳戶（high balance account）：一個帳戶已經達到或超過預先確定的信用額度；主要由夜間稽核進行確認；也叫做高風險帳戶。

飯店信用額度（house limit）：由飯店建立的信用額度。

漏帳（late charge）：在客人已經結帳和退房後記錄到客人帳戶的消費帳款。

分類帳（ledger）：一組帳戶。

總帳單（master folio）：用於在一個帳戶中反映超過一個人或一個房間的交易的帳單，通常用作團體帳戶。記錄在其他帳戶不合適記錄的消費。

淨現金收入（net cash receipts）：收款員抽屜中的現金和支票數額，減去期初的現金數額。

非住客帳戶（non-guest account）：用於追蹤以下財務交易而建立的帳戶：1. 在飯店有簽字消費權的當地公司或旅行社。2. 在飯店主辦會議的團體。或 3. 有應收未收帳款的離店客人。

應收未收餘額（outstanding balance）：客人欠飯店的款項。在結帳時如為貸方餘額，為飯店欠客人的款項。

盈溢（overage）：當收銀機抽屜中的現金和支票總額超過期初的備用金和淨現金收入所發生的差額。

已預付款（paid in advance, PIA）：客人在登記時用現金預付其房費的客人，即時付款客人通常得不到店內信用。

代支款項（paid-out）：飯店代表客人支付現金並作為預付現金記錄到客人帳戶。

POS 系統（point - of -sales）：讓飯店的營業單位電子收銀機直接與客務部顧客會計系統連結的電腦網路。

過帳（posting）：在客人帳單上記錄交易的過程。

短少（shortage）：當收銀機抽屜中的現金和支票總額，少於期初的備用金和淨現金收入所發生的差額。

轉帳憑單（transfer voucher）：用於證明在一個帳單餘額減少時，另一個帳單餘額增加同等金額的單據；用於客人帳戶之間的相互轉帳以及在採用信用卡結帳時客人帳戶與非客人帳戶之間的轉帳。

憑單（voucher）：詳細說明記錄到客務部帳戶交易的單據。用於營業單位與客務部的資訊溝通。

網　址

要獲得更多的資訊，請訪問以下網址。注意網址可能沒有任何通知而被更改。

CSS Hotel Systems
http://www.csshotelsystems.com

Innfinity Hospitality Systems
http://www.logical.com

Execu/Tech
http://www.execu-tech.com

Prologic First

http://www.prologicfirst.com

Hotellinx Systems, Ltd.
http://www.hotellinx.com/

 個案研讀

Magic Crest Hotel 的客務部會計

　　Magic Crest Hotel 客務部會計的一個主要問題是監控住客和非住客帳戶。因某些原因，管理者總是給予當地公司和政府人員記帳的權利，意圖是透過給予延遲付款的方便，希望當地主顧更願意在飯店用餐或招待客人。這個計畫已經被證明是非常成功的。這些非住店客人的消費金額現在已經接近登記住宿客人的消費金額。因不能確定這種情況是好是壞，客務部經理 Aerial 先生要求客務部會計人員去研究這個問題並在下周會議上報告他們的調查結果。

　　在每周的客務部會議上，飯店會計 Letsche 小姐報告，至少有三個問題有關飯店非住客消費政策：它影響每日的飯店稽核，收取帳款的收帳程序，大量額外的非住客帳戶申請。

　　當詢問更具體的內容時，她開始回顧了每日的飯店稽核。她說由於客務部從收入中心收到消費憑單，分別住客和非住客帳戶成為櫃檯人員的責任。由於住店客人的消費是按照房間號碼來記錄的，人們認為它是容易從其他消費中分出來的。不幸的是，飯店客房號碼和非住客帳戶的號碼兩者都是三位元數位，因此分檢工作花了大量時間。Aerial 先生問是否真正需要去分開消費憑單，Letsche 小姐解釋為是的，這是由於飯店必須維持正確的客人帳單餘額。她進一步說明非住客憑單是每周六下午累計和記錄，此時飯店的業務不多。

　　收取非住客帳戶餘額的收帳程序是複雜的。由於飯店每月的最後一天收取非住客帳款，在個別的月份，一些消費也許沒有被記錄和反映在當月的帳單上。另外，非住客帳戶通常不能及時支付，事實上 47％的上月非住客帳戶餘額沒有被支付，而第二天就是下個收帳循環日。艾瑞爾先生解釋當地客人對飯店是非常重要的，並認為也許 Letsche 小姐對收帳問題過於敏感。

最後，Letsche 小姐說明了至少有 10 個新的與非住客帳戶有關的申請表。她指示她的員工沒有她的批准不可批准任何新的帳戶。她進一步說明她樂意批准任何額外的非住客帳戶，並希望達到 Aerial 先生的要求。由於這些業務確實有正面作用，Aerial 先生直接要求她批准客人的要求並在下月的第一天分配帳號，Letsche 小姐要求給她的員工發布命令。

討論題

1. 你對提高處理住客和非住客消費憑單效率有什麼建議？這些建議對每日稽核可能有怎樣的幫助？非住客帳戶累積記錄工作是一個有效的工作計畫嗎？
2. 為了改進非住客帳戶的帳單，需要做什麼？為了改進應收未收帳款餘額的收取，需要做什麼？
3. 擁有大量非住客帳戶的優點和缺點是什麼？處理和收取應收未收款餘額的成本是什麼？這些交易對飯店現金流量可能有怎樣的影響？

案例編號：3327A

下列行業專家幫助蒐集資訊，編寫了這一案例：Richard M. Brooks, CHA, Vice President of Service Delivery Systems, MeriStar Hotels and Resorts, Inc. and Kenneth Hiller, CHA, Vice President, Snavely Development, Inc.

本案例也收錄在 *Case Studies in Lodging Management* (Lansing, Mich: Educational Institute of the American Hotel & Lodging Association, 1998), ISBN 0-86612-184-6。

9

CHAPTER

結帳退房

學
習
目
標

1. 能分辨結帳退房的功能和程序。
2. 能敘述客人帳戶的結算方式。
3. 解釋為什麼旅館會收取延遲結帳費用。
4. 敘述快速結帳和自助結帳的過程。
5. 解釋有效的轉帳和收帳程序的要素。
6. 解釋經理怎樣使用客史檔案。

本章大綱 ··

結帳退房是顧客服務過程最後階段的一部分。客人退房階段的服務和活動主要由櫃檯人員來執行。在飯店電腦化以前，中型和大型飯店的櫃檯人員的工作負荷較大，因此接待和收款識位是分開設立的。客人是由櫃檯人員辦理登記入住，而由櫃檯出納辦理結帳退房。員工的交叉訓練是非常少的，只有在小型飯店由同一個人做以上兩樣工作。現在，由於櫃檯的自動化系統的運用，大多數飯店訓練他們的櫃檯人員能夠同時掌握登記入住和結帳退房兩種程序。這增加了工作的多樣性，可以讓員工排班更有彈性，包括會計部門的人員，爲客人提供更好的服務，。在退房前，客人通常在櫃檯確認他的帳單，結清任何應付而未付帳款，收取帳款發票，歸還房間鑰匙。但是，自助結帳將越來越發達，它讓客人不必到櫃檯，就在他們的房間進行結帳。

對於客人來講，在飯店中兩個最緊張的時段是登記入住和結帳退房。如果結帳時不能做到完美、準確、友善和快速，客人將忘記飯店員工在此之前所有的禮貌服務和辛勤工作。本章將由結帳階段的各種不同的活動，來闡述顧客服務過程的最後階段。

第一節　結帳退房

在結帳階段，客務部至少執行三個重要的功能：

· 解決應收而未收之客帳餘額。
· 更新客房狀態資訊。
· 建立客史記錄。

客帳結算端賴於一個有效率的客務部會計系統，也就是要維持準確的客人帳單，查核和批准結算的方式，並且解決帳戶餘額的爭議。總之，要趁客人仍在飯店時，客務部要尋求最有效的方式去結清客人的帳款。客人可以使用現金結帳，用信用卡結帳，將授權的款項直接轉帳，或使用混合的結帳方式結帳。

大多數飯店在入住登記時要求客人指定最後的結帳方式。這個程序能使客務部在客人來到櫃檯結帳前，就能證實和確認客人的信用卡和轉帳的資訊。預先結算的查核動作有助於盡量地減少客人的結帳時間，大大地改進客務部收取應收未收帳款餘額的能力。客人也許會後來改變他們的想法，用其他方式結帳，但是預先結算查核動作能保證飯店收到客入住店期間的食宿和服務費用。

有效的客務管理依賴於準確的房間狀態資訊。當客人結帳時，櫃檯人員需要完成幾項重要的任務。首先，服務員在房間狀態報告中，將客房的狀態從出租房改為正在打掃的狀態。打掃房是一個客房術語，它表示客人已經結帳退房，需要對其租用的房間進行清掃以供下一客人使用的客房狀態。在改變了客房的狀態後，櫃檯人員會通知房務部門客人已經退房。

過去，櫃檯與房務部溝通的方式是使用電話，或者透過電腦房間狀態顯示板，或遠端狀態書寫裝置（tele-writer）。現今，當櫃檯人員完成結帳程序後，資訊通常自動傳給房務部。當客房部一收到資訊，就會安排服務員去清掃，準備好客房經過檢查再出售。為了讓客房銷售收入最大化，櫃檯必須維持所有房間最新的出租和清掃狀態，並根據房務部的資訊，快速和準確地改變客房狀態。

結帳也包括建立客史記錄工作，它將成為客史檔案的一部分。由於飯店能夠透過正確的客史資料分析在自己在市場上獲得有價值的競爭優勢，客史資料能夠成為市場策略的有力根據。客史檔案和記錄將在下部分討論。

第二節　退房程序

當客務部有好的準備和組織時，結帳將是很有效率的。顧客服務循環過程的退房階段，包括一些已簡化的結帳工作程序，這些程序包括：
- 詢問有關最近的額外消費
- 記錄應收而未收之款項
- 核對帳戶資料
- 向客人遞交帳單
- 核對付款方式
- 處理付款
- 檢查郵件、留言和傳真
- 檢查貴重物品保管箱或房內保險箱鑰匙
- 保證客房鑰匙安全
- 更新房間狀態
- 詢問客人對飯店的感受

由於飯店的服務水準和自動化程度不同，各飯店客務部結帳程序差

異很大。由於大多數飯店提供自動和快速結帳服務，客人和櫃檯人員的接觸次數也有很大差異。

　　結帳是讓客人留下好印象的另一個機會。當客人接近櫃檯時，應迅速並禮貌地向客人問候，櫃檯人員應檢查要給客人的任何留言、傳真或郵件，也應該核對客人是否已經清理貴重物品保險箱或房內保險箱並退還鑰匙。在許多系統中，可以有標註客人的記錄以便櫃檯人員能夠注意到客人未拿取的留言、郵件和傳真。它不但簡化了記錄，也降低了在客人退房前遺失這些資料的可能性。

　　為了保證客人帳單是準確和完整的，櫃檯人員需要及時輸入任何應收未收帳款。另外，櫃檯人員應詢問客人是否有新的消費，並在客人帳單上作必要的記錄。在飯店使用電腦前，客人通常是在去結帳前與櫃檯進行電話聯繫，這個通知讓出納找出任何未過帳的費用，並準備帳單，這樣客人將不需要站在客務部等待人員查找和記錄費用。由於大多數飯店現在均已自動化，客人期望在他們到客務部結帳時，他們的帳單是正確的並已準備好。無論飯店的自動化程度多高，在客人準備退房時，如果帳單不正確又沒及時更新，這個飯店將給客人留下很差的印象。

　　傳統上，在結帳時都向客人展示一份最後的帳單副本，供其檢查和結算。在這個時候，櫃檯人員應確認客人怎樣進行結帳，不管客人在入住登記時確定了哪一種結算方式，這個詢問都是必要的。因為無論客人最後怎樣去結帳，客務部都會要求客人入住登記時建立信用。客人也許在登記時出示一張信用卡來建立信用，而後決定使用現金或支票結清帳款。如果是非常重要的客人（VIP）或一個團體的特殊人物，或公司付帳的客人，他們的帳戶中會標註為所有費用直接轉帳收取，因此就不會直接要求當場客人結帳。

　　在確定客人將怎樣付費後，櫃檯人員應將客人帳款餘額轉為零，通常稱之為帳款的零餘額（zero out）。客人帳戶餘額必須全部被結算，才能被視為是零餘額帳戶。只要飯店已經收到全部付款或擔保全部付款，帳戶將結為零餘額。例如，如果客人支付現金，帳戶轉為零餘額。如果客人使用信用卡結帳，飯店將就客人應付款部分取得信用卡公司的授權，所以帳戶也可以轉為零。飯店通常在結帳交易的一兩天內獲得信用卡公司的付款，也由於這項擔保，飯店會假定付款是全額的而予以結清帳單。如果帳款是透過飯店直接轉帳支付，由於帳款必須轉為應收公司分類帳，透過應收款系統進行收帳，所以帳戶餘額不能轉為零。

一、結帳的方式

客人帳戶能夠透過多種付款方式，將帳戶轉為零餘額。結帳的方式包括現金支付，信用卡或直接轉帳，或混合方式結帳。

(一)全額現金支付

在結帳時全額現金支付將客帳餘額轉為零，櫃檯人員應標註帳單已付訖。正如前所述，客務部有時要求客人在登記入住時出示一張信用卡以獲得掛帳消費權利。即使客人在入住登記時可能已經刷過了信用卡，他也可能在最後會使用現金結帳。當客人用現金支付全部款項時，櫃檯人員應銷毀客人在登記時刷過的信用卡憑單。如果客人用外幣支付時，應先將他們的貨幣兌換為當地貨幣，因為習慣上只使用當地貨幣結算。由於銀行要向飯店收取貨幣兌換手續費，飯店通常也對兌換貨幣加收一筆費用。大多數飯店的櫃檯附近會顯示主要國家的貨幣兌換率，或者透過報紙的商業版獲得。

(二)信用卡轉帳

即使使用信用卡結帳將客帳歸為零，也必須追蹤這筆消費額，直到從信用卡公司實際收到該款。因此，信用卡結帳在客人帳單上建立了一個貸項轉移，將帳戶餘額從住客分類帳轉移到外客分類帳（非住客分類帳）的信用卡帳戶。在櫃檯人員將信用卡在讀卡機上劃過後，讀卡機將列印出一份適當金額的支付單，然後將完成後的信用卡支付單交給客人簽字，客人簽字後這筆交易完成。在許多飯店，現在不再需要列印單，這是因為飯店電腦系統將結帳交易直接發送到信用卡公司。在這種情況下，客人僅僅需要在結帳時在出納櫃檯列印的憑單上簽字。當外國客人使用信用卡結帳時，信用卡公司總是用當地貨幣結算，飯店不用擔心貨幣的匯率或費用問題。

(三)直接轉帳帳款的結算

與信用卡結帳相同的是，直接轉帳帳款也是將客人帳戶餘額從客人分類帳轉到外客分類帳。與信用卡結帳不同的是，轉帳和收取直接轉帳帳款的責任是飯店而不是外部代理公司。飯店通常不接受直接轉帳帳款的結算方式，除非在客人事先或登記住宿時飯店的信用部門有安排，並批准了直接轉帳收帳方式。為完成直接轉帳帳款的結算，櫃檯人員應讓

客人在帳單上簽字以確認內容是正確的，客人接受支付帳單上的所有付款的責任，以防直接轉帳帳戶不支付其帳單。

㈣混合結帳方式

客人可能使用超過一種結算方式將帳戶結為零，例如，客人可能使用現金支付一部分帳款，其餘帳款使用信用卡結算。櫃檯人員必須準確記錄混合的結帳方式，並應注意做適當的書面記錄，這些記錄有助於客務部稽核的效率。

一旦客人結完帳，櫃檯人員應提供一份帳單副本給客人，並繼續扮演飯店形象的大使。結帳是客務部最後一次展現殷勤好客的機會，櫃檯人員應盡量利用這次機會。例如，接待員應詢問客人飯店各方面是否達到他的期望，特別是客房、餐飲和其他服務。

結帳是接待員讓客人瞭解飯店關心他們在住店期間，所接受的服務品質的最好時機。許多飯店客務部在結帳時發給客人消費意見卡，希望客人對飯店進行評估。櫃檯人員應始終感謝客入住店，並祝客人旅途平安。櫃檯人員也應邀請客人在下次到本地時，再次入住本店。

正如前面討論的，在客人結帳退房後，櫃檯人員應立即向房務部提供最新的客房狀況的資訊。

二、延遲結帳退房

不是每位客人都能按照飯店公布的結帳時間辦理退房。為了減少延遲結帳退房，客務部應在明顯的地方公布結帳時間，像是所有客房門的背後，和大廳或櫃檯突出的位置。在各種發給將於當天退房客人的資料中，應該包括結帳時間的提醒。延遲退房對一些會議飯店和渡假村是一個問題，客人希望停留一整天並使用會議和娛樂設施，包括他們的房間。為了給將要入住的客人準備房間，飯店要注意與即將退房的客人適當的溝通，並妥善地處理退房時間問題。

一些飯店會授權櫃檯收取延遲退房費用（late check-out fee）。客人可能非常驚訝地在帳單上發現這筆費用時可能會感到訝異，特別是他不熟悉飯店的退房政策時，當客向櫃檯提出質疑時，櫃檯人員應詳細解釋關於延遲結帳費用的政策。

一些客人可能對加收額外的費用非常不滿並拒付，櫃檯人員應平靜地處理這種情況，一個很好的解釋理由是飯店制定的延誤結帳費用政策。

客務部經理可能被請來向客人解釋這件事。

　　客務部員工不應對延遲退房費用進行道歉，因為飯店的退房時間是認真選擇的而不是任意設置的。這並不是為了使客人感到不方便。管理階層規定退房時間為的是房務部門能有足夠的時間，為新到的客人準備乾淨的房間。在房務員工下班前，應為入館客人清掃並準備好客房。客務部同意延遲退房可能導致飯店的額外成本，特別是房務部，房務人員可能要加班完成清潔任務。另外，也必須考慮給入住客人帶來的不方便和潛在的不滿。這些原因，都說明飯店酌收延遲退房費用是正當的。

第三節　結帳選擇

　　科技的進步以及客人的需要，促使客務部在標準的結帳程序以外發展另外的快速結帳程序。這些選擇將結合了先進的技術與特殊顧客服務相，加快退房過程。

一、快速結帳

　　當客人在上午 7：00 至 9：30 之間（多數飯店主要的結帳時段）到櫃檯結帳時，他們可能要在櫃檯前排長隊。為了減緩客務部的工作量，有些客務部在客人實際準備退房前開始結帳動作。通常退房準備工作包括列印和分發帳單給預計結帳的客人。客務部員工、房務人員，甚至飯店安全部員工，可以在早上 6：00 前將預計退房的客人帳單輕輕地從房門下面推進去，並要保證在門外看不到或拿不到該房客人的帳單。

　　通常，客務部會將快速結帳表格和預計退房客人的帳單一起分發給客人。快速結帳表格包含一個通知，要求客人在改變退房計畫時告知櫃檯。此外，客務部均假設客人是在飯店公布的結帳時間辦理退房，這個程序通常提醒和鼓勵客人在飯店公布的結帳時間前將退房的各種問題告知櫃檯。

　　快速結帳表格的樣式見圖 9-1，透過填寫這個表格，客人授權櫃檯將他的應收未收帳單餘額轉入在入住登記時建立的信用卡憑單上。如果沒有信用卡資訊，或者在登記時沒有建立信用，客務部通常不提供快速結帳服務。一旦填好這個表格，客人將在退房前到櫃檯遞出快速結帳表。在客人離開後，客務部會將應收未收客帳餘額轉為事先批准的結帳方式，就完成客人的結帳工作。客人離開飯店前發生的任何額外的費用（例如

電話費），櫃檯人員會在將帳戶轉帳歸爲零以前，加到他的帳單上。由
於可能發生遲到費用，快速結帳帳單的客人副本的應付額可能與客人的
信用卡帳目不相等。這種情況應清楚地列印在快速結帳表上，以減少將
來的爭議。當遲到費用加到帳戶上，飯店應該列印一份更新的帳單副本
郵寄給客人以便他有一個正確的記錄。透過這種方式，客人在收到信用
卡帳單發現金額有差異時就不會驚訝。

　　爲了使快速結帳程序有效率，客務部必須在登記階段正確地取得客
人結帳資訊。一旦收到快速結帳表格，櫃檯人員必須確實將證客房狀態
資訊傳遞給房務部。

圖 9-1　快速結帳表格樣本

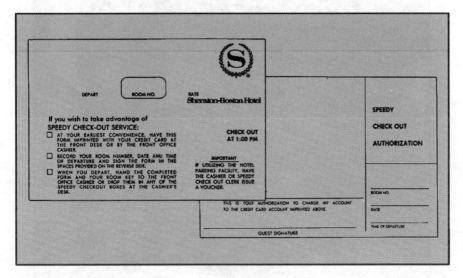

資料來源：The Sheraton-Boston Hotel, Massachusetts。

二、自助結帳

　　在一些飯店，客人能夠透過自助結帳的終端電腦（self check - out
terminal）（見圖 9-2）自行結帳退房，這些電腦設置在大廳或會議
區域，或者使用房間內的電腦系統（見圖 9-3）。自助結帳電腦或房間
內系統是與客務部電腦系統連結，目的是減少結帳時間以及櫃檯的客人
流量。自助結帳電腦設計的形式多樣，有些類似銀行自動語音系統，或
其他影音功能的裝置。

圖 9-2　　自助結帳的終端電腦

在使用自助結帳電腦時,客人進入適當的帳單檢查系統。系統也許
要求客人透過鍵盤,或者要求客人在附設的信用卡磁條讀卡機上刷卡來
輸入信用卡號碼。只要客人在登記時出示了有效的信用卡,這時帳款就
能夠自動地轉到該信用卡上。

當客帳餘額轉到信用卡上,列印出明細帳單並交給客人時,結帳工
作就完成了。自助結帳系統會自動向客務部電腦更新客房狀態資訊,客
務部系統再將客房狀態資訊傳到房務部,並開始建立客史記錄。

　　客人在房間內確認帳單及退房,通常是靠裝有遙控裝置的房內電視,或者使用與房間內電視連接的客房電話進行的。由於房內電視透過電腦與客務部電腦系統連結接,客人能夠確認預先授權的結帳方式。客務部電腦直接與自助結帳同步,通常客人能夠在他們臨走前到客務部拿到列印好的帳單副本。與其他自助結帳技術一樣,房內自助結帳會自動地更新客房狀態並建立客史記錄。在房間內確認帳單的另一個優點,是客人能夠在任何時間看他的帳單,而不需要到客務部去。

圖 9-3　房間內結帳的螢幕

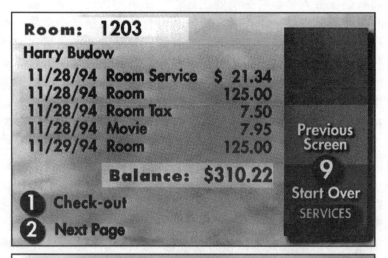

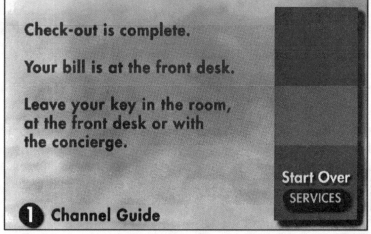

資料來源:Spectra Vision, Richardson, Texas。

第四節 未結清帳戶餘額

無論客務部如何仔細地監控入住的客人帳戶，總是有客人可能不結帳就退房。有些客人離開飯店是真的忘記結帳。另外，客務部也可能收到已經結帳退房的漏帳（late charge）。不幸的是，一些客人是故意不結帳而離開飯店的，這些客人通常稱之為逃帳者（skipper）。不管什麼原因，客人退房後的費用和應收未收餘額都表示未結清帳戶餘額。

漏帳是在客人結帳時必須要注意的一件事，它是一項應記入到客人帳戶的帳目，倒由於帳單在客人結帳時沒有到達客務部的交易。餐廳、電話和房內用餐消費是潛在的漏帳的實例。如果客人在退房之前應該支付這些費用而沒有支付，飯店將很難在客人退房後對其進行收費。

即使漏帳最後支付了，飯店也會必須支出額外成本，包括退房後收帳費用。有時，額外的人工成本、郵寄費用、文具費用和特殊證明等，可能花費比延遲索費更多費用。許多飯店在他們將帳單寄給退房客人前設定了 5 美元或 10 美元的限額。如果延遲索費少於這個限額，飯店將註銷這筆費用並在帳上將餘額轉為零。有些飯店可能很容易發生較大的漏帳，因此減少漏帳對於提高利潤是十分重要的。

在非自動化和半自動化的飯店，櫃檯人員能夠採取一些步驟來減少遲到費用的發生。櫃檯員工能：

- 在交易憑單一到達櫃檯時就記錄。這個程序將減少在結帳退房前的未過帳費用的數量。
- 在結帳之前檢查客務部設備和憑單，及帳單架上未過帳的費用。例如當地電話和房內收費電視收費器，也許有交易資訊沒有記錄在憑單上。
- 詢問退房客人他們是否有任何費用，或是打了長途電話而沒有出現在他們的最終帳單上。

大多數客人會誠實地直接回答問題，一些客人可能覺得沒有責任自願提供未過帳費用的資訊。這些客人只支付應付而未付的帳單餘額，而不管未過帳的費用，也有客人可能不知道他們有責任支付沒有過帳的費用。

在非自動化和半自動化飯店的客務部管理階層可以建立一個系統來

保證營業單位的帳款快速地交給櫃檯過帳，這在上午結帳高峰時間特別重要。為了努力減少延遲索費，櫃檯可以雇用跑單員去拿營業單位的憑單，或者透過電話交換資訊。

客務部電腦系統與營業單位直接連結通常是最有效的方法，以減少甚至是消除延遲索費。雙向連結的餐廳銷售點系統能夠在客人離開餐廳之前，立即地核查客房帳戶狀況，檢查信用授權，把消費記錄到客人的帳單上。同樣，電話計費系統介面能幫助消除電話的延遲索費。客人在他們的房間內打的電話將直接傳到客務部，在結帳時可以發現他們所有的電話費用已經完整地記錄在帳單上。

一些客務部發現在入住登記時，收取鑰匙訂金有助於在結帳時減少未付帳款餘額，這是因為客人必須到客務部取回他們的鑰匙訂金。因急切取回他們的訂金，客人在他們離開飯店前便會回到櫃檯。在處理返還訂金的過程中，客務部出納人員有機會取出客人的帳單，查詢所有遲到帳單，結束結帳過程。現今由於電子門鎖系統，客房鑰匙訂金的做法已不再流行，但是使用這些電子系統，客房門號碼鎖在每次新的入住登記住宿時會自動改變。由於電子系統與普通鑰匙和可複製鑰匙機械鎖比較更便宜，在使用電子門鎖的飯店已不再強調退回鑰匙。

客人在入住登記時出示信用卡，即被認為所有消費將自動透過隨後的記帳轉到他們的信用卡帳戶。根據飯店與信用卡公司的法律協議，飯店可以訂立在信用卡憑單的簽字欄簡單地寫上「檔案上的簽名（signature on file）」，即可收取客人的應付未付款餘額（unpaid account balance）。「檔案上的簽名」意味著客人在登記遷入時，已經在飯店的登記卡上簽字，據此，他已經同意在他退房時支付所有帳單。有些信用卡公司允許在客人已簽字的信用卡憑單上增加退房後的帳款。在客人已簽字的憑單上增加帳款前，櫃檯人員必須確認信用卡公司會接受增加額外帳款。將退房後費用記錄到帳單並增加到信用卡憑單上時，飯店應發一份更新的客人帳單給客人，以便客人理解為什麼在帳戶上出現額外的費用。

通常客人在沒有付款前，都還沒有準備退房。客人也許在匆忙之中或真的忘記去結算他的帳款。在任何情況下，客務部員工必須保證在改變客房出租的狀態時，客人已經真正離開。通常房務部或者櫃檯人員必須去檢查房間。

第五節 收帳

　　向退房客人收取的漏帳不應歸爲不可收取帳款，除非客務部或會計部門做了所有收帳程序。一份填寫完整的入住登記卡應包含客人的簽名、住家和公司地址和電話號碼。對於用現金結帳的客人和用信用卡結帳的客人，收取遲到帳款的程序可能不同。對於使用信用卡結帳的客人，將根據信用卡公司規定的遲到帳款收款的政策和程序進行收款。

　　客人帳款沒有全部用現金結完帳時，無論在登記時建立了信用或預付款，都將從客人分類帳轉到外客分類帳進行收款。此時，客人帳戶從客務部控制轉爲飯店會計部門控制。

　　外客分類帳帳戶包括：

・向經授權的信用卡公司收取的帳款的信用卡帳款（credit card billings）
・向經批准的公司和個人帳戶收取的款項（direct billings）
・向經授權的團體旅遊收取的旅行社帳戶（travel agency account）
・退票帳戶用於記錄退房客人被退回的個人支票的退票帳戶（bad check account）
・用於記錄客人離開飯店而沒有結帳的逃帳帳戶（skipper account）
・客人因爭議而拒絕結算的帳款（部分或全部）（disputed bills）
・記錄和追蹤未入住客人的訂房保證帳戶（guaranteed reservations）
・客人退房離開前還沒有記錄到帳單的漏帳款項（late charge accounts）
・非住客業務和促銷活動的飯店帳款（house accounts）

　　爲了提高效率，客務部和會計部門必須一起制定向退房客人過期帳款收款的程序。收取應收帳款的內容包括：

・什麼時候可以收回應收未收款餘額；
・收帳間隔天數；
・怎樣聯繫帳款過期的退房客人。

　　收帳過程越早啓動，飯店越可能收到未付款帳戶的支付。在準備向退房客人和非住店客人帳戶收帳時，及時行動通常是成功的關鍵。每個飯店應制定他們自己的收帳計畫，該計畫是根據飯店的財務要求、顧客形象、歷史的收帳模式等方面考慮，可以是緊迫的（短循環）到充裕的（長循環）。在大飯店，通常是客務部信用經理負責收帳；在小飯店，客務部經理或負責應收款的員工負此責任。圖 9-4 是收帳計畫圖，用於制定或規劃收帳的方法和時間循環。有時客人由於記不得發生的費用而

MANAGING FRONT
OFFICE OPERATIONS

對收費產生爭議。因為這個問題，大多數飯店會在客務部保存費用憑單或餐廳帳單副本，直到他們結完帳。這些副本也將有助於解決客人爭議的退房後費用。

圖 9-4　收帳計畫圖

計畫	方法	時間
第一次收帳	——對帳單及備分發票	在客人帳戶轉入外客分類帳的___小時以內發出。
第二次收帳	——對帳單 ——電話聯繫 ——催款信	_____天以後
第三次收帳	——對帳單 ——電話聯繫 ——催款信	_____天以後
第四次收帳	——對帳單 ——電話聯繫 ——催款信	_____天以後
第五次收帳	——對帳單 ——電話聯繫 ——催款信	_____天以後
等等		

　　在所有的收帳案例中，重要的是在任何情況下員工都應禮貌並堅定地解決延期支付帳戶，因為侵犯消費者權益的收帳活動可能需支付比原債務還高的花費。聯邦公平收債法和公平信用收帳法（The Federal Fair Debt Collection Practices Act and the Fair Credit Billing Act）清楚地表述了包含在收帳動作中的責任和權利。

　　不管如何遵循收帳程序，應收帳款收帳的問題還會產生。飯店應有過期帳款的書面收帳程序。有些飯店會指定一個信用委員會來檢查過期

帳款，並決定一種收帳方式。

正如個別客人帳戶必須仔細看管一樣，會議及旅行團總帳戶也必須仔細管理。旅行團和會議的信用應在他們到達前建立好。有時候，飯店要求至少支付部分帳款作為一筆訂金。許多飯店在旅行團體退房前預先準備一份帳單，並與團體領隊一起確認並解答他的問題以加快結帳過程。由於團體旅遊費用一般只承擔房費、稅金和固定的餐費，所以飯店通常是要求旅行團客人在入住登記時建立個人信用。

對於會議，團體總帳戶可能非常複雜，習慣上是與組團領隊審核每天的費用。依飯店的不同，這項任務可能分配給客務部經理或宴會部的人員。每日會議的目的是在記憶還可靠之時，確認當天和前一天的所有費用。管理者應該特別關注宴會費用，它通常是以客人人數為基礎來計算的。另外，記錄到總帳戶的客房費用也應檢查，以保證團體的費用已經按規定記錄。在渡假村，通常把發生在某一天特定的費用記錄到總帳戶上。例如，也許某一天有高爾夫或者網球比賽，所有費用都會記錄到總帳戶。這個作做法增加了複雜性，客務部在非會議期間不應該在總帳戶記錄類似的費用是很重要的。習慣上是由領隊或指定的代表來批准和簽批當日的帳單。當帳單送給會計進行最後收帳時，所有簽字的帳單、憑單和其他憑證應一併附上發出作為費用已經經領隊檢核和批准的證明。

從會計的觀點來看，一些飯店把未收取的帳款轉回給接受這些帳款的部門。例如，如果郵局退回錯誤地址的帳款，客務部要對這筆未收取帳款數目進行核對。從郵局退回帳單，一般發生在櫃檯人員沒有要求客人在登記表上確認記錄或簽字。到所發生的部門追蹤應收款，有助於部門找出造成應收而未收款項的交易程序。然後信用委員會、信用部經理或總經理應該分析部門的程序，或發現缺少的程序，並建議採取正確的行動。收帳問題也顯示需要對員工進行再訓練或進一步的督導。

帳齡（Account Aging）

信用卡帳單的支付通常是根據飯店與信用卡公司訂立的合約協議進行。從發出帳單到收到款項的時間間隔，從立即支付到 30 天不等，有時更長。影響收帳期限的因素包括交易數量，向信用卡公司郵寄憑單的頻率，交易和資金的電子轉帳方式，和外國信用卡交易以及信用卡公司徵收的交易費用。如果外客分類帳帳戶能在 30 天內結帳的話，飯店一

般是認爲滿意的；也有一些外客分類帳帳戶要超過 30 天才能收取。飯店應建立一些措施，以便消費一發生後就對應收帳款進行追蹤的。這種預訂收帳的做法通常稱之爲帳齡（account aging）。

　　帳齡分析的方法各家飯店都不同，這取決於飯店實際執行的信用條件的不同。在大型飯店，由主要飯店會計部門監督帳齡；在小飯店，可以由夜間稽核員負責。帳齡分析表將帳款區分爲 30 天，60 天，90 天或更長時間的欠款。圖 9-5 是一份經過簡化的應收款帳齡報表。在大多數飯店，帳款少於 30 天的欠款被認爲是本期欠款，帳款超過 30 天的欠款被認爲是過期帳款。客務部和會計部應維持一份欠款超過 90 天的帳款清單，在過期帳款清單上的客人在預訂時要求他們支付現金或信用卡，直到其帳款爲本期欠款。

圖 9-5　應收款帳齡報告

應收帳齡表						
年　　　　月　　　　日						
姓　　名	餘額	本期	應收未收款			
			30～60	60～90	90～120	120　+
Elizabeth Penny	$125					$125
Mimi Hendricks	$235			$235		
M/M Phil Damon	$486	$100	$386			
Harrison Taylor	$999			$999		
合計	$1845	$100	$386	$1234		$125

第六節 客務部記錄

在結帳後，客務部記錄一般由客人登記卡和帳戶帳單組成。登記卡通常根據退房日期，按照字母順序存檔。客務部通常使用至少一式兩聯的客人帳單，一聯作為客人的收據，另一聯作為飯店付款的記錄。客務部使用一式三聯的帳單時，通常將第三聯與客人信用卡憑單或直接郵寄收款憑證一起存檔，以便客人事後有爭議時查詢。

非自動和半自動的客務部業務，會將登記卡或客人帳單副本存檔在倉庫。登記卡根據字母順序存檔，而帳單按照系列號按號碼順序存檔。在全自動化的櫃檯，電腦系統記錄可以存儲在磁片或磁帶，並可列印出來存檔。電腦記錄能用做原始帳單的備份，當磁片或磁帶用做長期記錄，也就可以不列印出客人帳單的飯店聯。

一、客史檔案（Guest History File ）

客務部管理層透過建立和保持客史檔案，能更好地瞭解顧客並預測客人的趨勢。這個檔案蒐集了客入住店期間的個人和財務資料，其中細節通常包括客入住店期間的個人和交易資訊（客史記錄是保密的和專有的，客務部的責任是保護客人的個人權利不受侵犯）。

建立客史記錄（guest history record）是結帳退房過程的最後一步，很多客務部透過收集過期的登記卡進行存檔，來建立他們的客史。也有客務部開發了一種特殊的表格來建立客史記錄。圖9-6是一個客史卡的樣本。有些客務部使用電腦系統將客人資訊自動轉換為客史資料格式。在大多數情況下，客史記錄需要的資訊都能從客人入住登記卡和帳單上獲得。

渡假飯店的客人會發現他們需要填寫一種特別的表格，要回答有關他們的配偶和子女的姓名及生日，喜愛的房間類型和食品等，這些資訊可以幫助飯店提供更好的顧客服務。

飯店的行銷部門可將客史記錄作為郵寄宣傳單的依據，同時確認客人的特徵對於制定行銷策略是至關重要的，這些資訊有助於飯店針對目標顧客類型來開發和宣傳廣告。客史記錄也有利於發現新的、輔助的或該加強的服務內容。

MANAGING FRONT OFFICE OPERATIONS

圖 9-6　顧客歷史記錄卡

		ARRIVED	ROOM	RATE	DEPARTED	AMOUNT		REMARKS			

NAME _____　_____
ADDRESS _____　_____
FIRM _____
POSITION _____　CREDIT _____ / ____ /F/P

	ARRIVED	ROOM	RATE	DEPARTED	AMOUNT		REMARKS
1							
2							
3	12						
4	13						
5	14						
6	15						
7	16						
8	17						
9	18						
10	19						
11	20						
	21						
	22						
	23						
	24						
	25						

　　使用特殊軟體的電腦客史系統，可以讓飯店獲得市場行銷需要的客史資料，並衡量過去市場營銷的效果。例如，電腦客史資料能讓飯店確定其客人的家庭和公司地址的地理分布。根據這類資料，飯店遞放的廣告可以更有效率。一些連鎖飯店集中他們擁有的全部客史資料，以便所有使用其品牌的飯店能夠知道他們的客人喜好。客人會很高興發住過一家飯店後，在連鎖飯店也提供同樣的殷勤服務，如此便建立了品牌忠誠度。

　　圖 9-7 顯示了 The Ritz-Carlton Hotel Comapany 的電腦化客史系統。這個系統能讓員工使用線上客人喜好的資訊來爲回頭客提供獨特的個性化服務。

圖 9-7　The Ritz-Carlton Hotel 回頭客客史流程

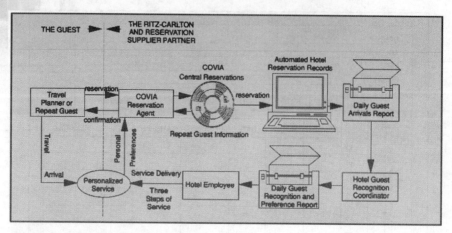

資料來源：The Ritz-Carlton Hotel Company。

二、業務追蹤

　　如同行銷部門依賴客史資料來制定新的行銷策略一樣，飯店行銷方案也依賴客務部執行的服務和結帳時的追蹤。例如，當行銷部門建立了一個常客在入住一定次數後的獎勵計畫，客務部就有責任追蹤客人在飯店入住的次數。櫃檯人員應記錄和批准獎勵憑單，或應用一些其他類似的記錄系統。

　　許多飯店設有常客俱樂部，目的是增強品牌的忠誠度。這些俱樂部通常對會員在飯店的消費給予某些折扣，這項折扣通常是在結帳時給會員客人。櫃檯人員有責任為客人填寫憑單，並應保證客人的帳單會透過代碼自動地更新客人的俱樂部帳戶。有些飯店的常客房案也與航空公司、租車公司或營銷公司共同聯盟。在這些情況下，相關的利益應付給這些合作廠商。就像客史系統，飯店通常集中記錄他們的常客方案以便資料管理，並協助為客人的獎勵償還。

　　如果客人需要為下一次旅行訂房，客務部可以幫助客人按照他的要求預訂一家飯店，客務部也可為客人計畫下次返回飯店辦理預訂。櫃檯人員應牢記結帳是提供飯店服務的最後機會，無論客人當時是否辦理訂

MANAGING FRONT
OFFICE OPERATIONS

房，為客人的旅程提供預訂，或為客人將來返回飯店提供預訂能贏得他的再購行為。客人容易記住一個飯店不同於別家飯店的友善、方便和特殊的服務。

小結

　　結帳退房是客人在客務部經歷的最後交易階段。在退房前，客人通常到客務部檢查他的帳單，支付帳款餘額，取得帳單副本，結束他的保險箱寄存服務及退回房間鑰匙。在結帳退房期間，客務部要完成幾項重要的任務，包括調整客人帳戶餘額，更新客房狀態資訊，建立客史檔案。透過預先查核結帳，客務部可以縮短客人的結帳時間，提高客務部收取帳款餘額的能力。

　　效的客務管理也包括一旦客人結帳後，再次把客房租出去，這需要與房務部迅速地溝通客房狀態資訊。

　　除了收取所有未付款餘額和更新客房狀態資訊，櫃檯人員也檢查郵件、留言、傳真、登入應收未收帳款，核查帳戶資訊，以及查詢其他最近的帳款，呈交最後的客人帳單；核查付款方法；處理結帳；保證房間鑰匙安全；建立客史資料。客帳可以透過幾種方式結算為零，方法包括現金支付、信用卡或直接郵寄轉帳，以及混合的結帳方式。

　　為了盡量減少延遲結帳，客務部應將結帳時間貼在顯眼的地方。結帳時間的提醒，也應包含在發給當天預計退房客人的所有資料中。

　　科技的變化使得客務部在標準的結帳程序以外，發展快速結帳程序。以減少完成退房所需要的時間。快速結帳是一個普遍採用的預先結帳退房動作，包含列印並分發當日預計結帳客人的帳單。最早的帳單是在早晨6：00左右輕輕地從客房門下推進去。這個程序可幫助匆忙退房沒有時間到客務部的客人。另一個結帳選擇是自助結帳，客人可以自行使用設置在飯店大廳的自助結帳電腦或房間內的系統完成結帳。自助結帳電腦和客房內系統是直接與客務部電腦系統介面，目的是減少結帳時間和客務部的客人流量。

　　無論怎樣仔細地監督客人的住店情況，總會發生客人沒有結帳就退房了的情況。有些客人是真的忘記結帳，另一些是故意逃帳。不管什麼原因，在結帳退房後發生的費用（漏帳）或應收未收帳款餘額叫做未支付帳款。客人沒有全部用現金結清的帳款，無論在登記時是否建立信用

或預付，都從客人分類帳轉到外客分類帳上供收款。在轉帳之時，帳款結算責任從由櫃檯控制轉為飯店會計部門負責。飯店仔細監督外客分類帳上的帳款以保證迅速支付。帳款根據上次收帳的日期計算帳齡，飯店應該努力減少超過30天的帳款。

關鍵詞

帳齡（account aging）：根據帳款產生的日期，追蹤過期應付帳款的一種方法。

本期帳款（current account）：在本期收帳期限以內的公司分類帳帳款。

拖欠帳款（delinquent account）：在合理的收帳期（通常為90天）以內沒有收取的外客分類帳帳款。

快速結帳（express check-out）：一種預先結帳退房活動，它包含列印並分發當日早晨預計結帳的客人的帳單。

客史檔案（guest history file）：客人歷史記錄的彙集，它根據過期的登記卡或透過複雜的電腦系統，直接將退房客人的資訊自動轉到客史資料庫。

客史記錄（guest history record）：有關飯店行銷方面的客人個人和財務資訊的記錄，有助於飯店為回頭客提供服務。

漏帳（late charge）：直到客人已結帳或關閉帳戶時，應登入到客人帳戶的交易都沒有到達櫃檯過帳的帳款。

延遲退房（late check-out）：一個客房狀態術語，表示允許客人在飯店規定的結帳時間之後辦理退房。

延遲退房費用（late check-out fee）：一些飯店對於未在規定時間之內的客人徵收的費用。

過期應付帳（overdue account）：在本期付款期以內未付的外客分類帳，帳齡通常是在30天至90天。

自助結帳的終端電腦（self check-out terminal）：一個電腦化系統，通常位於飯店的大廳，允許客人來檢查他的帳單，並用在登記時出示的信用卡進行結帳。

逃帳者（skipper）：已經離開飯店並故意不結算帳款的客人。

未支付帳款餘額（unpaid account balance）：在客人已經離開飯店但仍舊留在客人帳戶上的費用。

零餘額（zero out）：在客人結帳時帳單帳戶餘額全部結清。

網　　址

要獲得更多的資訊，請訪問以下網址。注意網址可能沒有任何通知而被更改。

Asian Information Managernent systems, Ltd.
http://www.aimshk.com/hotel1.htm

InnQuest software
http://www.innquest.com/

American Express Company
http://www.americanexpress.com

MasterCard International
http://www.mastercard.com

Diners Club International
http://www.dinersclub.com

On Command Corpoeation
http://www.spectravision.com

Discover Card
http://www.discovercard.com

Ramesys（Maestro Property Management System）
http://www.mcorpinc.com/maestro.htm

Fair Credit Billing Act（PDF）
http://www.ftc.gov/os/statutes/fcb/fcb.pdf

VISA Internationa
http://www.visa.com

Fair Debt Collection Practices Act
http://www.ftc.gov/os/statutes/fdcpa/fdcpact.htm

 個案研讀

Montrose 飯店的應收帳款

　　大約兩個月前左右，Montrose 飯店的總經理 Kathy Cole 女士，已經發現應收款分類帳上的一個問題，即使在住房率最近改進的情況下，它還是超過了應有的限度。總共應收帳款的增加超過了 50％，而且增加的部分帳齡在 30 天以上。Kathy Cole 不能讓這種狀況繼續延續，所以她向飯店財務總監 Glenna Danks 提出這個問題。Glenna Danks 告訴 Kathy Cole，他們在從櫃檯收取帳款時遇到了麻煩。

　　客務部經理，Russ Fleming 先生工作做了 3 個月。Russ Fleming 先生是從連鎖的另一家飯店來到 Montrose 飯店的，他原先擔任客務部助理經理。Russ Fleming 先生以前的飯店使用客務部電腦系統，但是 Montrose 飯店在下一年才會安裝電腦。Kathy Cole 要求 Russ Fleming 和 Glenna 一起研究這個問題的答案。經過研究，Russ 和 Glenna 發現以下原因：

- ・入住登記卡沒有讓客人填寫正確的可寄送或可讀的地址。客人有時留下空白欄。
- ・信用卡憑單難以辨認。
- ・許多信用卡憑單上有退房後費用。
- ・團體客支付他們的帳單比平常更慢。
- ・顧客意見卡顯示很多有關不正確的帳單和結帳時間的抱怨。

　　Kathy、Glenna 和 Russ 必須盡快採取行動，使得應收帳款回到平常較少餘額的狀態。

MANAGING FRONT OFFICE OPERATIONS

討論題

1. 確認在解決實際問題過程中應該包括哪些部門。
2. 擬訂行動計畫,確認每個部門在解決這個問題的過程中應做什麼。確認包括員工訓練、更新部門程序以及明確的責任以保證正確地完成工作。
3. 由於客務部電腦系統在將來的一段時間內不會安裝,現在飯店管理階層應做些什麼?他們現在應該利用哪些條件做些什麼來解決顧客意見卡的投訴。

案例編號:3328CA

下列行業專家幫助蒐集資訊,編寫了這一案例:Richard M. Brooks, CHA, Vice President of Service Delivery System, MeriStar Hotels and Resorts, Inc. and Michael L. Kasavana, NAMA Professor in Hospitality Business, The School of Hospitality Business, Michigan State University, East Lansing, Michigan。

本案例也收錄在 *Case Studies in Lodging Management* (Lansing, Mich: Educational Institute of the American Hotel & Lodging Association, 1998), 0-86612-184-6。

10

CHAPTER

房務部在餐旅業營運中的角色

學
習
目
標

1. 瞭解房務部在旅館運轉中的角色。

2. 瞭解房務部和工程維修部之間的關係。

3. 掌握房務部的主要清掃責任。

4. 瞭解房務行政總監是如何使用清掃區域目錄、頻率時間表、績效標準、生產力標準等方法來制定本部門的工作計畫的。

5. 區分消耗性用品和備品種類。

本章大綱

本章內容摘錄自 Margaret M. Kappa, Aleta Nitsche 和 Patricia B. Schappert 編寫的 *Managing Housekeeping Operation* 的第一、第二章。

在客房部內，房務部與客務部的溝通很頻繁，尤其是櫃檯部分。在大多數飯店如客房沒有完成打掃、檢查工作，櫃檯人員在沒有接到房務部可以出租的通知前，是不能夠出租客房的。

在許多飯店，房務部是房務部的一個組成部分，房務行政總監與客務部部經理之間的工作聯繫很密切。在本章內，我們將觀察這兩個部門之間溝通的重要性，房務部與工程維修部之間的相互關係，房務部的計畫以及對客房管理者產生影響的一些變化。

第一節　溝通客房狀態

每天深夜由櫃檯人員或飯店電腦系統製作一份客房租用一覽表，報表列出了當夜租用客房以及次日將退房的客房。第二天清晨，行政總監根據這份報告來計畫安排清掃客房的工作。櫃檯把即將退房客人的用房情況通知房務部，為了使這些房間首先得到清掃以便用來接待即將抵店的顧客。

行政總監還會查看客務部部製作的提前 10 天和提前 3 天的客房出租預測報告。根據這些預測報告，他會瞭解到多少客房會被出租，就能做好相應的員工排班，決定每天有多少房務員上班。

在結束工作前，房務部會準備一份客房狀態報告（見圖 10-1）。這份報告是以飯店中每間客房實際的檢查為基礎。報告指出每間客房現時的實際狀態。這份報告將與客務部製作的客房租用情況一覽表進行比較，任何不一致的地方將會提交客務部部經理處理。客房狀態差異（room status discrepancy）是指房務部描述的客房的狀態與櫃檯用於排房的客房狀態資訊，出現了不一致的狀況。發生客房狀態差異會對飯店顧客的滿意度和客房收入產生嚴重的不良影響。

圖 10-1　房務部客房狀態報告樣表

Housekeeper's Report Date _____ , 19 _____						A.M. P.M.	
ROOM NUMBER	STATUS	ROOM NUMBER	STATUS	ROOM NUMBER	STATUS	ROOM NUMBER	STATUS
101		126		151		176	
102		127		152		177	
103		128		153		178	
104		129		154		179	
105		130		155		180	
106		131		156		181	
107		132		157		182	
108		133		158		183	
120		145		170		195	
121		146		171		196	
122		147		172		197	
123		148		173		198	
124		149		174		199	
125		150		175		200	

Remarks:
_____
_____
_____

Legend:
✔ – Occupied
000 – Out-of-Order
— – Vacant
B – Slept Out (Baggage Still in Room)
X – Occupied, No Baggage
C.O. – Slept In but Checked Out Early A.M.
E.A. – Early Arrival

Housekeeper's Signature

　　把房務部檢查的客房狀態及時通知櫃檯，對安排提前到達的顧客入住有極大的作用，尤其是在旺季或客滿的時期。要做到客房狀態資訊的準確及時，需要櫃檯和房務部之間的密切合作與協調。

　　利用電腦的客房狀態系統，房務部和櫃檯能獲得及時的客房狀態資訊。當一位顧客辦理了退房手續，櫃檯人員就把有關退房資訊輸入電腦。房務部透過安置在本部門的終端就會得到此房間需要打掃的資訊。然後，房務清潔員打掃完客房後就會通知房務部此客房可以接受檢查。客房檢查完畢，房務部透過部門電腦輸入資訊。客務部電腦就獲得了此客房可供出租的通知。

364
MANAGING FRONT
OFFICE OPERATIONS

電腦反映的客房狀態中，客務部的客房租用狀態能得到及時的反映，而房務部報告的每間客房的狀態消息可能會滯後。例如，房務部主管可以連續檢查好幾間房間，但要等客房檢查完畢後才會去更新電腦客房狀態。在一間大型飯店，打電話去房務部詢問客房是否檢查完畢是一件很沒有效率的事情。不斷地接聽電話妨礙了正常工作的營運。雖然房務部已完成了一批客房的清掃檢查工作，但由於未能立即輸入電腦，造成延誤，這類情況還時有發生。

當電腦系統實現了客房電話系統的連接，就能解決房務部不能迅速向客務部報告客房狀態的問題了。有了這麼一個網路連接，房務部主管在檢查客房，證實可以出租時就會利用客房電話機輸入一個代碼來改變飯店電腦系統的客房狀態。由於電腦自動收到資訊，就無須人工處理如此錯誤極少發生。在幾秒鐘內，更新的客房狀態就會顯示在櫃檯的電腦螢幕上。這一程序的改進不但大大減少了等候分房的顧客人數，也大大縮短了他們的等候時間。

在飯店每日的運轉活動中，房務部與客務部的緊密合作是必不可少的。兩個部門的員工越是熟悉對方的工作程序，雙方的合作關係就越順暢。

第二節　房務部和工程部

大部分非住宿的商業性建築，房務部與工程部通常屬於同一部門經理領導。這個做法揭示了這樣一個道理，這兩個部門的管理目的和管理方法類似而且相互之間的關係很密切。在大多數中型和大型飯店，房務部屬客房部管轄，而工程維修部是一個獨立的部門。雖然在飯店經營中發揮著同樣重要的支持作用，但是由於兩個部門處在不同的責任層面，還是可能會在工作中出現一些障礙。

很不幸的是，同屬後場的部門都存在著一些使工作關係不協調的因素。比如，當房務部員工不得不去清掃因各種各樣的維修造成的垃圾時就會抱怨，而工程維修部人員也會對房務部員工由於不恰當地使用化學劑和設備而導致損壞需要維修時也會產生不愉快的情緒。為了使雙方部門的工作都能得以順利進行，房務部和工程部經理都需要對改進部門間的關係方面加以關注，做出努力。

一、維修工作的溝通

　　房務清潔員是處在第一線最直接地為客人提供服務的人員。他們在打掃客房過程中能首先發現那些能導致住客不滿的問題。

　　假如，一位房務清潔員未能發現燈泡已燒壞，這會產生什麼樣的結果？其結果是顧客在開燈時發現燈泡壞了，會造成不滿，打電話通知櫃檯。這是一件對飯店產生不良影響的事件。建立起一個預先檢查制度，由員工發現需要維修的地方，然後報告維修部，在客房出租前完成修理工作，這樣飯店就可以避免引起顧客不滿。下面所列出的一些要點，可以作為培訓房務清潔員認識自己作為第一線員工的職責之用。

- ·寢具：如果床墊下陷，顧客會感覺不舒服。房務清潔員在鋪床單時如發現床墊下陷應報告。定期翻轉床墊，並根據情況需要予以更新。
- ·暖氣／空調：當房務清潔員在清掃客房時發現客房內溫度有問題，就應聯想到客人有可能感覺不舒服，在弄清問題後應向主管暖氣或空調的部門報告。
- ·電視機、收音機、電話：房務清潔員在清掃過程中要檢查收音機和電視機的狀態。拿起電話，確定有無問題。
- ·床罩：顧客會首先注意褪色的床罩。由於第一印象如此之重要，房務清潔員發現床罩已顯陳舊時要報告以便更換。
- ·燈光：如果房務清潔員認為客房光線不足，客人也會有同感。們應檢查每個燈具的位置，燈光的亮度以及開關和有關裝置是否已損壞。
- ·門：門的零件發生了問題會給所有使用者造成麻煩，而且還可能引發潛在的安全問題。如果服務員在進房打掃時已發現開門有困難，他們就應該記下這方面的故障並向有關方面彙報，在門被修好之前不應將此房作為「打掃完畢的可租房」。
- ·抽水馬桶：如果一次沖水不能沖乾淨或漏水不止，房務清潔員應立即報告工程維修部。
- ·梳粧台和浴缸：光潔的表面能使客人感到客房非常乾淨，尤其是水龍頭擦得晶亮時給人的感覺更好。房務清潔員必須把水跡水垢或水鏽等清除乾淨。
- ·毛巾：「鬆軟」是許多人用來形容他們所喜歡的毛巾的用詞。一

　　　條鬆軟、無任何斑跡的毛巾會使人感到這是一條嶄新的、不曾被人用過的毛巾。如果棉織品不夠鬆軟、乾淨，房務清潔員要予以更換。

・浴室牆壁：牆面塗料很容易陳舊。當出現剝落或破損時，顧客會產生飯店已不夠水準的感覺。對許多顧客來說保護隱私是很重要的事；房務清潔員要確保浴室的門開關自如，如發生任何問題要報告維修部門。

・水溫：出於安全的目的，房務清潔員要檢查水的溫度。多久溫水才會流出龍頭，多久水會變燙？水溫過低或水溫過高都要彙報。

・通風換氣：在打掃浴室時如發現鏡子有霧氣，應聯想到這會使住客感到不快。房務清潔員應檢查換氣扇並使之保持乾淨。

二、維修的種類

　　維修保養的責任方是工程部，但是首先展開維修保養工作的一方常常是房務部。有三種不同類別的維修任務：日常性維修（routine）、預防性維修（preventive）和計劃性維修（scheduled）。

　　日常性維修保養任務是有規律進行的（每日或每周）全飯店範圍的工作，所需的訓練或技能相對較少。這類保養無須報修單，也不用保存專門的記錄（時間或材料）。例如有：清潔地毯、擦洗地面、擦拭不太危險的玻璃、修建草坪、打掃客房、鏟雪、更換燒壞的燈泡等。房務部承擔著許許多多的諸如此類的日常維修保養任務。由房務部員工對飯店的各種設施和家具的不同表面材質進行的保養是整個維修保養工作的第一步。

　　預防性維修保養由三部分組成：檢查、小修理和執行報修單上的任務。飯店許多方面都是房務部人員日常工作中實施檢查的對象。例如，房務清潔員和主管會定期檢查客房的龍頭是否漏水、浴室的設備是否有裂縫以及是否需要工程部派員進行維修。關心水龍頭的漏水和臉盆、浴缸的裂縫可以預防出現如浴缸下層天花板或牆面的損壞等更大的問題，起到控制維修保養費用的目的。這類維修保養不僅起到保護設備投資的作用，而且還保證了顧客的滿意度。

房務記事

客務部與房務部的聯繫至關重要

  雖然客務部和房務部也許是飯店的兩個獨立的部門，但它們的目標是相同的：促使客人再度住店。為了實現這一目標，兩個部門必須在工作中緊密合作。房務部和客務部部如何才能合作好呢？最成功的飯店的回答是兩個部門的人之所以能有這麼好的合作，是因為他們制定了很好的溝通程序。事實上他們在加強部門關係上做了很多努力。下面是他們採用過的一些方法：

- 兩個部門的經理互調。比較多見的是在副經理或主管這一層次互換，但行政總監和客務部經也能相調，讓他們互相適應環境。
- 在本部門的訓練計畫中安排去對方部門受訓。櫃檯員工可以去打掃客房，到洗衣房去工作，以及幫助補充物品。房務清潔員可以製作入住顧客的鑰匙信封，把確認信裝入信封，或者迎接坐巴士前來的團客。目的是相互瞭解對方部門的工作流程。
- 保持高效的溝通。要記住每一個打去對方部門的電話都會使那裡的員工停下原本手中的工作，會對那裡的工作造成干擾。不同的資訊可以用口頭或非口頭的不同方法通知。例如，在一家用人工來統計住客狀況的飯店裡，櫃檯員工可以把已結帳退房的客人的客房狀態顯示卡條拿出來放在一邊。房務部也可停止不斷更新此客房的狀態。
- 把兩個部門作為一個整體來看待。回顧屬於雙方共同的目標如提供顧客滿意度、節約成本、提高營收額等方面的進展狀況。把房務部看作是與餐飲部或市場部開展友誼競賽的一個團隊。
- 出現問題時避免指責對方。如果出現了顧客被安排進一間未被打掃好的客房的情況，這時不應指責，重要的是找出系統哪一部分出現了差錯，如何採取補救措施。
- 與客務部經理一起營造一個良好的工作聯繫。共同從事一項與部門事務無關的工作，能使雙方瞭解對方的才幹，形成相互尊重的關係
- 安排兩個部門共同參與社交活動。外出用餐、保齡球比賽、慈善活動都是一些能贏得樂趣的簡單易行的方法。

每日溝通內容

上午6時

客務部向房務部傳遞的資訊：

每日客房狀態報告

抵達團體的排房表以及抵店時間

特別安排內容（相鄰房，加床），貴賓房的安排

延遲退房名單

提前入住名單

上午8時

客務部向房務部傳遞的資訊：

結了帳並已經退房的客人名單

關於特殊安排的變化以及貴賓的安排

當日參觀房的安排

上午10時

房務部向客務部部傳遞的資訊：

空房檢查報告

今日不安排打掃的客房一覽表

待修房及其原因一覽表

全天需要溝通的資訊

客務部部向房務部傳達的資訊：

延遲退房

延長居住期

換房通知

結了帳並已經退房的客人名單

房務部向客務部部傳達的資訊：

持續地報告可租房資訊

有關特殊要求的安排落實情況

客房狀態差異報告

退房結帳階段

房務部向客務部部傳遞的資訊：

預期退房的客房狀態

入住登記階段
　　客務部部向房務部傳遞的資訊：
　　　　及時溝通特殊要求方面的資訊
　　　　急需出租的客房房號
一天工作結束時
　　房務部向客務部部傳遞的資訊：
　　　　完成客房狀態的核對

資料來源：The Rooms Chronicle, Volume 2, Number 5。

　　訂購資訊，致電：603—773—9207

　　　房務部與工程部之間的溝通應該是高效率的，只有做到這一點，大部分小修理才能在房務清潔員打掃客房時就得到解決。在有些飯店，一名全職工程維修人員會被派到客房區域完成各種修理、調整或更換零件的任務。

　　　在預防性維修保養中，有時會發現一些超出小修理範圍的問題。這些問題會透過遞交報修單來通知工程部。工程部的工程師會將此納入計畫。這類修理常常歸類為計劃性維修保養。

　　　計劃性維修保養通常是根據正式的報修單和類似的書面通知來定的。報修單是房務部與工程部之間的主要溝通內容。圖 10-2 顯示的是一份報修單的樣本。在許多飯店使用的報修單是編號的，一式三聯，每聯的顏色不同，發給不同的對象。

　　　當房務部填寫了一份編了號的報修單後，其中一份送給行政總監處，其餘兩份送往工程部。工程部的總工程師拿了其中的一份，另一份給了被派去執行維修任務的員工。那位員工完成了工作後，填寫了維修工作花去的時間、所用的配件以及其他相關資訊。維修工作結束後，維修工填寫的報修單被送往行政總監處。如果在一段時間後，這份單子未能送往行政總監處，房務部會另發一份報修單，要求工程部對已報修專案的狀況做出說明。

　　　工程部常保留房務部人員操作設備的資料卡和歷史記錄。資料卡的內容是關於設備的數量方面的統計，還有技術資料、製造商的資料、價格、特別注意事項、品質保證書以及其他有關資訊（如使用手冊和圖紙

的存放位置等）。歷史檔案（見圖10-3）是用來記錄對相關設備的檢查和保養情況的。歷史檔案可以獨立建卡，也可以與設備資料卡合二爲一。兩者的目的都是對相關設備所進行的所有維修保養工作留下文字記錄。許多飯店使用電腦管理這些資料，這使得行政總監在決定是否需要更換設備時可以很方便的尋找到這些相關的資訊。

圖 10-2　報修單樣表

DELTA FORMS - MILWAUKEE U.S.A.
(414) 461-0066

HYATT HOTELS　MAINTENANCE REQUEST

1345239

TIME ______

BY ______ DATE ______

LOCATION ______

PROBLEM ______

ASSIGNED TO ______

DATE COMPL. ______ TIME SPENT ______

COMPLETED BY ______

REMARKS ______

RPHK-04

HYATT HOTELS MAINTENANCE CHECK LIST

Check (☒) Indicates Unsatisfactory Condition
Explain Check In Remarks Section

BEDROOM - FOYER - CLOSET

- ☐ WALLS
- ☐ CEILING
- ☐ FLOORS
- ☐ WINDOWS
- ☐ WOODWORK
- ☐ TELEVISION
- ☐ A.C. UNIT
- ☐ DOORS
- ☐ LIGHTS
- ☐ BLINDS
- ☐ DRAPES

REMARKS: ______

BATHROOM

- ☐ TRIM
- ☐ DRAINS
- ☐ WALL PAPER
- ☐ TILE OR GLASS
- ☐ ACCESSORIES
- ☐ SHOWER
- ☐ LIGHTS
- ☐ PAINT
- ☐ DOOR
- ☐ WINDOW

REMARKS: ______

資料來源：Hyatt Corporation, Chicago。

圖 10-3　設備檔案卡

HISTORY OF REPAIRS

DATE	W.O. NO.	DESCRIPTION OF REPAIRS	DOWN TIME	MAN HOURS	MATERIAL COST

TAG NO.	DESCRIPTION	WEEKLY CONTROL				MONTHLY INSPECTION CONTROL

資料來源：由 Acm Visible Records 提供。

第三節　團隊合作

團隊合作是飯店運轉成功的關鍵。房務部必須不僅與客務部、工程部緊密合作，還應與飯店每一個部門保持合作關係。當然團隊合作成為企業文化的確立是總經理的責任，但是每個部門乃至每位員工都應對此發揮自己的作用。

第四節　房務部的職責

無論房務部的規模和組織架構有何不同，飯店總經理都會劃定一些區域讓客房郎負責清掃。大部分由房務部負責清掃的區域有：
　・客房

MANAGING FRONT OFFICE OPERATIONS

- ·走廊
- ·公共區域
- ·管理人員辦公室
- ·庫房區域
- ·棉織品和制服庫房
- ·洗衣房
- ·後場區域，如員工更衣室

提供中等層次以及國際水準服務的飯店的房務部還會增加下列區域：

- ·會議室
- ·餐廳
- ·宴會廳
- ·會議展覽廳
- ·飯店內的商店
- ·遊戲間
- ·健身房

　　房務部負責打掃餐飲區域的具體做法，各家飯店都不同。在大多數飯店，房務部很少負責食品加工間、廚房區域和倉庫區域的清掃工作。這些區域的清潔保養與衛生保潔任務常常由餐務主管領導下的員工負責。在有些飯店，餐廳的員工要在早餐結束至午餐開始前負責打掃餐廳的衛生；而房務部的夜班員工則負責晚餐後至早餐前的徹底清掃工作。行政總監和餐廳經理必須緊密合作以確保對客服務區域和服務準備區域的品質標準。

　　房務部和宴會部或會議部門也同樣需要合作共事。宴會或會議部的員工常常負責宴會和會議場地的布置工作以及結束後的一般清掃任務。最後的全面清掃工作則由房務部的員工來擔任。這意味著這些場地的清潔程度和整體環境狀況的最終責任人是房務部的員工。

　　總經理會指定哪些區域歸房務部負責清掃。但是如果出現了由跨部門共同負責的情況，那麼這些部門的經理們應共同商討，明確各自的清潔責任。協商形成的決議要向總經理彙報，並獲得他的准許。一位好的房務部經理能與其他部門的經理一起有效地解決問題減輕總經理的日常運轉的負擔。

　　行政總監製作一份飯店樓層的平面圖，並在由房務部負責的區域標

上顏色，這是一個不錯的主意。用不同的顏色來顯示由不同部門負責的區域清掃責任。這種方法可以確保所有的區塊都有了責任部門，避免出現遺漏的問題。這份著色圖的副本應交送總經理和所有的部門經理。所有的人一眼就能分辨出飯店內任何一區塊歸誰負責清掃。這張著色圖也清晰地表明瞭房務部在整個飯店的清潔衛生維護保養中所發揮的重大作用。

　　一旦房務部的責任區域明確以後，工作計畫的重心則是對所需清潔和保養的工作任務進行分析。

房務記事

請教 Gail──對房務部的認識

　　親愛的 Gail：

　　我是在歐洲學習飯店業務的。我在每個部門花 6 個月時間學習，其中每周回學校一次。3 年後，我通過了考試，成了飯店行業的一名熟手。然後我又繼續在飯店管理方面進行深造。在求學過程中，我逐漸希望自己能成為一名行政總監，在歐洲，這是一個行業中有著崇高地位的職位。

　　但是我非常失望地發現在美國的飯店中，人們並不重視房務部。由於我現在以一位行政總監的身分在此工作，我發現我要為贏得這個部門應得的認可而奮鬥。大多數房務部經理管理著飯店內最大的一個部門，然而他們都不是行政會議的成員。希望將來，房務部的地位能得到應有的認可，更多的連鎖飯店公司能設立地區客房總監，會制定出更實用的訓練課程。

　　將來我最大的希望是能把在房務部工作的員工作為一線員工對待。這一做法對行業是有利的，也能使飯店變得更清潔。

一位受挫折的房務部經理

　　親愛的受挫折的房務部經理：

　　你的來信清楚地表明瞭許多房務部經理共同的心聲。行政總監通常控制著飯店中最大一塊的薪資支出而且肩負著顧客最基本的需求：清潔。

MANAGING FRONT OFFICE OPERATIONS

跟著人群後面去做清掃工作的確不是一項富有吸引力的工作，但是房務部的運行需要一位富有才能的掌握多項技能的經理，能勝任這項工作的人理應受到尊重。

不少總經理對房務部經理懷著極大的敬意，但是也有一些人對這一部門的興趣不大。可能你的來信會促使他們重新審視自己與房務部的關係，考慮進一步開發房務部員工的潛力。他們也可能會認識到行政總監是提高飯店盈利能力的重要成員之一。

但是，有些方面是贏得尊重所必須的：

‧相信自己，相信自己從事的工作是重要的。高度的自尊是必不可少的。

‧主動承擔部門盈利的責任。

‧穿著合適的職業服裝，包括擦亮皮鞋。

‧保持部門辦公區域整潔光亮、井井有條。

‧邀請上司參與查房或參觀辦公室。

‧邀請上司參加你們部門的會議。

‧確保部門員工能呈現專業化的形象（工作服和工作車的整潔和整齊）。

‧部門報告的列印要呈現專業化的形象，論點和論據要清晰。

‧在飯店員工大會上簡明扼要地明確無誤地講述本部門的成績與目標。

‧與其他部門的經理們建立業務聯繫。

‧透過閱讀，出席會議等途徑繼續接受教育並與同事討論。

‧當需要為某事求助時表現出靈活性、積極性和主動性。

當房務部得到很好的管理，視為飯店運轉過程的一個重要組成部門，部門經裏和員工都得到尊重和認可，必將大大調動起工作積極性，大幅度提升飯店的盈利能力。

來源：The Rooms Chronicle, Volume 2, Number 1。

編號1，訂購資訊，致電：603-773-9207

第五節　計畫房務部的工作

計畫可能是行政總監需要履行的最重要的管理職能。沒有好的計畫，每天就有可能出現一個又一個的亂象。持續出現混亂局面會降低員工的士氣，影響生產率，增加部門營運成本。同時，沒有計劃的指引，

行政總監很容易偏離工作重心，陷入一些與飯店目標無關，不太重要的事務中去。

由於房務部負責飯店許多區域的清掃和保養，部門計畫也就顯得十分繁重。沒有系統的、詳細的計畫，行政總監很快會被大量的看似瑣碎的但卻十分重要的工作弄得焦頭爛額。這些面廣量大的任務不僅件件要完成，而且要準確、高效、及時和用最節省的方式完成。

一、清掃區域表

房務部計畫工作是從制定一份需要負責清掃的區域的明細表開始的。一份正確的清掃區域表是計畫工作的第一步，它為以後部門對每一塊區域要實施的工作計畫打下基礎。清掃區域涉及的範圍很廣，表單內容很詳細。由於大部分飯店有不同類型的客房，飯店需要為每一種類型的客房制定清掃區域表。

當制定一份客房區域清掃表時，一個好的主意是順著房務清潔員清掃工作次序來排列，當然這個次序也是管理員執行檢查時的次序。這一做法使得行政總監可以利用表單作為制定清掃程序、訓練計畫和檢查記錄表的基礎。例如，客房的清掃目錄上所列的內容可以是從客房的右側至左側，也可以是從上方到下方逐一排列。其他一些排序的方法也可能被採用，但重點是方法要統一，就是說房務清潔員和檢查員在每日工作中所採用的排序方法是同一種。

二、清潔頻率計劃表（Frequency Scheles）

某一區域的頻率時刻表（見圖10-4）是房務部深層清潔計畫的一個部分，應能轉換成日曆計畫表的形式，註明每項清掃工作的安排時段。這份日曆計畫表就是行政總監安排指定的員工去執行必須完成的任務的依據，行政總監在計畫安排對客房或某些區域作深層清潔時必須要考慮一些因素。例如，對客房作深層清掃必須安排在低出租率的日子裡。同樣對其他部門的深層清掃工作計畫，也應隨著該部門活動安排日程而作靈活的調整。例如，工程部想對有些客房進行維修，行政總監應想方設法使本部門的深層清掃計畫的安排能配合這些客房的維修工程時間表。精心製作的計畫既能做到對顧客和其他部門的干擾最小，又能產生最好的結果。

圖 10-4　頻率時刻表樣本

公共區域#2──照明設施口

位　　　置	類　　　型	數　　量	清掃頻率
入口#1	掩蔽燈	2	1次／周
大廳	裝飾燈	3	1次／月
入口#2	冠狀掩蔽燈	2	1次／月
噴水池內	掩蔽燈	3	1次／周
通道	聚光燈	32	1次／月
地下層	聚光燈	16	1次／月
噴水池周圍	聚光燈	5	1次／月
餐廳周邊花園	聚光燈	10	1次／月
餐廳外邊花園	壁燈	5	1次／月
戶外餐廳	半聚光燈	16	1次／周
餐廳入口處	白色圓形棗光燈	6	1次／周
露臺	白色圓形棗光燈	8	1次／周
二層樓梯至通道	白色圓形棗光燈	2	1次／周
噴水池	白色圓形棗光燈	4	1次／周
露天茶座	壁燈	4	1次／周
餐廳入口處	裝飾燈	1	1次／周

三、績效標準

　　行政總監在開始制定績效標準時必須回答這麼一個問題，為了使這一區域的主要設施處於乾淨完好的狀態，必須做什麼工作。標準就是應該達到的績效水準。績效標準不但要說明必須做什麼，還必須描述如何做的細節。

　　房務部計畫工作的首要目標是，確保所有員工能持之以恆地完成自己的清掃任務，能持續維持績效標準的關鍵在於行政總監如何制定標準，如何進行溝通和管理。雖然房務部的標準各家都有不同，但是行政總監要確保自己部門能持續地百分之百地完成既定的清掃標準。如出現

標準制定得不恰當，又缺乏有效的溝通和持之以恆的管理的情況，房務部的工作表現會由於操作水準不能達標而受到損害。

制定績效標準的最重要的一點是如何在清掃和完成其他任務方面取得共識。共識意味著每位員工執行的績效標準能與部門制定的標準相銜接。

績效標準是透過不斷地開設訓練課程來達到溝通的目的的。許多飯店把制定好的標準增加到房務部的工作手冊中，也有許多飯店把工作手冊放在行政總監的辦公室，束之高閣。標準寫得再好也無濟於事，只有得到實施才能發揮作用。在工作中實施標準的唯一途徑就是透過有效的訓練。

績效標準透過持續訓練活動得到溝通後，行政總監必須對這些標準實施管理。對標準的管理就是確保工作結果經得起檢查。有經驗的客房管理人員懂得這一信條，「只有透過檢查才能造就出信得過的產品。」每日檢查的結果和階段性的工作表現評估的結論應作為日常工作指導和再訓練的依據。這是為了保證所有的員工都能持續地以最高效的狀態完成工作。行政總監每年至少一次重新檢討績效標準，並對之作適當的修正，因為新的方法被採用了。

四、生產力標準

績效標準是公布了希望達到的品質，生產力標準（見圖10-5）是訂出了部門員工應達到的任務數量。一位行政總監在開始制定生產力標準時要回答這樣一個問題，「根據部門定的績效標準，房務部的員工完成這件工作需要多長時間？」生產力標準還必須顧及飯店經營成本預算對部門員工人手的配備的限制。

圖 10-5　生產力標準樣本

步驟 1
根據部門績效標準制定打掃一間客房所需的時間。

大約 27 分鐘

步驟 2
計算出一個班次的分鐘數

8（小時）×60 分 = 480 分

步驟 3
計算出可用於清掃客房的時間。

總分鐘數	480 分鐘
減去：	
接班時間	20 分鐘
班會時間	15 分鐘
休息時間	15 分鐘
交班時間	20 分鐘
可用於清掃客房的時間	410 分鐘

步驟 4
將步驟 3 的分鐘數除以步驟 1 的分鐘數得出產出標準。

$$\frac{410 \text{ 分鐘}}{27 \text{ 分鐘}} = 15.2 \text{ 間客房（每 8 小時的工作班次）}$$

＊由於每家飯店的績效標準不一，這裡的資料只用於計算目的，並不作為打掃客房所需時間的建設。

　　由於績效標準與每家飯店的獨特的需求相關聯，所以不可能制定出適合大多數飯店的房務部都能採用的生產力標準。由於房務清潔員工作的飯店其等級有多種，有經濟等、中等級以及豪華級的區別，所以房務清潔員的生產力標準也不能統一。

　　在制定切合實際的生產力標準時，行政總監不一定要拿著鋼卷尺、碼錶和記事本到清掃和保養區域實地丈量和計時。行政總監和其他管理人員的工作時間也同樣十分寶貴。但是房務部經理必須瞭解房務清潔員在完成一項主要項目的計畫清潔，比如打掃一間客房時，應該花多少時間。一旦有了這些資訊，生產力標準就可以制定出來。

質量和數量可以看作一個錢幣的兩面。對品質的期待過高（績效標準），工作的數量會有影響，可能會低於可接受的標準。這方面造成的壓力會使得行政總監不斷地增加人手，以保證工作量如期完成。但是不久後（可能比預想的要快），總經理會削減房務部的高額人力成本開支。這一舉措會使行政總監再一次權衡質量與數量的關係，重新決定績效標準以使得它更能與實際所需的生產力標準契合。

而另一方面，如果績效標準定得過低，生產力標準超出了預期。起初，總經理會感到高興。然而隨著顧客和員工的投訴的增加，而且飯店也不再光亮照人時，總經理會再次著手解決問題。這時，總經理就可能選擇更換行政總監的措施，使新來的管家能制定出更高的績效標準也能更嚴密地監控部門的費用。面臨的挑戰就是使績效標準與生產力標準得到平衡。質量和數量都能牽制和影響對方，對數量的要求並不一定要降低績效標準，它可以透過改進目前的工作方法和工作步驟來解決。如果房務清潔員在清掃客房、補充用品時需要不斷地在服務區域跑動，這說明他們工作車的裝置方法和物品配備數量不正確。不必要的動作就意味著浪費時間，而浪費時間就是消耗了房務清潔員最爲重要和昂貴的資源：人力。行政總監必須持續地注意發現高效的工作方法，並對本部門的工作方法予以更新。

記住，行政總監很少能獲得他想得到的完成任務所必需的所有資源。所以必須仔細地安排人力，在達到可以接受的績效標準的同時，又能達到切實可行的生產力標準。

五、設備和用品的庫存量

制定了必須做什麼和如何去做的計畫後，行政總監必須確保員工已配備了完成工作必須的設備和用品。行政總監在計畫配備量的時候要回答下列問題：員工爲了達到部門的績效標準和生產力標準必須配備多少設備和用品？這個答案能保證房務部運轉的順利進行，還能作爲制定有效採購計畫的依據。一個採購系統必須具備能保持運轉必須的穩定的庫存量。

大致來說，行政總監負責兩類物資的庫存量。一類是在飯店運轉中可以回收使用的；另一類則是不可回收使用的。不可回收的物資就是被消耗或房務部的日常工作中使用完。爲了減少庫房設施，同時也爲了不

出現過多的庫存造成現金的積壓，行政總監必須對回收物資和非回收物資制定出合理的庫存量。

房務記事

房務部面臨的兩難：我們的衡量方法對嗎？

by Janet Jungclaus

餐旅業是否還停留在工業時期架構？對這樣一個複雜問題的答案卻很簡單：不是。讓我們來分析一下其中的理由。

在 20 世紀的大部分年代，公司管理層換了一茬又一茬。但關注的事情還是圍繞著完成一件工作需要的時間，每小時能產出多少件，每天工作多少小時等，用產出來衡量員工的工作表現。其結果公司在如何正確地衡量產出和質量的問題上迷失了方向。例如，作為一位訓練員，我要是一年教 50 個班，會被看作是一個很了不起的成績。或者每天工作 14 個小時，我肯定被認為是一個很能幹的人。不管那些評價的結果是否恰如其分。而問題的癥結是受訓者是否從我的課中學到了什麼東西，以及我在 14 個小時中完成了哪些工作？

我想建議的是以最有效的方法來分析我們要確定怎樣的目標，分析我們偏離目標時會表露的現象。餐旅業是以顧客滿意度論成敗，而房務部卻是以傳統的每小時打掃幾間客房來衡量成績。

我年輕時，在一家工廠工作，那裡最強調生產罐頭的數量。那時我感到很多時候，由於只強調數量，結果品質受到很大影響。餐旅業不要重蹈覆轍。讓我們透過使用有效的衡量方法，來證明我們想給客人提供完美無缺的客房。

最近，我們希望有更多的回頭客。我們想方設法讓我們的房務清潔員挑戰原有的績效標準。審視你所在的飯店；關心你所負責的客房的布置；在房務部員工的努力下，我們制定出最有效的清潔客房的體系。這一體系能對質量和顧客滿意度起到保證作用。不要盲目地遵循 28 分鐘打掃一間客房的標準，把注意力放到清掃標準上來。明確你想獲得的是什麼，當偏離目標時，你如何能發現以及採用什麼方法才能取得成功。

資料來源：The Room Chronicle, Volume 1, Number 3.
訂購資訊，致電 1603-773-9207）

(一)可回收物資

可回收物資包括棉織品、大部分設備以及一部分客用品。可回收使用的設備有房務清潔員的工作車、吸塵器、洗地毯機、地板磨光機以及其他設備。可回收使用的客用品有電熨斗、燙衣板、嬰兒床和電冰箱等顧客在居住過程中必需品。客房要負責儲存和保管這類用品以便在客人需要時提供。

回收品的倍數，能夠保證順暢的營運簡稱為 par。par 是指房務部每日營運必須要使用的物品數量。例如一個 par 的棉織品就是飯店需供所有客房使用一次的數量；2 個 par 的棉織品就是可供飯店所有客房使用兩次的數量，依此類推。

(二)不可回收的物資

不可回收的物資包括清潔用品、一般客用品（如浴皂），以及特殊客人用品（可以包括牙刷、洗髮乳、護髮素甚至芳香浴鹽和香水）。由於不可回收物資在營運過程中不斷被消耗，考慮庫存時還應緊密配合飯店的採購周期。決定對不可回收性物資的庫存量時要考慮兩方面數字——最低庫存量和最高庫存量。

最低庫存量是在任何時候必須採購到的儲存量。採購的數量以一般規格的容器計量如箱、桶等等。庫存的物資絕對不應低於最低庫存量。當非周轉物資接近最低庫存量時，必須及時申購。

必須申購的物資實際數量由最高庫存量決定。最高庫存量是指在任何時候採購來供儲存的最高數量。這一最高庫存量必須考慮到倉庫的容量和防止過量庫存而導致飯店資金積壓。物品的時效期也會對最高庫存量構成影響。

第六節　主管的兩難

隨著經濟的發展，出現了一種新的趨勢，即不設中層管理人員。在住宿業，這一趨勢使得是否保留房務部主管這一職位提上了議事日程。總經理們總是在尋找更能,獲利的方法，也許雇用更多的計時工是一條出路。那麼為了使飯店既清潔又獲利，缺了房務部主管的查房行不行？最初在大型飯店中，房務部主管這一職位的設置是行政總監的管理職能

的延伸。在過去的 20 年中，這一崗位的工作重心是檢查客房。那麼現在這個角色的任務是否還是保持不變？飯店是否值得保留這一職位？

飯店必須考慮以下這些關鍵問題：

· 飯店是否已聘用了合格的人員擔任主管？
· 飯店的運行體系是否對主管的職責構成支持作用？
· 飯店的宗旨是否對這一職位有直接的支持作用？
· 是減少檢查客房數目呢？還是全部取消查房？
· 如果需要查房時由誰去執行？
· 誰來主持訓練？
· 工作說明要作哪些變動？
· 績效標準如何得以保持或提高？
· 採用何種方法來確保客房狀態能得到及時更新？

服務記事（Rooms Chronicle）就房務部主管這一話題對讀者進行了調查。有些經理認為不設主管以後唯一不滿意的是客房狀況逐漸變差。其他一些人認為，這一變化提高了顧客的評價和員工的士氣。

被調查的一家飯店在 6 個月後百分之百地恢復了查房，還有一家飯店過了一年之後也恢復了查房。而有些飯店一直成功地堅持 50 %～75 %的房務部員工可以獨立地完成任務。

(一)這一做法的起因是什麼

大多數飯店之所以做出不設主管職位的原因是出於節省薪資支出，當然也有許多是受到全員品質管制這一理念的促動。南方的有家飯店，他們不設主管的理由是為了加快把打掃好的客房報告給櫃檯的速度。

那些在不設房務部主管的努力中已取得成功的飯店，他們已經把這種先進的細心的工作態度在飯店內廣泛傳播，員工已融入到制定計劃的工作中。有些房務清潔員已經在考慮這樣的問題，如何對自己所做的每一件工作負責？當聽到一些不滿的意見時，他們開始探索用另一種方法來代替。採取房務清潔員的意見，讓他們獨立工作。

(二)還要查房嗎

有一家被調查的飯店取消了查房。管理層基於這樣的理念，他們的房務清潔員有能力對自己管轄的客房狀況負責。大多數飯店堅持對每位服務員每週查1間至5間客房。有一位中西部地區的豪華飯店的行政總

監說，「我們實行抽查的方法，這就像測定游泳池水中的含氯量一樣，只需採一點水樣就瞭解了整個的情況。」

(三)如果不設主管，那由誰來查房

大多數飯店由部門一級管理人員從事抽查客房，這一做法根據飯店的不同規模也有區別。較大型飯店為此還保留著幾名主管。佛羅里達的一家度假飯店的總經理要求所有的飯店員工都投身這一工作。從總經理、業務部、行李員、櫃檯人員（早班和晚班）、全體客務關係員、房務部安全員，每人每天檢查兩間客房。

「我很幸運，我們還保留著主管」，另一家度假飯店的行政總監說，「但是據我在其他飯店的工作經驗，我認為有許多原因會使這一概念行不通。如果房務清潔員隊伍不穩定（比如流動率高或雇用了許多臨時工），客房的品質會受到影響。」她又說，「如果堅持要讓不合格的員工獨立工作，那麼行政總監就要花更多的時間去檢查所有的客房，經理會搞得焦頭爛額或者部門的其他工作會受影響」。「是否設主管不一定要一個全部設或全部不設的答案，」一位中西部的渡假飯店的總經理說，「我們只在夏季設主管，讓他們與夏季工一起工作。其餘季節，我們的房務清潔員都獨立工作。這種方法採用了一年多，我們徵求意見卡的評分還是很高，達 94 ％。」

(四)工作說明要變動嗎

房務清潔員的工作說明通常要更改的部分包括每間客房的清掃、準備就緒以及更新客房狀態的最後責任歸屬問題。房務清潔員必須檢查房內設備以確保客人不會發現未經維修的專案。有些飯店還把客房周邊的走道也劃歸房務清潔員。還注明一旦發現床罩或其他用品需要更換時由誰來做。房務部的搬運工或行李員的職位職責也會增加這部分的工作以適應新的工作架構。

南部有家飯店的行政總監組建了一支「傑出員工隊伍」。房務清潔員要成為其中的一員，要透過工作表現、出勤情況和工作態度方面的評審。崗位職責描述中包含了對以上各方面要求的介紹，團隊成員對自己的表現要簽合同作為保證。

㈤支付薪資的方法有什麼變化

支付房務清潔員的工資方法有時會起變化，大部分飯店是根據工作品質來評定薪資等級或者給高標準工作表現的人發放獎金。有一家飯店給每小時至少打掃 1.9 間客房和檢查合格達 90 甲，或以上的服務員每兩周 35 美元的獎勵。

有一家套間飯店的總經理制定了這樣的一個計畫，房務清潔員不需主管檢查能在清掃品質、照料和關心客人的整體表現上保持高分，則每小時工資提高 25 美分。前面提到的「傑出員工隊伍」的成員如能應對增加的職責，並能維持在一個高標準的水平，每小時增加 1 美元的工資。在其他飯店，即使全體員工都需要自主地完成工作責任，工資也不會增加。

㈥由誰來主持訓練

由於大多數飯店是由主管來對新員工進行訓練的，不設主管以後，由誰來負責訓練呢？房務部的經理們可以擔當此任，但是現今流動率這麼高，訓練是一項全職工作。有一種選擇是指定一至幾名房務清潔員作為在職訓練員。在其他一些飯店，至少保留一名主管，他的工作重點是主持訓練和再訓練課程。由於客房狀況最終責任落到了房務清潔員的身上，所以出色的訓練課程是必不可少的。

「如果我們聘用到了合適的人能持續地進行訓練，我們的員工就能夠達到標準。」一位行政總監這樣說。「我們依靠積極支持和正面激勵的方法來保持員工的工作積極性。」在所有被調查的飯店中，如果房務清潔員的工作質量下降，他們就要參加重新訓練課程以改進工作表現，如仍不能達標就要實行懲戒措施。

㈦客房狀態由誰來管

早晨檢查空房通常是房務清潔員工作職責之一，房務清潔員分到的是一個區塊的清掃任務，而不是一份需要打掃的客房房號單子。所有的客房、走道、自動販賣機周圍、電梯間都含在指定的區塊內。在顧客抵達或返回客房區域前，房務清潔員是最後一位檢查客房和周圍區域的人，所以必須特別細心檢查以保證櫃檯能保持正確的房態，無論客房是處於出租、空置、打掃完畢或尚未打掃等不同狀態。

許多飯店的電腦管理系統是與電話系統銜接的。所以只需從客房的電話機輸入代碼即可改變客房狀態。而其他的飯店房務清潔員必須電話通知房務部或者櫃檯來改變客房狀態。當櫃檯對客房狀態有疑問時，還必須派人前去再次檢查。

　　不設主管後，會在核對客房狀態的差異方面花更多的時間。當房務清潔員清掃一間客房時，他想這間應是續住房，但他進入另一間客房時，上一間客房的住客結帳退房了。如果飯店對這些問題的準備不足，不設主管省下的工資很容易被由於客房狀態失真而造成的損失抵消。

(八)取得成功的提示

　　一個精心策劃的計畫會顧及每一間客房的清潔、保養和狀態。由於貴賓房的準備工作，關照延遲退房的客人，處理突擊打掃客房，幫助核對可出租房，幫助不會講英語的房務清潔員翻譯，當房務清潔員人手不足時幫助打掃客房等等，這些工作以前都是主管承擔的，現在必須將這一切寫入工作計畫。

　　把員工納入計畫的制定過程中，幫助他們樹立自我的意識。這一計畫必須引出一個雙贏的結果，因為員工對管理單位希望增加他們的工作量，來達到節省工資支出的做法會很敏感。計畫實施以前要反覆推敲，因為付薪方法或獎勵方法的改變弄不好會起相反的作用。

　　如果這一概念的計畫推行能符合飯店的需要並能得到細心貫徹的話，員工和飯店都將受益。

關　鍵　詞

清掃區域表（area inventory list）：一份清單，列明在某一區域房務清潔員需要清掃和關注的專案。

深度清潔（deep cleaning）：對客房或公共區域進行細緻或專門的清掃。常常根據專門的計畫日程安排或特殊活動的要求而實施。

清潔頻率計劃表（frequency schedule）：一份清單上面列明清掃區域表內每一專案的內容，需隔多久實施一次清掃或維護保養。

房務部客房狀態報告（housekeeping status report）：由房務部製作的顯示每間客房即時狀態的報告，其依據來自實地檢查。

MANAGING FRONT
OFFICE OPERATIONS

最高庫存量（maximum quantity）：在任何一個時段應採購供庫存的最高數量。

最低庫存量（minimum quantity）：在任何一個時段應採購供庫存的最低數量。

住房一覽表（occupancy report）：一份有夜班櫃檯人員製作的報告，上面標明了當晚租用的客房以及第二天預期退房的客人。

標準庫存量倍數（par number）：特別庫存物品的標準量的倍數，能夠支持每日、例行的房務運作。

績效標準（performance standards）：工作必須達到的品質水準。

預防性維修保養（preventive maintenance）：系統地定期地對設施進行維修保養，以便及時發現問題、解決問題達到控制成本和防止出現大的問題。

生產力標準（productivity standards）：在一個指定時段，按照績效標準必須完成的工作量。

客房狀況差異（room status discrepancy）：指發生了這樣的情況，即房務部對某一客房狀態的描述與櫃檯掌握的情況不一致。

日常性維修保養（routine maintenance）：指全飯店範圍內定期開展的維修保養工作，所需的訓練和技能相對較少。

計劃性維修保養（scheduled maintenance）：需要透過正式報修單或類似檔而在飯店內進行的維修工作。

 網 址

訪問下列網址，可以得到更多資訊。主要網址可能不經通知而更改。

Hotel Housekeeping Newsletter
http://www.hotelhousekeeping.com/

The Rooms Chronicle
http://www.hotel-online.com/Neo/Trends/RoomsChronicle/index.html

Hotel Preventive Maintenance Software
http ://www.attr.com/minv.htm

SmartManager

http://www.accu-med.com/ inventory.htm

Resort Data Processing

http://www.resortdata.com/brocch/hskpg.htm

ABC Hotel 是如何失掉到手的生意

星期一

上午8：00

　　周一上午8時的業務會議比大多數其他日子要開得長一些，業務員Sarah小姐在她去辦公室的路上邊走邊想。她倒了一杯咖啡，然後坐在電腦前開始起草一份備忘錄。業務總監今晨特別強調的話題是：銷售的秘訣是「別丟失到手的生意」。我想她說得有道理，Sarah 邊想邊開始打字；對一個有600間房間的飯店來說丟失到手的生意是很容易的事情。根據晨會的安排，她想把關於Bigbucks先生的事情留一張備忘錄給客務部經理 Ray Smith。Bigbucks 先生是 XYZ 公司的董事，這是一家跨國公司，在今後兩年會給飯店帶來 500000 美元甚至更多的生意，如果能說服別 Bigbucks 先生把他旗下公司的一些會議或其他生意安排到飯店的話。他計畫今天下午1：30抵達飯店，Sarha希望對他的接待工作能做得天衣無縫。

親愛的 Ray：

　　我只是想提醒你 XYZ 公司的 Bigbucks 先生將於今天下午1：30抵店，他住一夜。請你確認按完整的貴賓程序接待他。我曾與他通過幾次電話，並將於下月與他見面討論在我店的一些活動的預訂事宜，但此次我不能接待他了，今天上午我要飛到達拉斯。不必擔心，我已經填好了貴賓接待單，有關方面已收到了通知！

Sincerely, Sarah

上午10：00

為了讓 Ray 瞭解此次接待別 Bigbucks 先生的重要性，Sarah 親自到客務部部遞送了她的備忘錄，但是 Ray 不在辦公室，哦，他大概還會回來，她想。她把備忘錄放在 Ray 的椅子上，以便他能一眼看到。

上午 11：10

在總經理召開的晨會上，Ray 中途離場了幾分鐘，他直接去辦公室看看有沒有留言。他讀了 Sarha 的備忘錄並決定在返回會議室時交給櫃檯處理。

上午 11：20

在櫃檯，Evert 盡量保持著鎮定、友好的態度，儘管大廳擠滿了人。身為櫃檯人員他工作才剛滿 3 周，當他看到團體大巴士停靠在飯店門口時，他會感到緊張。那天有兩個團隊（一個是美國詩人社團，另一個是平板玻璃製造商）要入住飯店。下午全美藥學會也將抵店，在此舉行一個 4 天的會議。Evert 沒有看到 Ray 走過來，直至 Ray 拍了拍他的肩膀：「不要忘記把這個消息通知房務部，」Ray 說，並把 Sarha 的紙條放在尹夫特的電腦鍵盤旁。Evert 邊點頭邊繼續為客人辦理入住手續。

上午 11：45

Evert 利用了個空檔，讀了 Ray 留下的紙條內容。他迅速拿起無線電話與 Gail 通話，Gail 是房務行政總監。「嗨，Gail，我是櫃檯的 Evert。我們有一位貴賓別 Bigbucks 先生，將於下午 1：30 抵店，我現在把 816 的房態由『可租房』改為『待修房』直至你們做好貴賓布置，好嗎？謝謝。」

上午 11：50

為什麼我總是在最後的緊要關頭接到這樣的電話？Gail 邊想邊快步走向員工餐廳，為什麼總是在我們員工用餐或休息時把突擊任務通知我？她要求 Mary 和 Teresa 兩位最優秀的員工中斷用餐，跟她去 816 房間。他們三人去了棉織品間拿出了新的床罩和毛毯，她又打電話給 Roger，工程維修部經理，要求他派人去 816。然後她又給廚房的 George 打電話，「George，我是 Gail。816 房的貴賓禮品準備好了嗎？」George 說他剛剛弄好，馬上有人送來。

下午 1：20

Gail 站在門口，用挑剔的眼光最後環視了 816 房。現在呈現在她面前的是一片寧靜有序的景象，與剛過去的一個半小時的繁忙和嘈雜形成強烈的對照。這是因為這支小型精練的隊伍在這套房裡，完成了所有的工作使一間客房由「優秀」改成「完美無缺」。就如飯店總經理 Thompson 先生不止一次地對她說，「你的責任是把每間貴賓房布置到歎為觀止的水平。當客人首次打開房門時，我希望聽到他們『哇』的一聲情不自禁的歡呼。」

Gail 的腦海裡樹立了「哇」的標準。現在使用乾淨的床上用品。毛毯、床罩要改換為新的更高檔的床罩，剛剛熨燙好的被單、嶄新的毛毯，Mary 沿著地毯邊清掃了每一處灰塵和斑點，家具擦得晶亮，地毯經過仔細吸塵，連椅子和椅面都吸乾淨了。臥室和衛生間所有的抽屜內壁都擦得乾乾淨淨，確保裡面沒有灰塵和頭髮。浴簾被取下換上了新的。工程維修部的 Chris Jones 來到客房檢查了所有的設備。當他在浴室檢查時，發現坐便器上有一個小鏽斑，Teresa 無法去除，Chris 又去找了一個新的來換上。所有木製品都抹得一干二淨。大約在下午 1：00，Jessie 從餐廳送來了飯店最高級的貴賓禮品：一個小型的柳條籃內放著 2 英尺高的乳酪、蘇打餅乾、一瓶酒、水果、乾果以及飯店自製的麵包和糖果。火柴盒上印著別 Bigbucks 先生的姓名縮寫，一瓶新插的鮮花以及由 Thompson 先生親筆簽名的燙金邊的致意卡。晶亮的抽水馬桶是 19 分鐘前才新安裝的。

Gail 注視著地毯接縫處，讓 Teresa 最後吸了一遍，她想這下是萬無一失了。「816 房準備完畢」，她透過電話告訴了櫃檯，然後去看看能否吃點東西當做午餐。

下午 4：35

Bigbucks 先生經過長途飛行抵達飯店，看上去衣冠不整，他是和其他 4 人一起坐計程車過來的。大廳擠滿了在會議桌前等候辦理人住的藥劑師和晚到的詩人。他走到櫃檯僻靜的一側等候，直到有位櫃檯人員忙完了團隊人住。

「下午好，歡迎來到 ABC 飯店，我是 Joan。請問我能為你做什麼？」

「嗨，我是 Bigbucks，我訂了今晚的房間。」

「讓我找一下，」電腦在飛快的搜索。「是的，您只住一晚。要不要幫您拿行李？」

*MANAGING FRONT
OFFICE OPERATIONS*

「不必,我只有一小件行李。」

Joan 完成了入住登記程序。微笑著並記得要保持與顧客的目光接觸,給了 Bigbucks 先生 616 房間的鑰匙。

下午 4:40

當 Bigbucks 先生打開 6t6 房門,他發現房內沒有任何布置,有點失望。客房是乾淨的,空氣也是新鮮的,但在大多數飯店他能看到鮮花、巧克力,也許還有一封歡迎信。這裡……一無所有。也許是因為我只住一晚的緣故,他想,但他不知道會存在這些區別。由於飛機晚點,他到達飯店比原定的時間晚多了,不過他還來得及整理行李,沖一下澡,然後主持 XYZ 公司的晚宴。

下午 5:15

Lucky 醫生一位來自 Omaha 的牙醫,雙手提著箱子走向櫃檯。他是來參加一個在附近的市會議中心召開的會期 3 天的會議。「我要間套間。」他說。

櫃檯人員利用電腦找房時,Lucky 醫生放下了行李。「我們在 8 樓有一間套房。」行李員上來開始把 Lucky 醫生的行李裝上行李車,但是被 Lucky 醫生謝絕了。他這次因公出差,希望盡可能節約開支。他拿了鑰匙,乘電梯到了 8 樓,順著指示牌到了 816 房。他放下行李,開啟了電子門鎖,扭轉門把,開了房門。他彎腰去提行李,抬頭看見套間的全景,慢慢伸腰,行李忘了提,不由自主地脫口而出「哇!」

下午 5:35

看到如此精心保養、一塵不染的地毯,Lucky 醫生遲疑了一下才走進套房。他停頓下來細細看了一圈:家具明亮如鏡,鮮花散發出陣陣清香,還有這一藤籃的東西(像把小椅子)。他把箱子拿進了房,開了酒瓶。他從來沒有住過像 ABC 這樣好的飯店,他決定這次要好好享受一下。我以後要常來,我不知道這些漂亮的飯店如此厚待新客人。他高興地吃起乳酪和蘇打餅乾,一邊好奇地打量著他以前從未見過的那包糖果,他看到了化妝台上有一張便條:

親愛的 Bigbucks 先生:

我們希望您在 ABC 飯店快樂順心。如有什麼事需要我們幫助,請隨時通知我們。

總經理 Jim Thompson

Lucky醫生停止了咀嚼,哦,不,他想,我已經把半籃東西吃下了肚子,會不會要我付費?

下午5:40

Bigbucks先生走進電梯,按鈕去大廳。在三樓電梯停了下來,飯店的業務總監走了進來。他們兩人同乘一部電梯,未打招呼。到了大廳,大家都下了電梯,朝不同方向走去。

下午6:00

Lucky醫生換上便裝,打算利用晚上的時間去熟悉一下去會議中心的路,另外到飯店周圍走一走。他想明天早晨再打電話去櫃檯問清楚這些禮品的來龍去脈。

星期二上午8:00

Lucky醫生下樓去餐廳用早餐。他在退房去會議中心之前還想返回房間,所以想再晚一些與櫃檯聯繫有關酒、鮮花和其他禮品的事。在餐廳,他碰到了一位熟悉的牙醫生。他們一起用了早餐,還一起坐車去了會議中心。Lucky醫生決定在回來時直接去櫃檯把事情搞清楚。

上午8:30

Bigbucks先生提起行李,開啟616的房門,離開了客房。他沒睡好,他希望一整天的總部會議能早一點結束,以便他能把原定7點的航班再提早一些飛回去。在櫃檯,接待員的服務格外地友善和高效。在向自己的汽車走去時,Bigbucks先生曾從Ray Smith面前經過。Ray正急匆匆前去出席總經理召開的一個改進服務品質的會議。

Managing Front Office Operations

討論題

1.ABC 飯店在哪些方面做錯了？

2.在 Bigbucks 先生住店期間有什麼方法可以發現錯誤，有什麼方法可以彌補失誤？現在可以做些　什麼來彌補失誤呢？

3.飯店應制定什麼樣的程序來防止將來再次出現類似的一連串錯誤？

下列行業專家幫助蒐集資訊，編寫了這一案例：Gail Edwards, Director of Housekeeping, Regal Riverfront Hotel, St. Louis, Missouri; Mary Friedman, Director of Housekeeping, Radisson South, Bloomingdon, Minnesota; and Aleta Nitschke, Publisher and Editor of The Rooms Chroncile, Stratham, New Hampshire。

11

CHAPTER

客務部稽核

1. 瞭解客務部稽核的功能和客務部稽核員的職責。

2. 掌握客務部稽核員平衡當日交易的工具。

3. 瞭解客務部稽核流程的步驟。

4. 瞭解系統更新的作用。

本章大綱

由於飯店每周運行 7 天，每天運行 24 小時，客務部必須定時檢查和審核住店客人和非住店客人帳戶記錄的正確性和完整性。客務部稽核流程需要有意識地滿足這些要求。

稽核工作是每日檢查在櫃檯記錄的客帳交易是否與收入中心的交易一致。這種日常工作確保客務部帳務工作的正確性、完整性和可靠性。客務部稽核還包括正在發生的非住店客帳戶。一個成功的稽核體現在住店客人和非住店客的帳目平衡，帳單準確，適當的帳戶信用監督，以及及時向管理層提供報告。高效率的稽核工作也可增加正確結算帳戶的可能性。

客務部稽核，有時也稱之為夜間稽核。通常是在深夜執行。在客務部自動化系統實行前，大多數方便進行稽核的時間是深夜和凌晨時段，此時客務部稽核員可以盡可能不受打擾地工作。大部分（即使不是全部）飯店的營業單位已經打烊，允許夜間稽核審查所有部門的收入。並且大多數飯店有一個每日會計期間和每日飯店經營期間，以確定飯店每日的消費發生期間。客務部稽核結束一個營業日，開啟下一個營業日。

在使用飯店管理系統時，稽核也稱之為系統更新，這是由於飯店管理系統檔的電子化更新是常規稽核工作的一部分。曾經由夜間稽核承擔的大部分手工工作，現在透過技術手段來執行。飯店管理系統可以自動記錄客房收入並自動執行稽核流程。除了需要提交當日的報告外，稽核工作已經沒有理由必須在夜間進行。大多數客務部稽核工作實際上是建立和分發系統的報告，而這些工作可以在管理者希望的任何時間內完成。

第一節　客務部稽核功能

客務部稽核的主要目的是稽核住客和非住客帳戶的記錄與收入中心的交易報告的正確性和完整性。客務部稽核尤其應當關注以下功能：

- ‧核查過帳到住客和非住客帳戶的記錄
- ‧結清所有客務部帳戶
- ‧解決客房狀態和房價的差異
- ‧根據已建立的信用度，檢查客人的信用交易
- ‧製成經營和管理報告

一、客務部稽核的任務

執行客務部稽核時，要注意帳戶的明細、流程的控制，以及客人信用的限制。客務部稽核員還應當熟悉影響到客務部帳務系統的現金交易的性質。客務部稽核員注重於客房收入、客房出租率和其他標準的營業統計。此外稽核員利用飯店管理系統編制每日的現金、支票、信用卡、借貸卡以及其他在客務部發生的活動的匯總報告。這些資料反映當日客務部的財務結果。客務部稽核員匯總和編制這些經營結果，提交給客務部管理單位。飯店的會計部（其主要職責是後臺稽核）也依靠客務部稽核資料來進一步做統計分析。

二、建立每日結帳時刻

客務部稽核員蒐集、結算和檢查一整天內登入到住客分類帳上的交易。每個飯店必須決定什麼時間被認為是當日會計期間（或飯店營業期間）的結束。每日結帳時刻（End of Day）簡單地說就是規定營業活動停止的時刻。客務部部必須建立一個每日結帳時刻，這樣透過一個特定的一致的時刻，好讓當日的稽核工作順利完成。通常，飯店營業單位的結束時間決定了它的每日結帳時間。對於擁有24小時服務的房內用餐、餐廳或商店的飯店，正式的每日結帳時間就是飯店主要營業單位結束或不再有持續營業活動的時點。對於擁有持續經營的賭場飯店，每日結帳時間是由管理階層決定最佳的結帳時刻，通常大約在凌晨4點或更遲的時間。

通常的情況是客務部稽核工作開始於當日營業結束之時，也許是在夜班開始以後。例如，如果客務部稽核在凌晨1：30開始，飯店的營業日應在1：30結束。從凌晨1：30到稽核結束的時間段稱之為稽核工作時間。通常，需要客務部會計注意的是，那些在稽核工作期間收到的交易憑證在當日結帳稽核工作完成前不應被過帳。這些交易被認為是下個營業日交易的一部分。

三、交叉審核

飯店各部門生成書面記錄作為交易的憑證。對於每個收入中心的交易，產生收入的營業點分類、記錄交易的類型（現金、掛帳或支付）和貨幣價值。客務部人員可以線上檢查過帳交易，以確保其已適當記錄到相應的住客或非住客總帳單上。另外，收入中心也可以使用憑單向客務

部傳遞交易資訊。

　　客務部會計系統依靠系統的介面和交易憑證來建立準確的記錄，維護有效的操作控制。交易憑證（電子的或紙張的）可證明交易的性質和金額，也是記錄到客務部會計系統的資料基礎。這種憑證由消費憑證和其他證明文件組成。

　　出於內部控制的目的，會計系統應提供獨立的支援憑證來核查每筆交易。在非自動化的飯店，不同的部門（如咖啡廳客人帳單和客務部客人總帳單）提供的支援憑證提供了交叉審核的資訊。雖然客務部稽核員從客務部系統收到有關客房收入的資訊，稽核人員還應當根據客房部房間出租情況報告和客務部客人登記卡資料對客人總帳單上記錄的房價進行檢查。這通常被叫做逐一檢查（bucket check），這種程序確保所有的已出租房的房價已被正確記錄，同時減少因為客務部人員沒有準確完成客人的入住登記和結帳退房程序而造成的出租錯誤。同樣，記錄到住客和非住客帳戶的餐飲收入是基於傳送到客務部的營業單位的憑證和客人帳單。餐廳收銀機聯單或銷售日記可以被作為客務部過帳的交叉審核證明。

　　客務部稽核員依靠交易憑證來核對客務部正確地執行了會計程序。稽核員的每日過帳檢查是透過核對客務部帳戶和各部門的記錄是否一致來進行的。

四、帳目的整合

　　良好的內部控制技術能確保客務部會計程序的正確性和整合性。內部控制技術包括現金控制和職責分開。職責分開確保沒有單獨一個人對一項交易的所有核算階段全部負責。

　　健全的內部控制技術要求由不同的客務部人員在客務部對銷售交易進行登入、核查和蒐集。如果允許一個櫃檯人員既銷售客房，又記錄該房價用，並核查記錄，以及收取現金，那麼沒有人可以發現錯誤或可能的挪用。替代的辦法是，職責應當分給不同的員工，客務部員工可以負責過帳，客務部稽核員負責核查帳目，客務部收款員負責收款結帳。在很多飯店，只有客務部稽核員被授權啟動自動系統將房價和房間稅記錄到客人的電子總帳單上。

　　客務部稽核員幫助確保客務部收到出售的商品和服務的付款。客務部稽核員透過將客帳過帳與相應部門的原始憑證的交叉檢查來建立住客

和非住客帳戶的完整性。當住客、非住客帳戶的總數與部門帳目總數平衡時（即證明是正確的），稽核程序就完成了。只要稽核過程還有不平衡的情況，稽核工作就被認為沒有完成。實質上，不平衡的狀態存在於整天記錄到住客和非住客帳戶的消費額和貸方數與部門收入原始憑證的消費和貸方數不一致。出現不平衡的狀況需要對所有帳戶交易、憑證憑單、支援憑證和部門原始憑證進行徹底檢查。現在不平的情況比較少。過去，在採用人工和半自動系統的飯店，有許多不同的記錄表格需要檢查、匯總和合併，而這只是平衡帳目過程的一部分。現在，這些工作幾乎全部由客務部電腦系統來完成。

五、客人信用的監督

監督住客和非住客帳戶的信用額度的軟體能幫助維持客務部會計系統的完整性。建立信用和信用限額的標準取決於很多因素，如信用卡公司規定的最低限額，飯店規定的限額，以及客人的狀況和聲譽都是潛在的信用風險。

客務部稽核員應熟悉這些限額，以及他們與住客和非住客帳戶是怎樣的關係。作為應用軟體的一部分是自動產生超限額帳戶餘額報告。在每個營業日結束時，客務部稽核員要確認哪些住客和非住客帳戶已經達到或超過授權的信用額度。這些帳戶通常稱之為超額度帳戶。將超額度帳戶製成報告稱為超額度報告，製成這份報告是為了讓客務部管理層採取適當的行動。

六、稽核過帳公式

不管何時進行客務部稽核，都運用如下基本的帳戶過帳公式（運算規則）：

期初餘額 ＋ 借方金額 － 貸方金額 ＝ 淨應收未收金額
　　PB　　＋　　DR　　－　　CR　　＝　　　NOB

下面的例子說明了這個公式以及它在客務部稽核中的作用。假設一個住客帳戶的期初餘額是 280 美元，部門銷售（借方）60 美元，收到付款（貸方）12.8 美元。在稽核過程中，系統登入應收未收的部門銷售交易如房價和稅金，並登入貸方數（現金支付、支票和信用卡支付），產生一個淨應收未收款餘額 327.2 美元。這個數位作為下筆交易的期初餘額。使用過帳公式，這些交易反映為：

$$PD + DR - CR = NOB$$
$$\$280 + \$60 - \$12.8 = \$327.2$$

七、每日帳戶謄本和增訂本

每日帳戶謄本（dail transcript）一般是作為每日住客帳戶的明細報告。每日帳戶謄本匯總和更新當日發生交易活動的住客帳戶。帳戶謄本增訂本（supplemental transcript）可用於跟蹤當天非住客帳戶的交易活動；二者合一，每日帳戶謄本和每日帳戶謄本與增訂本詳細反映當天發生的所有交易。由於客人任何時間都可結帳退房，每日帳戶謄本必須仔細處理。

出現在系統生成的每日帳戶謄本上的資料，通常詳細反映收入中心、交易類型和交易總額。每日帳戶謄本和增訂本形成了客務部會計交易的合併報告的基礎，透過它可以檢查收入中心的總收入。例如，餐廳報表的簽帳總額應與餐之住客和非住客簽帳戶的銷售總額一致。這些總額的平衡是客務部稽核關注的重點。

每日帳戶謄本和帳戶謄本增訂本是一些用於消除過帳差異的簡單電腦報表。每日帳戶謄本和帳戶謄本增訂本在詳細檢查之前，透過確認不平衡的數字來簡化稽核工作。例如，在非住客帳戶出現不平衡的狀況時，可以幫助客務部稽核員找出和改正錯誤，而不需要檢查當日發生的所有交易。

八、客務部稽核

飯店 PMS 客務部模組可以和 POS 設備、電話計費系統和其他營收中心的裝置介面連結，以便快速、準確、並自動地將消費資訊記錄到住客和非住客帳戶的電子帳單上。稽核功能可在整個預客服務循環系統中連續執行。與先前的非自動化系統相比，自動化系統能讓客務部稽核員獲得更多的時間稽核交易和分析客務部業務活動，而花費較少的時間執行過帳和簿記工作。監督帳戶餘額和審核帳戶過帳需要一個簡單的程序，來對住客和非住客分類帳稽核資料與客務部每日餘額報告做比較。如果這些憑證不能達到平衡，通常是發生了內部計算問題或出現了不正常的資料處理錯誤。例如，當天 POS 之間的介面出現了短暫的斷線。POS 顯示當日的掛帳總數和總金額已經轉到客務部系統，但是在客務部系統中，由於系統曾經出問題，兩個總額與相此出現了差異。夜間稽核

員必須找出差異數額，並將調整分別錄記錄到住客分類帳，使兩個系統保持平衡。

自動化客務部會計系統將住客和非住客帳戶的期初餘額資訊，與相應的交易明細資訊一起保存在電子資料庫內。然而在人工和半自動系統中必須有期初餘額；自動化客務部系統可迅速計算出當前餘額，在開始登人每筆增加的交易時就不再需要期初餘額。櫃檯人員根據一系列程序指導工作，按照客務部稽核程序就系統生成的指令和命令輸入各種資料資料。

客務部系統執行大量數位運算來確保過帳是正確的，例如，辨認登入的帳單中是否數額不正常，如 15 美元輸入成 1500 美元。因為大多數客務部會計系統能夠根據時間、班次、員工、帳單編號以及收入中心來追蹤每筆過帳，他們能夠維持一個詳細的交易活動的稽核痕跡。圖 11-1 展示了由客務部會計系統生成的當地電話費的每日交易報告。

圖 11-1　每日交易報告——選自當地飯店話部門的交易記錄

```
LODGISTIX RESORT & CONFERENCE CENTER (90003)                    PAGE   1
                                                                JUL12
Department Audit Report - JUL12 - All Employees  - LO LOCAL     14:25:03

Folio Room Time Dept  Refer   Chrg/Pymt      Correct      Adjust   Comm Ded   ID

00241  210 0811 LO              .50+                                          PS
00127  105 0813 LO              .50+                                          PS
00152  112 0813 LO              .50+                                          PS
00152  112 0813 LO              .50+                                          PS
00127  105 0814 LO              .50+                                          PS
00171  201 0814 LO              .50+                                          PS
00234  207 0815 LO              .50+                                          PS
00234  207 0816 LO              .50+                                          PS
00243  223 0816 LO              .50+T                                         PS
00243  223 0816 LO              .50+                                          PS
00002  126 0817 LO              .50+                                          PS
00002  126 0817 LO              .50+                                          PS
00226 1000 0817 LO              .50+                                          PS
00226 1000 0818 LO              .50+                                          PS
00237  215 0818 LO              .50+                                          PS
00237  215 0818 LO              .50+                                          PS
00253  240 0819 LO              .50+                                          PS
00234  223 0823 LO              .50+                                          PS
00243  223 0823 LO              .50-T                                         PS
00085  230 0825 LO   2334                                .50-A               PS
00012  107 0826 LO   34455                               .50-A               PS
00022  109 0827 LO              .50-T                                         PS
00023  109 0827 LO              .50+                                          PS
00001  111 0851 LO                           50.00-C                          JS
00001  111 0851 LO                           50.00+C                          JS
00001  111 0852 LO              .50+                                          JS
00022  109 0852 LO              .50+T                                         JS
00166  106 0852 LO              .50+                                          JS
00253  102 1814 LO             6.00+                                          MD

Total LOCAL                   16.00+          .00        1.00-      .00

End of report
```

資料來源：Sulcus, Phoenix, Arizona。

　　飯店 PMS 可以比人工系統更快地組織、編制和列印記錄。在稽核過程中，客務部系統能處理大量的資料，執行大量的運算，並產生準確的帳戶總額。客務部系統更新通常執行這些自動功能；系統每天都會更新進行、以建立當天稽核的結帳時刻，開始製成報表，歸檔以及系統維護。

　　客務部會計系統也可以提供快捷的訊息，使得客務部管理人員更瞭解經營管理情況。詳細反映收入資料、出租統計、預付定金、到店情況、未入住情況、客房狀態，以及其他經營資訊的報告可以根據需要隨時產生，或者作為固定的系統更新工作的一部分。圖 11-2 提供了一份收入中心報告的樣本

圖 11-2　收入報告			
L Lodgistix 渡假村和會議中心（90003）			
每日報告－7月12日－收費			
部門	淨　　　額	毛金額	調整
客房	2301.00+	2301.00+	.00
城市稅	42.68+	42.68+	.00
出租稅	85.50+	85.50+	.00
稅金	116.0+	116.0+	.00
禮品店	.00	.00	.00
健身俱樂部	.00	.00	.00
長途電話	38.36+	38.36+	.00
當地電話	15.00+	16.00+	1.00-
停車	5.00+	5.00+	.00
代付款	.00	.00	.00
熟食店食物	10.00+	10.00+	.00
交誼廳食物	.00	.00	.00
泳池畔食物	.00	.00	.00
餐廳食物	301.31+	301.31+	.00
熟食店飲料	.00	.00	.00
交誼廳飲料	21.62+	21.62+	.00
泳池畔飲料	.00	.00	.00
餐廳飲料	.00	.00	.00
總計	293.07+	2938.07+	1.00-

資料來源：Sulcus, Phoenix, Arizona。

第二節 客務部稽核流程

客務部稽核關注兩個方面：發現並糾正客務部會計中的差錯，以及製作會計與管理報告。從會計觀點來看，客務部稽核透過交叉核對流程來確保客務部帳目的完整性。對於住客和非住客帳戶是透過將輸入的資料與收入中心提供的原始憑證比較來證實每筆交易記錄和帳戶總額。在客務部稽核中發現的差異必須加以糾正，以便客務部會計系統保持平衡。從管理報告的觀點來看，客務部稽核工作提供非常重要的經營資訊，如平均房價、客房出租率、房間包價的使用和其他營銷計畫、團隊房間數以及免費房間數。

幾乎所有的客務部會計系統都可以按照事先設定的時間以及在需要之時執行連續的系統稽核流程並提供匯總報告。在稽核工作中細緻的程度取決於出錯的頻率以及被檢查的交易量。這些因素中首要影響因素是資料登錄工作的質量，其次是與飯店的規模及複雜程度相關聯。大型和複雜的飯店由於記錄了大量的交易，通常需要對帳戶進行仔細審查。

以下是客務部稽核通常採用的步驟：

1. 完成待處理帳項的輸入。
2. 調節客房狀態差異。
3. 平衡所有營業點的帳目。
4. 審核房價。
5. 審核未入住預訂。
6. 記錄房價和稅金。
7. 編制需要的報告。
8. 編制預付定金的現金收據。
9. 系統的清理和備份。
10. 分發報表。

在最新的電腦系統中，其中的一些步驟可能被壓縮和合併。以下從操作的觀點來審視這些客務部稽核程序。

一、完成待處理帳目的過帳

客務部稽核的一項最基本的功能是，確保所有影響到住客和非住客帳戶的交易都被記錄到相應的帳單上。重要的是系統對發生的交易進行

準確的登入和核算。輸入錯誤是很難處理的，並會導致差異的存在而最終影響客人的結帳。要解決這類錯誤是很費時間的，因為有爭議的費用需要做進一步的調查與解釋。

而良好的客務部營運確保把發生的交易記錄到相應的帳戶，客務部稽核員在啟動稽核程序前必須確認所有的交易已經被記錄。這意味著必須等到所有餐廳包括宴會廳全都停止營業。不完全的過帳將導致帳戶餘額和匯總報告的錯誤。

為了完成過帳功能，客務部稽核員需要審核所有收入中心的交易憑證都過帳了。如果飯店沒有自動電話計費系統的介面，應收未收電話費用需要手工過帳。如果飯店各銷售單位或電話計費系統與客務部會計系統直接介面，那麼應審核先前的過帳總額以確保所有銷售點的費用已經被過帳。這可透過從介面系統中生成列印過帳報告並洛其與客務部會計系統總額報告進行比較來完成。如果數位是一致的，即系統是平衡。如果它們不同，客務部稽核員應對比兩個系統的交易，來鑑別出遺漏或錯誤輸入了哪些交易。

二、調節客房狀態差異

客房狀態差異必須及時解決，因為不平衡的情況可能導致業務損失和客務部運轉的混亂。客房狀態差錯導致損失和無法收到客房收入，以及帳目過帳上的缺漏。客務部系統必須維持當前的、準確的客房狀態資訊，以便有效地確定可出租房間的種類和數量。例如，如果一個客人結帳了，櫃檯人員沒有正確執行結帳程序，那麼這間客房在系統中顯示為已出租房，而實際上是空房。程序上的這種差錯會中斷客房的出售直到差錯被發現和解決。

為了減少差錯，客房部門尤其需要員工來記錄他們檢查的所有房間狀態。客房部門和客務部部門的客房狀態預先核對通常是在夜審開始以前，客務部稽核員必須審核客房部門和客務部部門的報告來最終確定當晚所有客房出租的狀態。如果客房部報告顯示一個房間是空房，而客務部認為它是已出租房間，稽核員應當尋找系統中的總帳單和住宿登記卡。如果總帳單存在並有當前的應收未收款餘額，可能有以下幾種情況：

· 客人已經退房但是忘記了結帳。
· 客人是一個故意逃帳者。

‧櫃檯人員或收款員在客人結帳時沒有正確地結清總帳單。

在證實客人已經離開飯店，客務部稽核員應處理此結帳並將總帳單放在一邊，以便客務部管理層審核和採取後續行動。如果總帳單已經結清，客務部的客房狀態系統應進行糾正以顯示該房間為空房；客務部稽核員應將客人總帳單與客房部門及客務部客房狀態報告核對來確保三方是一致的和平衡的。結帳過程是一個典型的客房管理職能，可以自動監督和更新客房狀態。在自動化的客務部系統中極少會出現客房狀態差異。

三、平衡所有營業部門帳目

當發現錯誤時，客務部稽核過程將變得很複雜。一般認為比較有效率的做法是先對所有營業部門帳戶進行平衡，然後在不平衡的部門中查找個別的過帳錯誤。

客務部稽核通常使用由收入中心產生的原始憑證來進行平衡。客務部稽核員將所有客務部帳戶與營業部門的交易資訊進行平衡，透過比較客務部收到的憑單和其他憑證的匯總與收入中心的總額進行對比。原始憑證能幫助解決發生的差異。

當客務部會計系統出現不平衡時，必須調查帳戶登入的正確性和完整性。在更正客務部帳務錯誤前應進行詳細的部門稽核（按班次或按收款員），或逐項檢查每筆過帳。

平衡收入中心的程序通常稱為試算平衡（trial balance）。客務部系統在開始最終實際報告前可以先進行試算平衡。試算平衡通常修復了在稽核過程中需要做的更正和調整。客務部稽核員傾向於在登入當月的房價和稅金之前執行試算平衡；這樣做可以簡化最終稽核程序。如果試算是正確的，而決算是錯誤的，稽核員會推斷出錯誤一定與房價和稅金過帳有關。

特別要指出的是住客和非住客帳戶與營業部門的總額在數字上的平衡，並不意味就是選擇了正確的帳戶進行了過帳，將同樣的金額登入到不正確的帳戶，總額同樣保持平衡。這類錯誤通常不易發現，直到客人發現他的帳戶上記錄了錯誤的帳款。

圖 11-3 顯示了一份關於營業部門帳務平衡的客務部稽核程序的次序。

圖 11-3　營業部門帳務平衡次序（Departmental Balancing Sequence）

1. 根據發生的部門分類憑證。

2. 重視每個部門的憑證。
   (a)根據部門類糾正憑證，並核對。

3. 在審核影響部門的每帳更正憑證及加總每個部門的更正憑證後，更正總額必須與客務部班次報告中的更正數一致。

4. 再一次重視憑證。
   (a)匯總其餘未過帳憑證。
   (b)將每筆交易憑證上的合計額與營業部門詳細報告的數字進行核對。

5. 憑證應與部門的更正數額一致，如果兩者數額不一致，差錯必須在過帳前解決。
   (a)將實憑憑證上的日期是當天日期。
   (b)根據支援憑證檢查每一筆過帳記錄，直到發現差錯。如果客務部有很多錯誤，這是一項使人厭煩的工作。但是，如果客務部使用有效的印表機，徹底檢查支援憑證的有效性，可以幫助查出差錯。
   (c)登入任何其他的更正和調整。

6. 在使用電腦系統時，單獨班次報告應在糾正和調整項修改後列印。在任何操作模組中，所有的備份資料應整理給會計部門檢查。

四、核對房價

　　客務部稽核員需要檢查系統製成的客房報告。這份報告提供了一個分析客房收入的方法，因為它顯示了每個房間的定價和實際銷售的價格。如果定價和實際房價不同，客務部稽核員應考慮以下幾個因素：

　　‧如果客房出租給團體或公司客人，其享受的折扣是否正確？

　　‧如果一個房間只有一位客人居住，而實際售價僅為牌價的一半，是否此客人是預訂該房間的幾位客人之一？如果是，那麼另一個客人登記了嗎？

　　‧如果房間是免費的，是否有適當的支持證明（如免費房授權表）？

　　這種核對通常是將登記卡與客務部系統記錄進行比較。在登記時，客人填寫的登記卡可以提供真實的客人資訊，包括房價。在登記或入住

後可能發生各種客人記錄的變更，從而使原始記錄產生變化。正確使用客房收入和數量資訊可以為客房收入分析提供有根據的基礎。客務部稽核員也許要求製成這些報告給客務部管理層審核，因為它提供將客房潛在收入與客房實際收入進行衡量的基礎。實際記錄的客房收入只與當日出租房間的門市價進行比較，，比較的結果可以用百分比表示或用金額表示。

五、核對爽約的訂房

　　客務部稽核員也負責清理預訂檔或登記單，並輸入費用到爽約客人帳戶。當開始末入住費用的電子過帳時，客務部稽核必須仔細核查預訂是否屬於保證類訂房，以及客人是否從未在飯店登記。有時會為同一個客人作了重複的預訂，或客人的名字出現拼寫錯誤，以及客務部員工或系統偶然產生的其他記錄。在客務部或預訂員工未察覺的情況下，客人可能實際已經入店，而第二份預訂仍然顯示為爽約客人。

　　RDP（渡假村資料處理系統）現在可以支援到10種當日收費類型，作為夜間稽核程序的一部分而被處理。在每一類中，可以輸入 10 筆獨立的交易。例如，假設一個渡假村以過夜為基礎記錄停車費，同時在停車費類型中有兩個交易代碼必須輸入。第一個是10美元的停車費用，第二筆是1美元的停車服務費。

　　每一類型可以在預訂時以預訂為基礎來使用或不使用。另外，系統範圍的設置也可以定義到每一類。每種類型最多可以設置到 10 個交易代碼。能夠以每天為基礎自動處理到 100 個獨立的交易代碼的預訂。

　　當將每日費用分配到各個預訂，它將啟動或不啟動每項特別的類型。在處理 43 專案時，在第一預訂螢幕上顯示。系統顯示以下螢幕，每日每筆費用被啟動或不啟動。

　　如果每日費用種在一個特定預訂中啟動，43 專案顯示為文本「設置」。預訂時至少一個每日費用類型被啟動。RDP212（輸入每日房價和稅金）自動記錄有關特點類型的費用。例如，將停車費型設定為「是」時，作為夜審程序的一部分，交易代碼 22 和 23 將自動記錄到預訂。

　　爽約客的帳單必須格外仔細地處理。櫃檯人員如果沒有正確處理取消資訊，會導致向客人收取不正確的帳款。不正確的收帳會使信用卡公司重新評估與飯店的法律協定和關係。不正確的收帳也會導致飯店失去將來客源業務以及和旅行社的關係，或影響到已確認預訂的客人。客務

部員工在受理預訂取消或修改程序時必須堅持建立的爽約客人程序。

RDP now supports up to ten daily charge categories that can be posted as part of the night audit process. Within each category, up to ten individual transactions may be posted. For example, assume a property charges for parking on a nightly basis. And, within the parking "category" there are two transaction codes that must be posted. The first is a $10.00 parking charge and the second a $1.00 "Parking Surcharge".

Each category can be activated or deactivated on a reservation by reservation basis. In addition, a system wide default can be defined for each category. Up to ten transaction codes can be assigned to each category, making it possible to automatically post up to 100 unique transaction codes to each in-house reservation on a nightly basis.

When assigning daily charges to individual reservations, it is possible to activate or deactivate each specific category. After accessing field #43, Dly Chg, on the first reservation screen, the system displays the following window, where each daily charge may be activated (Y) or deactivated (N).

If daily charge categories are activated for a particular reservation, field #43 displays the text "Set". For reservations where at least one daily charge category is activated, RDP212 (Post Nightly Room and Tax) automatically posts the charges associated with a specific category. For example, with the "Parking" category set to YES, transaction codes 22 and 23 are automatically posted to the reservation as part of the night audit process.

資料來源：這個螢幕內容來自於 Resort Data Processing （httP://www.resortdata.com/ support/features）顯示夜間稽程序中記錄的輸入。

六、記錄房價和稅金

　　客人總帳單上的房價和稅金的自動記錄通常是在營業日結束時進行。一旦房價或稅金記錄後，將製成房價和稅金報告給客務部管理層審閱。根據指令自動記錄房價和稅金的能力是自動化客務部系統最令人興奮的優點之一。一旦客務部開始房價的登入，系統能夠在極短的時間內將房價和稅金自動記錄到相應的電子總帳單上。系統記錄是極為可靠的，因為自動記錄收費是保證正確的，沒有被竊取的機會，以及稅金計算或過帳錯誤。這些特徵特別有助於位於城市的飯店，它除了銷售稅外還有床位或出租稅。一些飯店預先設置客務部系統來記錄每天經常發生的費用，如代客停車或小費。自動記錄這些費用可以節省客務部稽核時間和提高準確性。

七、編制報表

　　客務部稽核員主要編制反映客務部活動和營運的報告。編制提交管理單位審閱的報告有：最後部門收入明細和匯總報告、每日經營報告、超限額報告，以及飯店專用的其他報表。

　　最後部門收入明細和匯總報告編制後應與其原始憑證一起交會計部門審閱。這些報告有助於證明所有交易已經被正確的記錄和核算。

　　每日經營報告匯總了當日的經營業務，並可洞察與客務部有關銷售收入、應收帳款、經營統計和現金交易。這個報告通常認為是客務部稽核酌最重要的成果。高度平衡的報表，反映客人的消費接近飯店設定的信用額度的情況。

　　在客務部系統中；軟體程式可以根據需要生成許多管理報告。例如，為了對客人的交易和帳戶餘額進行檢查，需要在當天任何時間製成最新的超限額報告。

　　此外，客務部系統可以生成專門的分類報告。例如，團體銷售報告可以按住店的每個團體製成；顯示每個團體隊使用的房間數，每個團體人數，以及每個團體產生的收入。系統生成的報告可以幫助飯店銷售部門追蹤團體客史。對於套裝行程的客人，或特別促銷計畫及廣告計畫的客人，也可以製成同類報表。其他報表可以列示經常住店客人及 VIP（重要顧客）。這類行銷資訊可以被自動地追蹤、分類和報告。

AutoClerk®
It's How You Manage!™

NIGHT AUDIT SUMMARY

Briefly summarized, the order of AutoClerk night audit operations is:

- Generate No-Show report
- Print rate exception report
- Posting of room, and tax
- Final transaction report recorded on hard drive
- Inhouse, Clerical report
- Final transaction report printed on paper
- Updates monthly totals
- Rebuilds future projections
- Verifies guest ledger, city ledger, advance deposit ledgers
- Compresses files for back-up.
- Requests disk insertion for back-up to zip drive
- Internal historical backup and compacting

The sequence of reports included in the Z-out that have not been illustrated elsewhere in this document follows:

NOTE: It is not possible to avoid backing up data to diskettes, even if the computer is turned off before the end of the night audit. If the back-up is omitted and the computer re-booted during the night audit, AutoClerk will not proceed to the opening menu until it has backed up all the data. **NO EXCEPTIONS!**

Night Audit No-show Report

```
| o | RESERVATION(S) CANCELED                            Jan 6'10   | o |
| o |                                                               | o |
| o | CONF#   NAME OF GUEST     STATUS DATE     TYPE ROOMS NIGHTS  DEPOSIT | o |
| o | ------  -------------     ------ -----    ---- ----- ------  ------- | o |
| o | 1010BL  GREENE , DAVID    GTD  Jan 6'10   K     1     2      0.00   | o |
| o | 1013KL  BROWN , MIKE      GTD  Jan 6'10   DD    2     1      0.00   | o |
| o |                                                               | o |
| o | Reservations Statistics:                                      | o |
| o | -----------------------                                       | o |
| o |                                                               | o |
| o |   205 On file                                                 | o |
| o |  2000 Capacity                                                | o |
| o |     0 Today's no-shows                                        | o |
| o |     1 Prior no-shows with deposit                             | o |
| o |     0 Past no-shows                                           | o |
| o |                                                               | o |
```

AutoClerk marks all reservations that are "Guaranteed", or "Holds" to the status of "No-show". They are kept in the reservation files, along with the "Canceled" reservations for ten days past the scheduled arrival date. Should the guest decide to check-in during that time, the clerk can use the cancel, or no-show reservation, like any other reservation. AutoClerk automatically reinstates the reservation, and updates the projections.

After the ten day period, AutoClerk transfers the "Cancel" and "No-show" reservations to the historical files.

Night Audit Rate Exception Report

```
| o | Rate Exception Report      YOUR HOTEL *        1:48PM Jan 6'10 Pg1 | o |
| o |                                                                   | o |
| o | Room   Class/Persons     Folio Rate    Standard Rate   Discrepancy | o |
| o | ----   -------------     ----------    -------------   ----------- | o |
| o | 101    RA / 2            76.00         59.00          17.00 CR  | o |
| o | 102    RA / 4            90.00         69.00          21.00 CR  | o |
| o | 103A TAX-EXEMPT                                                 | o |
| o | 103    RA / 2            79.00         70.00           9.00 CR  | o |
| o | 105    CO / 1             0.00         45.00          45.00     | o |
```

AutoClerk automatically posts and generates all reports, as one function. This prevents auditors from making changes part way through the audit, and inserting different versions of the same report, since all reports are connected.

The rate exception reports shows you all instances where the rate given to a guest differs with the rate table set up by management. It also lists all folios that are set to be tax exempt, all rooms where the total number of persons = 0, and any room where the night audit was told not to post room and tax.

Night Audit Unusual Transaction Report

```
| o |                                                               | o |
| o | Unusual Transaction(s)    YOUR HOTEL          6:35PM Jan 6'10 Pg1 | o |
| o |                                                               | o |
| o | 3  EB  GL PAYMT. CASH        102 /a           20.00           | o |
| o | 3  EB  GL PAYMT. CASH        101 /a            8.86           | o |
| o | 3  EB  AD REFUND BY CASH     970R9V          78.00           | o |
| o | 3  EB  AD REFUND BY CASH     BG18SN          52.00           | o |
| o | 3  EB  AD REFUND BY CASH     BG189D          52.00           | o |
| o | *3 EB  GL CHARGE PHONE       103 /a DELETED BY EB   1.00CR   | o |
| o |                                                               | o |
```

As part of the night audit, AutoClerk prints a complete transaction report for all shifts. It also includes with it, this unusual transaction report. All adjusts, paid-outs, refunds, and voids are listed here. This makes it easier to verify the most critical transactions each day.

資料來源：http://www.autoclerk.com/reports/r105.html。

八、存放現金

　　客務部稽核員經常編制一份現金預付憑證作為稽核流程的一部分。如果客務部現金收入還沒有送交銀行，客務部稽核員將對現金結算款和代付款（淨現金收入）的記錄與手頭實際現金進行比較。客務部收款員當班報告副本也放在現金繳款袋中作為長款、短款或取回款的證明。由於帳戶及部門餘額通常涉及現金交易，正確的現金繳款依賴於有效的稽核過程。

　　一些飯店讓客務部收款員在當班結束時，不知道系統記錄的現金收入是多少的情況下存放現金。這叫做盲目投放（blind drops），因為收款員不知道根據系統應該存放多少現金。盲目投放用於飯店管理單位認為員工可能沒有報告所有收到現金的情況下。當採取盲目投放時，夜間稽核員將每個收款員的系統總額與實際收款員投入憑證相比較。差異將彙報給飯店總出納、客務部經理或財務總監。

九、整理和備份系統

　　由於自動化系統消除了對客房狀況架、訂房卡以及其他各種傳統的客務部表格和裝置的需要。客務部會計系統依賴於系統的連續功能。客務部稽核程序中的系統備份對於客務部系統是很獨特的。備份報告必須及時去做，並定時用各種媒體複製下來，以便客務部工作能連續平穩地運行。

　　通常至少要列印兩份客人清單做備份或緊急情況之用：一份給客務部，另一份給總機。一份列印的客房狀態報告能讓櫃檯人員在電腦不能使用時用來核實是空房還是可供出租房。客人分類帳報告能被生成出來，如圖 11-4 所示。這個報表包含所有入住客人帳戶餘額的期初餘額和期末餘額。客務部運營報告也可以生成出來，這份報表包含幾天內預計入店、續住和退房資訊。運營報告樣本見圖 11-5。在一些客務部系統中，預先列印出第二天的登記卡作為客務部運營報告的一部分。根據美國殘障人士法的要求，飯店必須留意殘障客人。這樣做的一個原因是在緊急情況下所有殘障客人都被關照。通常這時製成這份報告，並分發給所需要的部門。

圖 11-4　客人分類帳報告

Lodgistix 渡假村和會議中心（90003）

預先稽核報告－7月12日－客人分類帳餘額

狀態	起始餘額	房價／稅金	雜項	食品	酒水	付款	餘額
取消－保留	.00	.00	.00	.00	.00	220.00-	220.00-
取消－返回	.00	.00	.00	.00	.00	165.00-	165.00-
未入住	480.00	.00	.00	.00	.00	.00	480.00
結帳退房	312.31+	104.55+	.00	.00	.00	104.55-	312.31+
登記入住	5485.36+	2441.23+	58.36	311.31+	21.62+	1440.00-	6877.88+
飯店招待帳	.00	.00	8.40	.00	.00	.00	8.40
團隊總帳單	.00	.00	15.00	14.00+	21.00+	.00	50.00+
總計客人分類帳	5317.67+	2454.78+	81.76	325.31+	42.26+	1929.55	6383.59+

資料來源：Sulcus, Phoenix, Arizona。

　　系統製成的客務部訊息也應根據系統設置複製到磁帶或其他媒體上。系統備份應在每次稽核完成後生成並存放到保險櫃中。許多客務部系統有兩種類型的系統備份：每日備份（客務部電子檔的複製）和系統備份（刪除無價值的帳戶和交易資訊。如結帳至少已有 3 天以上，而且一直沒有再出現任何費用的帳戶可以從當前資料檔案中刪除）。執行這種程序可以減少需要備份的存儲量。如果將來需要查詢任何帳戶，可以在以前列印的報告或每周備份的電子檔中找到。

十、分發報表

　　由於客務部資訊具有敏感和保密性質，客務部稽核員必須迅速將有關報表交給授權人員。客務部報告的分發是客務部稽核工作的最後一步，它對於客務部高效運作是十分重要的。如果所有客務部稽核報表能按時準確完成和分發出去，有助於做出管理決策。

圖 11-5　運營報告

```
LODGISTIX RESORT & CONFERENCE CENTER (90003)                    PAGE   1
Arrival/Stayover/Departure Activity Report                      JUL12
                                                                13:14:23
                   ---Arrivals---  ---Stayovers--  --Departures-- Rem
Date   Avl  Sold   Gtd  6/4  Shr   Gtd  6/4  Shr   Gtd  6/4  Shr Blk Adlts Kids
JUL12  24    49 Trn  28    5    0    12    0    1    14    0    0       71   16
           67.1% Grp   2    0    0     0    0    0     0    0    0   3    2    0

JUL13  36    37 Trn   1    0    0    31    5    1     8    0    0       61   14
           50.6% Grp   0    0    0     0    0    0     2    0    0   0    0    0

JUL14  48    25 Trn   1    0    0    19    5    0    13    0    1       41    8
           34.2% Grp   0    0    0     0    0    0     0    0    0   0    0    0

JUL15  59    14 Trn   3    0    0    11    0    0     9    5    0       21    4
           19.1% Grp   0    0    0     0    0    0     0    0    0   0    0    0

JUL16  68     5 Trn   1    0    0     4    0    0    10    0    0        7    2
            6.8% Grp   0    0    0     0    0    0     0    0    0   0    0    0

JUL17  68     5 Trn   1    1    0     3    0    0     2    0    0        9    2
            6.8% Grp   0    0    0     0    0    0     0    0    0   0    0    0

JUL18  71     2 Trn   1    0    0     1    0    0     3    1    0        3    0
            2.7% Grp   0    0    0     0    0    0     0    0    0   0    0    0


             Total  Transient  Group  Rem Blk
Room Nights   511
  Available   374
       Sold   137      132        2       3
Occupancy %  26.8%    96.3%     1.4%    2.1%

End of report
```

資料來源：Sulcus, Phoenix, Arizona。

第三節　系統更新

　　客務部會計系統的系統更新可以完成很多稽核工作的功能。系統更新是每日進行的，可以重新整理系統檔，進行系統維護，產生報告，以及提供每日營業的結帳時刻。

　　由於客務部系統在交易發生時持續不斷地對交易的過帳進行審核，就不太需要稽核員執行帳戶的過帳工作。客務部系統也許使用遙控技術與收入中心連接進行自動化過帳。客務部系統也許支援銷售單位，電話計費技術，房內閉路電視，房內自動售貨機等媒體。它的介面能力可以讓系統來控制和監督飯店內所有遠距離的收入中心發生的費用。管理政

策決定了系統介面應用的範圍。稽核員應按既定方式審核介面程序，以保證銷售單位交易的自動記錄系統進行了正確處理。

在確認類預訂未入住的情況下，帳目會按程序自動登入到帳單檔。如果一筆交易需要單獨記錄，客人的電子總帳單可出現在終端上供過帳。一旦完成，總帳單可以存回電子資料庫中或在需要時列印出來。

客房狀態差異很少會發生在自動化的客務部環境中。登記和結帳與客房狀態功能相連，減少了潛在的差異。客房服務員通常可以透過房間內的電話或其他輸入裝置在客人離開飯店前報告當前客房的出租狀況。在客務部電腦系統中可以自動更新客房的狀態；如果合適的話，客房差異報告可按程序自動列印。即使對於逃帳客人，系統可以迅速找出問題所在，以便飯店將該房間重新出售以盡可能減少房價收入的損失。

在一些系統中，客務部和營業部門帳款的平衡是透過線上會計系統進行連續地監督。例如，發生的消費可以透過遙控銷售終端進行輸入。這筆費用將同時記錄到客人電子總帳單和部門電子控制帳單。控制帳單是一個線上的內部會計檔，用來證明所記錄的帳款來自的部門。

為了平衡部門帳務，客務部系統將所有非控制帳單的記錄與每項控制帳單交易進行比較測試。不平衡的話可核查自動記帳技術中的問題，用以發現客務部會計程序的缺陷。詳細的部門營業報告能在當天任何時間被生成，並與帳戶過帳進行檢查來證明帳戶記錄的正確性。

客務部系統可以設計生成各種長度和內容的各種各樣的報告。由於系統更新包含檔的重新整理以及明細的帳目，它的輸出具有很高的可靠性。作為自動更新的結果，預訂確認、收入中心匯總、預計入住和離退房單、預計退房客人的帳單、每日營業報告，以及非住客帳戶的帳單都可以製成。

客務部系統也可製成一些其他檔的備份，作為系統癱瘓的安全保障。業務活動報告、客人清單、客房狀態報告、帳目結算單，以及類似報告都可列印和保存起來以防止系統癱瘓。

小結

飯店每周運行 7 天，每天運行 24 小時，客務部必須定時檢查和審核會計記錄的準確性和完整性。客務部稽核流程就是為了滿足這種需要。稽核試圖來對每日住客和非住客帳戶交易與收入中心的交易進行平

衡。一個成功的稽核呈現在帳目平衡，帳單準確，以及適當的帳戶信用監督，定時向管理層提供報告，以及增加帳戶結算的可能性。習慣上，客務部稽核叫做夜間稽核，是因為通常在深夜或凌晨進行。由於稽核工作的一部分是電子檔的更新和備份，通常稽核又被稱之為系統更新。

客務部稽核的主要目的是核實住客和非住客帳戶的記錄與營業部門交易報告的準確性和完整性，並提供管理報告。客務部稽核員必須熟悉交易的性質和數額，並注意帳戶的明細、流程的控制，以及客人的信用限額。客務部稽核通常負責追蹤客房收入，出租率和其他標準的營業統計。另外，稽核員應編制每日的現金、支票和信用卡業務的匯總報告。這些資料反映當日客務部的財務成果。為了稽核的一致性，客務部必須建立結帳時間。最後客務部稽核需要向飯店各個部門提供各種不同的專門報告。簡單地說當日結束就是當日業務的結束。

客務部會計系統依賴交易憑證建立正確的記錄並維持有效的運營控制。處於內部控制的目的，會計系統必須提供獨立的支援憑證來核查每筆交易。客務部稽核員應將電子總帳單上記錄的房價與客房部門的房間出租報告進行核查。這種程序有助於確保所有已出租房間的房價已經記錄，同時減少由於櫃檯人員因沒有正確完成客人的入住和結帳程序而造成的差錯。

稽核流程在某種程度上是從每日控制報告的基礎上發展而來的。它包括客人帳戶的匯總資訊。在一些客務部運作中，每日帳戶謄本增訂本可用來監督非住客帳戶的交易活動。合在一起，每日帳戶謄本和每日帳戶謄本增訂本詳細反映當天發生的所有交易。

在進行客務部稽核時，通常應執行十個步驟。這些步驟包括：完成待處理帳項的輸入、調整客房狀態差異、平衡所有部門帳目、核對房價、核對爽約的訂房、記錄房價和稅金、編制報告、存放現金、整理和備份系統、分發報表。

 關 鍵 詞

逐一檢查（bucket check）：夜間稽核員根據客房部房間出租情況報告，和客務部客人登記卡資料對客人總帳單上記錄的房價進行檢查。這種程序確保所有的已出租房的房價已被正確記錄，同時減少因為客務部人員沒有準確完成客人的入住登記，和結帳退房呈序而造成的出租錯誤。

控制帳單（control folio）：會計部門內部所用的一份文件檔案，在客務部電腦系統中，在系統更新時用來支援所有帳戶的過帳程序。

每日帳戶謄本（daily transcript）：一份所有客人帳戶的明細報告，說當日影響客人帳戶的每筆交易，用來發現可能的記帳錯誤的工作表。

當日結帳時刻（end-of-day）：營業活動任意停止的時刻。

客務部稽核員（front office auditor）：一位負責檢查客務部會計記錄準確性以及作為審核的一部分，對飯店財務資料進行每日匯總的員工。在許多飯店，客務部稽核員實際上是會計部門的員工。

高額度報告（high balance report）：鑑別客人是否接近帳戶信用額度上限的報表，通常由夜間稽核編制。

平衡（in balance）：一個用來表示借方和貸方金額相等的帳戶狀態術語。

夜間稽核（客務部稽核）（night audit or front office audit）：每日比較住客帳戶（及非住客帳戶）與收入中心的交易資訊的的工作。

不平衡（out-of-balance）：用來表示借方和貸方金額不相等的帳戶狀態術語。

客房狀態報告（room status report）：讓櫃檯人員來核查是空房還是可供出租房的報告。通常編制此報告是客務部稽核工作的一部分。

客房房態差異報告（room variance report）：一份列示客務部和房務部之間房間狀態的任何差異的報告。

每日帳戶謄本增訂本（supplemental transcript）：一份非住客帳戶的詳細報告，反映當日影響非住客帳戶的每項費用交易，作為發現記帳差錯的工作表。

系統更新（system update）：一個全自動的稽核流程，可以完成非自動客務部稽核的大多數功能；每日系統更新能重新整理系統檔，進行系統維

護，產生報告，以及提供每日營業的結帳時點。

試算平衡（trial balance）：在確定最終餘額及結帳前，對客務部帳戶與部門交易資訊平衡的過程。

 個案研讀

提升為 Macassa deVille Resort 的客務部稽核員

Macassa deVille 是坐落在 Rodeo 縣中心的豪華飯店。該飯店以前一直是參與全國預訂系統網路的，但是它最近不再參與，開始獨立運作。Macassa deVille 飯店有 110 間客房，1 個正式餐廳，2 個俱樂部，1 個健身中心和 1 個騎馬場。Macassa deVille 飯店由於靠近喬治湖可以進行探險和垂釣而聞名。峽谷的美景給 Macassa deVille 飯店的客人提供了一個良好的舉行公司研討、管理會議以及培訓的場所。

Macassa deVille 飯店年平均客房出租率在 90 ％。最近，總經理 Dailey 先生和客務部經理 Nagy 先生對兩個重要問題有分歧。一是客房打折，另一個是 Nagy 先生的部門提交給 Dailey 先生審閱的每日營運報告的內容。直到客務部稽核員 Bradely 先生讓 Dailey 先生注意這兩個問題之前，Dailey 先生沒有意識到已出租的房價的波動，以及每日詳細報表的缺損程度。

Nagy 覺得房價應在登記時根據客人的種族背景和修養彈性掌握。每一個櫃檯人員均被告知在進行入住登記時徵詢 Nagy 先生對給予房價的意見，而不管在預訂時是否商定了房價。另外，Nagy 先生認為 Dailey 先生只應該每天得到客房出租統計和平均房價資訊。Dailey 先生不喜歡這樣做並要求 Nagy 辭職。在客務部經理拒絕時，Dailey 解雇了他。

Dailey 面臨著挑戰，他不得不招募一名客務部經理。他決定尋找 Nagy 的替代者，他準備尋找具有客務部稽核經驗的人。他認為客務部稽核員限制的資訊會對每日報告的形成有幫助。此外，他認為能夠向新的客務部經理灌輸不同的房價理念而不會遇到麻煩。

Dailey 先生瞭解招聘一名新的客務部經理的緊迫性。他邀請 Bradley 先生申請此職位，並在 Bradley 退房兩天後聘用了他。許多客務部員工很失望，認為 Bradley 先生為了獲得 Nagy 先生的職位而暗傷他。Bradley

不得不更加努力工作向員工證明前任稽核員能夠管理好部門，並可更好地使用客務部資訊。

討論題

1. Bradely 先生和 Dailey 先生關於房價隨意變動以及飯店每日報告的缺點的討論是正確的嗎？
2. 你認為什麼資訊使客務部稽核員最可能用來決定房價的差異？每天營業報告中會遺漏掉什麼關鍵資訊？
3. 客務部經理應該有客務部稽核的經驗嗎？客務部經理擁有這個經驗的優點和缺點是什麼？
4. 為 Macassa de Ville 飯店設計一份每日報表格式，反映 Dailey 先生應收到的所有資訊。
5. 簡短討論客務部稽核員在提供有關飯店的每日財務資訊和全面資訊方面的作用。什麼使得他對管理者如此重要？

案例編號：3329CA

下列行業專家幫助蒐集資訊，編寫了這一案例：Richard M. Brooks, CHA, Vice President of Service Delivery Systems, MeriStar Hotels and Resorts, Inc. and Kenneth Hiller, CHA, Vice President, Snavely Development, Inc.
本案例也收錄在 *Case Studies in Lodging Management* (Lansing, Mich: Educational Institute of the American Hotel & Lodging Association, 1998), ISBN 0-86612-184-6。

夜間稽核問題

這個問題既是實踐經驗，又是理解性的思考。讓你一步一步地接觸到實際的客務部問題。附件中包括解決這些問題所需的表格。讀完介紹，理解問題，並根據以下交易填寫表式。

一、介紹

1. 在交易發生時記錄到客人總帳單。
2. 在客人入住時建立總帳單。根據下表按房間類型和人數建立房價。

房間類型	單人房價（美元）	雙人房價（美元）
中庭房	24	30
樹林房	32	38
湖景房	34	40
泳池景房	40	48
豪華房	48	56
套房	60	70

3. 在當天所有交易記錄後，為那些仍然住店的客人記錄房價和稅金（稅率為 4％）。

4. 平衡總帳單

5. 編制控制表

  a. 從已結帳的房間開始：

    依次列出房號；

    從總帳單中轉入房間統計；

    記入承前餘額；

    輸入各種銷售和貸項款項；

    結轉每個客人總帳單過次頁餘額。

  b. 下一步，對於所有仍然出租的房間輸入同樣的資訊。按房號排列這些房間。

  c. 在控制表的總計欄匯總所有重要的欄目。

  d. 輸入應收公司帳控制表的承前餘額，各種銷售和貸項款項，以及過次餘額。

  e. 在預付款控制帳戶中輸入同樣的資訊。

  f. 加總住客，應收公司帳，以及預付款控制帳目的重要欄目。

  s. 平衡和檢查控制表。

二、背景

    在 4 月 1 日，飯店一樓的所有房間被一個叫做「陽光」的團體包下。房價和房間銷售稅由團體總承擔，所有其他費用由各人自己支付。其餘的 5 間被該團體以外的客人租用。4 月 1 日早晨期初的房價和餘額為：

房號	姓名	房價（美元）	餘額（美元）
101	陽光團體（帳單）	1330	（600‧00）
245	Brown 先生和 Edwin 太太	48	208‧04
02	Jackson, Larry	70	72‧80
324	Greenwood, Nelson	24	49.2
440	Foster 先生和 Jack 太太	56	58.4
522	Straight 先生和 Tom 太太	56	97.34

　　沒有影響團體客人的其他帳單有餘額。應收公司帳總帳單有 50000 美元餘額，預付款控制帳的貸方餘額為 2930 美元。

註：洗衣雖然由外部公司負責，應被視為部門費用。

三、交易

1. Richard Russell 先生入住登記，他要了樹林房，房號 206。

2. Charles McGraw 先生和全家共 4 人入住，他們有一筆 52 美元預付訂金的預訂。他們選了湖景房，房號 409。

3. Jackson 先生，房號 302，結帳。所有費用用他的運通卡結算。

4. Carl Anderson 夫婦到店，沒有預訂，入住 455 套房。在入住時，Carl Anderson 先生支付 100 美元。

5. Greenwood 先生，住 324 房間，打了兩個長途電話：一個到德克薩斯州的 Houston，費用 7.28 美元。一個到佐治亞州的亞特蘭大，費用 6.24 美元。

6. 客房服務員報告，522 房間的所有行李都已被搬走，Straight 夫婦不見了。

7. 440 房間的 Foster 夫婦結帳。Foster 先生將他的帳款轉入 AlliedBuilders 公司的應收公司帳。

8. Flash Cleaners 洗衣店送來 Brown 先生的衣物。櫃檯人員將 12 美元的費用記入 Brown 的總帳單。

9. Flash Cleaners 洗衣店也送來 100 房間的 Davis 先生和 Cotton 先生的衣物。Davis 先生是陽光團體的成員，櫃檯人員將 9 美元費用記入他的帳戶。Cotton 先生 3 月 27 日退房時將衣物留下，預計在 4 月 3 日返回，費用為 6 美元。

10. 信用經理通知 245 房間的 Brown 先生，他已經超過了 200 美元的信用額度。Brown 先生支付給收款員 350 美元。他也投訴 3 月 29 日的午餐

他被要求支付現金，客務部經理同意給他 2.80 美元的折扣。

11. Harry Goodman 夫婦和他們的兒子入住。他們被安排在 331 房間，湖景房。在入住後，他們在餐廳用了午餐，費用 15.60 美元記入房帳。

12. Bob Moose 先生入住 401 套房。入住後，他整個下午在酒吧，費用 18.72 美元記入他的房帳。

13. Goodman 先生向餐廳經理投訴他和家人在餐廳用的午餐。經理同意給予免收餐費。

14. Anderson 夫婦在 455 房間要了客房餐飲服務，產生的消費 8.32 美元和 1.50 美元的小費一起記入他們的房帳。房餐飲服務員從客務部收款員處領取了小費。

15. 客務部收到 Foster 先生的餐廳帳單，費用 4.76 美元。

16. 324 房間的 Greenwood 先生結帳，他拒付 6.24 美元的長途電話費用，得到允許（即消去或作為貸方折扣）。他付清了帳單餘額。

17. 206 房間的 Russell 先生，打了三個電話到芝加哥，費用分別為 17.25 美元、14.25 美元和 6.98 美元。

18. 宴會部門送給客務部由 Westside 醫院舉辦的晚宴帳單兩份，250 美元食品和 120 美元酒水記入應收公司帳。

19. 收款員收到 Anderson 先生的 60 美元支票和 Blue 先生的 70 美元支票，作為 4 月 9 日預訂定金。

20. Brown 夫婦一起喝酒和用餐。Brown 先生將 43.68 美元的餐費帳單和 15.60 美元的酒水帳單記入房帳。

21. 在 101 房間陽光團體總帳單中記入以下費用：

宴會食品　$152.64
宴會酒水　$61.68
預付現金　$43.50
房間折扣　$30.36

22. 收回應收公司帳的現金收入 1140 美元。

當你完成這個練習，無論是使用計算器、機器記錄還是使用飯店電腦，你最少也有了夜間稽核經歷。特定的飯店也許在處理一些交易的程序上略有不同，但這個實踐說明了一個小飯店典型的夜間稽核工作。

Night Audit Problem（1984）。這個問題由 Delaware 大學、飯店餐館和機構管理副教授、註冊飯店管理師 George Conrade 設計和編寫。

12

CHAPTER

計劃和評估工作

1. 根據客務部經理在達成飯店目標過程中所扮演的角色，
   瞭解管理的過程。
2. 瞭解怎樣建立房價系統，以為特殊房價的種類。
3. 運用比例和公式預測可銷售房數量。
4. 瞭解在製作營業預算時，客務部經理如何預測客房營收
   和估計支出。
5. 瞭解經理們如何運用各種不同的報表和比例來評估客務
   部的運作。

本章大綱

　　大多數客務部經理都會認為他們很少能得到需要的全部資源。經理們能得到的資源包括人力、金錢、時間、物資、精力和設備。所有這些資源的供給都是有限的，客務部經理的一項重要工作就是要計畫如何運用這些有限的資源去達到部門的目標。客務部經理的另一項同等重要的工作是對照部門的目標評價客務部的各項工作。

第一節　管理功能

　　客務部的管理過程可以分為各種特別的管理功能，圖 12-1 說明了這些管理功能是怎樣形成一個整體管理過程的。雖然，各個飯店的客務部特別管理任務會有所不同，但是基本管理功能的範疇是一樣的。

圖 12-1　管理過程概述

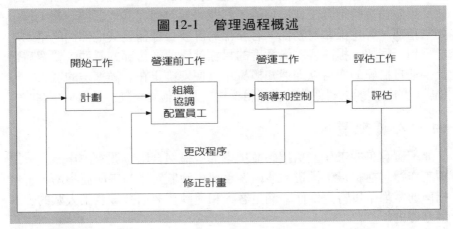

一、規劃

　　在所有的行業中，規劃算得上是最重要的管理工作了，然而經理們常常對此不夠重視，甚至會完全忽略。沒有完善的規畫，客務部就會一片混亂；沒有計畫來指明方向和重點，客務部經理會沉溺於與目標無關的或不協調的忙碌之中。在計劃客務部要完成什麼樣的工作中，客務部經理的第一步工作就是要確定部門的目標。

　　經理們應該分清楚短期目標和長期目標，並制定能達到這些目標的計畫。短期目標可以是把某一個月的住房率提高到 85 ％；而長期目標可以是提高顧客人的滿意程度。客務部經理應該運用這些總的目標來指導規劃更專門的可以衡量的目標。計畫工作還包括為達到目標確定需要

採用的戰略。

二、組織

客務部經理以計畫好的目標為指南，透過分配員工工作來組織整個部門。經理分配工作，讓每位員工公平地分到任務，並要讓所有工作都能按時完成。組織工作包括確定執行任務的順序，建立各項任務完成的最後期限。

三、協調

協調工作包括把能得到的資源集中到一起，並且利用這些資源去達到計畫中的目標。客務部經理必須能夠協調許多人的努力，讓他們能有效、高效並按時進行工作。協調工作還可能包括與其他部門一起工作，如業務部、客房部和財務部。客務部的許多目標需要其他部門的幫助才能達到，例如，提高客人滿意度的目標就需要客房部的幫助，要客房部員工把打掃好的空房立即通知櫃檯，以便安排正在等候進房的客人。一位經理的協調能力與他的計畫和組織能力及其他管理技能是密切相關的。

四、人員配置

配置員工的工作包括招聘並挑選那些最適合職位要求的申請人。這項工作還包括給員工排班。多數客務部經理制定了員工配置指南，這些指南通常都是以特定條件下滿足客人和運轉需要而計算員工人數的公式為基礎的。

五、領導

領導是一項複雜的管理技能，在各種各樣的情況下都要用到，它與組織、協調和員工配置等其他管理技能密切相關。作為客務部經理，領導工作包括督促檢查、激勵促進、紀律約束，以及為客務部員工樹立榜樣。例如，要指導其他人的工作，客務部經理首先分析要做的工作，以合乎邏輯的次序組織工作，還要考慮執行該項任務的環境。此外，如果部門的工作落後了,客務部經理還要親自介入協助工作,直到工作重新回到控制之中。

領導工作還常常超出客務部的範圍。飯店有這麼多的業務活動要經

過櫃檯，其他部門的經理們希望客務部經理能起帶頭人的領導作用。飯店的高級經理們常常需要客務部經理強有力的領導來確保他們勝利完成任務。

六、控制

每一位客務部經理都有一個內部控制系統，保護飯店的資產。例如，收款員上交備用金時要有見證人簽字，就是內部控制的一種形式。只有當經理們相信系統的重要性並且遵循建立的使用程式時，內部控制系統才能起作用。控制過程能保證實際營運結果與計畫目標的一致性。為了保持客務部的營運沿著通向目標的軌道運行，客務部經理也要執行控制工作。

七、評估

評估工作確定計劃目標的實際達到程度。在許多客務部的運作中，這項工作時常被忽視掉，或許只是偶然才執行一次。評估還包括工作考查，必要時還要修改或協助修改客務部的目標。

本章主要討論客務部的兩項管理工作：計畫和評估客務部的運作。將從檢查三項重要客務部計畫工作開始：

　　‧建立房價體系
　　‧預測可出租房
　　‧營運預算

本章將最後討論客務部經理在評估部門運作績效時可能採用的各種方法。

第二節　建立房價系統

對於每間客房，客務部幾乎都會有不止一個的房價種類。一般來說，房價類別與房型的可比較面積和家具陳設相對應（套房、雙床房、單人房等等），區分的標準在於房間的大小、位置、景觀、家具以及舒適程度。

在商務飯店，以入住一間客房的人數為基礎制定一個門市（標準或零售）牌價（rade rate）。而渡假村則把房間大小、景觀和位置作為房間門市牌價結構的一部分，一人入住或兩人入住同價。門市牌價是由客

務部管理層制定的標準價格，列在房價表上，告訴櫃檯接人員飯店各個客房的銷售價格。「門市牌價」這一名稱要追溯到櫃檯使用電腦之前了，員工從一個叫「客房狀況顯示架」的櫃檯人工存檔系統上識別零售房價，因此而得名「顯示架價格」，即「門市牌價」。在預訂和住登記過程中，客務部員工通常從電腦終端中得到門市牌價的資料。門市牌價還要經常向地方和國家政府部門報告，因此，它們必須能準確反映各類房間的恰當收費。

客務部員工應以門市牌價銷售客房，除非客人符合享受折扣房價的條件。門市牌價雖然很重要，但客人要求並符合條件享受折扣房價的情況卻時有發生。例如，到了淡季，常常為了促銷而向團體客人和某些散客提供特別房價。特別房價的種類有：

- 公司或商務價。這種價格給那些經常為飯店或其連鎖集團提供客源的公司。
- 團體價。這種價格給團體、會議和使用飯店的大型會議。
- 促銷價。這種價格給予那些屬於有吸引力的團體中的個人，以激勵他們的惠顧，這種團體有美國汽車聯合會或美國退休人員協會等。在特殊的淡季期間，也會把這種價格給予任何一位客人，以提高住房率。
- 獎勵價。為了爭取潛在業務，這種價格給予那些有業務交往的機構客人，如旅行社和航空公司的客人。還常常會為激勵將來的業務，而向領隊、會議策劃人、旅遊安排人以及其他能給飯店增加客房銷售的人員提供這類價格。
- 家庭房價。為攜帶兒童的家庭保留的房價。
- 套裝價。一間客房與其他活動如早餐、高爾夫球、網球或停車結合在一起的價格。
- 招待價。給特殊客人和／或重要工業巨頭的房價。招待價通常指客人住店期間免收房費，但客人用餐、打電話等其他消費需要付款。

客務部經理要確保嚴格控制特價房的銷售。特價是門市牌價打折扣，因而會給平均房價和房間收入帶來負面影響。客務部經理應檢查給予特價的情況，確保客務部員工遵守預訂的政策。應向客務部員工解釋清楚所有的政策，他們在使用特殊房價的時候應得到相應的批准。例如，一間免費房（假設不收費）不會增加客房收入，但根據客務部不同

的財務體系，它可能會也可能不會降低平均房價。大多數飯店的招待價要在客人抵達之前經總經理或管理層其他高級人員的批准。

為各類房間制定門市牌價，確定折扣種類和特價屬重大管理決策。要制定能使飯店盈利的房價，管理層應認真考慮各種因素，如營運成本、通貨膨脹，以及競爭狀況。

由於房價直接反映對飯店目標市場的服務期望，它們常常成為飯店的市場定位聲明。房價的定位對飯店成功與否至關重要。例如，一家提供經濟型設施和有限對客服務的飯店，如果它的價格定位在中檔或高檔水平，則多半不會成功。

以下部分將闡述確定房價的三種常用的方法：市場條件法、經驗法則和哈伯特公式。

一、市場條件法（Market Condition Approach）

這是一種常識方法。管理單位觀察同一地理市場中的可比較的飯店，看他們的相同產品如何向客人收費。這些飯店通常被稱為「競爭組合（Competitive Set）」。一個競爭組合一般由6個到10個飯店組成，他們是一個飯店在某個市場中最重要的競爭者。可以是地理位置上的競爭，也可以是飯店門市牌價、飯店種類、品牌效應或其他方面的競爭。並非在一特定地點的每一家飯店都是直接競爭者。尋求中等價位的旅客就會把目光集中在中等價位的飯店。

這種方法的背後意涵是飯店只能向客人收取市場接受的價格，而這一點又常常是由競爭來支配的。可以透過各種不同的主要公開管道獲得這方面資訊，包括定期給競爭飯店打〝匿名電話〞（blind call）。匿名電話不說明打電話的飯店，只是詢問某些日子有沒有房間，房價多少。競爭分析人士一般注意這些問題：

- ‧我們的房價與競爭飯店相比結果如何？
- ‧我們的價格比競爭飯店的高了還是低了？我們的價格會怎樣影響營收？怎樣影響市場份額？
- ‧我們的住房率是多少？競爭飯店的住房率又是多少？
- ‧在過去的6個月裡出現過什麼趨勢嗎？

隱蔽電話還不能解答大多數問題，管理科學協會（TIMS）和費塞爾的報告（Phaser Report）是兩份可以買到的著名報告，它們提供從中立

管道獲得的這類資訊。將來的住房率和價格趨勢可以通過記錄競爭飯店的報價和可銷售房來判定。管理科學協會的報告會列出一家飯店和5個當地競爭者1個月的價格資訊，這些價格細分到日，其包含的資訊還有售出的間天數、低價格、訂閱雜誌飯店的低價格變化範圍、低商務價、低商務價的變化範圍、有無特殊價格日、高低價比較，以及在此期間的一份房型及房價索引。圖12-2顯示了管理科學協會的一份抽樣報告。

圖 12-2　管理科學協會抽樣報告

TIMS Competitive Rate Analysis Report for the Sample TIMS Report

TIMS Code: Sample　　Reporting Period: Nov 10,'00 thru Dec 7,'00　　Data Captured: Nov 8,'00

High - Low Rate Comparison

（SHERATON, EMBASSY SUITES, HILTON, MARRIOTT, RADISSON, WESTIN 各飯店 High Rate／Low Rate／Variance 每日價格明細）

確定歷史市場狀況的另一個更可靠的辦法是訂閱行業報告，它載有由中立管道提供的這類資訊。最著名的歷史報告要數「史密斯旅行住宿研究報告（Smith Travel Accommodation Research Report）」（STAR）了。STAR報告提供的歷史資訊有住房率、平均房價、營收常態（RevPAR），以及市場占有率。圖12-3顯示一份STAR趨勢報告樣本，圖12-4顯示了一份STAR總結報告。與探詢未來的〝匿名電話〞不同，歷史報告說明的是過去發生了什麼。然而，通過追蹤數月或數年的這種資訊，就能合理地確定競爭飯店的房價和住房率了。

MANAGING FRONT
OFFICE OPERATIONS

圖 12-3　STAR 趨勢報告樣本

Sample - October STAR Trend Report

Year	Month	Occupancy						Average Room Rate						REVF	
		Prop	% CHG	Comp Set	% CHG	OCC Index	% CHG	Prop	% CHG	Comp Set	% CHG	ADR Index	% CHG	Prop	% CHG	Comp Set
1995	May	62.4	2.0	60.2	8.5	103.7	11.5	90.89	18.3	104.40	4.6	87.1	14.4	56.74	16.6	62.87
1995	June	72.5	20.4	68.2	8.3	106.3	11.2	94.69	3.3	105.97	4.4	89.4	1.0	68.67	24.4	72.24
1995	July	71.7	5.4	64.9	3.6	110.5	9.4	93.82	.3	96.50	7.2	97.2	7.0	67.27	5.1	62.67
1995	August	65.8	1.5	60.3	2.6	109.1	4.2	92.34	.8	94.52	3.7	97.7	2.8	60.80	2.4	56.99
1995	September	68.2	4.4	64.9	5.7	105.1	10.7	110.07	1.6	116.46	5.6	94.5	6.8	75.07	2.8	75.57
1995	October	83.3	4.9	80.7	6.0	103.2	1.1	128.09	22.3	131.06	20.6	97.7	1.5	106.69	28.4	105.71
1995	November	67.6	3.0	64.6	2.4	104.6	.7	116.17	7.6	116.95	9.1	99.3	1.4	78.52	4.3	75.58
1995	December	44.6	2.0	43.1	6.1	103.5	4.4	95.48	9.8	96.04	6.7	99.4	2.9	42.59	7.7	41.35
1996	January	70.7	3.5	68.5	2.0	103.2	1.6	114.20	9.8	112.13	7.3	101.8	2.2	80.71	5.9	76.83
1996	February	84.1	14.1	83.1	10.9	101.2	2.8	129.90	21.0	134.90	25.2	96.3	3.4	109.22	38.1	112.09
1996	March	81.1	4.7	74.9	3.1	108.3	1.6	118.20	5.6	126.53	13.7	93.4	7.1	95.90	.7	94.75
1996	April	67.7	1.6	65.1	.5	104.0	2.1	106.50	7.2	117.00	.8	91.0	7.9	72.11	8.7	76.12
1996	May	69.5	11.4	64.3	6.8	108.1	4.2	106.07	16.7	118.23	13.2	89.7	3.0	73.68	29.9	76.06
1996	June	73.6	1.5	59.8	12.3	123.1	15.8	111.34	17.6	112.26	5.9	99.2	11.0	81.93	19.3	67.19

圖 12-4　STAR 抽樣總結報告

Sample Inns & Suites Executive Summary Report　July

| July Monthly Segment | Operating Performance Sample Inns & Suites | | | | | | | | | | | | Oper | |
| | Occupancy Percent | | Average Room Rate | | | Room Revenue | Rooms Avail | Rooms Sold | Occupancy Percent | | | | A |
	1996	1995	% CHG	1996	1995	% CHG	% CHG	% CHG	% CHG	% CHG	1996	1995	% CHG	195
United States	81.8	83.3	1.8	69.53	63.90	8.8	16.0	8.5	6.6	73.9	74.3	.5	70
Region														
New England	82.7	84.3	1.9	69.79	67.86	2.8	14.3	13.3	11.1	75.1	74.3	1.1	83
Middle Atlantic	84.4	85.0	.7	69.23	64.82	6.8	7.3	1.2	.4	75.7	74.3	1.9	87
South Atlantic	82.1	84.3	2.6	69.17	58.88	17.5	25.9	10.1	7.2	73.1	73.2	.1	70
East North Central	85.1	85.2	.1	62.39	58.80	6.1	9.3	3.1	3.0	73.4	75.1	2.3	67
East South Central	84.8	87.3	2.9	60.76	55.20	10.1	16.4	8.9	5.7	74.4	75.2	1.1	57
West North Central	83.4	83.9	.6	64.84	61.85	4.8	3.9	.4	.9	73.5	76.2	3.5	57
West South Central	75.0	81.7	8.2	64.79	61.80	4.8	34.0	39.1	27.8	69.9	71.3	2.0	59
Mountain	81.5	81.2	.4	76.19	71.37	6.8	14.6	6.9	7.3	75.0	76.1	1.4	61
Pacific	79.6	79.5	.1	79.35	74.44	6.6	13.0	5.9	6.0	75.9	75.1	1.1	80
Price														
Luxury	81.0	80.5	.6	97.65	84.71	15.3	21.2	4.4	5.1	75.2	74.9	.4	117
Upscale	81.7	83.3	1.9	80.09	74.67	7.3	14.5	8.8	6.8	76.0	76.8	1.0	87

但雖然很常用，這種方法，但也存在許多問題。首先，如果是一家新飯店，它的建造成本很可能比競爭飯店的高，因此，飯店在開始時就不能像競爭飯店那樣獲利。第二，這種方法沒有考慮飯店的價值。對於一家新飯店或者一家有更新式服務項目的飯店，其對客人的價值就會更大些。市場條件法是一種讓地方市場確定房價的營銷方法。它也許不會全面考慮一次強大的銷售活動會帶來什麼，但事實上它可以讓競爭飯店確定房價，而這可能會給飯店經營的盈利能力帶來重大影響。

飯店管理階層不一定要透過與競爭對手的直接討論來確定其他飯店的價格，這種討論會被認為違反了美國的反信任法（u. s. anti - trust law）。這就是前面所述給競爭飯店打匿名電話的原因。還可以從許多公開管道找到價格，如全球訂房系統、發行的價格小冊子、美國汽車協會發布的名錄、網際網路，以及其他許多管道。

二、經驗法則（Rule-of-Thumb Approach）

經驗法則是先假設住房率為 70% 為前提下把客房的每 1,000 美元建築和裝修成本設定為 1 美元房價，假如一家飯店客房的平均建造成本是 80,000 美元，使用每 1,000 美元成本門市牌價 1 美元的方法，得出平均銷售價為每間房 80 美元。雙人房、套房和其他種類的房間可以有不同的門市牌價，但最低平均房價應該為 80 美元。注重飯店的建設成本沒考慮通貨膨脹的影響，例如，一家保養很好的飯店今天每間房值 100,000 美元，而在 40 年前每間房只花 20,000 美元建造。每 1,000 美元造價售 1 美元的方法會建議每間房平均售價 20 美元，然而，適合的房價卻似乎要高得多。建議的每間房 20 美元售價沒有考慮通貨膨脹，也沒有考慮勞動力、家具和補給方面增加的成本。這種情況下，管理階層可以考慮用飯店現在的替換成本作為應用經驗法則的依據，而不是原來的建築和裝飾成本。計算通貨膨脹的另一種方法是對照原始成本指明當前的成本。例如，一家飯店建造於 5 年之前，每年的通貨膨脹率是 3%，那麼 5 年前的每 1,000 美元造價售 1 美元今天則應該為每 1000 美元售 1.16 美元。

用經驗法則訂定客房門市牌價也沒有考慮其他設施和服務對飯店盈利的貢獻。在許多飯店裡，客人都要為服務付費，例如食品、飲料、電話以及洗衣服務。如果這些服務能有助於盈利，那麼飯店收取高房價的壓力就減小了。

經驗法則還應該考慮一個飯店的住房率。正如我們指出的，經驗法則在決定平均客房價格的時候假設住房率為 70 ％，然而，如果可預見的住房率較低，飯店就要用較高的平均房價去獲得相同的客房收入。飯店都有高額固定經費（特別是折舊和借款利息）。例如，不管飯店的住房率如何，每個月的利息付款都是相同的。客務部經理必須懂得房價和住房率對客房收入的影響，以確保飯店能達到其收入目標和財政責任。

三、哈伯特公式法（Hubbart Formula Approach）

另一種決定平均房價的方法是哈伯特公式。這種方法在決定每間房的平均銷售價時考慮了經營成本、利潤目標以及客房預期銷售數。換句話說，這種方法從利潤目標起步，加上所得稅，再加上固定費用和管理費，一般經營費用和直接經營費用。哈伯特公式又稱為給房間門市牌價的顛倒法，因為它最初的項目：淨收入（利潤）出現在收入報表的底部，第二項：所得稅是財務報表的倒數第二項，如此等等。哈伯特公式法有以下 8 個步驟：

1. 用期望的回報率（ROI）乘以業主的投資，從而計算出飯店想要的利潤。
2. 用想要的利潤（第 1 步）除以用 1 減去飯店的稅率的值，計算稅前利潤。
3. 計算固定費用和管理費。此項計算包括估算折舊、利息支出、財產稅、保險、分期償還債務、建築抵押、土地、租金以及管理費。
4. 計算沒有分攤的營業費用。這項計算要估算後勤和綜合費用、資料處理費、人力資源費、運輸費、行銷費、飯店經營和保養費以及能源費。
5. 估算非客房經營部門的收入和損耗，即餐飲部的收入和損耗、電話部的收入和損耗等等。
6. 計算客房部要獲得的收入。稅前利潤（第 2 步）、固定費用和管理費（第 3 步）、未經分攤的營業費用（第 4 步），以及其他經營部門的損耗減去其收入（第 5 步），這幾項的總和等於客房部要獲得的收入。從根本上看，哈伯特公式是把飯店的全部財務負擔都放在了客房部。
7. 決定客房部的營收。客房部要獲得的收入（第 6 步）加上客房部

的薪資等相關的直接開支，再加上其他直接經營支出，就等於
要獲得的客房部營收。

8. 用客房部營收（第7步）除以預期的客房銷售額，計算出平均房
價。

哈伯特公式的說明

Casa Vana Inn 是一家有 200 間客房的小飯店，包括土地、建築、設
備和家具在內規劃耗資 9,900,000 美元。另外還需要 100,000 美元周轉資
金，建設和開業總費用為 10,000,000 美元。飯店的資金來源有兩項，其
一是年息 12 % 的貸款 7,500,000 美元，其二是業主提供的 2500000 美元現
金。業主要求每年 15 % 的投資回報率。估計住房率為 75 %，這樣一
來，一年將售出 54750 個房間（200×0.75×365）。所得稅稅率是 40 %。
外加費用估算如下：

飯店稅款	250,000 美元
保險費	50,000 美元
折舊費	300,000 美元
後勤管理和綜合費用	300,000 美元
資料處理費	120,000 美元
人力資源費	80,000 美元
運輸費	40,000 美元
行銷費	00,000 美元
飯店經營和保養費	200,000 美元
能源及相關費用	300,000 美元

其他經營部門的收入（損耗）估算如下：

餐飲部	150,000 美元
電話部	（50,000）美元
租賃財產及其他部門	100,000 美元

客房部的直接經營費用估計為每間出租客房 10 美元。

圖 12-5 顯示了用哈伯特公式進行的計算，並顯示了平均房價為 67.81
美元。

MANAGING FRONT
OFFICE OPERATIONS

圖 12-5　計算平均房價：哈伯特公式

L Lodgistix 渡假村和會議中心（90003）
每日報告－7月12日－收費

項目	計算	金額（美元）
想獲得的淨收入	業主的投資回報率 $2,500,000 \times 0.15 + 375,000$ 稅前收入 $= \dfrac{淨收入}{1-t}$ 稅前收入 $= \dfrac{\$375,000}{1-0.4}$ 稅前收入 $=$	$625,000
加上：利息支出	本金×利率＝利息支出 $\$7500,000 \times 0.12 =$	+ 900,000
付稅費保險費前的收入		1,525,000
加上：估算的折舊、財產稅和保險費		+ 600000
固定費用支出前的收入		2,125,000
加上：未分攤的經營		1,240,000
需要的經營部門收入		3,365,000
不含客房的部門收入		(150,000)
減去：餐飲部收入、租賃收入和其他部門收入		(1,000,000)
加上：電話部門支出		50,000
客房部收入		3,165,000
加上：客房部直接開支	$54750 \times 10 = 547500$	547,000
客房營收		3,712,500
售出客房數		÷ 54,750
要求的平均房價		$67.81

圖 12-6 示了單人房（x）和雙人房（x+y）房價計算的公式，其中單、雙人居住房價的差價用可變數 y 代表。假設 Casa Vana Inn 雙人住宿率為 40 ％（即每 5 間售出的客房中有兩間是以雙人間的價格售出的），而且房間差價是 10 美元。

圖 12-6　從平均房價計算出單人間和雙人房的房價

售出單人間（x）＋售出雙人間（x＋y）＝（平均房價）（售出客房）

而：　　x　　　＝　單人房價格

　　　　y　　　＝　單人房價和雙人房價之間的差價

　　　　x　＋　y＝　雙人房價格

應用圖 12-6 的公式，單人間和雙人房的房價應計算如下：

每日售出的雙人房 ＝ 雙人住宿率×客房總數×住房率

　　　　　　　　 ＝ 0.4×200×0.75 ＝ 60

每日售出的單人房 ＝ 每日售出的客房－每日售出的雙人房

　　　　　　　　 ＝ (200×0.75) － 60

　　　　　　　　 ＝ 90

使用圖 12-5 中算出需要的平均價 67.81 美元，即可用以下方式決定要求的單人間和雙人房的價格：

售出的單人房（x）＋［售出的雙人房 ×（x ＋ 價格差）］

＝ 平均房價 × 每日售出房間數

$90x + 60(x + 10 美元) = (67.81 美元)(150)$

$90x + 60x + 600 美元 = 10,171.50 美元$

$150x = 9,571.50 美元$

$x = \dfrac{9,517.50 美元}{150}$

$x = 63.81 美元$

單人房價格 ＝ 63.81 美元

雙人房價格 ＝ 63.81 美元 ＋ 10 美元

　　　　　 ＝ 73.81 美元

MANAGING FRONT OFFICE OPERATIONS

另外，還可以用單人房房價的百分比來設定雙人房房價。這種情況下，公式要稍作改動：

售出單人間（x）＋［售出雙人房價（x）×（1 ＋差價百分比）］
＝平均房價×每日售出客房數差價百分比

就是雙人房房價高出單人間房價的差價百分比。

為了說明這種方法，我們要再用一次 Casa Vana Inn 的例子。假設雙人房住房率是 40 ％，差價為 15 ％。

售出單人房＋［售出雙人房價（x）×（1 ＋差價百分比）］
＝平均房價×每日售出客房數

$90x + 60x \times 1.15 = 67.81$ 美元(150)

$90x + 69x = 10{,}171.50$ 美元

$159x = 10{,}171.50$ 美元

$x = \dfrac{10{,}171.50 \text{ 美元}}{159}$

$x = 63.97$ 美元

單人間房價＝ 63.97 美元

雙人房房價＝ 63.97 美元(1.15)

　　　　　＝ 73.57 美元

在設定與實際平均價格相對的目標平均價格時，哈伯特公式是最有用的。重要的是要注意到哈伯特公式算出的平均房價是飯店盈利點的目標價格，它依賴於管理單位對總住房率和單人房／雙人房混合住房率的最佳估計來決定目標價格。如果這些估計有誤，那麼目標價格也就會不正確。

假設一家飯店公司規劃建造一個新飯店。運用哈伯特公式，管理單位計算出一個 75 美元的平均目標房價。瞭解到本地區競爭飯店現在的平均房價只有 50 美元，管理層就考慮兩年內開業的這個新飯店的目標房價是否太高了。

為了評估它的潛在影響，管理單位假設競爭者的平均價格將以每年 5 ％的比例增加到 55.13 美元（即 50 美元 × 1.05 × 1.05）。由於所說的飯店會是新的，管理層推斷溢價是可以接受的。然而，近 20 美元的差額顯得太大了，更合理的平均房價可能是 65 美元，每年成功漲價就會增加到略高於 75 美元，計算如下：

	年增長5％	銷售價
初始房價（新飯店）		65 美元
第 1 年底	3.25 美元	68.25 美元
第 2 年底	3.41 美元	71.66 美元
第 3 年底	3.58 美元	75.24 美元

考慮到這種情況，飯店開發商將不得不為第一年額外的赤字提供資金（目標平均房價 75 美元，而飯店開業時的預期平均房價為 65 美元）。為了經營，飯店要找出一些辦法來為虧空籌措資金。如前所述，在營業的最初幾年裡，大多數飯店都沒有利潤。從這個角度看，飯店的財務計畫應該包含這種經營性虧損。

四、既門市牌價格的變化

根據市場因素，門市牌價在一年中也可以有所變化。價格可能由於季節變化或本地的重大活動而發生改變。瞭解了這一點，飯店會公布一個門市牌價範圍，而不是一個特別的門市牌價。例如，一年中渡假村會有幾個不同的門市牌價，反映出旺季、平季和淡季。同樣的房間和舒適程度，不同季節門市牌價的變化幅度可達 50% 或更多。計畫價格變化的另一個例子是佐治亞州亞特蘭大的 1996 年夏季奧運會。幾年以前，各飯店就計畫了夏季奧運會兩周的房價，這些價格還遞交給了政府部門和奧會，供他們作計畫並申請他們的批准。對開幕和閉幕期間的價格進行了認真的規劃。當強烈的需求能讓客房以門市牌價售罄時，就不該再打折扣。同時，需求低的時候，只報門市牌價就會失去吸引力。

第三節　預測可銷售房

客務部經理們要做的最重要的短期計畫工作當數預測將來任意一天的可銷售房間數。可銷售房預測能有助於預訂過程順利通暢，還能指導櫃檯員工有效管理客房。在可能客滿（100% 住房率）的夜晚，預測工作會變得更加重要。

可銷售房預測也可以用作住房率預測。因為飯店的房間數是固定的，預計了可銷售的房間數以及預期住客的房間數就得到了某一天的預計住房率。預測的可銷售房和住客房的數目對飯店的日常營運是很重要

的，因爲住房率預測是做門市牌價決策的奠基石。沒有準確的預測，房間可能會留著沒賣，也可能賣的價格不合適。住房率預測還有助於客務部經理按預期的業務量安排需要的員工。同樣，這些預測還會有助於飯店的其他部門經理。例如，客房部就需要瞭解有多少間房會住客，以便適當安排客房服務員；餐飲部經理需要瞭解同樣的資訊，以便更好地安排服務員；廚師長需要這個數位，以便確定餐廳訂購多少食品。

　　顯然，預測的可靠性是在資訊的可靠性的基礎上產生的。由於預測可以作爲決定營業成本的指南，因而應盡一切努力來保證預測的準確性。

　　預測是一種不易掌握的技能，通過經驗積累，積累有效的記錄以及準確的計算方法才能獲得這項技能。有經驗的客務部經理們發現，有幾種資訊對可銷售房預測很有幫助：

  ·對飯店及其周圍地區的徹底瞭解；
  ·飯店服務顧客的市場檔案；
  ·前幾個月和去年同期的住房率資料；
  ·預訂趨勢和預訂提前時間（提前多久進行預訂）的歷史；
  ·在周邊地區將舉辦的特殊活動的一覽表；
  ·預測日期中特別的商務活動的資料；
  ·保證類和無保證類預訂的數量，以及對可能爽約的估計；
  ·預測日期中已預訂房的百分比，以及團體保留房的截止日期；
  ·預測日期中最重要競爭對手的可銷售房情況（如透過匿名電話調查出來）；
  ·來自全市範圍或飯店集團方面影響，以及他們對預測日期的潛在的影響；
  ·由計畫重新裝修或更新改造的飯店所引起的可售房數量的變化；
  ·由建設或更新飯店引起當地競爭趨勢的變化。

一、預測數據

　　預測可銷售房的過程中一般都依賴歷史的住房率資料，就如書上介紹的那樣。歷史資料能排除預測中的猜測。爲了促進預測工作，應蒐集以下日常住房率資料：

  ·預期的抵達用房數：根據現有的預訂和新預訂的歷史趨勢，還根據抵達日期前的取消。

・預期散客人（walk-ins）用房數：根據歷史記錄。
・預期續住房間數（前一晚住客的房間，將在所述的一晚繼續居住）：根據現有的預訂。
・預期訂了房但爽約的房間數，根據歷史記錄。
・預期提前退房數（在預計退房日期前提早退房）：根據歷史資料。
・預期退房退房數：根據現有的預訂。
・預計延期房間數（在原訂退房日期以後才退房退房）：根據歷史資料。

　　一些雙人住房比例很高的飯店不僅要關注客人數，也要關注房間數。例如，一家有大量渡假夫婦業務的全備式渡假村就要在預測客人數量的同時預測用房數。會議飯店也常常會有相同的問題。

　　許多這樣的資料能在報告、檔案和各飯店的電腦系統中找到，是很好的途徑。在這方面的研究中，飯店的日常報告似乎成了無價之寶，應以方便提取的方式存儲。

　　由於它們可以用來計算各種能有助於確定可銷售房間數的日常營業比率，這些資料對可銷售房預測十分重要。比率是一種數學表達方式，它用一個數位除以另一個數位，表示出兩個數位之間的關係。客務部運作中使用的大多數統計比率都用百分數表示。下面要談到的比率有爽客、散客人、提前退房和延期退房的百分比。圖 12-7 顯示了一個飯店（the Holly Hotel）的住房率歷史資料，用來說明客務部各種比率的計算方法。經理們應尋找這些比率的連貫性，連貫性可以是簡單的雷同，也能夠看出模式。沒有連貫性，比率預測和營業操作會變得很困難。

圖 12-7　Holly Hotel 住房歷史

3月份第一周的
住房率歷史

星期	日期	客人數	抵達客人房間數	散客用房數	預訂房間數	爽客房間數
星期一	3/1	118	70	13	63	6
星期二	3/2	145	55	15	48	8
星期三	3/3	176	68	16	56	4
星期四	3/4	117	53	22	48	17
星期五	3/5	75	35	8	35	8
星期六	3/6	86	28	6	26	4
星期日	3/7	49	17	10	12	15
合計		766	326	90	288	52

住客房	延期退房	提前退房數	退房退房數
90	6	0	30
115	10	3	30
120	12	6	63
95	3	18	78
50	7	0	80
58	6	3	20
30	3	3	45
558	47	33	346

(一)爽約客百分比

　　爽約客百分比指的是沒能在預期抵達日期到飯店的客人所預訂房間的比例，這一比率有助於客務部決定在什麼時候（以及是否）把房間售給散客。

　　爽約百分比是用一定時期（日、周、月或年）爽約客房間數除以同一時期房間總數得出。運用圖 12-7 中的數字，Holly Hotel 3 月份第一周不抵店百分比可計算如下：

$$\text{爽約百分比} = \frac{\text{爽約客房間數}}{\text{預訂房間數}} = \frac{52}{288}$$

$$= 0.1806 \text{ 或預訂房間 } 18.06\%$$

有的飯店還分保證類預訂和無保證類預訂追蹤爽約客的統計數，因為要來的客人如果沒有登記入住，他就沒有付費的義務，所以無保證類預訂的爽約比例一般都要比保證類預訂的高。適當的爽約預測還取決於飯店的業務類型，例如，與其他團體及散客相比較，公司團體的爽約比例一般要低得多。擁有大公司會議市場的飯店的爽約比例就可能很低；相反，做小團體業務的飯店的總體爽約比例就會高些（除非有大公司團體住在飯店的時候）。飯店和渡假村可以透過一系列政策與程序控制不抵店現象，例如要求收取訂金，以及在抵達日期前打電話給客人確認各項安排。

(二)散客百分比

用一定時期散客的用房數除以同期抵店客人總用房數，就得出散客的百分比。用圖 12-7 中的數字，Holly Hotel 三月份第一周散客人的比例可以計算如下：

$$\text{散客人比例} = \frac{\text{散客用房數}}{\text{抵店客人總用房數}} = \frac{90}{326}$$

$$= 0.2761 \text{ 或抵店客人用房數的 } 27.61\%$$

散客入住的是那些並非為預訂客人保留的可銷售房。飯店常常能以較高的房價把房間賣給散客，因為這些客人沒有機會去考慮換一家飯店。有時，櫃檯接人員還要帶領散客參觀客房，這是一種比用電話銷售客房更加有效的方法。散客業務有助於提高住房率，還有助於增加客房收入。但是，從計劃性角度考慮，事前的預訂比依靠散客業界更有效。

此外其他比率會對散客比率發生戲劇性影響。例如，如果飯店有 10 位訂房客人未抵店，就會比平時接受更多的散客，以彌補失去的業務。出於歷史原因，追溯這一資訊時，也要追蹤其他的比率，看它們是如何相互影響的。預測散客的一個有效辦法是瞭解市場，如果附近的飯店很忙，有散客（接受較高房價）的機會就大些。

(三)延期房百分比

延期房是那些比原定退房日期推遲退房的客人居住的房間。延期客人來店時可以有保證類預訂或非保證類預訂,也可以是散客人。延期房不應與續住房相混淆。續住房是指那些在統計日之前進店,在統計日的次日之後退房的客人居住的房間。

計算延期房的比例是用一定時期內延期房的數量除以同期預計退房總數。預計退房數量等於記錄在案的實際退房數減去提前退房數,再加上延期退房數。換句話說,預計退房數就是客務部電腦或人工計算顯示的預計退房退出的房間數。使用圖 12-7 中的資料,好來飯店 3 月份第一周延期房的比例計算如下:

$$延期房比例 = \frac{延期房的數量}{預計退房數}$$

$$= \frac{47}{346-33+47}$$

$$= 0.1306 \text{ 或預計退房數的} \underline{13.06\%}$$

為了幫助控制延期房的數量,要訓練櫃檯人員在客人入店登記時確認抵店客人的退房日期。這項確認工作可能會很重要,特別是在飯店客滿或接近客滿,無法安排延期客人住房的時候。當為即將抵店客人鎖定某些客房時,延期房也會成為難題。對於套房或其他對即將來店客人有特殊重要性的房間來說,這一點尤其重要。

(四)提前退房百分比

提前退房是指在預訂退房日期之前退房的客人居住的房間。提前退房的客人抵店時可以有保證類或無保證類預訂,也可以是散客。

計算提前退房百分比,用提前退房數除以同一時期的預計退房總數。使用圖 12-7 中的資料,好來飯店 3 月份第一周提前退房百分比計算如下:

$$提前退房百分比 = \frac{提前退房數量}{預期退房數}$$

$$= \frac{33}{346-33+37}$$

$$= 0.0917 \text{ 或預計退房數的} \underline{9.17\%}$$

客人在聲明的退房日期之前退房所產生的空房一般很難全部售出，因此，提前退出的房間可能成爲房間收入的永久損失。另一方面，延期房是居住到超過他們所述的退房日期，不會損害客房收入，在飯店並不客滿的時候，延期房會帶來額外的出乎意料的客房營收。在試圖調節提前退房和延期住房的努力中，客務部員工應該：

· 在入住登記時確認或再確認客人的退房日期。有的客人也許已經知道計畫有變，或者知道原來的預訂過程中出了差錯。錯誤資料糾正得越早，做爲應變的機會就越大。

· 給已登記的客人一張通知卡，清楚解釋一位即將抵店的客人已預訂他的房間。通知卡可以在住店客人預計退房的前一天或當天早晨放在客人房間裡。

· 檢查團體史。許多團體，特別是協會，在會議的最後一天舉行大型的集會活動，客人的預訂包括參加這項活動，然而計畫的變化或其他重要事項會使客人提早離開。此時飯店很難要客人住滿預訂的天數，根據團體的歷史，經理可以安排提早退房。

· 與可能延期的客人聯繫，說明他們的原定退房日期，確認他們的退房意向。櫃檯人員應每天檢查住房情況，標明預計退房客人的住房，也應該與沒按時退房的客人聯繫，詢問他們的退房意圖。這一個動作能及早修改延期房統計數，允許足夠的時間去修更需要改動的客務部規劃。

二、預測公式

一旦取得了相關的住房率統計資料，就可以用下面的公式確定任何一個日期的可銷售房的數量：

客房總數
－故障房間數
－續住房間數
－預訂房間數
＋預訂房間數×爽約百分比
＋提前退房間數
－延期房間數
　　　　　　　
可銷售房間數

請注意，上述的計算公式不包括散客，因為一家飯店可以接受的散客人的數量取決於可銷售房的數量。如果一家飯店由於預訂、續住和其他因素已經客滿，它就不能再接受散客了。

仍以 Holly Hotel 為例，一個有 120 間客房的飯店，4 月 1 日有 3 間故障房，55 間續住房。這一天，42 位有預訂的客人將要抵店。由於最近計算的爽約客百分比是 18.06 ％，客務部經理計算出會有 8 位有預訂的客人爽約（42 × 0.1806：7.59，進位為 8）。根據歷史資料，還會有 6 間提前退房，15 間延期房。4 月 1 日可銷售房的數量用以下方法確定：

客房總數	120
－故障房數量	－ 3
－續住房數量	－ 55
－預訂房數量	－ 42
＋預訂房數量爽約百分比	＋ 8
＋提前退房數量	＋ 6
＋延期房數量	－ 15
可銷售房數量	19

因此，Holly Hotel 4 月 1 日可銷售房為 19 間。一旦確定了這個數字，客務部經理就能決定是否接受更多的預訂，能決定員工配置的程度。客務部的計畫決策必須保持一定的靈活性，客務部接到預訂的取消和修改通知時，它們也要作相應變更。還應指出的是，可銷售房預測是以假設為基礎的，在不同的日期，他們的精確度是會有變化的。

三、預測表

根據需要，客務部可能要準備幾種不同的預測。一般飯店是每月製作一份住房率預測，並交餐飲部和房務部管理單位審閱，以便預測收入，計畫開支，並做好員工排班。一份 10 天的預測，可以用來更新勞動力安排和成本預測，隨後會有一份更近期的三天預測來補充。合在一起，這些預測能幫助飯店許多部門保持適當的人員配置，以迎接預計的業務量，因而也就有助於成本控制。

(一) 10 天預測

多數飯店裡的 10 天預測由客務部經理和預訂部經理聯合制作,可能的話還要聯合一個預測委員會。許多飯店利用自己的年預測製作 10 天預測。一份 10 天預測的內容通常包括:

- 每日住房率的預測數位,包括抵達房間、退房房間、租出房間以及客人人數。
- 團體業務數量,包括各團體的名單、抵離日期、預訂房間數、客人人數,也許還有報出的房價。
- 前期預測與實際用房和住房率的對比。

可能還需要為餐飲、宴會和娛樂活動製作專門的 10 天預測。這種預測一般都包括預計客人人數,常常稱為「館內計數(house count)」。有時會把館內計數分為團體和非團體類,讓飯店的餐廳經理們能更好地理解他們的客源組成,從而決定員工配置的需要量。

為了幫助飯店各部門為即將來臨的時期計畫好人員配置和薪資水平,10 天預測應在一周的中期完成並分發給各部門辦公室,這種預測對客房部會特別有幫助。如圖 12-8 所示,一份 10 天預測表通常用客務部的幾個管道蒐集到的資料製成(第 10 章中提到過的住房率增加值將在本章後面部分討論)。

首先,現有住客房的數目是審核過的,也註明確認的延期房和預計退房房數目。其次,按照抵店日期、住店期限,以及退房日期對每間房(及客人)的相關預訂資訊進行了評估。這些數位隨後將與預訂控制的資料相吻合。然後,將調整數字,反映出不抵店、預計提前退房和散客的預測百分比。這種預測以飯店最近的歷史情況、業務的季節性,以及預計抵店的專業團體的已知歷史情況為基礎。最後,預測還列出會議和其他團體,以提醒各部門經理注意可能的繁忙或輕鬆期,進店客人和退房客人。表上還應註明每天分配給各個團體的住房數目。

大多數電腦系統能在一份報表提供記錄在冊的資料,供客務部經理使用。但是,大多數電腦系統不能「預測」業務。以往進行的分析歷史趨勢和市場狀況的編程成功的極少,因此,儘管電腦系統能夠幫助預測,但還是由客務部經理的知識和技能來決定預測的準確性。圖 12-9 包含了一份創造營收部門的經理們修改預測時用的核對清單。

圖 12-8　10 天預測表樣本

10 天住房率預測

部門＿＿＿＿＿＿＿＿＿＿＿　#＿＿＿＿＿＿＿＿＿＿＿　周終止日＿＿＿＿＿＿＿＿＿＿＿

預測日期＿＿＿＿＿＿＿＿＿＿＿＿＿＿　製表人＿＿＿＿＿＿＿＿＿＿＿＿＿

至少在預測首日的前一周送到各部門經理

	星期五	星期六	星期日	星期一	星期二	星期三	星期四	星期五	星期六	星期日
1. 日期和星期（起始周和結束周與薪資時間表相同）										
2. 預計退房										
3. 抵達退房										
4. 抵達的預訂客人──團體（摘錄自記錄本）										
5. 將來的預訂（估計在完成預測以後收到的）										
6. 預計散客（散客百分比建立於已收到的預訂和前兩周住房率的基礎之上）										
7. 抵店總數										
8. 續住房										
9. 預測房間總數										
10. 住房率增加值（以前三周同一天每間客房的平均住客人數為基礎）										
11. 預測客人數										
12. 實際住客房間數（摘自客務部主管完成的日報表）										
13. 預計變化幅度（預測數與日報實際房數之間的差額）										
14. 說明（由客務部主管完成，並且呈報總經理，必要時附上所需的備忘錄）										

批准人＿＿＿＿＿＿＿＿＿＿＿＿　日期＿＿＿＿＿＿＿＿＿＿＿

（總經理簽名）

圖 12-9　提高預測的精確度

年預測為製作更短期、更精確的預測提供了一個絕佳的起點，經理們透過審閱現有的預訂和預訂流量，能更好的地成任務。越是近期的預測，其準確性會越高。

這是一張修改預測的核對清單：

· 列出記錄本中所有的團體預訂和散客預訂。

· 檢查預測期間的抵店、退房和團體資訊。

· 確定這段期間特殊的需求是高還是低。

· 用圖表示出高峰和低谷，以便更易識別高／低需求。

· 讓業務員打電話給競爭同業，詢問價格，並考慮自己的價格調整。

· 做出決定，以便各時期收入最大化。

(二) 3 天預測

3 天預測是經過更新的報告，反映出對可銷售房的更近期估計。

它詳細說明 10 天預測中發生的一切實質性變化。3 天預測的目的是用來幫助管理單位進一步調整員工排班並調整可銷售房資訊。圖 12-10 為一份 3 天預測表的樣本。在有的飯店裡，每天召開一個簡短的營收會議，集中討論將來幾天的住房率和價格變化問題。這種會議的討論結果常常包括在 3 天預測之中。

(三) 房間數統計的考量

在短期和長期的房間計數計畫中，控制記錄本、電腦應用、預測、比率和公式都是基本要素。每天，對於住客房、空房、預訂房及退房房，客務部都要進行數次人工計數，以完成當日的住房率統計。電腦化的系統可以降低大多數最終計數的需要，因為能給電腦編制連續更新可銷售房資訊的程式。

櫃檯接人員準確瞭解有多少可銷售房十分重要，特別是在飯店住房率可望接近 100% 的時候更為如此。蒐集房間計數資訊的程式建立以後，計畫程式就能延長到更久的時期，形成收入、支出和勞動力預測的更可靠的基礎。圖 12-11 中的核對清單也許應用於非自動化和半自動化飯店。

圖 12-10　3 天預測表樣本

3 天預測

預測日期＿＿＿＿＿＿＿＿＿＿＿　　　　預測人：＿＿＿＿＿

飯店客房總數：＿＿＿＿＿＿

	今晚	明晚	第三天晚上
星期			
日期			

	今晚	明晚	第三天晚上
前一晚住客房 (1)			
－預計退房			
－提早退房			
＋未統計在內的續住			
＋未住客的房間 (2)			
＝可銷售房			
＋預計抵店的			
＋散客和當日預訂			
－爽約客			
＝住客房			
＝住房率％			
＝預計住店各人數 (3)			

(1)前一晚住客房可以從昨晚實際住客房間的數目或前一晚的預測數目
　得出。

(2)未住客的房間等於飯店的房間總數減去住客房。

(3)預計住客人數等於預測客房乘以當日多人住客房百分比（在電腦報
　告中可見）

呈送：總經理、櫃檯、客房部、餐飲部、則務部、業務部、宴會部、
　　　安全部

圖 12-11　正確統計客房計數每日核對清單樣本

- 完成各房顯示架上和預訂房數。在住房密集的日子裡，應在上午7點、中午、下午3點和6點各進行一次計數；一般日子裡早上7點和下午6點各計數一次即可。
- 對照帳單來檢查客房顯示架，以找出已結帳退房的空房和未結帳的走客房。
- 對照客房顯示架核對客房部報告，以找出已結帳退房的空房和未結帳的走客房。
- 找出預計退房但仍未結帳的房間，特別是以信用卡付款的那些客房。
- 找出重複的預訂。
- 給預訂系統打電話，確認所有的取消通知都已知有關部門。
- 檢查總機、電話問訊架和／或按字母順序排列的客人顯示架，確認尚未登記入住的客人
- 給當地機打電話，獲取取消航班的報告。
- 檢查較大數量抵店客人的出發城市的天氣報告。
- 對照會議預留房檢查預訂資料，找出重複的訂房。
- 如果住房安排或會議部門說明此地預訂是第二選擇，則要與其他飯店核對，找出重複的預訂。
- 檢查所有預訂單上的抵達日期，確認沒有一份放錯位置。
- 核查客房取消名單。
- 如果是透過預訂經理、業務經理或行政辦公室某個人進行的預訂，而飯店又接近客房則應給那位員工打電話。這類客人經常是私人朋友，願意住在其他地方而幫助飯店。
- 接近飯店的截止時間的時候，考慮直接打電話給那種無保證類預訂而又尚未抵達的客人。如果客人接電話，則確認他或她那一晚是否仍會抵達。
- 過了飯店截止時間以後，如果需要，就抽出無保證類或沒有預付款的預訂。
- 如果有房間待修或目前未在使用，就要檢查看它們能否準備妥當，讓客房部瞭解客房有一天會密集，以便準備好一切可能準備好的房間。
- 下班以前，給來接班的員工書面寫下相關的訊息。保持良好的溝通是很重要的。

第四節 營業預算

客務部經理所要做的最重要的長期計畫工作是進行客務部營業預算。飯店的年度營業預算是一個盈利計畫，涉及所有營收管道和支出專案。年度預算一般要分成月度計畫，月度計畫又要分成周（有時分成每天）計畫。這些計畫都將成為標準，管理層可以對照它們評價實際經營結果。在多數飯店中，客房收入要大於食品、飲料或其他任何管道的收入。此外，房務部門的利潤一般也要在製作預算計畫過程中，需要全體管理人員的密切配合和協調。客務部經理負責房間營收預測，而飯店財務部門則應向部門經理們提供預算過程中需要的基本統計資訊。飯店財務部門還有責任協調各個部門經理的預算計畫，綜合成一份全飯店的經營預算，供最高管理單位審閱。飯店總經理和會計主任一般要審閱各部門的預算計畫，並且準備一份預算報告請飯店業主們批准。如果預算不能令人滿意，需要改變的專案會退回給相應的部門經理，請他們審閱、修改。

在編制預算計畫過程中，客務部經理的首要責任是預測客房收入並估計相關的支出。客房收入用預訂經理提供的資訊進行預測，而支出則用房務部分各部門經理提供的資訊來進行估計。

一、預測客房收入

歷史的財務資訊常常會成為客務部經理制定客房收入預測的基礎。客房營收預測的一個方法就是分析以往的營收、支出金額和百分比上的差異，預告預算年度的客房營收額。

例如，圖 12-12 顯示了 Emily Hotel 客房淨營收的年度增長。從 20×1 年到 20×4 年，客房營收額從 1,000,000 美元增加到 1,331,000 美元，反映出一個 10％的年增長。如果將來的情況與以往的相同，那麼 20×5 年的客房營收預算將為 1464100 美元－在 20×4 年的基礎上增加 10％。

圖 12-12　Emily Hotel 客房營收摘要

年度	客房營收（美元）	比上一年增加（美元）	百分比（％）
20×1	1,000,000	—	—
20×2	1,100,000	100,000	10
20×3	1,200,000	110,000	10
20×4	1,331,000	121,000	10

　　另一種預測客房營收的方法把營收預測建立在以往的客房銷售和每日平均房價的基礎上。圖 12-13 代表的是 Bradley Hotel 的 120 間客房從 20×1 年至 20×4 年的客房營收統計。統計數字分析表明，從 20×1 年至 20×2 年住房率增長率為 3 ％，從 20×2 年至 20×3 年為 1 ％，從 20×3 年至 20×4 年為 1 ％。同期每日平均房價的增長分別為 2 美元、2 美元和 3 美元。如果假設將來的情況與以往相同，那麼 20×5 年的客房營收預測就可以以住房率增長 1 ％（達 76 ％），每日平均房價增加 3 美元（達 60 美元）為基礎。有了這些預測，就可以用下面的公式預測 Bradley Hotel 20×5 年的客房營收：

$$預測的客房營收 = 可銷售房 × 住房率 × 每日平均房價$$
$$= 43,800 × 7.6 × 60 \text{ 美元}$$
$$= \underline{1,997,280} \text{ 美元}$$

圖 12-13　Bradley Hotel 飯店客房營收統計資料

年度	銷售客房（間）	每日平均房價（美元）	淨客房營收（美元）	住房率百分比（％）
20×1	30,660	50	1,533,000	70
20×2	31,974	52	1,662,648	73
20×3	32,412	54	1,750,248	74
20×4	32,850	57	1,872,450	75

　　可銷售房的數量是用 Bradley Hotel 的 120 間客房乘以一年的 365 天。這一計算假定所有客房一年中的每一天都可以銷售，也許有些不大實際，但這是一個合理的預則起點。

　　這種簡化了的預測客房營收的方法是要說明趨勢資料在預測中的應

MANAGING FRONT
OFFICE OPERATIONS

用。更加仔細的方法應考慮到相應房型的不同房價的變化、客人的種類、星期幾的變化,以及業務季節的不同。這些都是一些會影響客房營收預測的因素。

二、預估支出

多數客務部營業費用是直接支出,它們的變化與客房營收成正比。可以用歷史資料來計算每一項支出可能代表的客房營收近似百分比,然後可以把這些百分比數位應用到預測的客房營收總額上,從而算出預算年度各類費用的估計美元金額。

常見的客房部費用有人工薪資和相關的支出;客房洗滌(棉織品和亞麻製品);客人備品(洗浴用品、廁紙、火柴);飯店促銷品(房內客人指南和飯店宣傳冊);旅行社回佣和預訂費用;以及其他支出。把這些費用全部加起來,總數除以住客房的數量,就得出了每間住客房的成本。常以美元和百分比來表示每間住客房的成本,圖 12-14 代表了 Bradley Hotel 自 20X1 年至 20X4 年的支出分類統計,用占每年客房營收的百分比來表示。以這個歷史資訊和管理層當前對 20X5 年預算年度的目標為基礎,就能用以下方法預測各類支出占客房營收的百分比:人工薪資和相關費用—17.6 %;洗滌亞麻製品、棉織品和客人補給品—3.2 %;回佣和預訂費用 —2.8 %;其他費用—4.7 %。

圖 12-14　Bradley Hotel 客房支出占客房營收的百分比(%)

年度	人員薪資和相關支出	洗滌、布巾和客人備品	回佣和預訂費用	其他費用
20×1	16.5%	2.6	2.3	4.2
20×2	16.9%	2.8	2.5	4.5
20×3	17.2%	3.0	2.6	4.5
20×4	17.4%	3.1	2.7	4.6

使用這些百分比資料和前面計算的預期客房營收,Bradley Hotel 房務部分預算年度的支出估算如下;

· 人工薪資和相關費用　1,997,280 美元×0.176=351,521.28 美元
· 洗滌布巾製品、棉織品和客人補給品　1,997,280 美元×0.032=63,912.96 美元

．回佣和預訂費用　　1,997,280 美元×0.028 ＝ 55,923.84 美元
．其他費用　1,997,280 美元×0.47 ＝ 93,872.16 美元

在這個例子裡，管理單位應探究爲什麼成本會按與營收相比的百分比連續上升。如果成本繼續上升（按一個百分比，而不是按金額），勢必會降低盈利能力。因此，預算過程的結果之一應該是找出成本百分比上升的地方。然後，管理單位就能分析爲什麼這些成本會不相應地增長，並制定控制成本的計畫。

由於客務部的多數費用隨客房營收（以及隨後的住房率）作相應的變化，估算這些費用的另一種方法是估算每間銷售客房的可變成本，然後乘以預期銷售的房間數。

三、修正預算計畫

部門預算一般都有準備過程中蒐集的詳細資料支援，這些資料要記錄在工作單和總結檔案中。應保管好這些檔案，以便爲製作部門預算計畫時所作決定背後的推理提供適當的解釋。這些記錄能幫助解決預算審查中產生的問題。這些檔案還能爲將來制定預算計畫提供寶貴的幫助。

如果製作預算沒有歷史資料可參考，可以用其他資訊管道幫助預算。例如，公司總部經常能爲其連鎖飯店提供可比照的預算資訊。另外，國內的財務諮詢公司也常爲部門預算工作提供輔助資料。

許多飯店在透過預算年度的過程中不斷推敲預期的經營成果，修改經營預算。當實際經營業績與經營預算開始產生重大差異時，建議重作預測。這種差異可能說明自預算制定以來情況已發生了變化，需要修改預算，使其與實際情況保持一致。

第五節　評估客務部的運作

評估客務部的經營業績是管理單位的一項重要工作。不對經營業績進行透徹的評估，經理們就不會知道客務部是否在向計畫的目標前進。成功的客務部經理們在每日、每月、每季度和年度基礎上評估部門工作的業績。以下幾個部分討論的內容是客務部經理們可以用來評估客務部營運業績的重要工具。這些工具包括：

- 營業日報表
- 住房比例
- 客房營收分析
- 飯店收入財務報表
- 客房部收入財務報表
- 客房部預算報告
- 經營比例
- 比例標準

一、營業日報表

營業日報表，又稱爲經理 24 小時內的財務活動摘要。營業日報表提供一種調節方法，使現金、銀行帳戶、營收和應收帳款相互協調。該報告還是各種財務日誌的錄帳參考，能提供必須輸入前後場電腦系統的重要資料。營業日報表的獨特結構特別能滿足獨立飯店的需要。

圖 12-15 爲一個有餐飲服務的飯店的營業日報表。在一天的營業收入中有完整的客房出租統計和住客率統計。加上財務部員工的意見和觀察之後，營業日報表上的統計數位會有更多的含義。例如，當指出住房率上升而代客泊車量卻下降了的時候，這時關於使用飯店代客泊車服務的客人數量統計就有了附加的意義，客務部經理就可能想到客務部員工沒有在推銷飯店的代客泊車服務方面作適當的努力。

營業日報表提供的資訊不僅僅局限於讓客務部經理或飯店總經理知道，報表的副本一般都分發給所有部門經理。

圖 12-15 營業日報表樣本

每日營收報告

第___周 星期___			製表人_____	___年__月__日

飯店　　　　　　　本月至　　　　　　　　　本月至

住客率小結	今日	今日累計		營收小結　今日	
單人房住房率				客房淨營收	
雙人房住房率				食品	
免費房				飲料	
住房率合計				宴會及其他	
故障房				長途	
空房				本市	
可銷售房合計	100%	100%		洗滌服務員	
店內用房	$	$		停車場	
飯店客房總數	$	$		禮品店	
店內均價（包括免費房和				健身房	
長住房）				專營店（商品）	
客人總數				高爾夫球場費	
另行安排				網球場費	
客房銷售率					
合計住客房					
預測					
預算					

客房營收分析　　今　日　　本月累計

種類	房間樓	%	平均房價	收入	房間數	%	平均房價	收入
門新								
公司								
保證類公司								
優先的								
周末價								
包價								
政府／軍隊								
其他								
非團體合計								
團體								
散客合計								
長住房								
免費房								
合計	100%				100%			
俱樂部樓層								
俱樂部房								
請批示								
變化								

免費房

客人姓名	房號	公司名稱	進店日期	退房日期	批准人

（續）圖 12-15　營業日報表樣本

餐飲分析　營業點		收入	人數	平均帳單	收入	人數	平均帳單
客房餐飲服務	食品						
	食品						
	食品						
	食品						
	食品						
	食品						
宴會	食品						
	食品						
	食品						
	食品						
	食品						
	食品						
	食品						
	食品						
	食品合計						
房內用膳	飲料						
	飲料						
	飲料						
	飲料						
	飲料						
	飲料						
	飲料						
宴會	飲料						
	飲料						
	飲料						
	飲料						
	飲料						
	飲料						
	飲料						
	飲料合計						
飲料合計							
會議室租金							
賓客服務費							
雜項							
餐飲部合計							

45

（續）圖 12-15　營業日報表樣本

團體分析					市場分布		本月累計		
團體	房間數	客人人數	平均房價	收入	團體	房間數		平均房價	收入
					國家級社團				
					地區和州社團公司				
					獎勵旅遊				
					SMERFE				
					旅遊和旅行社				
					團體合計				

		昨日 今日 實際本月累計
抵店客人		
保留到下午 6 點的		
保證類預爽約的		
另外安排的		
實際抵達總數		
退房客人		
預期退房客人		

故障房						昨日 今日 實際本月累計
房號		原因		待修天數	意外退房客人	
					續住客人	
					實際退房客人合計	
					今晚預計住客率＿＿＿＿＿＿＿＿％	

二、出租房比例

出租房比例衡量客務部在銷售飯店主打產品——客房這項工作中的成績。計算基本出租比例要蒐集以下客房統計資料：

- ·可銷售房數量
- ·已銷售房數量
- ·客人數量
- ·每間客房客人數量
- ·淨客房收入

一般情況下，經營日報表上載有這些資料資料。用這些資料資料可以計算出的出租比例有住房率百分比、日平均房價、每間可銷售房收入（Rev PAR）、每位住店客人產生的效益（Rev PAC）、多人（或雙人）住客比例，以及每位客人的平均價格。計算出的住房率百分比和每日平均房價也可能出現在飯店的經營日報表上。這些比例一般以日、周、月

和年度爲基礎進行計算。

　　一般由夜間稽核蒐集住客房資料，並計算出租比例，由客務部經理分析資訊，識別出趨勢、特點或問題。在分析資訊時，客務部經理必須考慮一種條件怎樣會對住房率產生不同的影響。例如，隨著多人居住情況的增加，平均每日房價就會上升，這是因爲當一個房間出售給一位以上客人時，房價經常比出售給一位客人的房價高。然而，由於兩人居住的房價一般不會是一人居住時的雙倍，每位客人的平均房價就降低了。

　　以下部分討論 Gregory Hotel 的每日出租比例是怎樣計算的，計算所需要的房務部分的資料如下：

　　・Gregory Hotel 有 120 間客房，門市牌價爲 98 美元（爲了簡單起見，我們假設在這個例子中此門市牌價既使用於單人房，也使用於雙人房）。

　　・在不同的價格已售出 83 間客房。

　　・客人居住了 85 間客房（售出客房不等於客人居住的客房數，因爲在這一天，有單身客人占用兩間房是免費房，因而不產生客房收入。請注意，飯店處理招待房的方法會各有不同）。

　　・有兩位客人占用了 10 間房，所以一共有 95 位客人住店；產生客房收入 6,960 美元。

　　・客房、食品、飲料、電話及其他一共產生收入 7,363.75 美元。

(一)住房率百分比（Occupancy Percentage）

　　客務部最常用的經營比例是住房率百分比。住房率指的是一段時間內無論是售出或占用的房間數與可銷售房間數之比。必須指出的是，有的飯店銷售出的房間數計算這個百分比，而另一些飯店用占用的房間數計算此數。計算中包括招待房會改變一些營業統計數，例如平均房價。使用售出房、住房或兩者皆可，要取決於飯店的需要和傳統。出於討論的目的，我們將用住房房數來說明住房率百分比的計算。

　　有的時候，故障房會算在可銷售房裡。在以住房率爲評價管理工作的組成部分的飯店，把故障房算在可銷售房的數字裡會鼓勵經理盡快修好和再銷售這些房間。包含飯店全部客房也能爲測量住房率提供統一穩定的基數。相反，不包括故障房時，經理們不適當地把未售出房歸入故障房，就能輕易地人爲地增加算出的住房率。有的飯店計算時不包括故障房，是因爲那些房間實際上無法銷售。同樣地，住房率也用於評估客

務部員工的工作，而員工無法控制故障房，包括這些房間會對員工不公。無論使用哪一種選擇，都應該始終如一。

Gregory Hotel 的住房率計算如下：

$$住房率 = \frac{占用的客房數}{可銷售房間數} = \frac{85}{120} = 0.708 \text{ 或 } \underline{70.8\%}$$

(二)多人住房比例（Multiple Occupancy Ration）

多人住房比例（經常被稱作雙人居住比例，儘管這種說法並非總是正確）用於預測餐飲收入，說明布巾清洗要求，並用於分析每日平均房價。透過確定售出房或占用房每間平均人數，或確定多人住房百分比就可以計算多人居住比例（也叫做住客乘數或擴大住客因素）。

Gregory Hotel 多人住房百分比計算如下：

$$多人住房百分比 = \frac{二人以上居住的客房數}{占用客房數} = \frac{10}{85} = 0.118 \text{ 或 } \underline{11.8\ \%}$$

Gregory Hotel 售出房平均每間住客人數計算如下：

$$每間售出房平均客人數 = \frac{客人人數}{售出房間數} = \frac{95}{83} = \underline{1.14}$$

(三)每日平均房價（Average Daily Rate）

即使在同一家飯店裡，單人房和套房、散客與團體和會議、周日與周末，以及旺季與淡季之間房價的變化也會很大。大多數客務部經理還要計算一個日平均房價（ADR）。

Gregory Hotel 的日平均房價計算如下：

$$日平均房價 = \frac{客房收入}{售出客房數} = \frac{6960 \text{ 美元}}{83} = \underline{83.86 \text{ 美元}}$$

有的飯店把招待房的間數含在分母裡，以顯示招待房對日平均房價的真實影響。有時把它稱作平均店內價。

(四)每間可銷售房收入（Rev PAR）

近年來，每間可銷售房收入已逐漸成為最重要的統計數字之一。用飯店客收入總額除以可銷售房數，就得出每間可銷售房收入。事實上，它衡量的是飯店的創收能力。食品、飲料、宴會，以及娛樂設施好

的飯店中，其每間可銷售房收入會大大高於日平均房價。營收管道少的飯店中，其每間可銷售房收入會更接近日平均房價。

Gregory Hotel 每間可銷售房收入計算如下：

$$每間可銷售房收入 = \frac{實際客房收入}{可銷售房間數} = \frac{6960\ 美元}{120} = \underline{58\ 美元}$$

(五) 每位客人平均的營收（Rev PAC）

每位客人平均的營收也成了重要的行業統計數。Rev PAC 是用飯店的營收總額除以住店客人的總數。它能衡量每位客人帶來的平均營收。對於多人住房率高的飯店來說，這個數位更為重要，顯示了每位元客人的平均消費。在這些飯店中，多人居住率越高，營收就越多。

Gregory Hotel 的每位住店客人產生的效益計算如下：

$$Rev\ PAC = \frac{實際客房收入}{客人人數} = \frac{7363.75\ 美元}{95} = \underline{77.51\ 美元}$$

(六) 每位客人的平均房價（Average Rate Per Guest）

渡假村飯店尤其對瞭解每位客人的平均房價（ARG）感興趣。這一價格是以在店的每位客人為基數，其中也包括兒童。

Gregory Hotel 的每位客人的平均房價計算如下：

$$每位客人的平均房價格 = \frac{客房收入}{客人人數} = \frac{6960\ 美元}{95} = \underline{73.26\ 美元}$$

三、客房營收分析

除非客人有資格享受其他房價，客務部員工一般應以門市牌價銷售客房。「房價變化報告」列出了那些不是以門市牌價銷售出去的房間。有了這份報告，客務部管理層就能審查各種特別房價的使用情況，確定員工是否遵守相應的客務部政策和程式。電腦化的客務部系統可以編制程式，自動準備好一份房價變化報告。

看「營收統計」，是客務部經理們評價客務部員工客房銷售效果的一種方法，營收統計是實際客房收入占可能的客房收入的百分比。

營收統計

可能的客房收入是指在某日、某周、某月或某年飯店的所有客房都能以門市牌價售出所能產生的客房收入額。實際的與可能的客房收入之比叫做營收統計。Gregory Hotel 可能的收入是 11760 美元（120 間客房全部以 98 美元門市牌價售出）。假定實際客房收入是 6960 美元，Gregory Hotel 的營收統計就可以計算如下：

$$營收統計 = \frac{實際客房收入}{可能的客房收入} = \frac{6960\ 美元}{11760\ 美元} = 0.5918\ 或\ \underline{59.18\ \%}$$

這一結果說明在討論的這一天，實際客房收入是 120 間客房全部以 98 美元門市牌價售出能創造收入額的 59.18 ％。

四、飯店收入財務報表

飯店的收入財務報表提供在定期內有關飯店經營成果的重要財務資訊。這個定期可以是一個月，也可以更長，但不可超過一個業務年度。因為收入財務報表顯示的是給定時期的淨收入額，它也是管理層評價總體經營業績所使用的最重要的財務報表之一。雖然客務部經理們也許不會直接依賴飯店的收入財務報表，但它是經營業績和獲利力的重要財務指標。飯店收入財務報表部分依賴於客務部透過房務部門收入財務報表提供的資訊。房務部門收入財務報表將在下一部分討論。

飯店的收入財務報表經常被稱為聯合收入財務報表（consolidated income statement），因為它呈現了飯店所有的財務活動的綜合性圖畫。在經營部門欄目下，房務部門的資訊出現在第一行。房務部門的創收額是用收入財務報表涵蓋的期間內房務部門的淨收入減去人員薪資和相關費用，並減去其他開支。房務部門的薪資支出包括與客務部經理、櫃檯接人員、預訂員、客房服務員，以及大廳的服務人員相關的薪資。由於房務部門不同於一個銷售部門，所以不從淨收入中扣減銷售成本。

房務部門創造的收入通常是飯店各創利部門中最大的單項金額。以圖 12-16 中的資料為基礎，Eatonwood Hotel 房務部門一年賺得的收入是 4528486 美元，或者說是經營部門總收入 5544699 美元的 81.7 ％。

五、客房部收入財務報表

飯店的收入財務報表顯示的只是概括的情況，由各收入中心製作的分部門收入財務報表提供更詳細的資料。部門的收入財務報表又稱為明

細表，是飯店的收入財務報表中的資料來源。

　　圖 12-16 參考客房部一覽表註明為 1 的部分。房務部門收入財務報表為圖 12-17 中。圖 12-16 中顯示的房務部門的淨收入、人員薪資和相關費用、其他開支，以及部門收入的資料都與圖 12-17 中經營部門欄目下房務部門的數額相同。

12-16　收入匯總報表樣本

Eatonwood Hotel 至 20××年 12 月 31 日止的年度收入明細

	排序	營收	銷售成本	人員薪資	其他支出	收入（污損）
經營部門						
客房	1	6,070,356		1,068,383	437,487	4,528,486
食品	2	2,017,928	733,057	617,705	168,794	498,372
飲料	3	778,971	162,256	205,897	78,783	332,033
電信	4	213,744	167,298	31,421	1,709	-2,284
租金和其他	5	188,092				188,092
經營部門合計		9,269,091	1,062,613	1,923,406	738,373	5,544,699
未分攤的經營費用						
行政管理費	6			227,635	331,546	559,181
市場營銷	7			116,001	422,295	538,296
飯店營運和保養	8			204,569	163,880	368,449
用品成本	9				546,331	546,331
未分攤經營費用合計				548,205	1,464,052	2,012,257
合計		9,269,091	1,062,613	2,471,611	2,202,425	
未分攤營業費用前的收入						3,532,442
租金、飯店稅金和保險金						641,029
利息、折舊、攤提和所得稅之前的收入						2,891,413
利息支出						461,347
折舊、攤提和所得稅之前的收入						2,430,066
折舊和攤提						552,401
飯店銷售收入						1,574
所得稅之前的收入						1,879,239
所得稅						469,810
淨收入						1,409,429

圖 12-17　客房部門收入財務報表樣本

Eatonwood Hotel 至 20××年12月31日止財務報表樣本	本期（美元）
收入	6,124,911
扣除	54,663
淨收入	6,070,356
支出	
薪金和薪資	855,919
員工福利	212,464
薪資總額和相關費用合計	1,068,383
其他費用	
有線電視／衛星電視	20,100
回佣	66,775
免費顧客服務	2,420
服務合約	30,874
客人重新安置	1,241
客人交通	48,565
洗滌和乾洗	49,495
布巾	1,240
營運備品	122,600
預訂	40,908
電訊	12,442
培訓	7,122
製服	60,705
其他	5,100
其他費用合計	473,487
合計支出	1,541,870
部門收入（污損）	4,528,486

客房部門明細表一般由飯店財務部製作，而不是由客務部財務人員製作。資料來自以下幾個來源：

客房部門費用輸入	來源檔案
薪資和薪水	記時卡，薪資記錄
員工福利	薪資記錄
佣金	旅行社帳單
合約清掃	供應商發票
客人交通費	發票
洗滌和乾洗	客房部和店外洗衣店／洗燙人員收取的員工制服洗滌費
布巾	供應商發票
經營補給品	供應商發票
預訂費用（如果有的）	預訂系統發票
其他經營費用	供應商發票

（例如設備出租業的發票等等）

如果認真審閱房務部門的收入財務報表時，客務部經理能制定行動計畫來改善部門的財務狀況，並提高服務水平。例如，收入財務報表可能會指出由於加收了長途電話附加費，電話收入降低了。這項分析說明因為每個電話的費用在加收附加費以後增加了，但整體電話收入還是下降了。在許多飯店裡都有一項直撥長途電話附加費，但使用電話卡就不收附加費，也不設最低收費。客房部有另外一個例子，如果飯店把每位客房服務員每天清掃任務從14間增加到15間，似乎可以減少服務員，節約薪資、福利和可能需要的清潔用品，但是客務部經理們必須注意到採取措施降低成本，也可能降低了顧客服務的品質。

六、客房部門預算報告書

一般來說，飯店的財務部門還要做月預算報告書，用實際收入和支出的資料與原先預算的數額做比較。這些報告能為評估客務部的運作提供及時的資訊。判斷客務部的工作，常常用房務部門月收入和支出資料與預算金額相比較來判斷營運的結果。

一份典型的預算報告書，應包含所有預算項目的月差額和年度至今為止的累計差額。客務部經理們更容易注意月度差額，因為年度至今為

止的累計差額只是代表月度差額的累積。圖 12-18 顯示的是 1 月份 Gregory Hotel 客房部門的預算報告書。這份預算報告書裡還沒有年度至今為止的累計數，因為 1 月是該飯店業務年度的第一個月。

圖 12-18　客房部門月預算報告書樣本

20××年 1 月 Gregory Hotel 客房部門預算報告書

	實際數 （美元）	預算 （美元）	差 （美元）	額 %
收入				
客房銷售	156240	145080	11160	7.69%
扣除	437	300	（137）	（45.67）
淨收入	155803	144780	11023	7.61
支出				
薪水和薪資	20826	18821	（2005）	（10.65）
員工福利	4015	5791	1776	30.67
薪資總額和相關				
費用合計	24841	24612	（229）	（0.93）
其他支出				
佣金	437	752	315	41.89
承包清掃合約	921	873	（48）	（5.50）
客人交通	1750	1200	（550）	（45.83）
洗衣和乾洗	1218	975	（243）	（24.92）
布巾	1906	1875	（31）	（1.65）
營運備品費	1937	1348	（589）	（43.69）
預訂費	1734	2012	278	13.82
製服	374	292	（82）	（28.08）
其他經營費	515	672	157	23.36
其他支出合計	10792	9999	（793）	（7.93）
支出合計	35633	34611	（1022）	（2.95）
部門收入	120170	11016	10001	9.08%

圖 12-18 呈現金額差額，又呈現營業額百分比差額，這一點很重要。金額差額說明實際業績與預算額之間的差別，金額差額的有利或不利，常見的觀點如下：

	良性差額	非良性差額
收入	實際超過預算	預算超過實際
支出	預算超過實際	實際超過預算

例如，1 月份房務部門人員薪水和薪資額是 2,0826 美元，而預算額是 18,821 美元，就產生了一個 2,005 美元的良性差額。用括弧括起這個金額差額，是要說明它是非良性的。然而，如果收入差額為良性，支出中的非良性差額（例如人員薪資額）就不一定是負面的了。可比差額也許只能說明接待客人比制定預算時客人更多的情況下，與其相關聯的支出也就更大。識別差額到底是良性的還是非良性的，有一種方法可行，就是把一般時期的實際住客房分出實際成本和預算成本，差額就是正面的，即使出現較大開支也無妨。

用金額差額除以預算的金額，就得出百分比差額。例如，圖 12-18 中的 7.61 ％淨收入差額就是用 11,023 美元的美元差額除以 14,4780 美元的預算淨收入而得出的結果。

預算報告書上既有金額差額，也有百分比差額；這是因為單獨美元差額或單獨百分比差額不足以說明報告中差額的意義。例如，金額差額不能說明在預算基礎上所發生變化的重要性。一家大型飯店客務部月度預算報告書上可能出現 1,000 美元的實際淨收入與預算之間的差額。這似乎是一個重大差額，但是，如果 1,000 美元差額是以 500,000 美元預算額為基礎的，那麼它代表的百分比差額只是 0.2 ％而已。多數客務部經理不會認為這個差額有多重要。然而，如果該時期的預算額是 10,000 美元，1,000 美元的差額就代表了 10 ％的百分比差額，這可就成了多數客務部經理認為重大的百分比差額了。

單獨的百分比差額也會有欺騙性。例如，假設一個支出項目的預算額是 10 美元，而實際支出是 12 美元，2 美元的美元差額代表了 20 ％的百分比差額。這個百分比差額顯得非同尋常，但客務部經理調查這 2 美元差額的種種努力卻會一無所獲。

事實上，客務部實際營運結果與預算金額在預算報告書上互不相同，這一點也不奇怪。無論預算過程中有多麼細緻，都不可能是完美無缺的。客務部經理不必去分析每一項差額，只有意義重大的差額才需要管理層去分析，去採取適當措施。飯店總經理和財務主任可以提供標準，客務部經理用這些標準來確定哪些是意義重大的差額。

七、經營比例

經營比例能幫助經理們評估客務部的營運成績。圖 12-19 說明有 20 種以上的比例可以用於對客務部營運業績的評佑。

圖 12-19　客房部門有用的經營比例

		淨收入	薪資總額和相關費用	其他費用	部門收入
占飯店總收入	%	×			
占部門收入	%		×	×	×
占部門總支出	%		×	×	
占飯店薪資總額和相關費用	%		×		
與前期相比變化了	%	×	×	×	×
與預算相比變化了	%	×	×	×	×
每日可銷售房	%	×		×	×
每間住客房	%	×	×	×	×

薪資總額和相關費用是房務部門最大的單項支出項目，也是全飯店最大的單項支出。為了便於掌控，勞動力成本是按部門進行分析的。用房務部門的薪資總額和相關費用除以部門的淨客房收入，就產生了客務部經營中最需要經常分析的領域—勞動力成本。

經營比例應當與適當的標準進行對比—例如預算的百分比。由於薪資總額及相關費用是最大的單項支出，實際和預算的勞動力成本百分比之間出現任何重大差別都要進行認真的調查。

分析薪資總額及相關費用的一種方法用得上與圖 12-20 所示表格相似的表。本期和前期的實際資料，以及預算的數額都分項列出，以便對比分析。應突出一切重大差異，並且在備註欄中做出解釋。通過對薪資

總額和相關費用的分析,客務部經理向飯店高層管理證明了他或她關注了房務部門中最重要的可控制費用。根據售出房數量的波動,認真關注員工配置,可以保證薪資總額及相關費用與總收入的百分比按月保持相對穩定。

圖 12-20　薪資總額分析表樣本

客務部薪資總額分析

飯店:＿＿＿＿＿＿＿＿＿＿　　　　期限:＿＿＿＿＿

工作類別	去年金額	今年金額	預算金額
客務部	＿＿＿＿	＿＿＿＿	＿＿＿＿
電話總機	＿＿＿＿	＿＿＿＿	＿＿＿＿
客房部經理	＿＿＿＿	＿＿＿＿	＿＿＿＿
客房部經理助理、客房部員	＿＿＿＿	＿＿＿＿	＿＿＿＿
「男管家」和行李員	＿＿＿＿	＿＿＿＿	＿＿＿＿
布草房員工	＿＿＿＿	＿＿＿＿	＿＿＿＿
洗衣房員工	＿＿＿＿	＿＿＿＿	＿＿＿＿
預訂處員工	＿＿＿＿	＿＿＿＿	＿＿＿＿
維修工、花工和維修工助理	＿＿＿＿	＿＿＿＿	＿＿＿＿
保安、警衛和大廳服務處	＿＿＿＿	＿＿＿＿	＿＿＿＿

	(去年)	(今年)
薪資總額和相關費用	＿＿＿＿	＿＿＿＿
淨收入	＿＿＿＿	＿＿＿＿
勞動力成本百分數	＿＿＿＿	＿＿＿＿

統計數

售出房	＿＿＿＿	＿＿＿＿
清掃的客房	＿＿＿＿	＿＿＿＿
客房服務員付薪小時	＿＿＿＿	＿＿＿＿
每位客房服務員負責房間數	＿＿＿＿	＿＿＿＿
每間房成本(客房服務員)	＿＿＿＿	＿＿＿＿

備註:

＿＿＿＿＿＿＿＿＿＿＿＿＿＿＿

＿＿＿＿＿＿＿＿＿＿＿＿＿＿＿

八、比例標準

只有與以下有用的標準相比較時，經營比例才有意義：
- ·計畫的比例目標
- ·相應的歷史比例
- ·行業平均值

與計畫的比例目標相比較是最好的。例如，設定一個稍低於上月的本月勞動力成本百分比目標，客務部經理就能更有效地控制勞動力和相關費用。對較低勞動力成本百分比的期望，可以反映出客務部經理在改善排班過程和其他與勞動力成本相關因素等方面所作的努力。透過實際勞動力成本百分比與計畫的目標之間的比照，客務部經理可以衡量出他的控制勞動力成本各項努力的成效。

行業平均值也是對經營比例進行對照的一個有用的標準。在國內財務公司和飯店業行業協會的出版物上，我們可以找到這些行業平均值。

有經驗的客務部經理知道，經營比例只是一種指示，它們不能解決問題，也不能揭示問題的根源。充其量也只是在比例與計畫的目標、前期的結果或行業平均值發生重大差別時說明可能存在問題，通常還要有相當多的分析與調查，才能決定適當的更正措施。

小結

客務部經理能獲得的資源有人力、金錢、時間、工作方法、物資、精力和設備，其職能是計劃並評估對這些有限資源的使用。管理的過程可以分解為明確管理功能：計畫、組織、協調、員工配置、領導和控制。雖然各個飯店的客務部管理任務會有所不同，但基本管理工作的範疇是相同的。

計畫也許是最重要的管理工作。沒有競爭性強的規劃，生產率會變得極為低下。沒有規劃指出的方向和重點，客務部經理會過度沈浸在與完成飯店目標不相干的甚至不一致的任務之中。以計劃的目標為指南，客務部經理在給客務部員工公正地分配工作時，執行的是組織工作。組織工作包括確定各項任務的執行順序、確定任務應在什麼時間完成。

管理中的協調工作包括運用資源去爭取計畫的目標。許多人會在同一時間做不相同的工作，客務部經理能夠協調這些人的努力。員工配置

工作包括招募和挑選應徵者，並為員工排班。計算在一定條件下能滿足客人需要和經營需要的員工人數所用的公式，常常是員工配置工作的準繩。

領導是一項複雜的管理技能，要經受各種情況的鍛煉，與其他管理技能息息相關。對於客務部經理來說，領導工作包括監督、激勵、培訓及用紀律約束員工，還包括做出決定。每一家飯店都有一個保護業務資產的內部控制體系，控制的過程保證實際經營結果與計畫的結果緊密相配。管理中的評估工作確定達到計畫目標的程度，評估還包括審查和修改客務部的目標。

客務部的三項重要計畫工作是建立房價計畫、預測可銷售房，以及作經營預算。飯店一般都會有幾種不同的房價，門市牌價是列在房價表上的價格，它告訴櫃檯接人員飯店各種客房的標準銷售價格。除非客人有資格享受其他房價，客務部員工應以門市牌價銷售客房。建立各種房型的門市牌價，決定折扣類別和特殊價格，是重大管理決策。為了建立能保障飯店盈利能力的房價，管理層應認真考慮諸如成本、通貨膨脹和競爭等因素。

透過市場條件法制定房價是最簡單、最常用的辦法。在市場條件法裡，飯店房價要在設定的同類市場飯店中有競爭力。設定房價的經驗法則按每1000美元建築和裝修費為每個房間設定1美元房價，假定住房率為 70 ％。決定每個房間平均價格的哈伯特公式則考慮成本、想要的利潤及預期售出的房間數。客務部經理必須瞭解房價和住房率對客房收入的作用，以保證飯店能達到其營收目標。

最重要的短期計畫統計是預測將來任何一天的可銷售房數量。可銷售房預測能用來幫助管理預訂、指導客房銷售工作，還能計畫員工配置需求。預測可銷售房的過程一般都依賴於歷史的住房率資料。在有效的預測中，像不抵店百分比、散客、延期房和提前退房房等的統計資料都可能是關鍵的因素。

客務部經理執行的最重要的長期計畫工作是預算。年度經營預算是一項盈利計畫，涉及收入管道和支出專案，它被分成為月度計畫，接著又分為周，（有時甚至是日）計畫。預算計畫隨後會變成標準，對照這些標準，管理層能評價經營的成果。在制定預算計畫工作中，客務部經理的首要責任是預測客房收入並估計相關的支出。這一過程需要客務部經理與財務部同心協力，共同努力。

評估客務部的經營成果是一項重要的管理工作。在評估客務部經營的工作中使用的重要管理工具有日營業報告、住房比例、客房收入分析、飯店收入財務報表、房務部門收入財務報表、房務部門預算報告書，以及營業比例和比例標準。

關 鍵 詞

每日平均房價（average daily rate）：用客房淨收入除以售出房數量產生的一種出租比例。

每人平均房價（average rate per guest）：用客房淨收入除以客人人數產生的一個出租比例。

競爭組合（competitive set）：市場中由一家飯店面臨的一組最主要的競爭對手飯店。

營業日報表（daily operations report）：一份報告，一般由夜間稽核製作，它總結 24 小時內飯店的財務活動，洞察與客務部相關的收入、應收款、營業統計，以及現金交易。它又被稱爲經理的報告。

預測（forecasting）：預告活動和業務趨勢的過程；房務部門製作的預測通常有可銷售房預測和住房率預測。

館內計數（house count）：某一時期預測的或預期的住客人數，有時分解成團體業務和非團體業務。

哈伯特公式（Hubbart Formula）：一種上下顛倒的房間門市牌價方法；在確定每間房平均價格時，這種方法考慮成本、想獲得的利潤及預期的售出房。

財務所得報表（income statement）：一種財務報表，提供一定時期飯店經營成果的相關重要資訊。

市場條件法（market condition approach）：一種門市牌價方法，以同一地理市場中可比照飯店的同類產品售價爲基準確門市牌價格。

多人住房百分比（multiple occupancy percentage）：一人以上共住的客房數除以住客房數目。

MANAGING FRONT OFFICE OPERATIONS

多人住房比例（multiple occupancy ratio）：一種用於預測餐飲收入、說明布巾洗滌需求和分析日營業收入的比率；這些資料得自於多人居住百分比，或者由確定每間售出房平均住客人數產生；也被稱爲雙人居住比例。

住房百分比（occupancy percentage）：一種住客比例，說明某一時期售出房與可銷售房的比例。

住房比例（occupancy ratios）：一種衡量飯店客房銷售業績的尺度；標準的住房比例包括日子均房價，每間可銷售房收入，每位客人平均價格，多人居住統計數和出租房百分比。

營運比例（operating ratios）：一組能幫助分析飯店經營情況的比例。

延期房（overstay）：客人居住到他聲明的退房日期之後。

門市牌價（rack rate）：飯店爲某一種類客房制定的標準房價。

每位客人平均營收（revenue per available customer）（Rev PAC）：一種注重每位實際客人所帶來的營收的收入管理尺度。

每間客房平均營收（revenue per available room）（Rev PAR）：一種注重每間可銷售房營收的收入管理尺度。

房價變化報告（room rate variance report）：列出未以門市牌價售出的房間的報告。

經驗法則（rule-of-thumb approach）：一種爲房間門市牌價的成本法。假定住房率爲 70 ％使用這種方法，每間房的每 1000 美元建築和裝修成本確定 1 美元房價。

續住房（stayover）：一種房間狀態術語，說明客人今天不退房，至少還要住一晚；自進店之時起到聲明退房日期連續居住在一個房間的客人。

提前退房（understay）：在他聲明的退房日期之前辦理退房手續的客人。

營收統計（yield statistic）：實際客房收入與可能的客房收入之間的比例。

網　址

訪問下列網站，可以得到更多資訊。主要網址可能不經通知而更改。

Hotel RevMAX
http://www.hotelrevmax.com

Smith Travel Research
http://www.wwstar.com

TravelCLICK
http://www.travelclick.net/

TIMS Reports
http://www.TIMSreports.com

 個案研讀

選自克列弗頓·馬諾飯店過去 5 年的營運統計資料有：

	19ˣ1	19ˣ2	19ˣ3	19ˣ4	
住房率	70 %	69 %	68 %	70 %	72 %
房務部門開支百分比	22 %	23 %	24 %	21 %	20 %
未分攤營業支出百分比	28 %	29 %	29 %	28 %	27 %

　　在此期間，每年還款利息額為 486,981 美元。各年的固定費用保持沒變，都是每年度 318,750 美元。所得稅是歸還抵押貸款後利潤的 30％。
　　作為賽義羅斯投資公司的經理，請您評估一下過去 5 年中飯店的財務狀況。現在的問題是用經驗法則制定飯店的房價是否成功。

案例編號：33210C, A

下列行業專家幫助蒐集資訊，編寫了這一案例：Richard M. Brooks, CHA, Vice President of Service Delivery Systems, MeriStar Hotels and Resorts, Inc. and Kenneth Hiller, CHA, Vice President, Snavely Development, Inc.
本案例也收錄在 *Case Studies in Lodging Management* (Lansing, Mich: Educational Institute of the American Hotel & Lodging Association, 1998), ISBN 0-86612-184-6。

13

CHAPTER

營收管理

1. 瞭解在能力管理、折扣配給及住宿期限控制等方面，經理們是如何運用預測資訊來擴大營收。

2. 計算一家飯店的潛在平均房價，並瞭解經理們如何把這一觀念用在營收管理的方面。

3. 計算一家飯店的房價、實際房價銷售係數、產出率統計和每間可銷售房營收，瞭解經理們是如何把這些觀念作為營收管理的工具。

4. 掌握經理們是如何運用以下營收管理工具：相等的產出、相同的住房率，以及每人非房價的必要營收。

5. 瞭解以下各項對營收管理決策有什麼樣的影響：團體房銷售、散客房間銷售、餐飲活動、會議和特別活動。

6. 理解營收管理，並分辨經理們在高需求期和低需求期運用的不同的可銷售房策略。

本章大綱 ....

　　在傳統上，一家飯店的每日績效不是按住房率百分比，就是用每日平均房價（ADR）來評估。很遺憾，這種一單面的分析既不能抓住這兩個因素之間的關係，也不能呈現它們產生的客房效益。例如，一家飯店可能會降低它的房價，或者說每日平均房價，來努力增加住房率。這一策略有助於提高住房率百分比，卻沒有考慮由於低房價而引起的效益損失。此外，還沒有考慮每間住客房的成本，這項成本會降低整體盈利能力。除非住房率的增加能抵過房價的下降和相對穩定的每間住房成本，否則實際上利潤就會下降。同樣，提高房價，會有隨之而來的住房率百分比下降。這就意味著有些本來可以用較低房價售出的房間現在空著，也會損失掉一些營收。有的飯店就願意用低房價去吸引業務，從而提高住房率百分比；而另外一些又喜愛設定平均房價目標，不惜以犧牲住房率為代價去爭取達到目標價。

　　營收管理呈現了一個更為精確的績效測量，因為它結合住房率百分比和日平均房價成為一個統計數：產出率統計。簡單的說，營收管理就是用來使營收最大化的一項技術。營收管理，有時又稱作營收管理（yield management），盡量考慮影響生意趨勢的各種因素。它還是一種評估工具，能讓客房部經理用潛在營收作為標準，可以與實際營收進行對比。

　　營收管理的方法多種多樣。一種方法常常是為滿足某一家飯店的需要度身定制的，本章呈現營收管理分析中使用的許多通用原理和基本假設。儘管營收管理分析可以人工方式進行，但這樣做很麻煩，耗時費力。使用電腦和合適的應用軟體，營收管理的計算工作可以快速而準確地自動進行。

第一節　營收管理概念

　　營收管理這一概念最早產生於航空業，大多數旅客都知道同一航班上的客人所付的費用常常不一樣。超級節約者折扣、提前 14 天購票計畫、周六機上過夜套裝行程等等都成了航空公司定價的標準。對於營收管理應用於其他服務行業的可能性，瞭解的人並不多。已經證實營收管理在住房、汽車出租、遊船、鐵路運輸和旅遊業方面基本上都很成功，總之，在把預訂視為寶貴商品的情況下都可應用。成功實施營收管理的關鍵在於監測需求和制定可靠預測的能力。

今天，營收管理在飯店的財務成就中扮演著重要角色。像航空業一樣，住宿業的經理們越來越清楚利潤最大化比設定價格然後靜觀後效要重要得多。當今世界上的成功就是要讓每一次銷售都做到盡善盡美。

儘管營收管理有許多優點，不少飯店還是沒有使用這個有價值的工具。為什麼呢？可能是因為營收管理不僅限於一般計算和公式，它還包含分析、評估和策略。它要求團體的共同努力，它是一種只有通過經驗才能發展和完善的藝術。

營收管理以供求關係為基礎。需求超出供應時，價格就會上漲；相反，當供大於求時價格就會下跌。考慮現有需求，透過價格調整，有可能對需求產生影響，這是盈利的關鍵。為了增加收入，飯店業正試圖開發新的預測技術，讓飯店能用最理想的價格對供求關係的變化做出反映。飯店業的側重點正在從大量預訂向高利潤預訂取代。通過在低需求期增加預訂，在高需求期以較高的房價售出客房，飯店業提高了自身的盈利能力。總而言之，求大於供的時候房價應該高（為了房價最大化），供大於求的時候房價應該低（為了提高住房率）。

營收管理是關於進行預測和做出決定的——預測可望有多少業務，是哪種業務，隨後經理做出決定從哪些業務中爭取最大營收。

飯店行業中的應用

所有的飯店公司都有一個共同的問題：他們製作了一份固定的清單，列出了到一定時間不售出即無法庫存的寶貴產品。飯店售出的真正商品是特定時間內的空間。如果一個房間某一晚沒有售出，那就無法彌補丟失的時間，因而營收也就損失了。因此，這些產品通常依據交易時機和交貨日期以變化著的價格出售。

要進行預測——稱為預報（forecast）——經理們需要資訊。他們必須瞭解飯店，瞭解飯店在其中經營的競爭市場。他們還需要考慮會影響業務的將來事件——或者說變化。

預報能幫助決定房價是應該提高還是應該降低，幫助決定是接受還是拒絕某項預訂，以便讓營收最大化。客房部經理們已經成功地把這種需求預測策略應用於客房預訂系統、管理資訊系統、客房和包辦定價、客房和營收管理、季節價的確定、演出節目與晚餐特選，以及特價、團體價、旅遊團經營者和旅行社價。客房部經理們認識了這樣做法的優

點，包括：
- ．改善了預測
- ．對季節價格和存量客房之間關係的決定做出了修正
- ．認識了新的市場區隔
- ．認識了市場區隔的需求；
- ．強化了客房部和業務部門間的協調
- ．做出了打折扣銷售的決定
- ．改進了業務發展規劃
- ．建立了以價值爲基礎的價格
- ．增加了業務和利潤
- ．節約了人力成本
- ．減少了由於計畫不周而產生的費用
- ．啓動了連續的客戶聯繫記錄（即有計劃地對客人的問詢或預訂要求做出回應）。

　　營收管理目標的常用陳述是在正確的時間，以正確的價格，把正確的房間，銷售給正確的客人。選擇營收管理戰略和策略實際上就是挑選你所要的預訂。你的目標是識別高產出的客人，那位付的最多住的最久的人，就能獲得最高的可能利潤。透過用控制房價和選擇住客的方法，你即可做到這一點。

　　對待不同的需求要有不同的策略。面臨的挑戰在於每一天都可能出現不同於其他日子的狀況，實施的策略要最適合你的飯店、你的客人、你的市場，以及你的需求狀況。通過容量管理、折扣管理和住宿期限控制可以做到這一點。

(一)容量管理 （Capacity Managemet）

　　容量管理包含各種控制和限制客房供給的方法。例如，飯店一般會接受超過實際可銷售房的預訂數，試圖抵消提前退房、取消和不抵店可能產生的影響。容量管理（又稱作選擇性超額預訂 "selective overbooking"）平衡著客房超賣的風險與可能出現的客房浪費（某一天飯店停止接受預訂結果出現空房）而引起的營收損失。

　　其他形式的容量管理包括根據預測的取消、不抵店和提前離店來決定接受多少當日抵達的散客。接待量管理策略常常根據房型不同而變化。即超預訂更多的低價房會有經濟上的優越性，因爲升級到價格較高

的房間是解決超賣問題的可以接受的辦法。當然，這種超預訂的數量要取決於較高價格房間的需求水平。在先進的電腦營收管理系統裡，接待量管理還會受到鄰近飯店或其他競爭飯店可銷售房數量的影響。

應該清楚地認識超額預訂的風險。一般來說，每日留有一些空房要好於讓客人到其他飯店去。讓客人另擇飯店會引起不滿。如果因超額預訂而出現頻繁重新安排住客，顧客就會改換飯店或改換品牌。另外，飯店管理單位還必須瞭解地方法律是怎樣解釋超預訂的。

(二)折扣配置（Discount Allocation）

折扣包含以較低的價格或折扣價在限定的時間內銷售限定的產品組合（房間）。訂房客人根據各種不同的價格，選擇不同的房型，每種價格都低於門市價。其理論依據是創價銷售寶貴產品（客房）常常比銷售不出去好。折扣配置的主要目標是在防止銷售不掉客房的同時，保留足夠的較高房價客房，以滿足預測的對較高價房的需求。這一過程會按需求從門市價開始在各個價格水平上重複。實施這一方案需要有可靠的需求預測技巧。

用房型限制打折的第二個目標是鼓勵升級銷售。在升級銷售的情況下，預訂接待員或櫃檯接待員試圖把客人安排在價格較高的房間裡。這項技術要求對價格彈性和／或升級可能性有可靠的估計。（彈性指的是價格與需求之間的關係。如果價格小漲引起需求大幅下降，則說明市場是價格彈性的；如果價格小漲對需求不產生影響或影響很小，則說明市場是無價格彈性的）。

(三)住宿期控制（Duration Control）

住宿期控制由接受預訂時實施，為的是留出足夠的時段用於接待要求多日居住的顧客（代表較高的營收水平）。這意味著在營收管理的觀念指導下，即使那一晚有房間，一個只住一晚的預訂也有可能被拒絕。

例如，星期三的房間已接近售完，而星期二、星期四的夜晚尚有空房，飯店會為了讓星期三最後幾間空房的營收潛力最佳化而要多日居住客，即使給折扣價也在所不惜，而不願接受只住星期三一晚的訂房。同樣，如果飯店預測星期二、星期三和星期四接近客滿，那麼在這些天中的任何一天接受一個一晚住房就會有損飯店的整體客房營收，因為它會妨礙其他幾天的住房率。面臨這種情況的飯店的訂房目標是為了達到整

個期間的最好業績而不只是一晚的銷售量。

這些策略可以結合運用。例如，住宿期控制可以與折扣管理相結合。一個三晚的住宿可能會拿到折扣，而一晚的只能付門市價。必須提醒的是，運用這些策略不可暴露在客人面前。客人不會理解如果他只想住一晚，為什麼非得住三晚才能拿到折扣價。營收管理的正確使用依賴於銷售過程，決不可以洩漏使用的營收管理策略。

第二節　衡量營收

營收管理是設計用來衡量營收成果的。營收管理中涉及的主要計算之一是飯店的營收統計（yield statistic）。營收統計是實際客房收入與可能的客房收入之間的比例。實際客房收入是由售出客房所產生的收入，可能的客房收入是假如所有客房都以定價售出該收到的款項（或者如下所述，以飯店可能的平均房價售出）。

確定可能的收入的方法不止一種。有些渡假村假設所有客房以雙人居住價格售出來計算可能的收入。渡假村一般有較高的雙人居住比例。商務飯店計算可能的收入時則常常考慮單人房和雙人房正常銷售中的組合百分比。由於假設單人房的價格低於雙人房的價格，第二種方法的結果是可能的收入總數要低一些。事實上，飯店客房100％雙人居住可行性不大（第一種方法），而用第二種方法的飯店如果雙人房銷售超過預測的組合比，則有可能超過它的「可能的收入」。

由於使用不同的方法會引起飯店產出率統計的變化，一旦選擇了喜歡的方法，就應連續使用下去。第二種方法（使用單人和雙人居住）將在後面的公式中加以說明。至於使用第一種方法（以100％雙人居住為基礎），公式1、3、4和公式5都不適用；對於這樣的飯店，可能的平均雙人房價（公式2）將會與可能的平均房價（公式5）相同。

即使常常要用到一系列公式，但營收管理的數學計算是相對簡單的。本節要介紹的是營收管理計算的基本公式。

為了方便下面的討論，假設 Casa Vana Hotel 有 300 間客房，每日平均房價為每間 80 美元，目前的平均住房率是 70％。飯店有 100 間單床房和 200 間雙床房。管理單位為各房型制定了單人居住和雙人居住的定價。單床房售價 90 美元；雙人房售價 110 美元。雙床單人房售價 100 美

元；雙人居住售價 120 美元。

一、公式1：可能的平均單人房房價（Potential Average Single Rate）

　　如果飯店沒有根據房型改變單人房房價（例如，所有單人間一律 90 美元），其可能的平均單人房房價就等於定價。像在本例中，單人房房價根據房型不同而變化時，可能的平均單人房價就要按加權平均數計算。用各房型的房間數乘以它的單人間定價，再用總數除以飯店可能的單人間數量，就得出加權平均數。對於 Casa Vana Hotel，其可能的單人平均房價計算如下：

房間種類	房間數	單人房定價	100％單人住宿營收
單床	100	90 美元	9000 美元
雙床	200	100 美元	20000 美元
	300		29000 美元

$$可能的平均單人房房價 = \frac{按門市價算單人房營收}{售出單人房數量}$$

$$= \frac{29000 \text{ 美元}}{300 \text{ 美元}} = 96.67 \text{ 美元}$$

二、公式2：可能的平均雙人房房價（Potential Average Double Rate）

　　如果飯店不根據房型改變房價，那麼可能的平均雙人房房價就等於它的定價。就像在這個例子中，當雙人房價因房型不同而變化時，可能的平均雙人房價就要按加權平均數計算。用各類房型的房間數乘以各自的定價，再用總數除以飯店可能的雙人房數量，就得出加權平均數。對於 Casa Vana Hotel 這個例子，此項計算如下：

房型	房間數	雙人房定價	100％住房率雙人房營收
單床	100	110 美元	11000 美元
雙床	200	120 美元	24000 美元
	300		35000 美元

$$可能的平均雙人房價 = \frac{門市價市雙人房營收}{作爲雙人房售出的房間數}$$

$$= \frac{35000\,美元}{300} = \underline{116.67\,美元}$$

註：對於把可能的營收按 100 % 雙人居住計算的飯店，這一步即可確定可能的平均房價（參見公式 5）。

三、公式 3：多人住房百分比（Multiple Occupancy Percentage）

決定飯店營收統計的一個重要因素是飯店客房中一人以上居住房占的比例，即多人住房百分比。這一資訊之所以重要，是因爲它說明銷售組合，有助於平衡房價和將來的住房需求。在 Casa Vana Inn 這個例子中，如果 210 間售出房中 （70 % 住房率）有 105 間一般由一人以上居住，多人住房百分比計算如下：

$$多人住房百分比 = \frac{105}{210} = 0.5\ 或\ \underline{50\,\%}$$

四、公式 4：房價差額（Rate Spread）

除了多人住房百分比之外，產出率統計有另一項重要的差價計算。在各種不同的房型中確定一個房間的房價差額，可能是在瞄準某一市場中運用產出決定的一項基本要素。飯店可能的平均單人房價（公式 1）和可能的平均雙人房價（公式 2）之間的數量差額稱爲房價差額。Casa Vana Inn 的房價差額計算如下：

房價差額 ＝ 可能的平均雙人房價 — 可能的平均單人房價

＝ 116.67 美元 － 96.67 美元

＝ $\underline{20.00\,美元}$

五、公式 5：可能的平均房價（Potential Average Rate）

營收管理中的一個非常重要的因素是可能的平均房價。飯店可能的平均房價是一項集合統計，它有效地結合了可能的平均房價，多人住房百分比，以及房價差額。可能的平均房價要由兩個步驟確定。第一步是

用飯店多人住房百分比乘以房價差額，再把結果加到飯店可能的平均單人房價上，產生一個以需求（銷售組合）和房價資訊為基礎的可能的平均房價。對於 Casa Vana Hnn 來說，其可能的平均房價計算如下：

可能的平均房價＝（多人住房百分比 ×房價差額）+可能的平均單人房價
＝（0.5 ×20 美元）+96.67 美元 ＝ 106.67 美元

六、公式 6：實際房價銷售係數（Room Rate Achievement Factor）

飯店實際收費占定價的百分比包含在飯店的實際房價銷售係數（AF）裡，也稱作房價達成比例（rate potential percentage）。在沒有使用營收管理軟體的時候，實際房價銷售係數的計算一般是用飯店當前的實際平均房價除以可能的平均房價。[1]實際平均房價等於客房總收入除以售出房或住客房數量（取決於飯店的政策）。對於 Casa Vana Inn 來說，實際房價銷售係數計算如下：

$$實際房價銷售係數 = \frac{實際平均房價}{可能的平均房價}$$

$$= \frac{80.00 \text{ 美元}}{106.67 \text{ 美元}}$$

$$= 0.750 \text{ 或 } \underline{75.0 \text{ \%}}$$

實際房價銷售係數還等於 100 % 減去折扣百分比。透過計算實際房價銷售係數，管理單位會發現他們的實際房價與制定的定價之間的差距。在這個例子中，折扣百分比是 25 %。

如下面所述，實際房價銷售係數可以用在確定營收統計的一種方法裡。不是一定要計算實際房價銷售係數，因為沒有它也可以確定產出率統計。然而，實際房價銷售係數本身就是一項重要的統計數，因為它能讓管理單位監督並更好地控制飯店的折扣運用。出於這個原因，許多飯店都把計算實際房價銷售係數作為營收管理的一部分。

七、公式 7：營收統計（Yield Statistic）

營收管理的一個重要因素是營收統計。營收統計的計算把一些前面所述公式結合成一關鍵指數。有各種不同的方法表達和計算營收統計，

它們是相等的：

1. 營收 $= \dfrac{實際房客收入價}{可能的房客收入}$

2. 營收 $= \dfrac{售出間天數}{可銷售間天數} \times \dfrac{實際平均房價}{可能的平均房價}$

3. 營收 $=$ 住房率百分比 $\times$ 實際房價銷售係數

　　所有客房無論幾人居住都以單一定價出售的飯店，使用第一個公式。當飯店對不同房型和／或不同居住人數使用不同的定價時（這種情況更常見），可能的客房營收等於可銷售間天數乘以可能的平均房價。

　　在此對能夠按字面意義自我解釋的第二個公式不再另行說明。下面是第三個公式的說明。對於 Casa Vana Inn，其計算如下：

營收 $=$ 住房率百分比 $\times$ 實際房價銷售係數
　　　$= 0.7 \times 0.75$
　　　$= 0.525$ 或 <u>52.5 %</u>

　　下面談另一個例子。假設 Cybex Hotel 有 150 間客房，定價 70 美元。飯店每晚平均售出 120 間客房，售價 60 美元。該飯店的營收是多少呢？

住房率百分比 $= 120 \div 150 = 0.8$ 或 80 %
實際房價銷售係數 $= 60 \div 70 = 0.857$ 或 85.7 %
產出 $= 0.8 \times 0.857 = 0.686$ 或 <u>68.6 %</u>

　　在運用這種方法確定產出率統計的時候，請注意，在實際房價銷售係數和住房率百分比中對招待房的處理應完全一致。就是說，如果住房率百分比中包含了招待房，那麼用來計算實際房價銷售係數的實際平均房價就一定是客房收入除以住客房，而不是除以售出房。如果住房率百分比中不計算免費房，那麼計算實際平均房價時也不能計算免費房。

　　有的飯店不把營收計算成一個百分數，而喜歡另一種能重心在每間可銷售房營收（Rev PAR）的統計。使用下面任何一個公式，都可以算出每間可銷售房營收：

Rev PAR $=$ 住房率百分比 $\times$ 日平均房價

　　例如，假設 Casa Vana Inn 售出 180 間客房，總收入 11520 美元，它的

每間可銷售房營收是多少呢？

$$\text{Rev PAR} = 11520 \text{ 美元} \div 300 = \underline{38.40 \text{ 美元}}$$

或者

$$\text{Rev PAR} = \text{住房率百分比} \times \text{日平均房價}$$
$$= 60\% \times 64 \text{ 美元} = \underline{38.40 \text{ 美元}}$$

在此住房率百分比 $= 180 \div 300 = 0.6$ 或 60%

日平均房價 $= 11520 \text{ 美元} \div 180 = 64 \text{ 美元}$

八、公式 8：等量的住房率（Equivalent Occupancy）

當管理單位想知道其他什麼樣的房價和住房率百分比組合能帶來相等的淨收入時，就可以使用等量住房率公式。

等量的住房率公式與同樣產出住房率公式非常相似，只是透過合併毛利或盈利空間考慮了邊際成本。每間住房成本（又稱為邊際成本）是飯店售出那間房產生的成本（例如，像清潔、補給品一類客房部開支）；如果房間沒有售出，就不會產生這種成本（與固定成本相反，無論房間是否售出，都產生固定成本）。利潤空間是房價減去提供那間房的邊際成本以後所留下的部分。[2]

要計算等量的住房率，使用下面任何一個公式（它們是同一公式相等的運算式）皆可：

$$\text{等量的住房率} = \text{現有住客率百分比} \times \frac{\text{定價} \times \text{邊際成本}}{\text{門市價} \times (1 - \text{折扣百分比}) - \text{邊際成本}}$$

$$\text{等量的住房率} = \text{現有住客率百分比} \times \frac{\text{現有盈利空間}}{\text{新盈利空間}}$$

讓我們回到相同產出率統計中討論的例子。現在，假設 Casa Vana Inn 當前的住房率為 70%，平均房價為 80 美元，正在考慮把平均房價提高到 100 美元的策略。再假設供應一間客房的邊際成本為 12 美元。Casa Vana Inn 必須達到什麼樣的住房率才能得到與目前相同的淨客房收入呢？

$$\text{等量的住房率} = \text{現有住房率百分比} \times = \frac{70\% \times 80 \text{ 美元} - 12 \text{ 美元}}{100 \text{ 美元} - 12 \text{ 美元}}$$

$$= 0.541 \text{ 或 } \underline{54.1\%}$$

從相同產出的討論，我們可以想起 Casa Vana Inn 需要 56% 的住房率產生相同的營收統計，即相等的毛收入。然而，Casa Vana Inn 不需要有

MANAGING FRONT OFFICE OPERATIONS

相等的毛收入去獲得相同的淨收入，因為出售較少的房間（以較高的價格）以後，它的相關營業成本也少了。

雖然定價相對來說不常提高，但打折卻是住房行業中常見的做法。如果平均房價打折 20％（到 64 美元），那麼與住房率 70％平均房價 80 美元相等量的住房率是多少？

$$等量的住房率 = 70\% \times \frac{80\ 美元 - 12\ 美元}{64\ 美元 - 12\ 美元}$$

$$= 0.915\ 或\ 91.5\%$$

一張折扣方格圖能幫助管理單位評價房價打折策略。例如，如果一家飯店的平均房價是 100 美元，邊際成本（每間住客房的成本）是 11 美元，圖 13-1 中的座標列出了在不同房價折扣水平上，要獲得相等的淨收入需要的住房率百分比。要製作折扣方格圖，首先得計算提供一間客房的邊際成本；然後，把這個資訊代入等量的住房率公式，進行計算並填入座標。用人工方法完成一張折扣方格圖十分費時，擴展表程式則大大簡化了這一過程。

把營收和等量的住房率公式用於同樣的資料會說明它們之間的區別。再次假定 Casa Vana Inn 現在的住房率為 70％，平均房價為 80 美元，邊際成本為 12 美元。平均房價為 100 美元，住房率 50％時飯店的境況會更好嗎？100 美元和 55％住房率時怎樣？圖 13-2 呈現了這些資料，並且應用了營收統計和等量的住房率公式。請注意 50％的住房率低於產生相同的淨客房收入所需要的 54.1％和相同產出所需要的 56％。因此，無論根據哪一種方法，以 50％住房率和 100 美元平均房價經營 Casa Vana Inn 的境況都會更糟。

然而，在第二種情況下，發現了兩種方法相互矛盾，說明了等量的住房率公式的優越性。住房率 55％的時候，Casa Vana Inn 沒達到相同產出率統計所需要的 56％。使用產出率統計公式時，飯店的境況會變糟。但是，55％的住房率高於產生相等的淨客房收入所需要的 54.1％。用等量的住房率公式，飯店的境況會好些。細看總利潤空間欄——它顯示盈利（因此淨客房收入）會上升——揭示了等量的住房率公式提供了更準確有用的資訊。

當然，低住房率會引起可能的非客房收入的損失，還必須對照這個損失衡量客房收入方面的所得。

圖 13-1 折扣坐標樣本

定價　　　　　　　　　　$100.00
每間住房成本　　　　　　$11.00
現有住房率　　如果房價打折扣，保持盈利能力所需要的住房率百分比：

	5%	10%	15%	20%	25%	30%	35%
100%	106.0%	112.7%	120.3%	129.0%	139.1%	150.8%	164%
95%	100.7%	107.9%	114.3%	122.5%	132.1%	143.3%	156.6%
90%	95.4%	101.4%	108.2%	116.1%	125.2%	135.8%	148.3%
85%	90.1%	95.8%	102.2%	109.6%	118.2%	128.2%	140.1%
80%	84.8%	90.1%	96.2%	103.2%	111.3%	120.7%	131.9%
75%	79.5%	84.5%	90.2%	96.7%	104.3%	113.1%	123.6%
70%	74.2%	78.9%	84.2%	90.3%	97.3%	105.6%	115.4%
65%	68.9%	73.2%	78.2%	83.8%	90.4%	98.1%	107.1%
60%	63.6%	67.6%	72.2%	77.4%	83.4%	90.5%	98.9%
55%	58.3%	62.0%	66.1%	70.9%	76.5%	83.0%	90.6%
50%	53.0%	56.3%	600.1%	64.5%	69.5%	75.4%	82.4%
45%	47.7%	50.7%	54.1%	58.0%	62.6%	67.9%	74.2%
40%	42.4%	45.1%	48.1%	51.6%	55.6%	60.3%	66.9%
35%	37.1%	39.4%	42.1%	45.1%	48.7%	52.8%	57.7%
30%	31.8%	33.8%	36.1%	38.7%	41.7%	45.3%	49.4%
25%	26.5%	28.2%	30.1%	32.2%	34.8%	37.7%	41.2%

圖 13-2 產出和等量的住房率公式的應用

	售出房間數量	住房率百分比	平均房價	客房毛收入	總利潤空間*	產出率
現在的	210	70.0%	$80	$16800	$14280	52.5%
同樣的	168	56.0%	100	16800	14784	52.5%
相等的	162**	54.1%	100	16200	14280	50.6%
新的	150	50.0%	100	15000	13200	46.9%
新的	165	55.0%	100	16500		51.6%

*2美元的每間住房成本為基礎。由於各種情況下固定成本都相同，總利潤空間之間的差額就等於淨客房收入之間的差額。

**由 162.3 四捨五入而得。以這個數字計算，淨收入應該是 14228 美元。

MANAGING FRONT OFFICE OPERATIONS

九、公式 9：每人非房價的必要營收（Require Non-Room Revenue Per Guest）

當相同的住房率產出率統計不同時，考慮到了邊際成本的變化，但兩者都沒有考慮到由於住房率的變化而引起的非房費淨收入的變化。當一位經理需要瞭解一項房價變化是否會影響多項非客房淨收入的變化時，使用損益分析可以找到答案。這種方法涉及計算或估計一系列因素：

· 房價變化引起的客房收入的淨變化。
· 用非客房淨收入補償淨客房收入減少需要的數額（當房價打折扣的時候），或者用淨客房收入補償非客房淨收入減少（當房價上漲的時候）需要的數額。
· 在非房費收入營業點每位客人的平均消費額。
· 房價變化可能帶來的住房率變化。

損益計算的基礎是所有非房費收入的加權平均利潤空間比例（CMRw）。該主題的詳細討論雖在本文的範圍之外，但各個非客房收入營業點的 CMRw 可以用下面的簡單公式確定[3]：

CMRw=非房費收入總額－非房費收入營業點的可變成本

瞭解了 CMRw 和客人的平均非房費消費額，再估計住房率可能的變化（客人人數），客房部經理就能夠確定升高或降低房價引起的淨變化是否多於非房費收入淨變化的抵消額。

例如，爲了提高住房率，增加淨收入，假定飯店管理單位在考慮房價打折策略。確定所需要的每位元客人除房費以外營收的公式如下：

需要的每位客人除房費外的營收
＝需要的非房費收入增加淨值÷CMRw 外加的客人人數

客房部經理可以用這個公式的計算結果與每位客人的實際平均非房費支出相比較。如果這個數字大於每位客人的實際平均非房費支出，房價打折就會讓飯店淨收入蒙受損失；就是說打折帶來的額外客人的消費不足以抵消房費收入的淨損失。如果需要的每位額外客人的數額低於實際平均消費額，飯店就可能通過打折而增加其淨收入。

作爲另一個例子，我們假設 Bradley Inn 有 400 間客房，可能的平均房價爲 144.75 美元（產生可能的客房收入 57900 美元），每個房間的邊

際成本為 12 美元。飯店目前的經營狀況是住房率 60 ％（每晚售出 240 間客房），平均房價 137.50 美元。管理單位認為，把平均房價降到 110 美元就能把住房率提高到 75 ％（每晚售出 300 間客房）。他們還認為，把平均房價下降到 91.67 美元，住房率就能上升到 90 ％（每晚售出 360 間客房）。管理單位該試試哪一種策略呢？

在三種情況下客房收入（33000 美元）都是相同的，注意到這一點很重要，只看一項產出率統計（57 ％）就不能給出解決辦法。等量的住房率計算能給予更有用的資訊。平均房價減少到 110 美元要求有 76.8 ％的等量住房率（60 ％×125.50 美元÷98 美元）。減少到 94.5 美元要求有 94.5 ％的等量住房率（60 ％×125.50 美元÷79.67 美元）。按管理單位 75 ％ 和 90 ％住房率的預測，兩種平均房價的下降都會減少淨房費收入。

然而，總收入的增加能證明平均房價的降低是正確的。確定這是否正確的第一步是計算三種選擇中的總利潤空間（或者，如果有固定成本資料，計算客房淨收入）：

住房率水平		客房總數		客房利潤空間		總收入盈利
60 %	×	400	×	（$137.50—$12.00）	=	30120 美元
75 %	×	400	×	（$110—$12.00）	=	29400 美元
90 %	×	400	×	（$91.67—$12·00）	=	28681 美元

平均房價降低到 110 美元額外帶來 60 位客人，但引起淨客房收入損失 720 美元。平均房價降低到 91.67 美元額外帶來 120 位客人，但把淨客房收入降低了 1439 美元。在兩種情況下，要抵消損失，布雷德里飯店都要從每位額外客人身上創造 12 美元平均淨非房費收入（720 美元÷60 額外客人；1439 美元÷120 額外客人）。如果非客房 CMRw 是 0.25，需要的每位元外加客人非房費支出為：

需要的非房費支出 = $12÷0.25=$48

換句話說，如果 Bradley Inn 的客人每天在非客房營業點的平均消費在 $48 以上，飯店就能用任何一種折扣去增加淨收入總額。

在營收管理分析中，對非客房收入的考慮也可能成為關鍵的因素。一些飯店為了反映整體包價的吸引力，給團體優惠的打折房價，以達到吸引餐飲客源的目的在下面的情況。

透過對減少房費淨收入而提高住房率的降低房價的探討，我們的討論已深達非房費收入的損益分析。在下面的情況損益分析還可以用來檢

查房價提高帶來的影響。

房價上升的時候，住房率一般都會降低（除非需求非常缺乏彈性）。漲價會大幅度減少客房銷售量，儘管日平均房價會高些，但淨客房總收入實際上會下降。因為住房率下滑，非客房收入也容易隨之下滑。在這種情況下，很清楚漲價會損害飯店的財務狀況。

然而，儘管漲房價會引起住房率下降，事實上它也可能帶來更高的淨房費收入。雖然更高的淨房價收入是管理單位夢寐以求的，但沒有認真仔細的分析不可實行這類漲價，因為即使淨房費收入上去了，整體淨收入還是會下降的。當住房率下滑減少非房費淨收入的額度大於淨房費增加額時，這種情況就會發生。

例如，假定有 400 間客房的薩貝克斯飯店在考慮把房價從$80 升高到$90。當前的住房率是80％。預測漲價後的住房率估計為75％。出售一間客房的邊際成本是$14。每位客人平均非房費日消費額為$75，所有非客房營業點的加權平均利潤空間比例為0.30。管理單位應該實施提價嗎？首先，請計算對淨房費收入部分盈利的影響。

住房率		房間		客房利潤空間	盈利總額
80％	×	400	×	（$80—$14）	= $21120
75％	×	400	×	（$90—$14）	= $22800

如果房價提高，淨客房收入會增加約 1680 美元。每間住客房的利潤率將從 82.5 ％（$66 ／$80）增加到 84.4 ％（$76 ／$90）。

第二步，計算對非客房淨收入的影響：

> 非客房收入
> 住房率80％時：320 位客人×$75×0.30=$7200
> 住房率75％時：300 位客人×$75×0.30=$6750
> 如果房費提高，非客房收入會減少約$450。

最後，從淨房費收入的增加額中減去非房費收入的損失。在這個例子中，如果房價漲$10，每日淨收入總額將增加約$1230（$1680 — $450）。有了這個淨得益，管理單位應實施漲價。

現在假設客房部經理預測漲價後的住房率是 71 ％而不是 75 ％，這項改變會導致不同的結果，如下面的計算所證明：

住房率	房間	客房利潤空間	盈利總額
80 %	×400	×（$80—$14）	=$21120
71 %	×400	×（$90—$14）	=$21584

如果房價上漲，淨房費收入會增加約$464。

非客房收入

住房率 80 %時：320 位客人×$75×0.30=$7200

住房率 71 %時：284 位客人×$75×0.30=$6390

如果房價上漲，非客房淨收入會減少約$810。

在這個修改過的例子中，每日淨收入總額會減少約$346（$810—$464）。在這種情況下，管理單位就不應實施漲價。

第三節 營收管理的元素

彈性的房價既影響住客人數，也影響相關的營收交易，這一事實有助於證明營收管理可能的複雜性。只集中注意可能的房費收入，就不會給管理單位提供全面綜合的意見。

當房價有選擇地打折而不是普遍打折的時候，當打折涉及可能有競爭者的客房銷售的時候，營收管理就更加複雜了。飯店經常把折扣給予某些類別的客人（例如，上層人物和政府官員）。飯店還必須決定是以折扣房價接受，還是拒絕團體業務。本節討論飯店以營收管理為基礎做預訂決策時會產生的各種情況。

開發成功的營收管理策略必須包含以下因素：

· 團體房銷售

· 暫住客（或散客）房間銷售

· 餐飲活動

· 當地和地區範圍的活動

· 特殊活動

瞭解營收管理的重要事項之一是各個飯店之間的實際情況都會有所不同。由於客源、競爭和其他事項的原因，一個飯店不同季節的情況也會有變化。然而，開發基本營收管理技能也有一些重要的固定因素。

一、團體房銷售

在許多飯店裡，團體構成了客房營收的核心。飯店接受提前3個月到提前兩年的團體訂房是常見的事。一些國際化大飯店和受歡迎的渡假村還常為提早兩年以上的團體訂房。因此，瞭解團體訂房的趨勢和要求對營收管理的成功就至關重要。

業務和餐飲經理不斷與新客戶和現有客戶聯繫。有一項要求來臨的時候，銷售或餐飲經理必須對客戶要求什麼進行認真研究，並記錄在案。隨後，此資訊會遞交營收會議考慮，做決定之前要問的問題有：

- 該團體的要求是否符合飯店在此時期的策略？例如，該團體要用100個房間，但這個數字會超出此時期團體房配給量。
- 同一時期是否還有別的團體要來？
- 該團體要用什麼樣的會議室？
- 該團體對同一天另外的團體預訂業務有什麼影響？
- 該團體願付什麼樣的房價？
- 餐飲活動是否包括娛樂？會使用飯店的餐廳嗎？
- 從客房、餐飲和其他來源，飯店計畫能創造多少營收？

為了理解團體銷售對整體客房營收可能產生的影響，飯店應盡量多蒐集團體檔案資料，包括：

- 團體訂房資料
- 團體訂房比率
- 預期團體業務
- 團體訂房提前量
- 散客業務的取代

(一)團體預訂資料

管理單位應決定是否根據可以預見的取消，記錄上過高估計用房數，或者會比領隊原先預期更大的需求來修改已記錄在案的團體預留房。如果有該團體以前的業務檔案，管理單位常能透過回顧團體的預訂史來調整期望值。樂觀地預期參團人數，團體都想比實際需要多保留5％到10％的房間。飯店從團體預留房中取消不需要的團體房稱為沖刷因素（wash factor）。在估計有多少房要從預留房中「沖銷」掉的時候，管理單位一定要細緻。如果團體預留房中減少的房間過多，飯店就可能會超預訂，陷於無法接待全體團員的境地。

(二)團體訂房比率

團體預訂業務所占百分比稱團體訂房比率（此處：「Booking」指的是飯店和團體之間的初步協議，不是指給團體成員們逐間分配預留房[4]。例如，假設某一年的 4 月，一家飯店有 300 間預留房，供計畫在當年 10 月舉辦的活動使用。如果前一年同期飯店只有 250 間為 10 月預訂的團體房，團體訂房比率就應比前一年的高 20 %。一旦飯店積累了數年的團體預訂資料以後，就能看出揭示一年中各月正常團體訂房比率的歷史趨勢。這一預測看上去簡單，但是不可預見的波動會使它變得很複雜，例如一時間的全市的大會。應注意這些變數，以便在將來的團體訂房比率預測中識別它們。管理單位應保持一種簡單明瞭的方法去追蹤團體訂房比率。團體訂房比率能成為寶貴的預測變數。

(三)預期團體業務

多數全國的、地區的和州的協會，以及一些公司都有管轄年會選址的政策。例如，一個團體會在三個城市輪流開會，每三年就回到一個城市，雖然還不一定簽署了合約，但飯店管理單位根據循環規律可以相信此團會回來。當然，團體可能不會總是回到一個地區的同一家飯店。但是，即使它去了別的飯店，該團也會帶來一些要在本地區尋找住宿的團體和非團體業務。分析這些資料的飯店能預測市場的「壓力」，並相應調整他們的銷售策略。此外，等待最終合同談判的意向性協議也應包括在營收管理分析之中。

(四)團體提前訂房量

提前預訂量衡量提前多久進行住房預訂。在許多飯店裡，常在計畫抵達日期前一年內進行團體預訂。管理單位應確定本飯店的團體預訂提前量，以便圖示預訂趨勢。預訂趨勢可以與團體訂房比率資訊相結合，說明飯店接受團體預訂業務的價格，並與歷史趨勢相比較（參見圖13-3）。在需要確定是否接受一個外加的團體，以什麼房價接受新團體預訂的時候，這個資訊就顯得很重要了。如果現有的團體訂房比率比預期的低，比歷史上的都低，這可能就不得不用較低的房價來促進住房率了。另一方面，如果需求極為強烈，團體訂房比率超出預期或歷史趨勢，房價再打折就不合時宜了。談提前預訂量還必須考慮宴會銷售。例

如，婚禮通常提前一年或更早就規劃了，如果宴會部提前一年接到使用
飯店大宴會廳的要求，管理單位必須做出決定，是接受這項宴請業務還
是提供給可能來的既用客房又用大宴會廳的團體。團體訂房也許取消，
如果飯店拒絕了宴請業務，那麼客房和大宴會廳就會都空著。

圖 13-3　飯店的提前/團體預定比率樣本

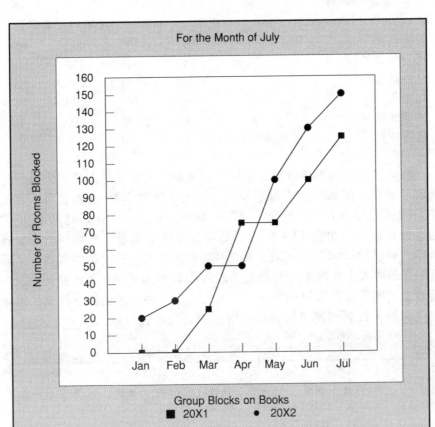

(四)散客業務的取代

在決定是否接受外加的團體的時候，管理單位應查閱需求預測。飯
店以犧牲散客為代價接受團體業務的時候，取代就會發生。由於散客常
常比團體成員付的房費高，這種情況要有嚴格的檢查研究。散客用房是

給予非團體客人身分登記入住的客人的房間。非團體客人又稱作散客（獨立自由旅客）。

假設 Halbrook Lodge 有 400 間客房，可能的平均房價是 100 美元，實際的平均散客房價爲 80 美元，實際團體平均價是 60 美元，每間住客房的邊際成本是 15 美元。考慮一下在將來 4 天中一個要用 60 間房的團體預訂對飯店的影響：

	星期二	星期三	星期四	星期五
可銷售房	400	400	400	400
確定的團體房	140	140	150	150
估計散客用房	200	180	220	210
可銷售空房	60	80	30	40
團體預留房	60	60	60	60
散客取代	0	0	30	20

如果接受了團體預留房，星期二和星期三不會發生取代，因爲意外多賣了房間，這兩天飯店肯定盈利（每天多獲得 3600 美元客房毛收入和 2700 美元淨收入）。然而，到了星期四和星期五，分別有 30 和 20 位散客會被取代。如圖 13-4 所示，如果接受這個團體，星期四的客房收入仍然會增加 1200 美元毛收入和 750 美元淨收入。接受這個團體，星期五的客房收人也會增加 2000 美元毛收入和 1400 美元淨收入。換句話說，接受這項團體業務會增加飯店每一天的產出。另外，由於它提高了飯店的住房率，這個團體業務還可能增加飯店的非客房收入。

圖 13-4 營收和產出計算

	星期二		星期三		星期四		星期五	
	不計團體	計團體	不計團體	計團體	不計團體	計團體	不計團體	計團體
毛收入	$24400	$28000	$22800	$26400	$26600	$27800	$25800	$27800
收入*	$19300	$18000	$20700	$21050	$21800	$21800	$20400	$21800
產出**	61.0%	70.0%	57.0%	66.0%	66.5%	69.5%	64.5%	69.5%

*以 15 美元每間客房成本爲基礎。

**可能的營收 = 可能的平均房價 100 美元 × 400 個房間 = 40000 美元

有幾個因素有助於決定是否接受一個團體預訂。如前所述，飯店首先應看營收因素。只有預期的收入（包括非客房營業單位的收入）能抵

消散客營收損失時，才有可能接受這個團體。此外，管理單位還要考慮那些沒住上房的散客會發生些什麼。無論被取代的客人是常客還是第一次來，都可能決定再也不回那個把他們拒之門外的飯店了。特別是常客決定不再回來的時候，散客的營收損失就不能僅限於討論的那幾晚了。當然，打發走可能的團體也會減少將來的業務。

如果接受了團體而把一位星期二來店欲住三晚的散客拒之門外的時候，就會發生另一種不可把散客營收損失僅限於討論的那一晚的情況。即使是由於缺少房間，團體在星期二擠占了非團體房，它不僅影響了星期二，也影響到了星期三。

決定是否接受一個必須取代散客的團體是一項值得認真考慮的事。管理單位必須考慮對將來業務的較長期影響。

追蹤團體史能幫助識別那些團體並不真正需要的客房數，把它們重新分配給散客。大多數團體都把需要的房間數高估 5 ％到 10 ％，這個比例叫做沖刷因素（wash factor）。透過瞭解各團體所含沖刷因素，經理就能安全地從預留房中抽出多餘的房間。如果減少的團體預留房過多，飯店會發生超額預訂，無法接待所有的客人。如果一個團體沒有在本飯店的居住史，經理應與該團體以前住過的飯店聯繫。

二、散客房銷售

如前所述，散客房間是那些銷售給非團體客人的房間。與團體業務相比，散客業務的預訂一般更接近抵店日期。商務飯店多數團體業務的預訂可能提前 3 到 6 個月，而散客業務的預訂只提前 1 到 3 周。在渡假區飯店，團體預訂可能會提前一到兩年，而散客業務的預訂可能提前 3 個月。關於團體業務，管理單位必須監督協議價和散客業務的提前時間，才能瞭解當前的預訂與歷史和預期房價相比較的情況。這又導致了更複雜的散客房價折扣問題。

在前面的例子中，房價是根據床的種類和客房數量確定的，然而在今天的市場中，會有許多其他理由用不同的方式確定房價。為了客房營收最大化，客房部經理可以決定根據房間的位置、吸引力、客房面積分類，對好一些的房間多收費。例如，小一點的，靠近吵鬧的走廊的，沒改造的或景觀不佳的房間會以較低一些的房價出售。這些房間因而被定為標準房，設定較低一些的房價。吸引力較強的房間定為豪華房，設定

較高一些的房價。

　　為了開展業務，飯店會以標準房價銷售豪華房，藉以吸引客人，在需求低落的時候更是如此。然後，隨著需求提高到預訂的界限，盛夏的豪華房就能以全價銷售了。在這種策略之下，管理單位是要將客房營收最大化，而不僅僅單是關注平均房價或住房率。理由是較低的需求會給飯店製造較激烈的競爭局面。折扣會減少因對價格不滿而造成的業務損失，使飯店售出那些原本會空著的房間。精明的經理必須知道什麼時候禁止房價折扣。如果房價上漲過早，住房率便會下降，如果房價上升過晚，有些房間便會在它們應能售出的價格之下售出。在豪華房打折以標準房房價售出時，預訂或櫃檯人員應告訴客人，給他升級了。這會增加客人居住的價值感，同時也會減少他下次再來飯店，拿到高一些的價格時可能產生的困惑。

　　經理們在選擇策略的時候，還應考慮營收管理的道德規範。如果把一間客房分類為標準房，一般都會有非常充足的理由，因此，只是因為有人願意付錢而以高於定價的價格售出這間房就顯得不道德了。即使需求會造就收取高價的機會，但只是由於市場在某一時期能接受就收高價，並不總是好的經商之道。有的飯店這麼做了，受到了市場的批評。這就是許多州要求在每個房間內張貼房價的原因。

　　關於散客銷售的另一應考慮事項是給某些業務來源折扣價。折扣可以給予公司和政府的旅行者，也能給予知名人士、軍隊和航空公司人員、旅行社等等。這些折扣價常常應用於很大一部分飯店業務上。有的飯店還仿效航空公司，給在網路上訂房的客人打折。他們對這些折扣的看法是網路上預訂的相關成本比較低，把節省的成本交還給客人。但是，這種做法仍處於初級階段，還需要時日讓旅行大眾和飯店管理單位去瞭解這類折扣的影響。例如，給網路訂房打折以後，飯店管理單位必須知道它對旅行社訂房量會有什麼影響。

　　控制折扣對營收是關鍵性的。例如，如果一家飯店在一個假期只訂出很少房間，它就會對所有打電話來的人敞開折扣之門，以吸引業務。隨著這一時期需求的上升，折扣也許會選擇性地取消。當客房部經理認為，房間可以按較高價格售出而不會影響住房率的時候，就不應再打折了。有的折扣是不能停止的。在一切可能的時候，折扣合約應留有業務情況批准的彈性。

二、餐飲活動

宴會和餐飲外賣這兩項是餐飲營收的來源,它們會影響到營收決策。例如,接受了一個不用客房,只用飯店宴會廳的宴會,那麼一個用 50 間客房和宴會廳的團體就只能被拒之門外了。多數情況下,既用客房又用宴會場所的團體會給飯店帶來更多的利潤。因此,應根據那些需要會議室、餐飲服務和客房的團體可能的預訂來考慮是否接受當地的餐飲活動。在有效的營收管理中,飯店各部門間的合作和交流是非常重要的。

三、當地和地區範圍內的活動

當地和地區範圍內的活動對飯店的營收管理策略會產生戲劇性的影響。即使飯店並不在大型會議的會場附近,會議取代的散客和小團體也會被推薦過來(視為流動設施)。這種情況發生時,客房部經理應瞭解會議和它帶來的客房需求,如果需求是實實在在的,散客和團體房價就可能需要調整了。

會議活動會讓團體和散客趨勢分析失效。如果團體或散客的房間銷售協定價變化幅度加大,客房部經理應立即進行調查。增加的需求可能說明本地區有會議或另一家飯店有大額訂房。降低的需求可能說明一家主要競爭飯店中有重大團體取消,它正在削減房價,設法填滿客房。

在營收策略或戰術中,道德規範和好的商業形象應該是一個整體。競爭者們偶爾坐在一起,討論一般業務趨勢,是合適並且合法的。但是,討論房價或房價的建立(確定)就不合法了。會有其他的管道可以瞭解什麼在影響本地區的業務,例如,多數旅遊和會議管理單位會發行本地區會議名單。在任何情況下,兩家不同飯店的員工都不能討論房價結構或其他飯店經營事務,因為在美國,這會被認為違背了反壟斷法。

四、特別活動

諸如音樂會、節慶活動和運動會等特別活動經常會在飯店或其臨近地區舉行。飯店可以利用這種提高需求的機會,限制房價打折或要求最短居住期。這是一種常見的做法,例如許多南方的渡假村在耶誕節期間就是這麼做的,想在那裡過耶誕節的客人會被要求保證四到五晚的最短居住期。同樣,由於需求高而可銷售房有限,1996 年夏季奧運會期間,

佐治亞州亞特蘭大就取消了客房折扣，同時還要求最短住宿期。這些都是營收管理的有效策略，但必須謹慎使用，不要疏遠了常住客。

五、市場占有率的預測

營收管理的另一要素是瞭解飯店在競爭中的地位，這叫做市場的占有率預測（fair market share）。瞭解現行房價是否有競爭性，以及瞭解飯店是否在業務市場中實際佔有公平的占有率都是很重要的。

進行這種分析的主要工具是 Smith Travel Accommodations Report，或簡稱 STAR Report。STAR Report 是談歷史的，它提供的資訊告訴飯店管理單位，他們的營收管理戰略和策略過去起了什麼樣的作用。但是，通過回顧過去，管理單位能做出將來飯店如何定位的重大決策。STAR Report 中的關鍵統計是每間可銷售房營收指數（RevPAR）。這項統計告訴飯店管理單位，與競爭飯店相比，在報告期內飯店是否拿到了公平的生意占有率。例如，若一家飯店的每間可銷售房營收指數是 100 ％，就表明它從市場業務中拿到了公平的占有率。請記住每間可銷售房營收既考慮了住房率，也考慮了日平均房價。如果一家飯店的得分是 105 ％，就表明在此期間它實際獲得了較多的占有率。得分 90 ％，說明飯店在此期間的競爭手法不夠好。

每當收到 STAR Report 的時候，就應對這種資訊加以分析，還可用於對今後幾個月和明年同期的預測。例如，多數飯店都有高峰季節和非高峰期，管理單位一般認為按月劃分業務季節很方便，STAR Report 能用來為下個月的房價定位，也能用於做第二年或下一季的預算。它能顯示價格調整的機會，也能指出房價重新定位的需要。例如，管理單位可以看過去兩年的 STAR Report，發現他們的每間可銷售房指數在 6 月份超過 105 ％。這可能是一個信號，說明可以繼續在這個月實施較高的房價，因為需求高。但是，STAR Report 不應是決策基礎的唯一資訊來源。例如，如果明年 6 月前可望有另一家 300 間房的飯店開業，因為市場增加了新的競爭力量，保持或提高價格就會更困難些。

MANAGING FRONT
OFFICE OPERATIONS

第四節 營收管理的運用

一、營收會議

　　營收管理是一個不斷發展的過程。無論飯店是在經歷高需求期或低需求期，營收管理都起作用，都是飯店開發業務工作的一部分。許多飯店發現，定期召開交流重要業務資訊，做出適當營收管理決策的營收會議非常有用。

　　常見的一種錯誤是把營收管理看作短期過程。有的經理試圖在客人抵店日期前幾周內做出決定，事實上，這和他們應該做的正好相反。成功的營收管理向前看幾個月或數年，追蹤業務趨勢和客人需求，對多數房間安排給團體使用的接待團體的飯店尤其是如此。這類飯店一般都接受很遠將來的團體預訂，因此它們營收管理決定的影響也更久遠。在這些飯店中，提前幾周改變房價會提高日平均房價和每間可銷售房營收，而真正的影響是在團體預訂和確認房價的時候。

　　飯店員工是營收管理成功的基本力量，會要求他們作為營收管理隊伍的一部分參加會議，這個團隊一般包括飯店各個關鍵部位的代表。總經理、全體銷售經理和餐飲經理，以及預訂經理，他們一般作為營收管理隊伍的成員出席營收會議。如果飯店有專職營收經理，他也是固定的與會者。其他經理可能定期被邀請參加。例如，飯店的財務總監可能會定期出席會議，報告月底的狀況或營收會議要討論的專門事項。客房部經理、餐飲部經理或宴會經理也會被邀請參加，因為有些決定需要他們的參與。列出了不同的方法，營收管理團體可以用來激勵全體員工參與營收管理。

　　這支團體就像實施營收管理計畫的周邊代理。他們能幫助飯店確定過去的預測是否準確，能提醒營收經理注意團體或散客的重要行為方式。這支團體能制定部門間交流的行動方案。手中有了準確的預測，各部門經理都能提前幾天做好準備：

　　　·瞭解有多少客人在飯店，能幫助餐飲部做準備。
　　　·房價變化和銷售策略的改變對銷售部產生的影響。
　　　·住房率會對客房部和大廳服務的工作產生影響。

圖 13-5　確保持續不斷的交流和參與

這裡有一些讓您的員工參與營收管理的要點：

· 創造一個競爭氣氛。讓員工看不同的表格和報告，STAR Report，讓他們知道競爭對手做得怎樣，激勵他們超越最強的競爭者。

· 張貼可以衡量的、特定的目標，如預算或住房率數據。你的員工需要准確了解要他們做什麼，因此，要保證目標既具有挑戰性，也是可以達到的。

· 告訴員工，他們每個人的影響有多大。員工了瞭自己在整體中的角色，知道了他們的影響，更會支持你的努力。

· 對達到目標給予獎勵或表揚。發現工作好的員工並給予反饋意見，並且在為目標努力的過程中一直繼續這樣做。指導員工解決問題。

· 訓練你的員工。簡單地告訴他們你要他們做什麼還遠遠不夠，花時間准確地告訴他們你對他們的期望。不斷追蹤，保證事事達到標準。

　　除非建立了日常程序，否則飯店很難確保營收管理在發揮作用。營收管理隊伍可以每日、每周或每月開會。

　　每日會議一般只持續15分鐘左右，會議期間該團體：

· 審查3日預測，確認以前制定的策略仍在實施。

· 審查前一天（或上周末）的住房率、客房收入、日平均房價和產出率統計。這些數字都是由夜間稽核報告提供的。如果出現與預期不同的情況，他們應作簡短討論，讓每個人都知道差異出在哪兒。

· 審閱近期業務（一般為3個月以內）的訂房的數量。營收會議要知道飯店的出租房數量和客房收入是否與預期相符。訂房數量要與飯店規劃的每日業務增量相比較，如果飯店的訂房數量低於預期，就有問題了，就必須採取行動來增加業務。如果訂房數量高於預期，飯店就可能還有其他的營收機會值得考慮。多數商務飯店沒有很多提前數月的散客業務預訂，在這些飯店中，預訂量與團體業務真實相關。但是，渡假村會提前數月有強烈的散客需求，例如，滑雪渡假村和氣候溫暖的渡假村會追蹤耶誕節的散客的訂房量。團體的預訂量可以每周檢查一次，對更久遠的業務檢查頻率可以減少。

· 審閱過去的業務。有些情況下，做出營收決定之前需要更多的

調研。團體史不一定唾手可得，全市性會議的預訂要反覆核對，會議日期的變化範圍和需要會議室的準確數量，都是做決定之前需要的。在這些情況下，負責調查此事的人會提出他們的發現，以幫助做出決定。

· 提出新業務。新業務有兩個組成部分：散客業務和團體業務。散客業務每天都會有變化，特別是到了抵店前的一周之內。所有飯店都是這樣，正因為如此，訂房經理必須密切監視散客需求，重大變化應提交營收會議。例如，一家飯店預期將來一周的住房率為 75 ％，而散客需求已經把住房率推得高於預測。營收會議就需要知道這一情況，以便審查房價和其他策略。這不應該是一個反應性過程，應提前做出計畫，讓管理單位相信改變房價的機會增加了。例如，管理單位相信當住房率達到 90 ％的時候，只能按定價售房。如果飯店的住房率已持續 5 天為 88 ％，營收會議應給預訂管理單位和客房部經理明確指示，告訴他們住房率達到 90 ％時該做什麼，價格變化不一定非要等待第二天的營收會議。同時，如果出現最後一分鐘取消，把住房率控制到 90 ％以下，預訂經理應能夠有選擇地給予折扣，而不一定非等到下一次會議。

· 討論需要做出的最後一分鐘調整。
· 決定哪些資訊要作為部門間溝通的一部分，進行傳閱。
· 審閱 30 天－60 天前景，溝通這些預測中的最新修改。

在每周會議上，團隊可以會談 1 小時，以：
· 審閱 30、60、90 天和 120 天預測。
· 討論即將來臨的重要時期的策略。

在月度會議上，營收管理團隊討論影響更大的事項，可能會特別關注生意清淡的月份，決定做出什麼樣的努力才能激勵銷售，例如增加營銷活動，要求調動當地的或專業的銷售力量。他們還會審閱執行中的年度預測。有的還用月度會議來進行必要的營收管理技能訓練。

要做出正確的決定，就要整體審視營收管理的各項因素。這個過程是複雜的，但遺漏了相關因素，就有可能讓營收管理工作無法圓滿成功。

應每日追蹤產出率統計。長期追蹤產出率統計會有助於識別趨勢。但要正確運用營收管理，管理單位還要為將來而追蹤產出率統計。按照飯店接受預訂提前量的多少，每個營業日都要計算將來期的產出率統

計。如果飯店現在知道三周後的某日產出率為 50 ％，就會有足夠的時間採取正確的策略來增加產出。會啓用折扣價增加住房率，也會取消折扣價以提高平均房價。如果說獲得全部可能的客房營收不太可能 （一般是不可能），客房部經理就應該去爭取最好的住房率和房價。

應逐個審閱每一份團體業務銷售合約。合約同應與歷史趨勢相比較，還要與預算相對照。每個團體的建議房價應由銷售經理提出，並和團體計畫一同帶到會上。這個建議價需要與預算甚至預測相對照。如果它達到或超過飯店在相應時期的目標，就沒有什麼要討論的了。然而，如果建議價低於期望值，就需要給出充足的理由。飯店一般都有一份每月團體銷售目標或預算圖，每一個團體都要接受審查，看它是否有利於完成預算。如果現有的散客需求強烈，而該團體只能產生很小的營收，飯店就可能拒絕它；如果需求很弱，飯店就會考慮接受這個團體，目的只是充塡那些賣不出去的房間，創造一點營收。運用團體協議價分析，能幫助管理單位判定飯店是否在向目標的軌道上前進。

另一個因素是已記錄在冊的實際團體預訂方式。例如，一家飯店在兩個團體之間會有兩天的清淡期，管理單位會吸收低營收團體來塡補空缺。反之亦然，飯店團體房近滿的時候可能有一個團體要房間，加上這個團體會讓飯店團體銷售高於目標，接納的話就要取代一些價格高的散客業務。如果團體堅持要這家飯店，就需要報出比正常團體價高的房價，以彌補取代散客產生的營收損失。

散客業務也需要同樣的分析。例如，由於飯店給出的折扣價，公司和政府業務會被安排到標準間。標準房住滿以後，飯店就只剩下豪華房可賣了。如果需求不強，管理單位可以決定按標準房定價出售豪華房，以保持競爭能力。在做出住房率和房價決定之前，最好先看一看團體和散客的組合情況。

營收管理的目標是要讓營收最大化，透過營收來源追蹤業務有助於決定什麼時候允許房價打折。業務的來源多種多樣，應認真逐一分析，弄清它對整體營收的影響。如果團體有帶來回頭客的潛力，客房部經理常常會同意給這個團體折扣房價。

二、潛在的高需求策略和低需求策略

飯店需要確定高、低需求期的營收管理策略。在需求高的時候，增

加客房收入的常規技術是最大限度地擴大平均房價。散客和團體業務市場會需要各自的單獨而專門的策略。

下面是高需求的時期中使用的一些散客業務策略。

· 盡力確定正確的市場門類組合，用可能的最高房價售出房間。這一策略高度依賴準確的銷售組合預測。

· 監督新的商業預訂，用這些變化了的情況重新分配客房。可以給專門的市場區隔配一定的留存量。例如，標準房可能以較低的折扣價售給了有預訂的旅行者，住房率開始攀升的時候，考慮停用低房價，剩下的標準房只能按定價收費。管理單位還要做好準備，萬一需求開始減退，就要重新起用低房價。管理單位要密切監視需求，並且要彈性調節房價。此處有一點很重要，就是房間總是能以低於張榜公布的定價銷售的，而高於公布的定價銷售則是不道德的。

· 考慮設立最少住店天數。例如，勞動節那個周末總是客滿的渡假村，就可以要求最少居住 3 天，以更好地控制住房率。

有許多團體業務策略適用於高需求期。例如，決定取捨時，選產生最高營收額的團體。管理單位應依靠自身的經驗去開發營收管理政策。

從總營收出發，把客房批量銷售給那種同時預訂會議室、餐飲服務和套房的團體是聰明的做法。預訂輔助設施和服務的團體大多會在飯店裡花費較多的時間和金錢。這一策略一般要限制當地客戶使用多功能廳、會議室和公共區域，如果這些區域被當地客戶預訂了，需要這些場地的更能獲利的團體往往會被迫易地。

高需求期處理團體業務的另一個策略是努力將對價格敏感的團體移到低需求的日子裡。換句話說，如果飯店預測了高需求期，有一個價格敏感團體已經預訂了這一時期的客房，管理單位可以努力把這項團體業務重新安排到低需求期。這一策略常常是說起來容易做起來難，它能讓飯店用願出高價的團體取代低房價團體。

圖 13-6 為飯店可以使用的另外一些高需求期策略，而圖 13-7 則列出了超量需求期的策略。

低需求期散客和團體業務的優先策略是通過住房率最大化來增加營收。客房部經理會發現下面的業務策略很有幫助。

· 仔細設計一個彈性的定價體制，允許銷售代理在一定情況下低價銷售。在為低需求期謀劃的過程中，應提早確定這些較低的

價格。

· 努力準確地規劃期望的組合市場。這一規劃的準確性將影響最終的產出率統計。

管理單位應密切注意團體預訂及散客業務趨勢。不可武斷地隔離較低價格的區隔和市場占有率。

· 由於低住房率期不可避免，就啟動較低價格門類，吸引價格敏感團體，同時開展公司、政府和其他特殊折扣價促銷。考慮開發新房價包價，並從當地社會吸引業務（例如，當地散客市場的周末遊）。

· 對散客保持高房價。這類客人抵店之前與飯店沒有聯繫，通過管理嚴密的銷售技術，爭取一個提高平均房價的機會。

· 一種非財務性策略是讓客人升級住更好的房間，不另加費用。這一技術能提高客人滿意度和忠誠度。實施這一政策應純屬管理單位決定，同時也有一定風險。例如，客人可能指望將來住店會享受同樣的升級，這不可能，而預訂和櫃檯員工則要花費口舌去解釋那是特殊的、一時性的升級，因為飯店重視客人的業務。

這裡列出的並不是全部策略，但它們是行業策略的代表。圖13-8還列出了一些低需求期另外的策略。

三、執行營收策略

一旦這些都組織好了，分析清楚了，客房部經理要確定在任意給定一天使用什麼房價。某些策略和戰術會與警告同行。過嚴實施限制實際上會阻礙業務。經理們應時刻牢記，最終的目標是滿足客人的需要，任何不能滿足客人需要的策略都不會達到希望的效果。過多運用營收管理就會像完全沒有運用營收管理一樣。就是說，有四個策略一定要謹慎使用：

1. 門檻價
2. 最短住宿期
3. 臨近抵達
4. 連續性銷售

圖 13-6 高需求期策略

1. 停止或限制打折

   因為要讓平均房價最大化,要分析打折情況並加以限制。你可以給預訂較長時間居住的客人打折,也可以限制較短期的訂房。

2. 謹慎使用最短住宿期限制

   最短住宿限制能幫助飯店增加間天數,對於團體,要研究團體的種類,確定它們有延長多少天的可能性。

3. 減少團體房配額

   定期與領隊交流,確認團體實際需要合同上所述的房間數。如果不是,則進行調整。

4. 減少或取消下午 6 點保留房

   減少或取消未付費而要保留到下午 6 點的房間數量,需求高的時候,你會需要可銷售房。

5. 收緊保證和取消政策

   收緊保證和取消政策能幫助確保付款。在預訂時用信用卡收取第一晚房費。

6. 提高房價,與競爭者保持一致

   收取與競爭飯店融致的費用,但只能漲到中心訂房系統公布的價格,以及宣傳冊上列出的這一時期的價格。

7. 考慮提高價格

   如果你已經給套裝價折扣,就請考慮提高那種套裝價價格。

8. 對套房和行政房實施全價

   在高需求的情況下,對套房和行房收取全價。

9. 控制訂房客人的抵達日期

   只要客人在某一日期之前抵店,就允許接受這一天的預訂,這樣一來飯店能控制人店量。追蹤和監督因這項限制而拒絕客人是很重要的工作。

10. 評估連續銷售的優點

    在連續性銷售中,要求的居住可以以策略實施之日前開始。在某日出現住房率高峰,而管理單位又不想高峰影響此日前後的預訂時,常用這種策略。

11. 訂金和保證金付到最後一晚

    對於住宿期較長的,要保證訂金和保證金付到最後一晚,盡量減少提前退房。

圖 13-7　超需求時的策略

應用高需求策略

在超需求的情況下，需求會超過供應，要應用高需求情況下使用的所有限制。了解超需求的原因

找出是什麼導致了超需求

- 是一日或多日的活動？
- 活動是什麼類型的？參加者是什麼樣的人員構成？
- 活動期間其他飯店在銷售什麼？
- 是當地的需求還是更大範圍的？
- 可能的客人會接受最短居住期還是其他住店限制？

回答上列問題將會幫助你做出最佳決策。

舉例：

- 如果你發現需求來自於一項兩天的活動，就可以實施住兩晚的要求，剔除其他只住一晚的散客。

- 如果你發現由於活動的特殊情況，客人有可能取消，就可以要求提前 48 小時或 72 小時取消。（例如，你的客人可能是來看運動會的，其中某一隊可能會也可能不會進入下一輪比賽。要看的比賽結束後，客人們會選擇打道回府。）更積極的辦法是把房間賣給進入下輪比賽的那支隊伍的崇拜者。

圖 13-8　低需求時的策略

1. 推銷價值和優點

   讓客人知道你們有適合他們的產品，並且物有所值，而不要僅僅報個價。推銷飯店各種價值和優點，客人是會考慮的。

2. 提供套裝產品

   為了增加間天數，有一個策略是把住房與許多有吸引力的產品和服務結合在一起，形成套裝產品，用一個價格。

3. 保持折扣策略

   折扣一般都有針對性，針對特殊的市場，或是在特殊時間、特殊季節實行。在低需求期裡，用折扣去激勵間天數增長是一種重要手法。

4. 鼓勵升級

   讓客人住更好點的房間，或享受更高級別的服務，以改善他們的經歷和感受，有希望使他們成為飯店的常客。

5. 提供居住期敏感價格獎勵

   居住期敏感價格獎勵指給居住期較長的客人打折。例如，一位住三晚的客人可能會得到每晚 5 美元的額外折扣，而住一晚的客人則得不到。

6. 取消居住限制

   取消一切居住限制，讓客人免受諸如什麼時候該抵店，什麼時候該離開的限制。住一晚的客人會像住一周的客人那樣受到鼓勵。這會有助於達住房率最大化。重要的最應把這些舉措通知員工，通知中心預訂系統的人員。

7. 員工參與

   開展增加住房率和間天數的有獎競賽。一定要讓你的全體員工參與，以及中心預訂系統的人員參與。

8. 與競爭者建立友好關係

   與競爭者的友好關係有助於安排客人，也有助於執行交叉管銷工作。

9. 降低房價

   只要能收回住客成本，把客人留在飯店具有極大的意義。你會需要盡可能降低房價，確認門檻價，那是特定時間期的最低房價。

四、門檻價（Hurdle Rates）

　　無論需求是高還是低，定價（Rack rates）總是公開的。客房部經理必須根據需求為給定的日子設定最低價，房價不得再低於這個最低價。這有時又稱為門檻價。在給定的那一天，任何房間可以高於門檻價售出，低於門檻價不行。有些自動化營收管理系統甚至不顯示低於門檻價的價格，防止使用它們。根據飯店期望的產出和市場情況，門檻價可以每日波動。門檻價通常能反映客房部經理讓產出最大化的定價策略。

　　有時候，對以高於門檻價銷售的預訂代理和櫃檯接待員還給予獎勵。例如，如果某一天的門檻價是肋美元，而一位預訂接待員以 90 美元售出了一間房，他就會得到 10 個促銷分，到了月底，累計全部促銷分，每100分可以得到一定數額的現金獎勵。但是，這類獎勵也要謹慎實行，預訂和總台接待員會不用得分少的房價，即使那些房價已高於門檻價。這樣，在他們獲得獎勵分的同時，實際上也會趕走業務。

　　獎勵還可以給予住宿期長的客人。例如，住 3 天的客人可以獲得比住 1 天的客人更低的房價。這是「住宿期敏感門檻價」。由於產出的總收入會比一兩天住房預訂的大，預訂接待員也會為一個三晚的預訂得到獎勵分，即使它的價格還要低些。

　　宣傳門檻價可以用各種不同的方法。有的飯店把房價張貼在預訂辦公室和總台，在接待員能看見而客人看不見的地方。有的電腦系統，如前面所說的，只顯示能接受的價格。無論用什麼方法，重要的是預訂資訊必須保持是最新的。產出策略一天中可以變化幾次，全體櫃檯和訂房接待員都必須知道這些變化。

五、最短居住期

　　至此，本章集中討論了控制房價產出最大化。這是一個行之有效的辦法，但還有其他解決可銷售房的策略。這些策略有最短居住期，臨近抵店和連續性銷售。所有這些策略可以應用於某一些房型、房價類別或包辦價方案，也可以應用於全飯店。

　　最短住宿期策略要求預訂至少達到一定的天數方可接受，本章前面部分曾給出過這種例子。這一策略的優點是讓飯店能建立相對平穩的住房率模式。在住客高峰期，渡假村就常用這種方法。在特殊活動或住客

高峰期，飯店也可以用這種方法。

使用最短住宿期這項要求的意圖是要防止一天的住房率峰期的前後猛升猛降。運用這一策略必須謹慎，面對嚴格的最短住宿期要求，那些不想住那麼久的能產生利潤的客人也許就會另謀出路。這一策略只能在鼓勵增加業務量而不惹惱客人時方可實施。要保證此策略在起作用，經理可以每日檢查取消記錄。

最短居住期可以和房價折扣結合實行。例如，短期住宿客人一定要付定價，而達到最短住宿期的就能得到折扣價。

六、臨近抵達

臨近抵達策略允許接受某日的預訂，只要客人在那一日前抵達即可。例如，某一天有300個房間的客人將入店，客房部經理會覺得一天中300多間房的客人入店給客房部及其相關部門的壓力太大，因此，在那一天之前抵達並且居住超過那一天的客人將被接受。但是，入住高峰那天額外抵店的客人不能接受。與最短住宿期策略一樣，預訂部應追蹤因這一策略而取消預訂的數量。

七、連續性銷售

除了要求的住宿可以從策略實施日之前算起之外，連續性銷售與最短住宿期策略相同實施。例如，如果星期三執行三晚連續性銷售，連續性銷售適用於星期一、星期二和星期三。三天中每一天抵店的客人都必須住滿三晚方可接受。

當某一天是住客高峰，管理單位不想高峰給其前後的日子帶來負面影響時，連續性銷售策略就特別有效。飯店把連續性銷售策略當做高峰日超額預訂的一項技術。透過正確預測不抵店客人，提前退房客人和預訂的取消，管理單位能夠經營好高峰日，超額預訂會下降，能接待好全體有預訂的客人。沒有這樣一種策略，高峰前後的日子住房率都會下降，因為高峰日會預留延長期。

可銷售房策略可以與房價策略結合使用。例如，三晚的最短住宿期就可以與90美元門檻價聯合使用，如果客人只住兩晚，就報給客人110美元的定價，否則就不接受此預訂。

第五節 營收管理軟體

　　雖然營收管理的單項任務可以人工進行，但處理資料和計算產出率統計的最有效方法是用營收管理軟體。營收管理軟體能夠結合客房需求和房價統計，類比高營收產品的方案。

　　營收管理軟體並不代經理做決定，它只是為管理決定提供資訊和支援。由於營收管理常常十分複雜，客房部員工不會有時間人工處理大量的資料。很幸運，電腦可以儲存、調回，並且根據影響客房營收的廣泛因素處理大量資料。假以時日，營收管理軟體就能幫助管理單位創建產生可能決策的範例。決策範例以歷史資料、預測和已預訂的業務為基礎。

　　在已經使用電腦化營收管理的行業裡，已經看到以下結果：

- ·連續不斷的監測：電腦化營收管理系統能每天 24 小時，每周 7天追蹤和分析業務狀況。
- ·連續性：軟體程式可以按存入的市場中的某家公司或當地管理規則，對市場中的特殊變化做出反應。
- ·資訊可取性：營收管理軟體可以提供改進的管理資訊，這些資訊能幫助經理們更快做出更好的決定。
- ·績效追蹤：電腦系統能夠分析一個業務期內的銷售和營收交易，確定向營收管理的目標進展的情況。

　　營收管理軟體還能作出各種各樣的報告。以下是營收管理軟體有代表性的產出文件：

- ·市場區隔報告（Market segment report）：提供有關部門客人組成的資訊。這些資訊對用市場區隔做有效的預測非常重要。
- ·一覽表／預訂圖表（Calendar／booking group）：按日提供間天需求和預訂量。
- ·未來每日狀況報告（Future arrival dates status report）：為一周的每一天給出需求資料。此報告含有大量預測資訊，透過一周每日的比較分析，可以發現住房率趨勢。它可以設計成包含數個將來的時期。
- ·某日訂房報告（Single arrival date history report）：說明飯店的預訂模式（預訂趨勢）。透過檔案證明圖表上的某一天是如何構成

的，此報告與預訂圖表緊密相聯。

・每周概要報告（Weekly recap report）：包括房間的銷售價格，授
權銷售的房間數，以及在營銷活動中以特別價／折扣價售出的
房間數。

・客房統計追蹤表（Room statistics tracking）：追蹤爽約、爽約的保
證類預訂、散客，以及打發走的客人。這一資訊能成爲準確預
測的工具。

　　因爲管理單位對營收的提高有興趣，電腦化營收管理已成爲廣泛使
用的招待業應用軟體。

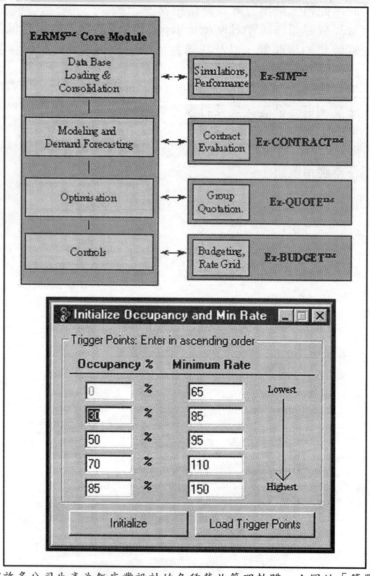

有許多公司生產為飯店業設計的各種營收管理軟體。上圖的「簡單易行的營收管理方法」（http://www.Easyrms.com）和 Itech（http://www.itech2000.com/yield management）僅為其中的兩例。

MANAGING FRONT OFFICE OPERATIONS

小結

與歷史上的其他標準相比，營收管理對客房收入和住房率情況有更精確的度量。營收管理之所以有效，是因為它把住房率和日平均房價結合在一起，構成了一個單項統計。在顧及影響業務趨勢的眾多因素的同時，營收管理看重最大限度擴大客房營收。它是一項可以衡量的工具，客房部管理單位可以把可能的營收作為標準，用實際營收與之比較。

在把預訂視作寶貴商品的業務環境中，營收管理已被證實是成功的。成功的營收管理的關鍵在於可靠的預測，因為它以供求狀況為基礎。

因為營收管理應用了一整套需求預測技術為預測的業務量確定有效價格，用於客房預訂中能取得高度成功。營收管理用三種方法控制預測資訊，以尋求最大化的營收：供應量管理、折扣分配和居住期控制。

供應量管理有許多控制和限制客房供應的具體辦法，它也會受到臨近飯店或競爭飯店可銷售房數量的影響。打折包括時間期限和降價產品（客房）的可供應量。折扣配置的首要目標是保留充足的高價房以滿足在此價位的預計需求，與此同時設法填滿那些否則會空著的房間。居住期控制把時間限制置於預訂的接受期，為的是讓多日居住的需求（代表較高水準的營收）有充足的房間。

營收管理中的主要計算工作是營收統計，它是實際營收與可能的營收之比。實際營收是售出客房產生的收入，可能的營收是如果所有客房以全價或可能的平均價售出應該收到的現金數額。可能的平均房價是一個統計的集合，它把飯店可能的單人房雙人房價格，多人住房百分比和價格結合在一起，成為一個單一的數字。實際房價銷售係數是用飯店的實際平均房價除以可能的平均房價。另外，有的飯店喜歡把統計集中於每間可銷售房營收（Rev PAR）。

住房率和實際平均房價的不同組合會算出相等的客房營收和產出。管理單位必須注意，不要把相等的營收當做房間數和住客人數方面的相同經營狀況。

營收會議是多數飯店使用的論壇，他們在那裡做出營收管理的重大決策。營收會議可以根據需要定期召開，討論團體和散客業務，實施營收策略。

在有選擇地折扣而不是普遍打折時，以及在銷售有競爭買主的客房

時，營收管理就會變得更加複雜。飯店經常給某些類別的客人（例如知名人士、政府人員）打折，飯店還必須決定是以折扣價接受還是拒絕團體業務。理解團體業務對飯店經營業績的影響，是如何應用營收管理的一個重要因素。

因為營收管理的目標是讓營收最大化，按營收來源追蹤業務會有助於確定什麼時候允許打折。有的飯店會允許特殊種類的打折業務，例如公司業務，因為這些市場會帶來許多回頭客。確定了各種不同的業務來源之後，應逐個進行分析，瞭解它對飯店總營收的影響。只要能經常帶來客人，經理們經常會接受打折的業務，因為它的長期影響是有利的。

實施產出策略包括設定客房的門檻價。門檻價是某一給定時間能提供的最低價。門檻價有時是住宿期敏感型的，就是說住滿最少居住期的客人能得到較低的房價。有時候還用獎勵來鼓勵櫃檯和訂房接待員以高於門檻價的價格出售房間。由於門檻價會頻頻改變，房價及其變化的有效交流就顯得十分重要。

營收管理經常用控制房價的手法致力於產出最大化。其他注重居住期和抵店日期的策略也是行之有效的。為了提高產出，這類其他策略可以與房價控制有效結合使用。

註　釋

[1] 本方法不會得出如那些由營收管理軟體精確計算出來的實際房價銷售係數。這是因為可能的平均房價是飯店所有房間定價的加權平均數，用實際售出房（或住客房）定價的加權平均數會更準確。由於售出房的銷售組合一般每日都有變化，這些房間定價的加權平均數也就每日不相同。因為人工計算每日售出房定價的加權平均數太麻煩，也不切實際，所以一般用全部房間的可能平均價格取而代之，這樣做產生的錯誤因素影響不大。但是，營收管理軟體能更精確的計算實際房價銷售係數，因為它能簡單、自動地計算每日售出房（或住客房）定價的加權平均數。

[2] 理論上，以及本章所舉的例子中，假定每個房間的邊際成本為一個給定的常量，事實上卻並不總是不變的。例如，某些勞動力成本會增加；就是說，隨著住房率上升，到達某一點時管理單位會不得不增加總台接待員，去協助接待客人。另外，客房服務員一般以班次而不是按房間數拿工資，如果一位服務員一天打掃12個房間，第二天打掃了

15個房間,每個房間的邊際成本也會發生少許變化。此外,有的飯店能夠關閉未在使用的副樓,如果增加一位客人意味著要起用整個副樓,那麼很清楚,增加那位客人的邊際成本就要比只增加一個單人房的邊際成本要高得多。關於這些事項的詳細討論,請參見 Ratmond S. Schmidgall, *Hospitality Industry Managerial Accounting, 4th ed.* (East Lannsing, Mich: Educational Institute of the American Hotel & Lodging Association, 1997), chapter 7。

[3]關於盈虧分析和利潤空間比率的更詳細討論,請參見Schmidgall, chapter7。

[4]團體業務常常會涉及飯店的銷售部門,銷售部門一般接受團體預訂,然後把預訂轉給預訂經理,再由預訂經理為團體預留客房。如果個別團員與飯店聯繫,說他們已訂了房,那麼預留房的數量應相應減少。

關鍵詞

實際房價銷售係數(achievement factor):飯店實際收入占定價的百分比;在尚未使用營收管理軟體的飯店,一般用實際平均房價除以可能的平均房價來估算。

提前訂房時間(booking lead time):必須在幾天前預訂的一種衡量方法。

盈虧分析(breakeven analysis):一種成本、營收和銷售量之間關係的分析,有助於確定能覆蓋全部成本的營收要求。也稱為成本─銷售量─

臨近抵達(close to arrival):一種產出率管理策略,只要客人在某一日期前抵店,就允許接受那天的預訂,例如,如果客人的實際居住時間從星期二晚上開始,飯店就會接受關於星期三晚上的預訂。

利潤空間(contribution margin):整個營運部門或某一產品的銷售價減去銷售成本,代表銷售營收額對固定成本和/或利潤的貢獻。

每間住房成本(cost per occupied room):只有在房間售出時才發生的可變的或銷售產品附加成本;又被稱為邊際成本。

折扣方格圖(discount grid):指出在不同的折扣水準要獲得同等淨收入所需要的住房的圖表。

取代(displacement):由於接受了團體業務,導致了客房短缺,因而不得不拒絕的散客;又稱作非團體性取代。

等量住房率（equivalent occupancy）：由於平均房價產生了一個期望的或實際的變化，需要求出一個能與原有價格和住房率產生相同淨營收的住房率。

市場占有率（fair market share）：飯店日平均房價、住房率或每間可銷售房營收與競爭飯店的對比，以確定是否得到了市場中的業務份額。

固定成本（fixed costs）：指即使銷售額發生變化，在短期內保持穩定不變的成本。

預報（forecast）：一項估計業務量的計畫。

團體訂房比率（group booking pace）：團體業務占預訂的百分比。

門檻價（hurdle rate）：在營收管理中，它是某一日期可接受的最低房價。

邊際成本（marginal costs）：售出客房時才產生的可變的或銷售產品附加成本；也稱為每間住房成本。

最短居住期（minimum length of stay）：一項可行的營收管理策略，要求至少達到一定的天數，才能接受此項預訂。

可能的平均房價（potential average rate）：一種集體統計，它有效地結合可能的平均單、雙人居住房價，多人住房率，以及房價房價差額額，產生一個只有全部房間都以定價售出時才能達的平均房價。

房價達成的百分比（rate potential percentage）：飯店實際收費占定價的百分比，用實際平均房價除以可能的平均房價；又稱為實際房價銷售係數。

房價差額（rate spread）：飯店可能的平均單人房價和可能的平均雙人房價之間的差額。

營收管理（revenue management）：一種以供求關係為基礎的技術，用來使營收最大化，它在低需求期降價以增加銷售，在高需求期提高價格增加營收。

每間可銷售房收入（rev PAR）：注重每間可銷售房營收的一項營收管理的衡量方法。

連續性銷售（sell-through）：一項可行的營收管理策略，除了要求的住宿

MANAGING FRONT OFFICE OPERATIONS

期可以從政策實施前的日子開始，它與最短居住時間的要求相同。

隨住宿期變化的門檻價（stay-sensitive hurdle rate）：在營收管理中，門檻價（或最低可接受房價）隨客人預訂住宿期的長短而變化。

沖刷因素（wash factor）：從團體預留房中取消不需要的團體房。

加權平均營收空間比例（weight average contribution margin ratio）：在產品多樣化的情況下，加權計算各經營部門的平均營收空間，反映各部門對飯店償付固定成本和營利能力的貢獻。

營收統計（yield statistic）：實際客房收入與可能的客房收入之比。

網　址

訪問下列網站，可以得到更多資訊。主要網址可能不經通知而更改。
Smith Travel Research
Http://www.wwstar.com

TIMS Report
Http://www.TIMSreports.com

個案研讀

使營收管理生效

The Hearthstone Suites Hotel 是一家有 250 個房間，全部為套房的飯店。3 個月前，一家叫 Fairmonthot Hotel 的新飯店在 Hearthstone Suites 附近開業。在 Fairmont hotel 開業前幾個月，Laurie，Hearthstone 的總經理，就敦促客房部和預訂的全體員工盡一切力量銷售客房。就像她所說的，「無論花什麼代價，都要保持競爭力。」銷售總監 Pat 從一開始就支持這一計畫，但是客房部經理 Jodie 從一開始就有些擔心。Jodie 關心的是一年半以前開始實施的營收管理會因為追逐住房率而徹底無用了。

最新盈虧報表說明 Jodie 的擔心是正確的。雖然住房率迄今與預算

相吻合，但是日平均房價（ADR）下降了6美元。另外，商務客比例也比計畫的要低，是40％而不是50％的商務客源。此外，SMERF區隔也比原先估計的增大了一占客人組合比的15％而不是5％。SMERF 是低價團體業務的總稱——社會、軍隊、教育、宗教和友好團體。

Jodie、Pat 和 Laurie 在一次會上討論這些最新數字：

總經理 Laurie 主持會議，她開場說：「我們已經經受了由 Fairmont 特開業帶來的暴風雨，我們設法保住了我們的住房率水平，但我們似乎要作一些重新部署。相信大家都收到了我發給你們的盈虧報表，我關心的是這樣的事實，即我們失去了很大占有率的商務客人。而且我們的日平均房價也太低了。」

「我同意，」Jodie 說，「我只是在執行命令讓員工注重銷售房間的數量。我們為了贏得高住房率付出的代價是產出率和營業額，要想回到我們從前的地位恐怕得花費一段時間。」

「Fairmont 開業前幾個月，我們開會一直同意要盡最大力量保持我們的住房率，而那就是我們已經做到的，」Pat 說，「你和你的員工工作很努力，將受到表揚，Jodie。」

「聽著，聽著，」Laurie 說，「現在我們還有些時間重新評價我們的地位，重新開始瞄準商務這區隔市場。」

「我只希望現在從 Fairmont 贏回來還不算太晚，」Jodie 嘆了口氣說。

那天晚些時候，Jodie 召集櫃檯和訂房人員開會，簡短說明要重新實施營收管理程式。「我知道，在過去幾個月裡，為了填滿客房，你們都做出了極大的努力，我為你們而感到自豪；全體管理人員也為你們感到自豪。我們達到了住房率目標。不好的一面是失去了我們的預訂的客人組合。我們失去了一些商務客人，卻爭得了過多的 SMERF 客人。而且我們的日平均房價下降了足足6美元。難道還不是重新檢討營收管理的時候了嗎？」

「營收什麼？」Jack 脫口問道，他是一位新櫃檯人員。「你從未跟我們說過。」

「稍等一會兒，」Jodie 反駁道，「你們有些人剛來不久，沒有全面接受過這個程式的訓練，但是我曾經與每個人都在某種程度上談到過它。」

「是的，你曾告訴了我一點點，」Tracey 說，她是一位訂房員。「說實話，我從來也不喜歡它。一天，我向一位客人報價85美元，他訂了一個套房。一個月以後他又打電話來，我報了105美元，然後客人

就問房價為什麼上漲了─想想看，我該怎麼說呢？」

「好吧，你有許多事可以告訴這樣問的客人，但我們現在不討論這個問題，」Jodie 說。

Bill，最有經驗的櫃檯人員說，「正像你告訴我的，我一直在用營收管理程序。」他轉向同事們，「當你看著飯店營收這幅大圖畫時，它真的不無道理。我只要告訴好奇的打電話者，我們的房價取決於他們抵達的日期。有的時期我們會比別家忙，那會影響到房價。」

「Bill，很高興聽到你在繼續使用營收管理程序，」Jodie 說，「我們可以在正規的訓練中更詳細地討論它的應用。自從爭取住客量開始以來，發生了很多變化─人員變化，甚至營收管理程序本身也發生了變化。是評估我們部門在執行營收管理程序方面又需要進行新一輪培訓的時候了。你可以相信，Tracey─以及你們大家─當你們報價的時候，我們的產品價格是有競爭力的。那倒提醒了我，」說到這兒 Jodie 停頓了一會兒，「你們中有多少人實際進入過我們的一些套房？」

六位員工中有三人舉起了手。「多少人見過 Fairmont 或任何其他競爭飯店的客房？」Josdie 繼續問道。只有 Bill 舉起了手。「幾乎沒人見過我們的套房與其他飯店提供的單人房之間的差距？」

「沒有時間去看我們在賣的產品，」Jack 自衛地說。

「看別人產品的時間就更少了，」另一位訂房員 Linda 補充說。

「這正是我擔心的，」Jodie 說。「在今後兩周左右的時間裡，我在評估訓練需求的同時，將讓你們每一位花時間去瞭解我們產品的價值─特別要與 Fairmont 和其他競爭飯店產品的價值進行比較。」

「我們還繼續給 84 美元的特價嗎？」Tracey 問道。「由於這個價格我們已經有了許多回頭客。」

「有人打電話告訴我，我們有城內最好的生意，」Linda 說。

但 Bill 告誡說，「下周我們不再使用了。房屋建造商會議將召開，城裡每一間房都會訂出去。下周我們能收高一點。」

「這個想法很好，Bill，」Jodie 說，「我知道，受客人歡迎的確很好，任何時候當一位客人看到報價要轉身離去時，使用折扣價的方法留住客人要容易得多；但是特價是最糟糕的渡假村或其他特殊情況下使用的，我們不能過多地給這個價。像這次會議這樣的特殊活動期間，我們還需要調整銷售策略。」

「談到銷售策略，我們什麼時候學習你說到的銷售技巧訓練模組？」

Linda 問道。「我曾聽說過它，但還沒見過它。」

討論題

1. 管理人員怎樣才能解決日平均房價過低的問題？
2. Jodie 能讓像 Jack 和 Tracey 這樣的員工更瞭解更適應營收管理程式的方法有哪些？
3. Hearthstone Suites Hotel 員工的訓練應注重什麼銷售技巧？
4. Hearthstone Suites Hotel 怎樣才能重新獲得失去的部分商務訂房？

案例編號：370CF

本案例由飯店業軟體網路公司，一家營銷資源及輔助公司的 Lisa Richard 協同製作（Sixty State Street, Suit700, Boston, Masachusetts 02109; tel. 617-854-6554）。

本案例也收錄在 *Case Studies in Lodging Management* (Lansing, Mich: Educational Institute of the American Hotel & Lodging Association, 1998), ISBN 0-86612-184-6。

MANAGING FRONT OFFICE OPERATIONS

人力資源管理

學
習
目
標

1. 瞭解內部招募和外部招募方法的優缺點。

2. 分辨封閉式面談問題和開放式面談問題。

3. 瞭解有效聘用和到職訓練步驟。

4. 明白工作分析過程中的步驟,瞭解它們如何幫助客務部 經理做好員工訓練的準備。

5. 瞭解客務部經理用來安排和促進員工效率的技巧。

本章大綱

　　如今的客務部經理比上一代的經理面臨的挑戰要大得多。人力管理一直是很重要的，而最近有跡象顯示將來的飯店會更強調勞人力管理。客務部經理必須熟練地對待由不同年齡、民族背景、文化和價值觀的人們組合而成的人力。正如人力的性質會變化一樣，管理上的技術和獎勵辦法也會變化。本章著重討論一些基本概念，提供了客務部經理有效管理和發展有能力的員工而需要瞭解的一些概念。

第一節　招募

　　員工招募是一個尋找並篩選合格的應徵者填補職位空缺的過程。這一過程包括透過適當的管道宣布或為職位空缺做廣告，面談和評估應徵者，以確定最適合此工作的人選。

　　人力資源部門常常協助客務部經理尋找並招募合格的人選。然而，並不是所有飯店都有人力資源部門，沒有人力資源部門的時候，客務部經理就不得不自己尋找合格的招募管道，刊登廣告，在內部張貼職位空缺公告，進行初次面談，聯繫介紹人，並執行其他相關的任務。即便在有人力資源部門的飯店裡，客務部經理也有責任闡明客務部工作職位所需要的技能和品質，與人力資源部門交流這些資訊，以保證能恰如其分地證明應徵者合格。這些一般是用一份工作說明書來完成，指出職位所需要的技能、個人特質，以及工作說明書。無論怎樣說明前景，客務部經理都應親自與最適合客務部職位的幾位應徵者面談。

一、內部招募（Internal Recruiting）

　　內部招募涉及現有員工的調動或晉升。透過這種形式的招募，經理們得以接觸那些熟悉飯店，還可能熟悉客務部的應徵者，得以接觸技能已得到證實的應徵者。內部招募還能提高員工的士氣和生產力。對於能給予提高技能、知識、地位和收入機會的飯店，員工會表現出忠誠。許多行業領導，包括公司董事長、副董事長，以及總經理，就是透過內部招募而升上來的。圖14-1總結了內部招募的優缺點。

　　內部招募工作包括交叉訓練、接班規劃、張貼職位空缺公告、按工作績效付薪，以及保留一份召回名單。

圖 14-1 內部招募的優點和缺點

優點

· 提高被晉升員工的士氣
· 其他員工看見自己將來的機會，士氣也能提高。
· 經理能更加了解內部招來的新手的能力，因為他們的工作表現已經
  經過了長期觀察。
· 主管和管理職位的內部招募會帶來一系列晉升（每個空出的職位由
  一個人去補充），能強化「內部職涯晉升」。
· 內部招募的成本低於外部招募的成本。

缺點

· 內部招募推動「近親繁殖」。
· 內部招募會在晉升遺漏的員工中引起士氣問題。
· 內部招募會產生政治泛音，有的員工會把內部晉升看成與經理、主
  管的友好關係。
· 透過內部招募填補一個部門的空缺，也許會造成另一部門中更重大
  的空缺。

(一)交叉訓練（Cross-Training）

在一切可能的時候，應訓練員工能執行多項工作任務。交叉訓練能
讓客務部經理輕鬆地制定多面手員工排班表，包括有計劃的員工休假以
及處理缺勤。員工們認為交叉訓練有益是因為能讓他們的技能多樣化，
使他們工作起變化，並且使他們對飯店更有價值。交叉訓練還會帶來更
大範圍的晉升機遇。許多年前引入客務部系統的時候，開房、收銀和預
訂員工就交叉訓練了。在小一些的飯店，常常把預訂、櫃檯和總機結合
成一項工作。一家大飯店公司新近的一項創新是交叉訓練櫃檯人員和行
李員，這種情況下，給客人登記入住的人也就是為客人提行李，引領客
人到房間的人。交叉訓練也許會有一些缺點，但總體效果是非常積極的。

(二)接班規劃（Succession Planning）

在接班規劃中，客務部經理確定一個重要職位，並且認可某一位員
工，讓他逐步填補這個職位。客務部經理要識別員工的訓練要求，並且
確保達到這些要求。由經理制定員工工作計畫、確定訓練日期和時間、

訓練教師，以及員工獲得工作資格的日期。

(三)公告職位缺（Posting Job Opening）

客務部經理在內部張貼職公告的時候，會有許多應徵者。其他部門的員工會想調到客務部，或者現有客務部員工想在本部門有所進展。無論是哪一種情況，客務部經理都必須保證員工有職位要求的技能，並且還有良好的工作記錄。

職位正式空缺以後，客務部經理應及時張貼公告。也可以在部門會議上討論空缺。有的飯店公司在對外宣布之前先向員工公開各個職位。工作告示應張貼在員工休息或工作區域中顯眼的位置。有的飯店還發現張貼在人口處很有用。員工們知道這些消息以後，常常會鼓勵合格的朋友或熟人來申請。

公告的內容應是全面的，要充分說明工作內容，指出最低工作規範和需要的技能。公告還應該告訴應徵者該項工作是日班、夜班，還是周末班。有的飯店還公告正確的薪資。有些飯店裡，員工在現在的職位未達一定期限不可申請。這種情況下，公告中應明確聲明這項要求。

(四)按工作績效付薪（Paying for Performance）

員工們知道飯店有獎勵努力工作和生產力的薪資計畫時，他們更容易受到激勵，努力表現突出。給全體員工同樣加薪，不論表現如何，會使那些表現突出的好員工感到沮喪。

(五)保留一份召回名單（Maintaining a Call-Back List）

招募工作看起來是不常發生的事，而事實上，它是不斷在發生的。為了給將來的員工配置做準備，客務部經理應製作並保留一份召回名單，記錄有特殊技能和興趣的員工及以前的應徵者。有的飯店還保留一份後備名單，或稱等候名單，記錄那些以良好表現做滿聘用期的前員工。在業務高峰期或員工人手短缺時，客務部可以聘用這些人作為補充勞動力。

二、外部招募（Extrnal Recruiting）

客務部經理也可以從飯店外招募人員來填補空缺職位。新員工能貢獻創新的思想、獨到的觀點，以及創造性的辦事方法。外部招募工作包

括上網招募、臨時職業介紹機構，以及員工推薦介紹計畫。聯邦、州和地方政府的稅收政策會獎勵管理單位從指定的群體中招募。另外還有幾項政策鼓勵聘用殘疾人。圖 14-2 摘要了外部招募的優點和缺點。

圖 14-2　外部招募的優點和缺點

優點

- 外部招募把新血和新的想法帶進公司。外部來的新成員常常不僅能提供新的想法，還能帶來關於競爭對手在幹什麼、怎樣的消息。外來新手能提供對公司的新看法，有時這些新看法能強化現有員工的工作滿意度。外來新手可能會說到這樣一類事情，如「你們的廚房比我以前工作的 XYZ 公司的乾淨多了」，或者「這裡員工的互助態度使我在這裡比在老地方工作愉快多了」，考慮一下這些話的價值吧。
- 外部招募也是公司廣告的一種形式（報紙廣告、招貼畫、公司牌通知等等，提醒公眾關注你們的產品和服務）。

缺點

- 外部招募時，找到一個能適應公司的文化和管理哲學的人會較困難。
- 如果現有的員工感到他們在公司沒有機會升遷了，就會產生內部士氣問題。
- 外部新手比內部人員需要到職訓練的時間較長。
- 外部招募會在短期內降低生產力，因為外來新手不如內部人員工作快捷或有效。
- 當員工認為他們能把那項工作做得與外部招募來的新手一樣好時，就會產生政策問題和人際衝突。

(一)招募網路（Networking）

招募網路包括與朋友、熟人、同事、業務聯繫人及學校管理人建立個人聯繫。這些個人聯繫常常會造成就業介紹。向飯店提供服務或供應商也會向飯店提供可能的工作或候選人的線索。其他網絡資源還有同業人士或社團關係。如果飯店是連鎖飯店中的一個，客務部經理就能與本地區其他飯店的經理們聯絡，透過共同合作，使職業生涯向更有利於全體員工的方向發展，受聘於連鎖企業更令人嚮往。

㈡臨時職業介紹機構（Temporary Employment Agencies）

臨時職業介紹機構能提供員工補充許多職位。這些機構常常訓練某些領域裡的一批員工。臨時職業介紹機構是為盈利而經營的，因此其臨時工小時收費一般比正式工小時薪金要高。這些高出的收費通常以其他方式補償，例如，臨時職業介紹機構會：

- ·減少加班，減少招募或雇用費
- ·提供經篩選和訓練的合格員工
- ·透過提供正式職位和福利來增進員工的責任感
- ·能提供完整的員工團隊

不好的方面是臨時工缺乏適當的專門訓練。另外，他們需要時間去瞭解飯店的布局、用品、設施，以及部門的工作時間。其結果是臨時工會比客務部自己的員工缺乏工作能力，需要更多監督。臨時工一般作為正式工隊伍的短期補充。

㈢員工推薦介紹計畫（Employee Referral Programs）

有的客務部採用的員工推薦介紹的方法鼓勵其員工為空缺職位推薦自己的朋友和熟人。員工推薦介紹計畫程序一般都會獎勵把合格的人員推薦到公司來的現有員工。客務部管理層從一開始就建立推薦員工的獎勵方法，此計畫就能最好地發揮作用。計畫還必須說明將應用什麼標準，如何才算成功。一般情況下，被推薦的員工必須工作一段特定的試用期以後，推薦者才能取得獎勵。試用期從 90 天到 180 天不等。

㈣稅務信用（Tax Credits）

有一些政府制度，如聯邦政府的有目標的工作稅務制度，為從特定人群中聘用員工提供稅務獎勵，任何客務部員工按稅務信用制度聘用人員，必須在聘用前經州聘用委員會當地辦事處證實被聘用人屬於目標人群。領取有目標的工作稅務信用的飯店必須要證明新員工不是飯店業主的親戚或撫養人，他以前也沒在飯店工作過。

㈤殘障員工（Workers with Disabilities）

客務部有些職位很適合殘障人士，例如，坐輪椅的人就可能適合做總機或訂房員，這些工作一般不要求站起來，也不要在工作區大幅度運動。有殘疾的員工一般都有明確的目標，並且把工作看作自己能力、技

能和獨立性的重要證明。

　　一般來說，可以透過當地政府的工作訓練機構或提供殘障人訓練的學校來招募有殘障的員工。有的社區也會給雇用殘障人士的公司稅務獎勵。在雇用這樣的人之前，客務部經理必須保證工作範圍適應這些員工的需要。美國 1990 年殘疾人士法的主要焦點就是要讓體腦有傷殘的人能更容易地找到工作，並且在自己的職業上有所發展。飯店必須採取適當的措施遵守這一立法，特別是在無障礙設計和聘用工作方面。由於傳統的勞動力市場在不斷萎縮，有傷殘的人們正在成為新員工重要的和不斷壯大的來源。此外，工作說明書和規範必須明確指出不適合美國殘疾人法所保護的人的限制或要求。例如，坐輪椅的員工就不適合做行李員，因為這個職位要求走動和搬提重物。

第二節　遴選

　　為客務部的職位選擇適當的人，這項工作客務部經理應參與。根據飯店的不同政策，客務部經理可能直接雇用應徵者，也許只能把建議雇用的人選遞交最高管理層。

　　有實際技能、知識和領悟能力的應徵者很可能成為有價值的客務部員工。客務部工作常需要的三項特殊技能是好的語言能力、數學計算能力及鍵盤（打字）技能。員工的語言技能是與客人和其他員工交流所需要的；數學能力會幫助他理解客務部的財務和交易過程；做檔案記錄和使用電腦時，鍵盤技能就特別有用了。

　　由於客務部的工作需要高度涉及與客人的接觸，經理們常常在應徵者中尋找某些個人特性。這些性格包括善於與人相處的、靈活的、有專業態度的、有上進心的，以及注重外表的。評估應徵者人的個人素質是很主觀的。有效的客務部選拔程式常關注多項技能、態度和個人緊素質。此外，由於客務部員工與客人接觸極多，在這些接觸中他們要能體現出飯店的氣質，無論是在電話、信函還是面對面接觸中。客人透過與員工的接觸產生對飯店的印象。一個飯店公司與有希望的預訂員談話是用電話問幾個問題，這讓談話人聽到候選人的聲音，瞭解他怎樣透過電話來體現自己。適當選擇員工會有助於確保在所有對客接觸中保持飯店的形象和價值。

一、遴選工具

工作說明書（job descriptions）和工作規範（job specifications）是重要的遴選工具。一份工作說明書列出了全部任務及與組成工作職位相關的資訊。工作說明書還會列出彙報關係、職責、工作條件、將使用的設備和材料，以及該職位的其他特別資訊。由於工作說明書清楚地闡明執行某項工作需要履行的職責，因而在招募和遴選員工的工作中它特別有幫助。工作說明書還可能解釋一個工作職位與部門其他工作職位之間的相互關係。

雖然每項工作都是獨特的，但客務部的工作要求可以有一些一般說明。工作規範一般會列出並說明成功執行工作說明書所需要的個人素質、技能、性格、教育狀況及本人經驗。制定工作規範時，經理們可以利用其他客務部員工的知識，以及與工作相關的所有書面資料。例如，經理們可以用准時上班來說明員工的專業的態度。專業態度還可以進一步用對客人反應的靈敏、幽默、隨和，以及有良好的聆聽習慣來說明。靈活的員工會被認為是好的團體成員，願意按需要在不同的職位或班次工作。工作規範可能涉及一些與客務部的特殊需要相關的專門名詞，例如，在渡假村適當的穿著可以穿便裝，但在商務飯店，適當穿著會被規定為正式套裝。對個人素質的要求必須與各個飯店的不同需要相適應。

二、評估應徵者

一般說來，客務部經理評價工作應徵者是透過審閱完整的工作申請表，檢查應徵者的參考資料，以及有選擇地與應徵者交談。有人力資源部門的飯店會按照客務部的工作說明書和工作規範篩選應徵者。在沒有人力資源部的飯店，客務部經理應負責篩選和評估應徵者人等各方面的工作。工作申請表很容易填寫，應要求應徵者提供有助於證明他適合此工作的資訊。圖 14-3 為工作申請表樣本。

圖 14-3　工作申請表樣本

就職申請表

一般資料

姓名＿＿＿＿＿＿＿＿＿＿＿＿　　　　社會保險號＿＿／＿＿／＿＿
　　　名　　姓　　　中間縮寫

地址＿＿＿＿＿＿＿＿＿＿＿＿＿＿　　　　電話＿＿＿＿＿＿
　　　街　　市　　州　　　　郵遞區號

如果你申請的職位要求你開車，有駕駛執照嗎？　有□　　無□

如果你的回答是有，請提供：執照號碼＿＿＿＿＿＿＿＿　　等級

國籍：如果你不是美國公民，你有長期居留簽證，I-94 表或移民局信　函說

明你依法准許在本國工作嗎？　□有　　□無

　　　　如果受聘，你能出示證明嗎？　　　　□能　　　□不能

如果你不滿 21 歲：年齡＿＿＿＿＿＿　　　　出生日期＿＿＿＿＿＿

作為聘用說明，你在以前的工作中使用過其他名字嗎？　　是□　　否□

寫出曾用名：

職位說明：第一選擇＿＿＿＿＿＿　　　　第二選擇＿＿＿＿＿＿

希望工資＿＿＿＿＿＿　　　　　可以到職日期＿＿＿＿＿＿

你申請哪種性質的工作？□全職　□兼職　（每周工作＿＿＿小時）

　　　　　　　　□暑期　□學期間　□其他＿＿＿

有時一項作任務會要求以下條件，如果要求了，你願意工作嗎？

A.輪班？　　　　　□可以 □不可以　B.輪班？　　□可以 □不可以

C.工作日程不是從周一到周五？ □可以 □不可以　D.超時工作？ □可以 □不可以

列出排班問題或限制

以前在本飯店工作過嗎？　　有□　　　沒有□　　什麼時候＿＿＿＿

離開原因＿＿＿＿＿＿＿＿　　　主管姓名＿＿＿＿＿＿＿＿＿

你是怎樣來申請的？　　　□他人引薦　　□報紙廣告＿＿＿＿＿
　　　　　　　　　　　　　　　　　　　　　（報紙名稱）

　　　　　　　□代理商　　　□指定　　□住過此地

　　　　　　　□朋友／現在的員工
　　　　　　　（姓名＿＿＿＿＿＿＿）

你親屬在這裡工作嗎？

警方犯罪記錄：你曾被判有重罪嗎？　□是　□不是　如果是，請簡要說明你犯罪的情況，包括性質、地點及案件處理。由於這只是決定是否聘用的因素之一，因此一項重罪不會就把你拒之門外。

＿＿＿＿＿＿＿＿＿＿＿＿＿＿＿＿＿＿＿＿＿＿＿＿＿＿

＿＿＿＿＿＿＿＿＿＿＿＿＿＿＿＿＿＿＿＿＿＿＿＿＿＿

第一頁

（續）圖 14-3　工作申請表樣本

軍事經驗

你有沒有在美國軍中服役過？□有　□沒有

如果有，請説明服役期間的特殊訓練或獲得技能，它們會有助於工作嗎？

教育狀況

學校類別	學校名稱和地址	學習年數	畢業了嗎？	主修領域
		9、10、11、12	是□　否□	
		1、2、3、4	是□　否□	
		1、2、3、4	是□　否□	

工作經歷

首先列出最近的雇主，然後是僅次於最近的。我們要查核所有資料。

前雇主姓名和地址	工作日期 自 年 月	至 年 月	職位	主管	每周工作小時	薪水
公司地址						

城市　州　電話	你為什麼離開或打算離開該公司？

緊接著的前一位顧主姓名和地址	工作日期 自 年 月	至 年 月	職位	主管	每周工作	薪水
公司地址						

城市　州　電話	你為什麼離開該公司？

用額外的紙寫明其他工作經歷。

特殊技能

打字／文字處理＿＿＿＿　聽寫／速記＿＿＿＿　電話＿＿＿＿　電腦＿＿＿

外語＿＿＿＿＿　機器＿＿＿＿＿

　　列舉　　　　　　　　列舉

個人介紹

以下人士認識我，並且能給出個人介紹

姓名　　地址　　城市　州　郵遞區號　電話

應徵者，請閱讀後簽名

　　我證實據我瞭解本表中的內容是正確的，並且知道偽造資料會被拒絕雇用，即使僱用了也會被開除。我授權本申請中提及的人或組織向你們提供任何或全部有關我以前的工作、教育成其他信息，只要是有關本申請表涉及的題目均可。並且不追究因向他提供信息而引起的信任。我授權你們索取並接受這些訊息。我理解該飯店的僱用或聘用方面沒有種族、膚色、宗教信仰、來源國家、性別、年齡、殘障人士或經驗狀況的歧視。

　　　　　　簽名＿＿＿＿＿＿＿＿　日期＿＿＿＿＿＿＿＿

經理們應查閱參考資料，證實應徵者的身分和他以前的工作經驗及技能。經理們應該知道，除了應徵者過去的職務、聘用時間和工資以外，以前的雇主一般不願多提供資訊。前雇主很少表明他們是否願意再聘用此人。前雇主的意見，特別是反面意見，會增加前雇主對前雇員負上侮辱、誹謗或損壞名譽行為的可能責任。客務部經理必須熟悉本飯店對瞭解現有或過去員工工作記錄的電話的處理政策。熟悉這些政策，能讓經理們更好地理解工作候選人的以前雇主的意見。檢查所有工作應徵者在警方的記錄也可能是飯店的政策。對某些職位來說，這也許是基本要求，如收銀員或飯店貨車駕駛員職位。檢查警方記錄會幫助揭發不安全駕駛記錄、毒品記錄，或由於現金處理問題從另外的工作職位被開除的記錄。

　　由於聯邦、州和地方法律禁止歧視性聘用，工作申請表裡的問題必須要細心組織。圖 14-4 列出了可能被認為是歧視的問題，並提出避免歧視的建議方法。經理們會發現，在準備談話問題的時候，這項指導也非常有用。由於各州的法律及其解釋不盡相同，應有合格的律師審閱工作申請表、相關人事表和談話程序，以保障它們的內容不違背反歧視法。

圖 14-4　聘用前問題指南

主題	聘用前合法的問題	聘用前不合法的問題
姓名	應徵者全名	因法院命令或其他緣由更名的應徵者的原名
	你曾經用其他名字在本公司工作過嗎？	應徵者的娘家姓
	檢查工作記錄需要其他名字嗎？	
	如果要，請解釋。	
地址或居住期	作為本州或本市的居民有多久？	
出生地		應徵者的出生地。
		應徵者父母、配偶或其他近親的出生地。
年齡	*你達到或超過18歲了嗎？	要求應徵者提交出生證、入籍或洗禮記錄。
		你多大了？你的生日是哪天？
宗教信仰		詢問應徵者的宗教派別、宗教分支機構、教堂、教區、牧師或奉行的宗教節日。
		不告訴應徵者」這是天主教（新教或猶太教）組織。
種族或膚色		面部膚色或皮膚顏色。
照片		要求應徵者在聘用申請表上粘貼照片。
		盡管應徵者反對，仍要求他提交照片。
		在談話後聘用前索取照片。
身高		詢問涉及應徵者身高。
體重		詢問涉及應徵者體重。
婚姻狀況		要求應徵者提供關於婚姻狀況和孩子的資料。你是單身還是結婚了？你有孩子嗎？你的配偶有工作嗎？你的配偶叫什麼名字？
性別		先生、小姐、太太或任何關於性別的問題。諸如生育能力或提倡什麼形式的計劃生育的問題。

（續）圖 14-4　聘用前問題指南

主題	聘用前的合法問題	聘用前的不合法問題
國籍	你是美國公民嗎？ 如果不是美國公民，申請人想要成為美國公民嗎？ 如果你不是美國公民，你有在美國合法永久居住權嗎？你想永遠留在美國嗎？	你是哪一國公民？ 應徵者是入籍還是自然出生公民，獲得公民權的日期。 要求應徵者出示入籍證明或首要證明。 應徵者的父母或配偶是入籍的還是自然出生美國公民；父母或配偶獲美國國籍的日期。
民族	詢問應徵者流利說、寫的語言。	詢問應徵者的(a)門第；(b)家世；(c)民族起源；(d)血統；(e)出身或民族。 應徵者父母或配偶的民族。 你的母語是什麼？ 詢問應徵者怎樣獲得外語的讀、寫或說的能力的。
教育	應徵者接受的職業或專業教育以及求讀的是公立或是私立學校。	
經驗	詢問工作經驗。 詢問應徵者到過的國家。	
被捕	你曾被判有罪嗎？如果是，什麼時間，什麼地方及什麼性質的罪。曾告你犯有重罪的嗎？	詢問被捕情況。
親屬	除了配偶之外，應徵者已在本公司工作的親屬姓名。	應徵者親屬的地址，除了父母、丈夫或妻子及要撫養的孩子的地址（在美國的）。
緊急情況下通知：	事故或緊急狀況下要通知的人的姓名地址。	事故或緊急狀況下要通知的最近親屬的姓名地址。
服役情況	詢問應徵者在美國軍隊或州民兵組織的服役經歷。 詢問應徵者在美國軍隊、海軍等某個部隊服役情況。	詢問應徵者的一般服役經歷。
組織：	詢問應徵者是某成員的組織的情況—名稱或在種族、膚色、宗教、民族或成員門第方面的特色。	列出你所屬的俱樂部、社區和居住地。
介紹人：	誰建議你到這裡來申請工作的？	

*詢問此問題的目的只是為確定應徵者是否到了法定工作年齡。

MANAGING FRONT
OFFICE OPERATIONS

三、面談

第一印象很重要。應徵者會產生對面談人、飯店、客務部,以及在這裡工作會有什麼樣的印象,正如談話人產生對應徵者能否適合該工作的印象一樣。常有這樣的情況,對工作滿意及積極性逐步來自於一次面談中形成的期望。

在大型飯店裡,一般由人力資源部門辦理招募(包括做廣告)和所有候選人的初級篩選。然後,由各部門經理進行主要的深入的面談,再決定錄用誰。客務部經理可以把面談和聘用的任務委託給一位助手。無論是由誰去做實際聘用工作,客務部經理都要對聘用工作和保持合格的客務部員工隊伍負責。

無論誰是面談人,他都應徹底熟知工作及其職責、福利、薪水幅度以及其他的重要因素。面談人應該是對人品和他們的任職資格的公平的裁判,是積極向上的楷模,也是善於溝通的交流者。圖 14-5 摘錄了與面談有關的常見問題。在經理們知道哪些會毀掉面談的因素時,他們就能更好地加以防範,增加面談成功的可能。面談應在舒適、隱蔽的地方進行,如果不可避免,也只能有極少的干擾。注意力集中於應徵者能表現出認真的態度。公事公辦式的布置,應徵者坐在桌前,面談人坐在桌子另一邊,會讓應徵者感到緊張。就在或靠近實際工作區域進行面談,常常是行之有效的,會讓應徵者感到更加輕鬆愉快。如果工作區干擾太大,無法坐下來談話,則應該另選地點。除非發生緊急情況,否則面談期間不能允許有電話或其他干擾。

圖 14-5　與面談相關的常見問題

相似性錯誤

　　許多面談人容易對與自己相似（興趣、個人背景甚至外表等方面）的候選人反應積極而對與自己很不同的候選人反應消極。

對比性錯誤

　　應該把候選人與為職位設定的標準相比較，而不是把他們互相對照。在兩位較差的候選人之後來了一位平平之輩的時候，無論是有意識還是潛意識地對比候選人就會特別糟糕。因為在候選人之間對比，那個平平之輩看上去就會很突出，從而引起對比性錯誤。

過於看重負面訊息

　　人類的本性就對負面訊息比正面訊息注意得多。我們看自薦資料或申請的時候，會傾向於尋找負面的而不是正面的資料。在面談中也會發生這樣的情況。

第一印象錯誤

　　許多面談人會對候選人產生強烈的第一印象，並且在面談中自始至終保持這一印象。

光環效應（Halo Effect）

　　有時候，候選人某一方面——外表、背景等等——給面談人的好印象會給他的總體印象增輝。在這種喜愛的光芒下，面談人看候選人的一言一行時會產生光環效應。

魔鬼的號角（Devil's Horns）

　　光環效應的對立面。這種情況常常會使面談人用不喜歡的眼光看待候選人的一言一行。

錯誤的聽和記憶

　　面談人並不總能聽出一句話想要表達的意思，他們也無法記住說過的每一件事。

近期錯誤

　　面談人容易記住候選人最新的行為或反應，而記不住面談中稍早些發生的行為和反應。

非言詞因素

　　非言詞因素如服裝、微笑、說話方式和目光接觸等，都會影響面談人對候選人的印象有的談人只根據候選人的服裝和舉止來下決心雇用誰。

圖 14-6　面談問題範本

與工作背景相關的

- 你每周一般工作 40 小時嗎？加班多少時間？
- 你的總收入和到實際薪資各是多少？
- 有什麼福利？你要為這些福利付多少錢？
- 你想要什麼樣的工資／薪水？你會接受的最低數額是多少？
- 你最希望把工作安排在一周中的哪幾天？
- 以前周末工作過嗎？在什麼地方？有多久？
- 你最喜歡的工作班次是什麼？你不能上什麼班次？為什麼？
- 你喜歡每周工作多少小時？
- 你怎麼來上班？
- 對於可能要工作的班次來說，你的交通方法可行嗎？
- 上一份工作是什麼時開始的？做到什麼職位？你現在的職務或你離開時的職務是什麼？
- 你現在工作或上一份工作的起始工資是多少？
- 在現在的工作或上一份工作中，多久增加一次工資？
- 在下一份工作中，你想要避開的三件事是什麼？
- 你希望主管有什麼樣的素質？
- 你為什麼選擇這一行？
- 你為什麼有興趣在本飯店工作？
- 什麼工作經歷對你的職業決定影響最大？

教育和智力

- 在學校的時候，你最喜歡哪些學科？為什麼？
- 在學校的時候，你最不喜歡哪些學科？為什麼？
- 你認為你的成績是整體能力的一個好的指標嗎？
- 如果一定要你再次重做受教育決策，你會做出同樣的選擇嗎？為什麼或為什麼不？
- 過去 6 個月裡，你學到的最重要的是什麼？
- 你發現你最好的老師具有什麼好特質？這些也可以應用在工作上嗎？

個人性格

以下有些問題會更適宜問那些沒有太多工作背景的人：
- 業餘時間你喜歡從事什麼？
- 在現在或前一份工作中，你缺勤或遲到了多少次？那是正常的嗎？是什麼原因？
- 你在本飯店工作，家裡會怎麼看？
- 在你前一份工作中，關於無故遲到或缺勤的政策對你解釋清楚了嗎？這些政策公平嗎？．你的第一位主管是什麼樣的人？
- 你的第一份工作是怎樣得到的？你最近的工作呢？

（圖）14-6　面談問題範本

根據面談的需要，以下關於個人性格、工作職務的問題可以改變：

· 誰的責任更重大——櫃檯人員還是訂房員？為什麼？
· 你曾面對過對一切生氣且抱怨一切的客人嗎？如果有過這樣的經歷，你是怎樣與客人一起解決問題的呢？
· 你認為你所申請的職位的人離開的主要原因是什麼？你會怎麼去改變它？
· 你認為一個好櫃檯人員的最主要責任是什麼？
· 假設你的主管堅持要你以某種方式學習一項任務、而你知道另有更好的方式，你會怎麼做？
· 你遇到過對某些員工表現出偏愛的主管？對這種情況，你是怎麼認為的？
· 在你的工作經歷中，你最喜歡的是什麼？為什麼？
· 在你的工作經歷中，你最不喜歡的是什麼？為什麼？
· 當你到商店去買東西的時候，希望看到銷售人員有什麼的特質？
· 在前一份工作中，你最大的成就是什麼？
· 如果有機會，你會對前一份工作做哪些改變？
· 如果給了你這樣的機會，你願意回到前雇主那裡嗎？為什麼或為什麼不？
· 當你決定離開時，是提前多久通知雇主的（或計劃通知前雇主）？
· 你的前主管和同事人會怎樣描述你？
· 你帶到這個新職位的優點和缺點是什麼？
· 工作上什麼會讓你感到灰心？你會怎樣對待這些挫折？
· 在你的前一份績效考核中，你的前主管提到需要改進的是哪些方面？你認為為什麼會有這樣的意見？
· 你最願意改進自己的三個方面是什麼？
· 你幹過的最值得驕傲的事是什麼？為什麼？
· 你遇到的最有趣的是什麼事？
· 你申請的工作對你重要嗎？為什麼？

針對管理級候選人的問題

· 對員工，你有過什麼樣的訓練計畫？誰制定誰實施的？
· 在前一份工作中，你做了哪些努力去改進你所管理部門的工作？結果是怎樣衡量的？
· 經理的最重要貢獻是什麼？
· 哪些飯店是你們的最大競爭者？他們的優點、缺點各是什麼？
· 作為管理，你的員工會怎樣描述你？
· 在前一份工作中，你必須管理多少人？描述一下情況。對開除員工你是怎麼看的？
· 你在激勵你的員工方面做了哪些工作？

(一)進行面談

面談過程至少有五項目標：
1. 建於基於工作關係層面的交流。
2. 蒐集足夠而準確的資訊，以便做出明智的雇用決定。
3. 提供足夠的資訊，以便應徵者做決定。
4. 向選中的應徵者推銷公司和工作職位。
5. 在飯店和應徵者之間營造友好關係。

進行面談時，客務部經理應使用交談的語調說話。必須加以注意，不要讓應徵者認為經理在屈尊俯就或恩賜。經理應該用對待客人一樣的禮貌和尊敬對待應徵者。

面談人應該讓應徵者確定談話節奏，對緊張和害羞的人要有耐心，不應該把經理要求的標準確切告訴應徵者，因為有的應徵者會改變自己的反應以滿足這些期望。經理還應該注意應徵者的身體外觀，因為許多應徵者會按照他們最高的個人標準加以修飾。

做好充分準備的面談人有一份提前準備好的問題單。面談人不一定要問所有的問題，而在洽談過程中又會引出另一些問題。問題應該能讓應徵者充分展示自己，而不要讓他們感到自己是在受審。用「是」和「否」的提問應該限制，只要能證實申請表上提供的資訊或獲取另外的事實即可。詢問「你以前的工作愉快嗎?」之類的問答題不能引發詳細的答覆。另外，這類問題還會引導應徵者做出他們認為面談人想聽的回答。要引出更全面的反應，經理應詢問開放式問題，如「關於以前的工作，你最喜歡的是什麼?」或「關於以前的工作，你最不喜歡的是什麼?」

一般來說，面談人要用一段輕鬆的談話，有時還可能是幽默的，來開始面談，讓應徵者感到放鬆些。隨後，他可以問應徵者的工作期望，一般是應徵者尋求的工作種類和工作條件，而轉入面談主題。面談人應在一個時間集中在一個主題上，例如，在談及教育或其他問題之前，面談人可以深入談談應徵者的工作經驗。

好的面談人會用適當的手勢和言語鼓勵應徵者，他們還注意聆聽，注意應徵者的身體語言。姿勢或語調的突然變化、目光移動，以及緊張的面部表情和行為說明應徵者對談論的話題感到不自在。應徵者回答問題猶猶豫豫的時候，經理應跟上相關的問題，探求更進一步的資訊。此外，當一位應徵者的答復含糊其詞或轉換話題時，可能就表示他想要回避這一主題。同樣，面談人試圖取消或回避主題時也會引起應徵者的懷疑。當應徵者問及工作職位或客務部運作問題時，面談人應盡量直接而

誠實地做出回答。

給應徵者一份工作說明書作爲面談的一部分不失爲一個好主意。它會清楚地表明經理在尋找什麼，工作有什麼要求。客務部經理可以和應徵者一起閱讀工作說明書，指出重要的職責。這使得應徵者能夠形成一幅關於工作的更清晰的畫面，形成他們是否喜歡這工作的全面觀點。如果面談進展順利，甚至還可以簡單討論如果被聘用後，候選人實際要接受的訓練。

在沒有人力資源部門的飯店，面談人應在面談的早期階段就確定應徵者是否達到了職位的基本要求。這也是談及其他聘用要求的時候，例如聯邦政府要求的員工證明他們在美國工作的合法權益（然而要注意，在做出聘用決定之前，不可要求應徵者出示這類證據）。進行面談的人還應當確定在工作條件、排班時間、工資、工作種類和聘用福利方面，應徵者的個人工作要求能否得到滿足。如果出現工作似乎難以令各方滿意的情況，面談即應終止。在不理想的情況下給予或接受工作都會導致較高的員工不滿意率和流動率。

(二)面談的問題

分兩步驟提問程序是面談中最常用的技術。第一步，面談者要求一些具體的問題，如誰（who），什麼（what），何時（when）或何地（where）。第二步，或後續的，問題要追尋更深入的回應——或能告訴面談者爲什麼或怎麼樣。例如，第一個問題可能是「在原來的飯店，你最喜歡的工作是什麼？」應徵者回答之後，面談者會問，「爲什麼那是你最喜歡的?」面談人可以使用的其他提問技術包括：

· 應瞭解應徵者的各種反應，而不是單一的反應，那樣能更具有自發性。後續問題應該縮小範圍。
· 使用直截了當的問題來證明事實並快速獲得大量資訊。直接問題有時又稱爲封閉型問題（closed-ended gaestions），常常得到很簡短的回答，例如是或不是。
· 使用非直接式或開放型的問題，或要求應徵者進行比較。當面談者不單尋求標準答案時，這項技術很有用處。開放型問題是要應徵者詳細回答的問題，例如「在學校時你喜歡什麼科目?」
· 當回答似乎不合理或不切實際的時候，追蹤特定的題目。
· 應徵者給了不完全的回答時，應探求更多的資訊。這時候常常

重述他的回答作為問題，例如，「那麼，你認為部門太大了，是嗎?」

· 用簡短而肯定的反應鼓勵應徵者說下去，例如，「我懂了，」或「請繼續說」時點頭表示贊同也會有所幫助。

· 運用沈默來表示應徵者應繼續講。

· 應徵者不理解問題時，給予示範答案。

· 做出評論而不是一味提問，讓應徵者的回答多樣化。

(三)問什麼

所有的問題都要有很強的專業背景。在面談中問及的問題應該與空缺的職位相關。例如，對於櫃檯人員職位的應徵者和客務部主管工作職位的應徵者，客務部經理就不可問完全相同的問題。可以瞭解應徵者執行專門工作任務的能力。圖 14-6 呈現了經理們進行面談時可以使用的問題樣本。

(四)不問什麼

在組織面談問題和決定要問什麼問題的時候，經理們必須謹慎。一般說來，經理們應避免問及那些不能在雇用決定中合法利用的資訊。討論的重點不應集中於出生地、原居住國、國籍、年齡、性別、生活方式、種族、身高體重、婚姻狀況、宗教或信仰、被捕記錄、傷殘，以及宗教或民族組織、俱樂部成員。經理們也不該問工作應徵者傷殘現狀、性質或嚴重程度。

專門為某一性別的人準備的問題也是違法的。例如，面談人就不應只問女性應徵者有沒有孩子，或有什麼安排孩子的計畫。如果這些問題與聘用有關，或者客務部經理能證明它們有關，那麼就必須既問男性也問女性應徵者。

有些資訊是一定要在聘用應徵者之後才能得到的，如年齡證明、在美國工作合法權益的證明。取得這些資訊的適當時機是新人填寫聘用表格之時。另外，一項工作能否給予也許要以檢查身體、藥物實驗或詢問的結果為條件，但只能是所有做這項工作的員工都要檢查或詢問方可。員工的藥檢和詢問必須與工作相關，並且與員工的工作需要保持一致。

(五)面談評估

圖 14-7 列出了面談評估樣表中客務部員工的一些重要特質。此表的各部分應根據客務部的工作規定進行組合。客務部經理可以運用這個表來評估應徵者的優點和缺點。與應徵者面談之後，客務部經理可以用此表按以下標準給出一個得分。

圖 14-7　面談評估表格範本

應徵者姓名＿＿＿＿＿＿＿＿＿＿＿＿＿＿＿＿＿＿＿＿＿＿
需評估的職位＿＿＿＿＿＿＿＿＿＿＿＿＿＿＿＿＿＿日期＿＿＿＿

	Poor Match		Acceptable	Strong Match	
	-3	-1	0	+1	+3

相關工作背景
一般背景
工作經歷
同樣的公司
對工作的興趣
工資要求
出勤
領導經驗

教育／智力
正規學校教育
智力能力
額外的訓練
社交技能
語言表達和聆聽能力
文字能力

身體因素
一般健康狀況
體力狀況
整潔、儀表和姿勢
體能

個人性格
第一印象
人際交流技能
個性
合作精神
激勵
視野、幽默和樂觀
價值觀
創造性
壓力承受能力
展示技能
服務態度
獨立性
計劃和組織能力
成熟度
決斷能力
自我了解
彈性
績效標準

　　　小計

共計得分＿＿＿＿＿＿＿＿

· 如果應徵者達到給定領域技能的可接受水平，或技能不直接與工作有關，則他們的得分為0。
· 根據在與工作相關的領域，他們超出可接受的技能水平的程度，得分可加1分或3分。
· 在與工作相關的技能方面，按他們低於可接受的水平的程度，可減1分或3分。

　　每一位應徵者都有優點和缺點。面談評估表能保證某一方面的缺點不會讓應徵者失去機會。評估了所有的應徵者之後，經理應選出並雇用最適合該職位的應徵者。在面談評估表上得分最多的應徵者一般有可能成為最好的員工。一旦選出了應徵者，經理應通知參加面談的其他應徵者，該職位已經有人了。有的時候，一個職位不成功的應徵者會適合於另外的職位空缺。出現這種情況時，經理應鼓勵應徵者去申請，或者花點時間告訴另一部門的經理有關合格的應徵者的情況。

　　所有雇用面談應存檔，特別是那些未被錄用的應徵者的面談。這些記錄應只有與工作相關的資訊，面談人的個人記錄不可成為候選人工作申請檔案的一部分。

第三節　聘用

　　當雇主向一位未來的員工表示願意給予工作時，試用階段就開始了。試用工作包括做出一切必要的安排，讓新人與現有員工建立良好的工作關係；開始人事記錄。試用階段一直持續到新員工首次在職評估結束。有時候，工作應徵者在受雇前會與好幾位經理面談，包括領班、客房部經理，甚至到總經理。應告訴應徵者這是首次面談過程的一部分，讓他們知道需要不止一次來到飯店。

一、給予工作

　　由於聘用工作要求有一定程度的技能和關於複雜的勞基法的知識，多數客務部經理依賴人力資源部門或最高管理層制定的專門人選。當只有一兩個人有權給予聘用時，飯店能更好地管理怎樣描繪工作和聘用前做出的承諾。開始和結束給予聘用工作的三個步驟是：提議、談判和議定。

(一)提議聘用（Extending the Offer）

謹慎用詞表達提議是一位未來的員工對雇主承諾的開始。要保證提議的用詞清晰，意義明瞭，不會產生誤解，許多飯店都要求有書面的提議。成功的聘用提議有時間性。客務部經理等待給出提議的時間越長，候選人接受提議的可能性就越小。在等候期間，應徵者會失去熱情和興趣，也可能已經接受了其他地方的一項工作。可能的時候，應給書面工作提議。這樣做可以避免對工作職務、工作要求、起始工資或工作日程方面的誤解。寫得好的工作提議都有一行供應徵者接受提議的簽字。這一簽字行表明應徵者已經閱讀並理解提議的內容。

(二)協調聘用（Negotiating the Offers）

在面談過程中，客務部經理應逐漸熟悉應徵者的背景情況和他的期望。許多有時會成為工作提議的障礙的問題（如工資、起始日期及員工福利）應進行討論。但只有當工作提議肯定會被接受時，管理層才會與其展開商議。

設定合理的起始日期，這一做法會告訴新人，客務部希望它的員工在離職時給出適當的提前通知。不給未來的新員工足夠的時間提前通知他們現在的雇主，飯店就不能指望自己的員工會提前通知自己。

(三)完成聘用（Completing an Offer）

一旦應徵者接受了工作提議，客務部經理應該讓應徵者相信：他做出了正確的抉擇。應告訴新人並不期望他們一開始就瞭解工作的方方面面，但管理層相信他們的能力，能成功地開展工作。主管應立即著手準備新人的到來，包括通知其他客務部員工。應把新員工的姓名、以前的工作經歷以及到職日期告訴現有的員工。客務部經理應會見各個班次的排班領導。鼓勵他們協助進行新員工訓練，建立良好的工作關係。

二、辦理人事手續

在新員工到職前處理好有關人事方面的事務有助於適應新的職位。應試穿制服、訂做名牌，因為這些是員工第一天上班就需要的。如果員工需要飯店開銀行帳戶或提供其他幫助，應盡可能在第一天上班前辦好。

這期間的主旋律應該是溫暖的、關心的和專業化的。如果過於輕

鬆、隨便或喧鬧，新員工會認為飯店或客務部的政策和程式過於鬆懈。員工應知道管理單位在服務方式上的期望，也應知道客務部和飯店的目標。管理單位會發現，辦理過程是與新員工討論目標和期望的最佳時刻。

在這個時候，客務部經理或人力資源部的員工也應該討論計時卡、工資發放程序、工作隸屬關係以及制服等事項。一張對照表可以保證每一重要事項都已辦理。在員工入職訓練期間，許多事項還要再強調。

第四節 到職訓練

新員工第一天來工作時應拿到一份到職訓練計畫。計畫好及有組織的入職訓練會讓新員工有一個良好的開頭。通常，新員工第一天上班都充滿著急切的心情。客務部經理應負責安排好員工的入職訓練。

經理們應計畫好讓新員工盡可能順利地進入新的工作。成功的到職訓練計畫常包含一份書面的日程，新員工可以用作參考。日程表應告訴員工，他將要去見誰，在哪里見，什麼時間見，以及將討論什麼問題。至少，到職訓練計畫應包括關於以下資訊：

- ·飯店——它的歷史、服務聲譽、主要管理人員姓名、發展計畫、公司政策，以及連鎖信用的資訊。
- ·福利——薪資、保險專案、員工折扣、假期和帶薪假日。
- ·工作條件——訓練計畫安排、工作日程、休息、用餐時間、加班、安全、保全、員工通知牌和記事本，以及社會活動。
- ·工作——工作職位所承擔的任務、工作怎樣適應客務部、客務部怎樣適應飯店、期望達到什麼樣的服務標準。
- ·客務部團隊——介紹同事，概述每位員工的主要職責，解釋隸屬關係。
- ·規則和規定——關於如吸煙、出入、紀律處分、停車權利。
- ·建築物——建築物的布局、員工入口的位置、更衣室、員工餐廳、制服房、櫃檯，以及其他重要部門。此外，應領櫃檯、訂房和大廳的服務員工去客房、餐廳、娛樂區和會議室，讓他們開始瞭解住客區域的布局。

這其中有許多資訊是員工手冊中也該有的。員工上班的第一天就應確定填寫所有國籍證明或工作許可證明、賦稅預扣、保險，以及類似的與工作相關的表格的時間。根據工作應發給制服和更衣櫃。新員工還應

該參觀全飯店，特別是不同種類的客房和會議室。參觀地點應包括工作區、計時鐘、工作日程張貼處、庫房、急救箱、廁所和小憩區。參觀相關的部門會有助於強化對工作流程的解釋，以及對團體協作的需要。在參觀中，客務部經理應儘量多給新員工介紹一些同事。

管理層應保證讓新員工看到所有營業點。參觀中還應該指出一些重要部門的位置，如客房部、洗衣房、維修保養、財會等等。參觀中最重要的事情之一是要花時間把新員工介紹給重要的經理們，特別是總經理和房務部經理沒參加面談的情況下，要介紹給他們。這種介紹能讓新員工立刻感到是整個團體的一員，它還有助於建立管理層與員工之間的相互關係。

第五節　技能訓練

保證員工受到適當的訓練是客務部經理的主要職責之一，這並不是經理一定要做訓練老師，實際訓練工作可以交給訓練老師、部門裡的主管，甚至是聰敏的員工。然而，客務部經理應負責部門內外訓練計畫的實施。

絕大多數經理和訓練員都知道，訓練的目標是幫助員工獲得做好工作的技能。但是，許多經理和訓練員都不知道訓練的最佳方法，他們常需要一個訓練框架。四步驟訓練法提供了這種架構，它們是：

‧訓練的準備。
‧訓練的實施。
‧技能的練習。
‧追蹤檢查。

一、訓練的準備

對成功的訓練來說，準備工作是十分重要的。沒有充分的準備。訓練會缺乏邏輯順序，工作的重要細節也會被忽略。訓練開始之前，客務部經理必須分析工作，並估計員工對訓練的需要。

㈠分析工作

訓練和防止工作出錯的根本在於工作分析。工作分析確定員工必須掌握什麼知識，他們要完成什麼任務，以及執行任務時他們必須達到的

標準。不完全瞭解每位員工要去做什麼，你就無法進行適當的訓練。工作分析可分為三步：確定工作所需的知識、制定任務單、為客務部各職位的任務製作分類細目。知識、任務單和分類細目構成了評價工作的有效體制。

　　工作所需的知識確認員工在進行工作時需要知道些什麼。工作知識（job knowledge）可以分為三類：飯店全體員工的知識，客務部員工的知識，各職位如櫃檯人員的知識。圖 14-8 列出了有關飯店全體員工、客務部全體員工以及櫃檯人員所需要的知識。

圖 14-8　客務部員工工作知識

全體員工的知識

- 高品質的顧客服務
- 血液攜帶的病原體
- 個人儀表
- 緊急情況
- 失物招領
- 再循環程序
- 安全工作習慣
- 識別值班經理
- 飯店宣傳冊
- 員工政策
- 美國殘障人士法

全體客務部員工應掌握的知識

- 電話禮儀
- 安全
- 客房種類
- 保養需要
- 飯店政策
- 社區訊息
- 回答問路
- 機場班車服務
- 乘坐電梯的禮儀
- 餐廳菜單
- OSHA 規則

櫃檯員工應掌握的知識

- 何謂櫃檯員工？
- 與其他同事及其他部門團結合作
- 目標市場
- 客房設備和用品的使用方法
- 電話系統
- 各營業單位的設備
- 櫃檯電腦系統
- 櫃檯列印機
- 客房狀況顯示架
- 訂房的種類
- 客房統計和出租率統計的專有名詞
- 房價專有名詞
- 常客計畫
- 入住登記和結帳退房指南
- 客房預測
- 信用卡授信程序
- 檢查批准程序
- 信用檢查報告
- 貨幣兌換
- 庫存物資系統
- 貴賓（VIPs）

　　一份任務清單（task list）反映出一個職位的全部工作職責。圖 14-9 為櫃檯人員的任務範本。注意任務的每一行都以一個動詞開頭，這種形式強調了行動，並且清楚地告訴員工，他將負責做什麼。只要有可能，都應按每日工作的邏輯順序列出任務。

　　工作分類細目（job breakdown）包括一張表，列出了需要的設備和用品、步驟、怎樣去做，以及解釋怎樣去完成一個單項任務的提示。為了適應各項工作的需要和要求，工作分類細目的形式可以有所變化。圖 14-10 為圖 14-9 中列出的「使用有效的銷售技術」中第 16 項任務的工作分類細目範本。

圖 14-9　任務範本──櫃檯人員

櫃檯人員任務清單
1. 使用櫃檯電腦系統
2. 使用櫃檯打印機
3. 使用櫃檯電話系統
4. 使用傳真機
5. 使用影印機
6. 整理櫃檯、準備入住登記
7. 使用客務部工作日誌
8. 制作並使用抵店名單
9. 預留和撤銷預留客房
10. 建立預登記
11. 開始客人入住登記
12. 登記時確定付款方式
13. 獲得信用卡授權
14. 發放並控制客房鑰匙／鑰匙牌
15. 完成客人入住登記
16. 運用有效的銷售技巧
17. 為抵店團體做預登記以及入住登記工作
18. 帶領客人參觀客房
19. 客房尚未準備好使用的候選名單
20. 在超賣情況下重新安置客人

21. 使用人工客房狀況顯示系統
22. 處理房間更換
23. 為客人辦理保險箱業務
24. 為銷售單位準備現金報告
25. 經管並跟辦信用檢查報告
26. 處理客人信件、包裹、電報和傳真
27. 管理客人訊息指南
28. 準備地圖並提供指路服務
29. 幫助客人提供特殊需要
30. 回答有關部門服務和活動的問題
31. 處理對客服務中的問題
32. 為客人兌換支票
33. 領取、使用並上繳備用金
34. 郵寄客人帳單和發票
35. 遵守保護客人隱私和安全的措施
36. 辦理叫醒服務
37. 操作付費電影系統
38. 辦理保證類預訂客人的未抵店情況
39. 更新客房狀況
40. 幫助客人辦理將來的預訂
41. 辦理客人退房手續
42. 調整有爭議的顧客收費
43. 轉移獲准同意的客人收費
44. 辦理自助退房
45. 辦理客人延遲退房
46. 辦理延遲收費
47. 保持櫃檯乾淨整齊
48. 調整客房狀態,與客房部下午報告一致
50. 執行大小檢查
51. 盤存並申領櫃檯補給品
52. 填寫並上線當班檢查表
53. 處理急救
54. 對警報做出正確反應

圖 14-10　工作分類細目範本

運用有效的銷售技巧

需要的資料：促銷項目目錄冊，促銷材料，宣傳冊，客房簡圖，餐廳
　　　　　　和客房餐飲服務菜單

步驟	怎樣去做	提示
1.升級銷售客房	☐客人進店時推薦較高房價的客房。 ☐描述高價房的特色和好處。 ☐出示客房簡圖，幫助說明特點。 ☐如果客人有孩子，建議用大點的房間，以增加空間。 ☐建議商務旅客用條件更好的房間，可以開會。 ☐如果一對夫妻正在度假，建議用能留下深刻記憶的特色房。 ☐直接問客人他們是否願意入住你所說的房間。	升級銷售是一種銷售比客人原訂房間更貴的客房的方法。 向客人提供更好的房間不會傷害客人，你在表達的是希望客人住得愉快。 不要等待客人告訴你他要訂的是某一種房型。
2.推薦餐廳	☐如果客人說沒有時間離開房間，則推薦客房餐飲服務，告訴客人服務時間。 ☐運用好的判斷。不要在深夜推薦客房餐飲服務單上的菜。	預期他們的需要，並且問你是否能為他訂那種房型的房。

運用有效的銷售技巧

需要的資料：促銷項目目錄冊，促銷材料，宣傳冊，客房簡圖，餐廳和客房餐飲服務菜單

步驟	怎樣去做	提示
	☐ 如果客人要找一個好地方吃飯，則推薦飯店的餐廳。	記住，當你推薦飯店餐廳的時候，是在進行團體工作。
	☐ 給客人看菜單，以幫助他們做出決定。	
	☐ 要能告訴客人預訂和著裝方面的要求。	
	☐ 傾聽客人意見，如果他們特別詢問飯店外的餐廳，就建議去有	
	☐ 如果客人在找地方放鬆一下，建議他去交誼廳。	
	☐ 掌握對菜單、營業時間和娛樂節目的變動信息，客人可指望你是本飯店的專家。	參見客務部全體員工要掌握的知識餐廳菜單。
3.推薦飯店的促銷項目	☐ 問主管，店內有哪些促銷項目。	客人喜歡感到他們得到了免費的東西或特別優待。
	☐ 研究各促銷項目的特點及益處。	
	☐ 熱情地描述可以滿足客人需要的項目。	
	☐ 給客人宣傳冊和其他促銷材料。	

資料來源：Hospitality Skills Training Series, *Front Desk Employee Guide* (East Lansing, Mich: Educational Institute of the American Hotel & Lodging Association)。

　　每一位客務部員工都應該知道將用來衡量他的工作表現的標準，因此，分解工作任務和制定標準就很重要了。為了發揮績效標準的作用，各項任務必須是看得見的，可以衡量的。圖 14-11 為可以用作行為評估的「現有員工訓練需求評估」表範本。客務部經理（或主管經理）進行工作表現評估時只需將對應的欄目與員工表現相對照。應經常對新員工進行表現評估。這些評估應該起到強化的作用，關注成功的地方和需要改進提高的地方。隨著新員工越來越熟悉他們的工作，評估的頻率可以降低，直至把他們完全訓練好。

(二)製作工作分類細目

　　如果要客務部的一個人去負責撰寫每項工作的分類細目，這項任務也許永遠也完不成，除非規模很小，只有有限的任務。一些最佳分類細目是由實際執行任務的人撰寫的。在員工眾多的飯店，可以組織撰寫標準的小組來完成協作任務。小組成員應包括部門的主管們和幾位經驗豐富的員工。在小一些的飯店，可能會讓有經驗的員工單獨去寫工作分類細目。

　　多數飯店都有政策與程序手冊。雖然這種手冊裡很少會有建立有效訓練和評估方面的詳細內容，但其中有的章節能幫助該小組成員撰寫各部門職位的工作分類細目。例如，如果手冊的程序部分有工作說明書和工作規範，就能幫助小組成員寫工作清單和執行標準。政策部分則是那些能用於工作分類細目的額外資訊的來源。

　　涉及設備使用的工作分類細目可能已經寫在供應商的操作手冊中。標準小組也不必寫櫃檯電腦系統的績效標準，只要在訓練中引用（或甚至附上）供應商的操作手冊中的幾頁即可。

　　寫工作分類細目包括寫客務部工作清單上的每一項任務的績效標準，這些績效標準必須是能看得見的、可衡量的。客務部經理至少幫助小組寫兩到三個職位的績效標準。在幫助的過程中，經理必須強調每項績效標準都要看得見，並且可以衡量。主管或經理能否簡單地在工作審查欄中的「是」或「否」上打勾就可以評價一位員工的工作，可以試驗出各項績效標準的價值。有的時候，可衡量的績效標準還包括筆試，以證明員工具備所要求的知識。這類考試應易於執行，多數使用多項選擇、正確／錯誤判定及填空類型的試題。

圖 14-11　訓練需求評估表範本

現有員工訓練需求評估

你現有的員工工作如何？用這張表去觀察評定他們的工作。

第 1 部分：工作知識

評定員工在以下各方面的知識	低於標準很多	略低於標準	標準	達標高於標準
全體員工應掌握的知識				
高質量的對客服務				
血液攜帶的病原體				
儀容儀表				
緊急情況				
失物招領				
再循環程序				
安全工作習慣				
值班經理				
你飯店的宣傳手冊				
員工政策				
美國殘障人遠法				
客務部全體員工應掌屋的知識				
禮貌接聽電話				
安全				
客房種類				
保養需求				
飯店政策				
所在社區				
回答問路				
到機場的交通				
乘電梯禮儀				
餐廳菜單				
OSHA 規則				
櫃檯員工應掌握的知識				
何謂櫃檯員工				
與同事和其他部門團結合作				
目標市場				

（續）圖 14-11　　訓練需求評估表樣本

現有員工訓練需求評估

第 1 部分：工作知識

評定員工在以下各方面的知識	低於標準很多	略低於標準	標準	達標高於標準
全體員工應掌握的知識（續）				
使用客房設備和用品				
電話系統				
銷售單位記錄設備				
櫃檯電腦系統				
櫃檯列印機				
客房狀況顯示架				
訂房種類				
可售客房和出租客房專有名				
房價專有名詞				
客房狀況專有名詞				
常客方案				
入店登記和結帳退房要點				
客房預測				
信用卡授權程序				
檢查授權程序				
信用檢查報告				
外幣兌換				
周轉庫存量系統				
貴賓服務（VIPs）				

（續）圖 14-11　訓練需求評估表樣本

現有員工訓練需求評估（續）
第 2 部分：工作技能

評定員工在以下各方面的知識	低於標準很多	略低於標準	標準	達標高於標準
使用櫃檯電腦系統 使用櫃檯打印機				
使用櫃檯電話系統				
使用傳真機 使用複印機				
整理櫃檯準備入住登記使用客務部工作日誌				
制作並使用抵店客人名單預留和取消預留房				
建立預先登記開始客人入住登記				
登記過程中確立付款方法尋求信用卡授權				
發放和控制客房鑰匙				
結束客人入住登記				
運用有效的銷售技巧				
預先登記並辦理團隊客人入店手續				
向潛在的客人展示客房				
客房未能入住時使用等候名單超實時重新安置客人				
使人工客房顯示系統辦理換房				
為客人辦理保險箱				
為營業點準備現金報告				
制作並追蹤信用檢查報告				
辦理客人的信件、包裹、電報和傳真				
更新對客服務信息指南				

（續）圖 14-11　訓練需求評估表樣本

現有員工訓練需求評估（續）

第 2 部分：工作技能

評定員工在以下各方面的知識	低於標準很多	略低於標準	標準	達標高於標準
準備地圖給客人指路 幫助落實客人的特殊要求回答關於服務和活動項目的問題				
處理對客服務中的問題				
為客人兌換支票 領取、使用並上繳備用金郵寄客人的帳單和付款單				
保護客人的隱私和遵字保安措施				
處理客人的叫醒電話管理收費電影系統				
處理保證類預訂的不抵店更新客房狀態				
幫助客人預訂客房在櫃檯辦理客人離手續				
調整有爭議的收費				
轉移經批准的對客收費				
辦理自助退房手續				
辦理延遲退房手續				
收取延遲退房手續				
保持櫃檯清潔整齊				
核對客房狀態和客房部下午的房態報告				
準備一份最新狀態報告				
執行大小檢查盤存並申領櫃檯補給品				
填寫並上交當班檢查表對需要急求的情況做出反應				
對警報做出反應				

資料來源：Hospitality Skills Training Series, Front Desk Employee Guide (East Lansing, Mich: Educational Institute of the American Hotel & Lodging Association)。

小組寫出了兩到三項任務的分類細目之後，其他任務的細目寫作交給小組的各位成員。在一定的時間內，他們應把原稿交給客務部經理，由客務部經理組合分類細目，把它們處理成一個簡單的形式（也許與圖14-10所示的相同，或與本章附錄裡的相似），並給小組的每位成員發一份副本。這時可以召開最終會議了，由標準小組仔細分析每個職位的分類細目。工作分類細目一經最終確定之後，應立即用來訓練客務部員工。

㈢分析新進員工的訓練需求

任務清單是做員工訓練計畫的極好工具。事實上，不能指望新員工在第一天上班之前就學會所有的任務。在你開始訓練之前，請研究任務清單。然後，再根據 1.單獨工作之前應該掌握的；2.工作兩個星期之內應該掌握的；或 3.工作兩個月內應掌握的各項任務來分步實施。

選出你評定為「1」的幾項任務，計畫在首期訓練中完成。員工瞭解並且能執行這些任務之後，在隨後的訓練中教剩下的任務，直至新員工學會所有的任務。

你決定了各期訓練教授的內容之後，請看工作分類細目。把工作分類細目作為訓練的課程計畫，也可以作為自學的學習指導。因為工作分類細目列出了員工必須執行的每一步驟，還準確告訴我們訓練中要做些什麼。工作分類細目可以指導講課，也可以確保重點或步驟不會被忽略。

員工必須知道的知識一般寫在一個單頁上。每次安排 9 個或 10 個知識部分或工作分類細目讓新員工學習。不要員工一次閱讀所有的知識部分和所有的工作分類細目，這會使員工感到茫然，他無法記住把工作做好的足夠的資訊。

㈣分析現有員工的訓練需求

客務部經理們有時會感到一個員工或幾個員工的工作有問題，但他們不能肯定到底是什麼問題；有時也會感到和員工有點不太對勁，但不知道從哪里著手改善。一份訓練需求評估能幫助找出一位員工的弱點，同樣也能找出全體員工的弱點。要對一位員工進行需求評估，就觀察兩到三天他現在的工作，記錄在一份與圖 14-11 類似的表格裡。員工得分較差的地方就是你計畫補習訓練的目標所在。

制定部門訓練計畫。一年訂四次訓練計畫是個好辦法，每三個月左右一次，而且最好在下一季度開始前一個月完成各個計畫。按照以下步

驟訓練的準備：

　　·認真複習訓練中要用到的所有知識部分和工作分類細目。

　　·為受訓人每人複印一份各知識部分和工作分類細目。

　　·制定訓練日程。這將取決於你要訓練誰和用什麼方法訓練。記住要把每一期訓練的內容限制在
員工能夠理解和記住的範圍內。

　　·選好訓練時間和地點。可能時，在業務低峰時間把訓練安排在合適的工作點。

　　·把訓練的日期和時間通知員工。

　　·實施授課。

　　·蒐集需要的全部物品做演示。

二、訓練的實施

　　準備精良的工作分類細目為四步訓練法中「進行」階段提供了你需要的全部資訊，把工作分類細目當做訓練指南使用，遵循各工作分類細目中各步驟的順序。在每一步驟，演示並告訴員工要做什麼、怎樣做，以及它的細節為什麼重要。

　　給他們準備的機會。讓新員工學習任務清單，從而對他們將要學著去做的所有任務有一個總體印象。可能的情況下，至少在第一期訓練開始前一天把清單發給他們。每期訓練開始前至少一天，讓新老員工複習你計畫本期訓練涉及的工作分類細目。然後，開始每一期的訓練前，介紹本期的內容，要讓他們知道訓練要持續多久，什麼時候休息。

　　你在解說步驟的時候，還要做示範，要讓員工確實看到你在做什麼，鼓勵他們需要更多資訊時隨時提出問題。要保證有足夠的時間進行訓練，進展要緩慢、細緻，如果員工不能立刻理解時要耐心，所有步驟至少說兩遍。當你第二次演示一個步驟時，要提出問題看他們是否理解了。根據需要反復做每一步驟。要盡量少用專門專有名詞，要用剛進入餐旅業或剛進入飯店的新員工能理解的辭彙，以後，他們會學會專有名詞的。

三、技能的練習

　　當訓練人和受訓人都認為他們已熟悉工作，能夠合格地完成以下步驟時，受訓人應嘗試獨立執行任務。及時實習會養成好的工作習慣，讓

每位受訓人示範你所教授的任務的各步驟，這會告訴你他們是否真的懂了。要抵制代替員工的衝動。

指導會幫助員工獲得技能，自信是進行工作所必需的；員工做得正確應立即給予祝賀，你發現問題要溫和地給予糾正。在訓練這一階段形成的壞習慣以後會很難糾正。要確保每位受訓人都理解了，並且不僅能解釋怎樣去執行每一步驟，還能說明每一步驟的目的。

四、追蹤檢查

訓練後有許多方法可以讓員工把技能帶到工作場所去，以達到更易掌握的目的，其中一些方法如下：

- ·在訓練中和訓練後提供機會使用和演示新技能。
- ·讓員工與他們的同事們討論訓練內容。
- ·對進行中的事和關心的事提供持續的、敞開交流的機會。

(一)在工作中繼續予以指導

訓練能幫助員工學習新知識，掌握新技能和態度，而指導則著重於把訓練中學到的知識在工作職位的實際應用。作為指導，你透過使用挑戰、鼓勵、更正和積極強化等方法，鞏固他們在訓練階段學到的知識、技能和態度。在職指導注意事項有：

觀察員工的工作，確保他們正確執行任務，做得特別好時應讓他們知道。

輕鬆地提出建議，更正次要問題。

當員工犯重大錯誤時，得體地更正他們。最好的方式是在雙方都不忙時，在一個安靜的場所去更正。

如果一位員工在使用不安全的工作方法，應立即更正。

(二)不斷給予回饋

反饋是你告訴員工他們做得怎麼樣。有兩種反饋是積極的反饋，一種是承認工作做得好，另一種是再指導性反饋，找出做得不對的地方，說明怎樣才能改進。這兩種反饋的一些注意事項如下：

- ·讓員工知道他們什麼做得對，什麼做得不對。
- ·員工受訓後做得好應告訴他們，這會幫他們記住所學的東西，還能鼓勵他們在工作中運用這些行為和資訊。

．如果員工沒能達到標準，首先就做得對的方面向他們祝賀，然後再告訴他們怎樣去更正壞習慣，解釋爲什麼這樣做很重要。

．明確具體。準確陳述員工所說所爲來對其行爲加以說明。

．細心遣詞造句；聽上去你是在幫忙，而不是命令、要求。

．不要說，「當你問客人誰不認識路線可以幫忙時，你提供了高質量的對客服務，但是你應該知道餐廳的營業時間呀。好好學學那份飯店宣傳冊吧。」

．而要說，「當你問客人誰不認識路線可以幫忙時，你提供了高質量的對客服務，你學習了餐廳及其他設施的營業時間就能提供更好的服務，我再給你一本飯店宣傳冊。」

．確信你弄懂了員工所說的話。用諸如「我好像聽見你說的是…」

．弄清員工聽懂了你的話，說「我不能確定解釋清了每件事，告訴我你們認爲我說了些什麼。」

．你的意見應嚴肅而真誠。員工們歡迎對特殊表現的真誠祝賀，沒人喜歡因批評而難堪或受辱。

．告訴員工，你不在時去哪裡尋求幫助。

(三)評估

評估員工的進步。用任務清單作對照表，確認所有任務都已掌握。爲尚未掌握的任務提供進一步訓練和實踐的機會。

(四)取得員工的回饋

讓員工評價他們接受的訓練，這能幫助你改進對他們和其他員工的訓練工作。保留每位受訓人的訓練記錄，追蹤每位元員工的訓練史，並在員工的人事檔案裡保存一份訓練記錄。

第六節　員工排班

員工排班是客務部經理面臨的最具挑戰性的任務之一。排班過程會是極爲複雜的，特別是客務部員工只接受了執行單項任務訓練的時候尤其如此。例如，櫃檯人員在還沒接受過總機工作訓練的時候，就不宜安排他做接線員。

員工排班會對工資成本、員工生產率，以及士氣產生影響。客務部

內部交叉訓練越多，需要執行客務部任務的員工就越少。交叉訓練給客務部員工提供更廣泛的工作知識和技能。在受訓後掌握了做幾項工作技能時，許多員工發現工作更有趣了。當員工看到自己的技能提高了擴大了的時候，他們感到更自信；而給客務部帶來的是更高昂的員工士氣。好的士氣能迅速擴散給全體員工。

客務部經理必須對員工的排班需求保持敏感。例如，計時工會要求更改安排，以避免上班時間與上學發生矛盾。有的客務部員工會要求上不同的班次，以學習各班次所具有的獨特的挑戰。有的客務部經理以資歷爲基礎進行員工排班，有的以其他標準或喜好爲基礎進行安排。兩種都很公平，但客務部經理必須前後一致地執行排班標準，並且注意各位員工的需要，才能做出行得通的安排。

在對員工的需要保持敏感的同時，客務部經理還要把客務部的需要時刻記在心上。在員工能來而工作並不需要的日子安排員工上班，會使飯店承擔不必要的財務負擔。

客務部經理會發現，以下提示在安排員工班次時很有幫助：

· 排班必須涵蓋整個工作周，一般確定爲從星期天到星期六。安排時要運用飯店的業務預測，櫃檯和大廳服務處的業務一般以預計每日進出飯店人數爲基礎安排員工。訂房部通常以什麼時候預計有訂房往來爲基礎進行安排，這需要與銷售部進行一些協調。例如，銷售部可能會在報紙上的星期天旅遊版刊登廣告，讀者有可能會立即進行預訂，因而飯店應安排人力接聽電話、回答詢問。

· 安排必須在下個工作周開始前3天張貼公布，有的州還要求提前5天或更多天張貼。客務部經理瞭解關於加班時間和薪水的法律也很重要。

· 張貼的工作安排上應註明休息日、休假時間，以及請假的日子。員工應熟知遞交休假申請需要提前的時間。

· 應該根據預測的業務量和未預見到的員工人數變化，逐日覆核排班表。必要時，應改變原先的安排。

· 所有的安排變化應直接張貼在排班表上。

· 張貼的排班表的副本可以用來監督員工的每日出勤情況，這份副本應作爲部門永久記錄的一部分保存。

其他排班方法

其他排班方法涉及工作日從標準的上午9點到下午5點間員工安排的變化。變化內容包括臨時工的排班和可彈性工作時間的安排、壓縮工作天數的排班,以及工作任務的分擔。

(一)安排兼職人員 (Part-Time Scheduling)

臨時工常見的兼職人員有學生、新的或年輕的父母、退休人員,以及其他不願做正式工的人。聘用兼職人員能給客務部的安排增加靈活性,另外,由於分攤到福利和加班上的費用一般會降低,它還能有助於減低勞動力成本。

(二)安排彈性工時 (Flextime Scheduling)

靈活時間規劃允許員工更改其上班和下班的時間。每個班次都有一段時間要求所有當班的員工都在場,班次中其他時間的安排則是可變的。客務部經理必須保證一天中的每個小時都有合理的安排。靈活時間能提高員工的士氣、生產率,以及對工作的滿意度。此外,實行彈性時間安排的客務部有時還能吸引大量高質量的員工。多數客務部經理以不同的形式使用彈性時間,以適應各個班次變換著的工作負擔。例如,櫃檯傳統的班次是從上午7點到下午3點,下午3點到晚上11點。但是,由於大量的入店登記,安排一兩名員工從中午到晚8點上班會更好些。而機場飯店會有上午6點到下午2點的班次,以安排清晨退房的客人。

(三)壓縮工作天數 (Compressed Schedules)

壓縮工作天數給員工一個機會,能在比平常少的天數內完成等同於標準工作周的工作。一種時下的做法是把40小時的每周工作壓縮成4個10小時工作日。壓縮工作天數或多或少有點缺乏彈性。客務部的員工會喜歡4天一周的非彈性時間,而不喜歡5天一周的彈性時間。從員工觀點出發產生的優點是提高了的員工士氣和降低了的缺勤人數。考慮壓縮工作天數的時候,客務部經理應謹慎從事,在有些州,儘管員工每周工作總量不超過40小時,但他們一天工作超過8小時即可算加班。

(四)分擔工作任務 (Job Sharing)

工作任務分擔,即由兩個或更多臨時工的共同努力完成一位正式工

的職責。通常分擔同一工作的員工在不同的小時裡工作，還常常在班次的不同時段工作。要有一些重疊時間，讓員工能夠交流資訊，解決問題，或者就是要保證工作流程通暢。工作分擔能減少補缺人數和曠工，同樣也能提高員工士氣。客務部也受益匪淺，因為即使分擔工作的一方不幹了，另一方也會留下來，還會幫助訓練一位新來的合作者。

應當指出，在運用以上討論的各種排班技術時，必須記住一定的限制。在使用計時工的飯店裡，如有工會組織便會有限制排班時間靈活性的工作安排的規定，還會為任意一天超過8小時的工作支付加班費。另外，州和聯邦工資和小時法也會給排班帶來一些限制。客務部經理在開始安排員工之前，應對這些工會合同規則和工作規定有徹底的瞭解。

第七節　員工激勵

客務部經理應努力創建一個能鼓勵員工專業發展和成長的工作氣氛。要做到這一點，管理者必須提供訓練、指導、指示、紀律約束、評估、管理和領導。客務部缺乏這些基本要素時，員工對飯店的目標就會變得消極、不滿、漠不關心。這種感覺會表現在曠工、低生產率和高員工流動率方面。

由於當今勞動力市場的變化和員工人員流動的高成本，客務部應尋求留住高效員工的途徑。針對這一重大挑戰的一種方法是實施強有力的激勵技術。

激勵（motivation）可以有許多不同的方法。出於本教材的目的，激勵指的是一種藝術，能激勵客務部員工在某項工作、計畫或問題上的興趣，並使他們能不斷對面臨的挑戰保持關注及承擔責任。激勵是人類的需求如個人發展、個人價值和歸屬感得到滿足後產生的結果。在客務部，激勵工作的產生應該是員工對自身的價值、重要性和歸屬感的感覺已經從參加一次特殊的活動得到改善。因對客務部所做的貢獻而受到表揚的員工，一般都是受到高度激勵的頂級員工。

客務部經理可以用來激勵員工的方法很多，包括訓練、交叉訓練、表揚、通報表揚，以及獎勵方案（incentive program）。

一、訓練

激勵員工的最有效方法之一是訓練他們。訓練能告訴員工，管理人員非常注意提供必要的指令和指導，以保證他們的成功。成功的訓練不僅包括工作任務和職責的知識（一項工作「要做什麼」），還包括公司文化（工作中「為什麼要以特定的方去完成任務」）。這個「什麼」和「為什麼」必須緊密相連。如果一位員工不知道為什麼一項工作要以某種方式去做，他就不會真正理解工作。這會導致工作表現差，導致員工之間的摩擦。員工理解了企業文化的時候，他們會成為它其中的一部分，並且支持它。

訓練大大減少了員工因不知道對他們的期望時所經歷的挫折。有效的訓練使員工知道工作上的期望，要求完成的任務和需使用的設備。因為訓練能使員工有更多的產出，更高的效率，以及更容易管理，對訓練的投入能得到很好的回報。

二、交叉訓練

交叉訓練只是教育在職員工一項工作任務，而不是聘用他來工作。交叉訓練對客務部管理單位和員工雙方都有許多優越性。對員工來說，交叉訓練是掌握其他工作技能的機會；對經理來說，交叉訓練能增加安排工作的靈活性。由於能執行數種工作職能，經過交叉訓練的員工更為可貴。最後，交叉訓練能消除許多與職業成長和發展相關的障礙，它能成為寶貴的激勵工具。

三、認同肯定

當客人對客務部員工做出肯定的評價，或者把飯店作為將來再回來住的選擇時，一般都反映了客人的滿意度。客務部經理應把肯定的反饋意見轉告員工，作為對工作做得好的認同肯定。描繪營收、成就、出租率和客人滿意度的圖表和曲線也能成為有效的激勵因素。

客人的、管理人員的以及同事們的表揚都是強大的員工推動力。許多飯店用意見卡吸收客人的回饋。意見卡可以在櫃檯發放，也可以放在客房、餐廳或其他地方。意見卡經常要求客人提出提供了傑出服務的員工。填好的賓客意見卡，特別是那些表揚員工的意見卡，可以張貼在員工通告牌上。

客務部可以對受到客人表揚的員工給予獎勵。例如，顧客意見卡，給經理的意見或給客務部的信件中表揚的櫃檯人員可以在飯店餐廳用餐，也可以發給一張禮品券。

另一種流行的表揚形式是月度優秀員工計畫。客務部月度優秀員工可以由管理人員選出，也可以由客務部員工選出。一般說來，能獲此殊榮的員工要表現出對客務部及其標準、目標的非凡忠誠。客務部月度優秀員工會得到獎勵證書或獎章。

四、溝通

讓員工對客務部的工作保持消息靈通能產生積極的效果。瞭解即將來臨的活動的員工會感受到更大的歸屬感和價值感。

客務部新聞簡報或告示牌都是建立並保持正式溝通的良好方式。這種新聞簡報中的文章可以與工作相關，也可以與個人相關，包括的主題有：

- ·公告職缺。
- ·抵店、或住店、重要賓客和飯店裡的特殊活動；
- ·晉升、調動、辭職，以及退休公告。
- ·新招募通公知。
- ·工作提示。
- ·特別表揚。
- ·生日、結婚、訂婚和出生公告。
- ·將來臨的活動。

客務部區域的告示牌可以張貼工作安排、備忘錄、公告、抵店或在店重要賓客、團隊活動、正常訓練通知，以及其他有關資訊。當告示牌的位置在客務部全體員工都能到達的地方，而且員工經常流覽資訊時，它就是最有效的。在許多飯店，員工告示牌是做好工作所需的每日資訊的惟一來源。

五、獎勵方案

員工應該得到對他們的工作的特別感謝。獎勵方案（incentive program）是表彰工作中表現突出員工的最有效方法之一。獎勵方案的規劃和方法各有不同，常常是獎勵傑出工作的一種極好方法。客務部應該開發並建

立獎勵方案，這個計畫應能產生一個對客人、員工和客務部都有利的局面。好的獎勵方案應該能挑戰員工，並且能創建一種競爭精神。

設計好的客務部獎勵方案應該：

· 表揚並獎勵突出的員工的表現。

· 提高員工的生產率。

· 表現出對客人滿意度的重視。

· 激勵員工透過提建議參與提高營收和改善服務的工作。在開發獎勵方案時，客務部經理應考慮以下基本方針：

· 開發一項適用於並且專用於客務部的獎勵方案。

· 列出計畫的特殊目標和目的。

· 確定客務部員工受表揚、得獎必須達到的條件和要求。

· 想出多樣化獎勵的方法，並獲得相關費用的必要批准。

· 確定計劃開始的日期和時間。每位員工都應參加。客務部經理應設計出有趣、可行，並具有創造性的計畫。

客務部經理考慮的獎勵主要是：

· 表揚信。

· 表揚證書。

· 公開照片展示（有員工和總經理和／或客務部經理）。

· 表揚晚宴或活動。

· 禮品證書。

· 周末活動安排。

· 特別停車權。

· 表揚徽章。

成功的獎勵方案還向員工提供向目標進展情況的回饋。例如，張貼在客務部告示牌上顯示每個進步的曲線圖就會對獎勵方案有很大激勵作用。目標應具有挑戰性，但也不能脫離現實，顯得高不可及。不現實的目標會挫傷員工，也會毀掉獎勵方案的激勵作用。

客務部的獎勵方案通常以提高出租率、客房營收、平均房價和客人滿意度為中心。一個時期執行一項獎勵方案能讓員工集中於特別的目標。例如，客務部經理可以開發一項與增加日平均房價或出租率直接關聯的獎勵方案，員工就會努力去達到特定的出租率或特定的日平均房價。獎勵應持續一段時間，這段時間過去以後，獎勵方案即應結束。例

如，在淡季，客務部經理會集中於增加出租率；而在旺季，客務部經理會實施一項獎勵方案，透過在櫃檯升級銷售讓每日平均房價最大化。

六、績效考核（Performance Appraisal）

客務部員工需要瞭解自己的工作表現，客務部員工和經理之間的互動能對員工的自我形象和工作觀念產生影響。正如本章前面討論的員工評估一樣，績效考核是經理可以用來激勵員工和提高士氣的最有效方法之一。

績效考核：

．給每位客務部員工一份正式書面回饋。
．指出工作中的優缺點，提出改進的計畫和措施。
．給經理和每位員工一個機會，可以制定專門的目標和進展日程。
．透過提升、增資，以及外加責任表揚和獎勵傑出的工作表現。
．幫助確定適合員工的特殊工作職位。

客務部經理會發現，有很多方法和技術可以評估員工的工作表現。雖然多數飯店公司都有績效考核程式，但客務部經理應制定本部門的評估程序，以利達到部門的目的和目標。有效的績效考核一般集中體現員工的工作表現，以及員工提高工作技能改善表現應遵循的步驟。績效考核應該是公正的、客觀的、資料豐富的，並且是積極向上的。在評估完成的時候，員工應清楚地瞭解他什麼做得好，什麼地方還需要改進。每位員工至少每年接受一次評估。

許多客務部經理使用書面績效考核表和程式。當需要對員工進行勸告或終止聘用時，書面評估會很有說服力，很有益。經員工認同肯定並簽署的書面績效考核應存入員工的個人檔案。

表中還可以留出空間，讓員工加上他自己的意見，也許還應指出他將來願意考慮的其他職位。隨後可以由主管和員工共同制定下一個職位的準備工作計畫。書面評估表很重要的原因還在於，如果員工認為自己受到不公正的對待，他可以在法律訴訟中保護員工。飯店能夠拿出員工的工作史和違紀記錄，並且能說明飯店為改變這種狀況做了哪些工作的時候，發生法律糾紛的機會就小多了。

小結

　　勞動力的性質改變了，管理勞動力的技術和法律也改變了。客務部經理必須瞭解這些變化，才能更好地管理和指導客務部員工。

　　員工招募是一個尋找並篩選合格的應徵者填補職位空缺的過程。這一過程包括宣布工作空缺職位，面談和評估應徵者。內部招募－現有員工的提升－可以提高客務部的士氣和生產率。內部招募包括交叉訓練、接班計畫、在館內公告職位缺、獎勵員工的工作表現，以及保留一份召回名單。外部招募包括招募網路，與臨時職業介紹機構聯繫，以及推廣員工推薦計畫。聯邦、州和當地政府透過稅收鼓勵飯店從特定的群體中招募員工。

　　工作說明書和工作規範是重要的遴選工具。一份工作說明書列出了所有的任務及組成工作職位的相關資訊。工作規範則列出說明成功執行工作說明書列出的各項任務所需要的個人特質、技能、性格、教育狀況，以及經歷。

　　工作申請表應該簡單，容易填寫，只要求應徵者提供他為什麼適合這份工作的資訊。客務部經理透過審閱填好的工作申請表，查對應徵者的參考資料及與遴選出來的應徵者進行面談。經理應檢查參考資料以證實應徵者的陳述。

　　主持面談人應該是公正的客觀的裁判員，積極的楷模，經驗豐富的溝通者，還要是一位好的銷售人員。經理和面談人應該知道要問什麼，不要問什麼；許多種問題是不合法的。面談之後，應該對應徵者進行評估，使用面談評價表能保障應徵者在一方面的缺點不會不適當地去除再考慮他的機會。

　　聘用涉及各種必要的安排，讓新員工與現有員工建立良好的工作關係。聘用階段一直持續到新員工的最初適應期結束。由於聘用要求有複雜的聘用及勞動法知識，多數飯店則依賴人力資源部門或最高管理層專門指定的人。

　　新員工第一天來上班時應得到到職訓練。客務部經理應該對給客務部新員工入職訓練負全部責任。

　　客務部經理的一項重要責任是保證員工得到恰當的訓練。訓練可以以工作清單為依據，它列出了一個職位的人必須執行的任務。工作分類

細目則專門說明了工作清單上的各項任務應怎樣去完成。工作分類細目可以作為訓練指南，也可以作為績效考核的工具。客務部經理可以運用以工作分類細目為基礎的績效考核來確定員工的訓練需要。

安排員工工作班次是客務部經理面臨的最複雜最困難的任務之一。員工排班會影響工資成本、生產率及士氣。從交叉訓練員工中可以獲得員工配備的靈活性。交叉訓練能降低勞動力成本，還能讓員工擴大工作知識面，增加技能範圍。

客務部經理應努力創建一個有利於專業發展和員工成長的工作環境。要做到這一點，管理人員應提供訓練、指導、指令、紀律約束、評估、管理和領導。一個組織缺乏這些要素的時候，員工就會變得對公司的目標很消極、不滿、漠不關心。這種感覺會在他們的曠職、低生產率和高流動率方面表現出來。

關 鍵 詞

封閉性問題（closed-ended questions）：只要回答「是」與「否」的問題；限於證實正式申請表上的資訊或獲取事實。

壓縮工作天數（compressed schedule）：對全日制工作時間的一種改變，讓員工能在少於傳統的每週5天的工作日裡完成與標準工作周相等的時間。

交叉訓練（cross-training）：訓練員工使他們能滿足多個職位的要求。

外部招募（external recruiting）：經理們尋找向公司外部人才填補空缺職位的過程，也許要透過社區活動、實習生計畫、上網招募、臨時職業介紹機構或人力派遣機構來完成。

彈性時間（flextime）：一項靈活工作時間計畫，允許員工改變上下班時間。

試用階段（hiring period）：緊接著正式錄用直至新員工早期適應工作結束的一段時間；這期間涉及各項必要的安排，讓新員工與現有員工建立良好的工作關係。

獎勵方案（incentive program）：以員工應付某種情況的能力為基礎，給予員工特別表揚和獎勵的計畫；計畫的規劃和方法可以不同，它是鼓勵

員工傑出工作表現的一種方法。

內部招募（internal recruiting）：經理在部門或飯店內部招募工作候選人的過程；方法包括交叉訓練、接班計畫、張貼空缺職位，以及保留召回名單。

工作分析（job analysis）：確定各職位需要的知識、各職位需要完成的任務，以及員工完成任務必須達到的標準。

工作分類細目（job breakdown）：一張表，詳細說明應該怎樣執行一項工作的技術職能。

工作說明書（job description）：一張明細表，說明一項工作的全部重要職責，以及彙報關係、額外責任、工作條件與需要使用的設備和器材。

工作知識（job knowledge）：員工執行任務必須瞭解的資訊。

工作任務分擔（job sharing）：一種工作安排，一個正式工的工作職位的責任由兩位或更多臨時工分擔。

工作規範（job specifications）：一張表，列出成功執行工作說明書中所列任務所需要的個人素質、技能以及性格。

激勵（motivation）：激發一個人對某項工作、計畫或某一問題的興趣，讓他對面臨的挑戰保持關注，承擔責任。

開放式問題（open-ended questions）：不僅僅「是」或「否」就能回答的問題，應能引導應徵者有更仔細的回應。

到職訓練（orientation）：用於訓練新員工掌握工作的基本要素，包括工作需要的技能和資訊的一段時期。

績效考核（performance appraisal）：是員工定期接受所屬的經理或主管評價的過程、評估工作表現、討論員工提高技能改進工作應採取的措施。

績效標準（performance standard）：對於工作水準的要求，設定了可以接受的工作品質。

招募（recruitment）：尋找並篩選合格的求職者，填補現有的或即將出現的職位空缺的過程；包括登廣告或公布空缺職位的消息，評估應徵者人以確定可以聘用誰。

任務清單（task list）：一張表，以重要性為順序，列出一個工作的全部
　　重要職責。

訪問下列網站，可以得到更多資訊。主要網址可能不經通知而更改。

HR Magazine
http://www.shrm.org/hrmagazine

Human Resource Executive Magazine
http://www.hrexecutive.com

HR Online
http://www.hr2000.com

Society for Human Resource
Management（SHRM）
http://www.shrm.org

Frozen Penguin Resort 滑雪季節的員工配置

　　由於為冬季滑雪勝地，Frozen Penguin Resort 有許多季節性的客滿期。
事實上，滑雪季節（為期 10 周的季節）中間的 6 周飯店的預訂是滿的。
預期業務會增加，管理單位要制定一項計畫，在最初 2 周（早期）和最
後 2 周（後期）以及季節高峰期的 6 周為渡假村配置員工。

　　幸運地，新近聘用的客務部經理 Scott 先生曾負責為 Seaquestered
Summer 配置員工，那是一個經歷過同樣住房率循環的飯店。然而，
Frozen Penguin Resort 位於一個更廣闊的地帶，帶給 Scott 先生獨特的挑
戰。以前，他能很方便地從 Seaquestered Summer 周圍的社區大學聘用臨
時工，在 Frozen Penguin Resort 周圍的山林中，幾乎找不到臨時工。

　　Scott 先生認為，解決員工配置這一難題有兩個部分，第一，必須
招募一批核心員工，願意整個 10 周都工作。他相信能在工作期間給每
位員工合理的薪資，還加上整個季節功的結束時發給獎金。第二，Scott

先生認為渡假村以前沒給員工足夠的訓練，讓他們能高產出地工作。他認為，透過交叉訓練，重新安排客務部工作架構，員工們能夠更有效地工作，還能保持高昂的士氣。

討論題

1. 你認為核心員工的優、弱勢是什麼？成功結束時的獎金是個好主意嗎？要吸引所需要的員工來經營渡假村，還能做些什麼？
2. 提出 5 個 Scott 先生在工作面談中會明智地詢問各應徵者的問題。注意提出一些問題，能讓 Scott 先生評估應徵者人接受訓練的潛力。
3. 對 Scott 先生計畫的交叉訓練，重組客務部的工作和責任，你是怎麼看的？你認為激發士氣的重要事項是什麼？
4. Scott 先生應怎樣把標準告訴應徵者，以保證他們瞭解渡假村的期望？

案例編號：33212CA

下列行業專家幫助蒐集資訊，編寫了這一案例：Richard M. Brooks, CHA, Vice President of Service Delivery Systems, MeriStar Hotels and Resorts, Inc. and Kenneth Hiller, CHA, Vice President, Snavely Development, Inc.

本案例也收錄在 *Case Studies in Lodging Management* (Lansing, Mich: Educational Institute of the American Hotel & Lodging Association, 1998), ISBN 0-86612-184-6。

員工知識

全體員工應有的知識

高品質的顧客服務

血液攜帶的病原體

服裝儀容

緊急情況

失物招領

再循環程序

安全的工作習慣

值班經理

你飯店的宣傳手冊

員工政策

美國殘疾障人士法規

全體客務部員工應有的知識

電話禮儀

安全

客房種類

客房和飯店設施的位置

維修

飯店政策

社區

指示方向

機場的接送服務

乘坐電梯禮儀

餐廳菜單

OSHA 法規

處理酒醉客人

櫃檯員工應有的知識

何謂櫃檯員工？
與同事和其他部門的團隊工作
目標市場
使用客房設施和備品
電話系統
POS 系統
櫃檯電腦系統
櫃檯列印機
訂房種類
客房庫存和住房率統計的專有名詞
房價專有名詞
客房狀況專有名詞
常客方案
遷入登記和結帳退房要點
客房預報
信用卡授權程序
檢查授權程序
信用檢查報告
外幣兌換
庫存系統
貴賓服務

訂房員應有的知識

何謂訂房員？
與同事和其他部門的團隊工作
預訂電腦系統
預訂列印機
營收管理
電話系統
字體
訂房種類

總機應有的知識

行李員應有的知識

Managing Front Office Operations

鑰匙控制

小費匯報程序

服務中心（Concigerge）應有的知識

何謂服務中心？

與同事及其他部門團隊工作

服務中心一天的工作

道德規範

飯店管理

飯店各項設施的位置

客房設施和備品的使用方法

特殊備品

客人想要知道的訊息

外語和翻譯

購物行程

房價專有名詞

常客方案

遺失的行李

電話系統

電腦系統

服務中心列印機

信用卡授權程序

檢查授權程序

外幣兌換

衛生

酒的品牌及種類

美國酒類飲料法律

負責酒類服務程序

應付酒醉的客人

標準飲料單作

標準飲料成分和香料

改變配方

玻璃器皿的種類及使用

應變與急救
鑰匙控制
小費匯報程序
服務中心用品庫存
貴賓服務

櫃檯員工

1. 使用櫃檯電腦系統
2. 使用櫃檯列印機
3. 使用櫃檯電話系統
4. 使用傳真機
5. 使用影印機
6. 整理櫃檯、準備入住登記
7. 使用客務部工作日誌
8. 製作並使用到店名單
9. 預留和撤銷預留客房
10. 建立預先登記
11. 開始客人入住登記
12. 登記時確定付款方式
13. 取得信用卡授權
14. 發放並控制鑰匙
15. 結束客人入住登記
16. 運用有效的銷售技巧
17. 為到店團體做預登記工作以及辦理團體入住手續
18. 帶領客人參觀客房
19. 客房尚未準備好階段，使用候補名單
20. 超賣情況下重新安排客人
21. 使用人工客房狀況顯示系統
22. 處理房間更換
23. 為客人辦理保險箱業務
24. 為營業單位準備現金報告
25. 辦理信用檢查報告，收取付款
26. 處理客人信件、包裹、電報和傳真

27. 維持顧客資訊指南

28. 準備地圖並指路

29. 為客人特殊要求提供幫助

30. 回答關於設施和活動的問題

31. 處理顧客服務中的問題

32. 為客人兌換支票

33. 領取、使用並上繳備用金

34. 輸入客帳和付款

35. 保護客人隱私和遵守安全的措施

36 喚醒服務

37. 處理付費電影系統

38. 處理爽約的保證類預訂

39. 更新客房狀況

40. 幫助客人訂房

41. 在櫃檯辦理客人退房手續

42. 調整有爭議的收費款項

43. 轉移獲准同意的收費款項

44. 辦理自助退房

45. 辦理客人延遲退房

46. 辦理延遲退房收費

47. 保持櫃檯乾淨整齊

48. 更新會議公布欄

49. 對照房務部下午查房報告，調整客房狀態

50. 製作客房現狀報告

51. 進行大小檢查

52. 進行夜間稽核

53. 清點並申請客務部備品

54. 填寫並上繳值班檢查表

55. 使用呼叫器、對講機和公用電話系統

56. 使用洗衣機和烘乾機

57. 處理需要急救的情況

58. 對警報做出正確反應

櫃檯員工：在客滿的情況下重新安排客人	
需要的資料：一份同等級飯店名單、一部電話和一輛免費接送車	
步驟	怎樣去做
1. 持有一份當地同等級飯店的名單。	
2. 給飯店打電話，詢問客滿的那些天是否有房。	
3. 如果你認為有位客人無法安排，就請經理出面，自己迴避。	□ 請客人稍候片刻。保持冷靜和專業化態度，不要把可能的問題告訴客人，只有經理才能決定是否給予房間。 □ 請經理出面。如果你不能離開櫃檯，讓其他員工代你去請經理。 □ 經理到達時，平靜地向他說明情況。
4. 協助經理，給本飯店不能入住的客人提供幫助。	□ 給客人將要去住的飯店打電話，並安排支付客人的第一晚房費。為客人付住在其他飯店的房費稱作「遷走」一位客人。與客人交談時不要使用這個詞句。有的飯店給客人一張付費憑證，負責他們在另一家飯店的房費。 □ 飯店為客人付房費的步驟會各有不同。 □ 叫一輛計程車送客人到飯店。安排好付車費的事宜。 □ 各飯店付計程車車費的步驟也會不相同。 □ 提供第二天回來的交通安排。

MANAGING FRONT
OFFICE OPERATIONS

步驟	怎樣去做
櫃檯員工：在客滿的情況下重新安排客人（續）	
需要的資料：一份同同等級飯店名單、一部電話和一輛免費接送車	
5. 安排好把來電來函轉給客人。	☐ 查清客人是否有信件、包裹、電、傳真或留言，在他離開之前把這些東西交給客人。
	☐ 立即把更換的飯店通知總機。
	☐ 把以後的信息轉給更換的飯店。
	☐ 各飯店付出租車費的步驟會各不相同。
6. 鼓勵客人第二天再回來。	
7. 如果客人第二天回來了，要提供高品質的顧客服務。	☐ 請示主管，能否為客人升級，或者在剩下的日子裡能否給他最好的可房間。
	☐ 告訴經理客人回來了，這樣他就能去歡迎客人了。客人回來時經理有可能想送一封致歉信或一個禮品籃。

櫃檯員工：處理換房	
需要的資料：客房鑰匙、一份客房狀況報告及記卡	
步驟	怎樣去做
1. 讓不滿意的客人搬遷到可以接受的客房。	☐ 如果客人的房間有問題，就讓他搬到同樣價格的客房。 ☐ 如果沒有等價房，就讓客人搬到高些房價的客房去，不另加收房費。 ☐ 如果是房型有問題就讓客人搬到更能滿足其需要的房間。 ☐ 如果新房間的房價較高，向客人說明額外費用，並在取得他同意付費後再搬遷。 ☐ 換房之前，把換房訊息輸入電腦或客務部的其他排房系統。 ☐ 如果店內沒有其他可銷售房，立即把問題告訴主管。
2. 派行李員幫助換房。	☐ 派一位行李員幫助客人換房。 ☐ 把新客房的鑰匙交給行李員，並請他帶回原客房的鑰匙。 ☐ 把原來房間的鑰匙放回正確位置。 ☐ 搬遷完成後 10 分鐘，打電話給客人，確認新房間能否滿足他的期望。
3. 更改登記卡上的房號。	
4. 把換房情況通知客房部。	☐ 客房部也許要整理原來的那間房。他們也要把電腦中客房狀態從乾淨更改為需打掃房。 ☐ 房務部結束檢查之前，沒人能再入住那個房間。

櫃檯員工：為客人辦理保險箱	
需要的資料：一張保險箱卡、保險箱、保險箱鑰匙、一枝筆、一個文件盒	
步驟	**怎樣去做**
1. 配給保險箱	□許多飯店免費提供保險箱，讓客人住店期間存放貴重物品。有的飯店用房內保險箱代替。保險箱卡上應寫明飯店的責任範圍。 □問清客人房號，給保險箱卡和一枝筆。 □請客人用鋼筆在卡正面簽名，並填寫完整的郵寄地址。 □告訴客人，對所接受物品飯店的最高賠償責任。 □各飯店的最高賠償責任有所不同。 □選擇一只鎖孔裡有鑰匙的保險箱。 □在卡上填寫箱號、發放日期、你的姓名以及客人的房號。
2. 發給配給的保險箱	□從保管庫裡取出箱子交給客人。 □提供隱蔽場所讓客人把貴重物品放入箱中。在忙碌的櫃檯，你會不得不帶領客人到客務部 □經理辦公室或櫃檯後面一個隱蔽的地方，以便在這項過程中適當保護客人。
3. 放好保險箱	□確保由客人親自把他的物品放入箱中。不要接觸客人的物品。 □把箱子放入保險庫，取出鑰匙，並把鑰匙交給客人。 □告訴客人，他持有僅有的一把鑰匙。 □給客人解決清楚，如果他遺失了鑰匙，就必須付鑽孔裝新鎖的費用。 □客人在保險箱卡的背面簽名。 □把日期、物品放入箱中的時，以及你的姓名記在卡上。

客務部員工：為客人辦理保險箱（續）	
步驟	怎樣去做
4. 把保險箱卡放在正確的位置。一般是與登記卡放在一起，或者放入櫃檯的一個文件盒。	
5. 在客人希望的任何時候提供取保險箱內物品的便利。	☐ 在允許開啟保險箱之前，把每次取箱記錄在客人的保險卡背面。 ☐ 交還客人的保險箱卡。 ☐ 請客人在卡背面簽字。 ☐ 確認簽字與卡正面的相符。只有在卡上留有簽名的人才有權打開箱子。鑰匙可能遺失或被竊，要求開箱的人不一定就是客人。 ☐ 如果簽名不相符，就立即通知客務部經理。 ☐ 記錄開箱日期、時間、以及作為見證人的你的姓名開頭字母。 ☐ 提供一個隱蔽的場所讓客人取出或收入物品。 ☐ 把客人每一次接觸保險箱記錄在保險卡的背面。
6. 停止使用保險箱。	☐ 讓客在卡正面簽名並寫上日期，表明他已停止使用保險箱。 ☐ 記錄開啟的日期、時間，以及作為見證人的你的姓名開頭字母。 ☐ 提供隱蔽場所，讓客人取出他的貴重物品。 ☐ 確認客人取出了箱中所有物品。 ☐ 感謝客人並將卡存檔。 ☐ 卡保留在檔案內至少 6 個月。 ☐ 把鑰匙插回保險箱鎖孔。

MANAGING FRONT
OFFICE OPERATIONS

櫃檯員工：處理對客服務問題	
步驟	怎樣去做
1. 聽客人說明問題。	☐ 全神貫注。 ☐ 提出問題，以確定問題的症結。 ☐ 用你自己的話重述問題，確認你聽明白了。
2. 給客人做出回應。	☐ 道歉。無論你認為投訴是否有道理，都對造成的不便表示道歉。 ☐ 不要因為問題而責怪客人、同事或其他任何人。 ☐ 告訴客人可以採取什麼行動來解決問題。 ☐ 可能的話提供選擇方案，讓客人挑選解決辦法。 ☐ 說明你將採取的行動。 ☐ 告訴客人，你什麼時候將採取行動，什麼時間有望解決問題。
3. 解決問題。	☐ 可能的話你自己跟蹤問題的解決過程。 ☐ 需要的話與有關的人員聯繫，更正問題。
4. 繼續跟蹤，確認對問題的處理能讓客人滿意。	☐ 監督解決問題的工作進展。 ☐ 採取行動以後，與客人聯系，詢問他對解決的情況是否滿意。

櫃檯員工：處理對客服務問題（續）	
步驟	怎樣去做
1. 傾聽客人說明問題。	☐ 詢問客人，你能為他做點什麼。
	☐ 如果客人不滿意，就與你的主管聯繫。
	☐ 保持冷靜。不要被憤怒的
2. 對客人做出適當反應。	☐ 讓客人表達他們的想法。客人敘述時不要打斷他們。
	☐ 承認客人的感覺，你可以說，「我知道你一定很生氣」。
	☐ 問些簡單的問題讓客人安靜下來，例如，「這是什麼時候發生的？」或者「確切地說你等了多久了？」
	☐ 可能的話給出可選擇的方案，你可以說「我能在 15 分鐘內處理好，」或者「我能在 30 分鐘裡給你拿個新的。你喜歡哪一種？」
	☐ 準確地告訴客人你將做什
3. 解決問題。	☐ 如果客人不滿意，就立即與你的主管聯繫。
4. 繼續跟蹤，確認問題的解決讓客人滿意。	

MANAGING FRONT
OFFICE OPERATIONS

櫃檯員工：對照客房部的下午報告調整客房狀態
需要的資料：一份客房部下午報告

步驟	怎樣去做
1. 收到客房部下午報告時核對客房狀態。	☐ 列印一份下午客房狀態報告，與客房部下午報告作比較。
	☐ 確認客房狀況報告上的各房間狀態與客房部報告上的房間狀態相符。持有各房間的正確狀態，能保證你不把抵店客人安排進住客房或未打掃的客房。
	☐ 如果客房部報告顯示一個房間為「乾淨空房」，而客房狀態報告顯示該房為住客房，就檢查是否有客人今天入住的。如果有，就把狀態改為「乾淨住客房」。
	☐ 特別注意客房部顯示為住客房，而你的報告顯示為空房的房間，客房部一般在每天下午2點提供下午客房部報告，顯示所有客房的狀態。到了這時候，所有退房客人應該已經退房，所有走客戶（延遲退房的除外）應改清掃完畢。
2. 消除在客房狀態上的不同之處。	☐ 需要的話，請一個人到客房去，查出它正確的狀態。
	☐ 需要時檢查客房狀態的員工在各飯店會有不同的做法。
	☐ 如果計劃應退房的客房尚未空出，就與客人聯繫，搞清是否要延長住宿期。

訂房員

1. 使用訂房電腦系統（Reservations Computer System）
2. 使用訂房部列印機和800數字列印機
3. 使用傳真機
4. 使用複印機
5. 遵守營收管理程序
6. 向來電話的人問好，並處理電話事宜
7. 接受電話預訂
8. 接受表格預訂
9. 接受團體預留房中的客人預訂
10. 使用客史系統
11. 運用有效的電話銷售技巧
12. 推銷特別營銷計劃
13. 爲有特殊要求的客人預留房間
14. 處理預訂記錄
15. 處理預訂確認
16. 建立並監管團體預訂總表
17. 把預訂記錄存檔
18. 記錄電話訂房內容
19. 發出通知
20. 按要求向潛在的客人郵寄信息
21. 辦理預付款和訂房定金業務
22. 處理預訂更改和取消
23. 處理旅行社不抵店和取消預訂表
24. 完成和管理所有必需的報表
25. 幫助制作客房預測
26. 準備並上線預訂部的檢查單
27. 審查抵店名單，找出錯誤

訂房員：使用客史系統	
需要的器材和資料：預訂部電腦系統和客史系統	
步驟	怎樣去做
1. 接受預訂時進入電腦的客史系統。	☐ 詢問打電話人以前是否來飯店住過。根據客史系統，你也許可以找出打電話人喜歡的： ・房型 ・房間位置 ・房價 ・特殊要求 ☐ 如果曾住過，則在電腦的客史記錄中找出打電話者的姓名。 ☐ 要確認你得到了正確的客史記錄，詢問來電人的地址，並與檔案上的地址相比較。
2. 使用歷史訊息，滿足訂房要求。	☐ 說明來電人上次預訂的房間。 ☐ 詢問來電人是否還要相同的房間。或者描述更具特色的房間，並問他是否喜歡。
3. 巧妙得體地運用客史訊息。	☐ 不要背誦你擁有的關於來電者的全部訊息。如果來電者認為你知道得太多了，他們會不舒服的。 ☐ 運用訊息，提出你認為他會喜歡的建議。

訂房員：運用有效的電話銷售技巧	
需要的器材：一部電話	
步驟	怎樣去做
1. 使飯店的特色與來電客人的需求呼應。	□ 了解各種可銷售房的特點。 □ 傾聽來電人的需要。 □ 描述特色時注意賓客們的需求。例如，客房的特色是有一張書桌和一個大沙發，告訴來電人對他會什麼益處：「客房裡有一張書桌，可以有大的工作空間；還有一個大沙發，工作一天以後可以好好放鬆一下」。 □ 不要細說飯店可能有的欠缺。 □ 如果來電人提出否定的觀點，就告訴他至少有兩項優點可以抵消一項消極因素。
2. 執行特別促銷計畫。	□ 了解飯店的房價，了解你在報價時可以執行的彈性程度。升級銷售是銷售比客人原來要的房間更貴的客房。
3. 運用升級銷售技巧。	□ 考慮來電客人的需要和可銷售房的種類及價格。 □ 三項升級銷售的技術是： · 由上而下：推薦適合來電人需要的最高價房，如果來電人不要，則描述次高價的房，如此等等，直到來電人選中一間房。如果出租率很低，則主管會告訴你房價可以自由向下浮動的幅度，以盡量多地抓住業務。 · 由下而上：如果來電人要求最低價的房，就描述這種房，並且報價。隨後則提出稍貴一些的客房讓來電人還能享受到的舒適和優越性。例如，你可以說，「只加10美元，你就能有一張特大號床，晚上會休息得更好。」這種方法能使來電人放棄低價房而選擇中價房。多數人願意避開極端，而選擇中間的東西。

訂房員：運用有效的電話銷售技巧（續）

步驟	怎樣去做
	·方案選擇：給來電者兩到三種房間選擇——兩種高價的，一種中等價位的，描述各種房間的優點，並說明價格上的差異。然後同來電人他喜歡哪一種。說明價格差異比報給
4. 尋求銷售	□即使飯店住滿時也不可忘了銷售。向來電人推薦另一個日期或者把來電人載入候補名單。
	□即使來電人說他只是咨詢一下，也要問一下他是否想預訂。
5.記錄你在接聽電話預訂方面的成績。	□不斷努力打破自己的記錄。
6. 銷售飯店的其他設施和服務	□隨時了解能讓潛在的客人感興趣的飯店活動。除了客房以外，你還可以銷售飯店提供的其他設施和服務。
	□努力留住客人在飯店用餐、宴請和娛樂。
	把飯店的以下設施和服務告訴來電人： ·餐廳、咖啡廳、客房餐飲服務及速食餐廳 ·交誼廳和娛樂節目 ·禮品店、美髮室以及美容院 ·健身房、高爾夫球場游泳池 ·洗衣房和燙衣服務 ·宴會設施、會議室和餐飲服務
	□如果來電人問你是否親自嘗試過飯店的餐廳或另一項活動，如果你沒有也不必感到為難，只回答，「沒有，但我們的客人都很開心。」
	□考慮來電人的需要和興趣，盡你的一份力量安排好吃玩都滿意的愉快住宿。

總機

1. 使用客務部電腦系統
2. 使用客務部列印機
3. 使用交換機
4. 使用傳真機
5. 使用複印機
6. 控制接入客房的電話
7. 維持顧客資訊指南
8. 回答有關服務和活動的問題
9. 回答詢問
10. 幫助客人打國際電話
11. 處理對客電話收費
12. 處理喚醒電話
13. 遵從客人隱私保密和安全措施
14. 使用呼叫器、對講機和擴音系統
15. 簽發和控制總鑰匙
16. 處理客人信函、包裹、電報、傳真和留言
17. 閱讀並記錄客務部的工作日誌
18. 填寫總機交班查檢查表
19. 填寫或管理所有必需的報告和表格
20. 保持總機區域乾淨整齊
21. 對火警或煙霧警報做出反應
22. 對非火警緊急情況做出反應
23. 對炸彈威脅做出反應
24. 對氣候方面緊急情況做出反應
25. 協助撤離飯店
26. 對威脅、淫穢或惡作劇電話做出反應
27. 安撫不滿意的客人

MANAGING FRONT OFFICE OPERATIONS

總機：維持和使用顧客資訊指南	
需要的資料：客人資訊指南、地圖、宣傳手冊及當地話號碼簿	
步驟	怎樣去做
1.熟悉客人訊息	□ 客人訊息指南中有當地的活動、服務、風景名勝、餐廳和娛樂地點等的信息。
	□ 了解指南中的信息是怎樣組織的。
	□ 閱讀指南中的信息。
	□ 客人信息指南的擺放位置，各家
2.更新並完成指南	□ 蒐集當地活動、服務和名勝的有關宣傳冊、地圖及其他信息。把這些信息加入到指南中去。指南的信息應該包括：
	・特別活動
	・文化藝術項目
	・劇場和電影院
	・夜總會和娛樂場所
	・購物中心
	・餐廳
	・休息處和小旅館
	・消遣活動場所（保齡球館、體操房等等）
	・交通運輸
	・醫療機構
	・個人服務（托嬰，美髮院等）商務服務（打字員，設備出租公司等）
	・教堂和猶太教堂
	・地區的地圖

總機：管理並使用客人信息指南（續）	
需要的資料：客人信息指南、地圖、宣傳冊及當地話號碼簿	
步驟	怎樣去做
	□ 保證指南中介紹的營業點必須包括以下信息：
	・名稱和地址
	・由旅館前往的路線
	・電話號碼
	・營業時間
	・服務種類
	・是否需要預訂
	・是否有穿著要求
	・業主和／或經理姓名
	・出租車前往的大約費用
	・入場費或表演的費用
	・可以用的公共交通
	□ 運用你的當地電話號碼簿，獲取不足的信息。
5.記錄你把電話介紹給預訂業務方面的成績。	
6.銷售旅館的設施和服務。	

總機：回答關於服務與活動的問題	
需要的資料：客人信息指南、一枝筆、紙、每日和每周活動安排表，以及員工電話號簿。	
步驟	怎樣去做
1.為客人提供禮貌的幫助。	☐ 認真聽客人講，弄清他想要知道什麼。如果你不能確認，則通過提問澄清。 ☐ 用樂於助人的聲調給出清楚的回答。 ☐ 可能的情況下首先推薦旅館的餐廳、酒吧、服務項目及其他設施。 ☐ 如果你不知道問題的答案，就告訴客人，你或你的同事會找出答案，並會盡快打電話告訴他。記下客人的姓名和房號。
2.找出客人需要的信息。	☐ 如果客人要求幫助挑選或找到當地活動、服務、娛樂、餐廳或休閒場所的地址，就參閱客人信息指南。 ☐ 知道在需要更多信息時該給社區的哪一位打電話，需要時與他們聯繫。
3.有了信息盡快給客人回電話。	☐ 客人可能在等著信息做計畫。
4.提供說明。	☐ 對客人選出的各個地方清楚地給予說明。

總機：回答關於服務與活動的問題（續）	
步驟	怎樣去做
5.向客人解釋設備的使用方法。	□ 如果客人打電話要求幫助解決客房的取暖器、空調、電視、付費電影控制器等問題，就耐心而細緻地說明怎樣使用這些設備。
	□ 需要時重複這些步驟，直到客人懂了為止。
	□ 如果客人按你的說明去做了，而設備仍不能正常工作，就派一位行李員或維修人員前往客房檢查。
6.回答關於活動時間及地點的問題。	□ 參閱每日或每周活動安排一覽表。
	□ 如果客人問的信息一覽表上沒有，就請客人稍等片刻，而你去找答案。
	□ 給負責這項活動的部門（餐飲、銷售、會議服務等）打電話，取得客人需要的信息。
	□ 盡快把信息告訴客人。
	□ 提供前往會議室的路徑。
7.與旅館其他部門協調客人的要求。	□ 如果客人要求的一項服務涉及另一部門，就給有關員工打電話，說明情況。
	□ 除非客人有一個關於失物招領項目的問題，或負責失物招領的員工聯繫。
	□ 可能的話再與客人核對，確認客人對每件事的解決都滿意。

MANAGING FRONT
OFFICE OPERATIONS

總機：幫助客人打國際長途	
需要的器材和資料：交換機和電話號碼簿	
步驟	**怎樣去做**
1.詢問客人要打的電話號碼。	☐ 詢問以上項目： ・國際代碼（常用的是 011） ・國家代碼（如法國是 33） ・城市代碼（如巴黎是 1） ・當地電話號碼 ☐ 在你的電號碼簿中客人信息部分，可能列出了國家和主要城市的代碼。也可以在你的工作台備一張列出所國際代碼的圖表。 ☐ 如果客人沒有代碼，就給當地電話台打電話。 ☐ 如果你不清楚如何接通國際長途，就打電話給當地電話台（0）尋求幫助。
2.細心撥打全部號碼。	☐ 振鈴開始前耐心等待 45 秒。 ☐ 如果你或客人被接到了一個錯誤號碼，或者沒有講完國際長途即被切斷，就給當地電話台打電話（0），並要求退款。
3.撥打接線員協助電話	☐ 撥打特別國際代碼（01）而不是（011）。 ☐ 清楚地說明號碼和你呼叫的對方。問清通話時間和費用。

總機：安撫不滿意的客人	
步驟	怎樣去做
1.聆聽客人說話。	☐ 傾聽對方的投訴。給客人留下時間說明他的感受，以及他有什麼要求。
	☐ 傾聽的時候，要保持冷靜，不要生氣，也不要與客人爭辯。
2.向客人表示抱歉。	☐ 承認客人的感受，不管是誰的過錯，對產生的問題表示道歉。決不可爭辯、批評、無視或對抗客人的投訴。
	☐ 重複一遍投訴，確認你了解了一切，也讓客人知道你在傾聽。
3.採取必要的行動。	☐ 謝謝客人把問題告訴你，並且告訴客人你會立即去解決問題。
	☐ 立刻給有關的人或部門打電話，解決問題。
	☐ 請負責解決問題的員工糾正後通知你。
	☐ 如果員工無法解決問題，立刻與值班經理聯繫。
	☐ 決不可以要客人直接給負責解決問題的部門打電話。
4.給客人回電話，確認事情的解已讓他滿意。	

行李員

1. 使用工作台電話系統
2. 使用傳真機
3. 使用複印機
4. 執行旅館規定的在職姿勢
5. 保存工作台的工作日誌和客務表格
6. 裝載和運送行李及其他物品
7. 為客人提供開門服務
8. 使用客人信息指南
9. 協助帶領客人進房
10. 協助客人辦退房手續
11. 提供客人行李存放服務
12. 向潛在的客人展示客房，檢查客房的住客狀態。
13. 辦理換房。
14. 執行臨時任務
15. 為客人安排或招呼出租車
16. 處理並遞送郵件、留言、傳真或包裹
17. 代客停車
18. 為客人發送早報
19. 為客人發送晚報
20. 辦理客人的洗衣
21. 送對客服務設備和客用品到客房
22. 安排客人要求的服務
23. 處理對客服務問題
24. 團隊抵離時幫助處置行李
25. 進行禮賓車保養
26. 匯報禮賓車事故
27. 提供禮賓交通服務
28. 安排豪華轎車服務
29. 管理旅館設備
30. 保管並盤點鑰匙
31. 使用呼叫器材、對講機及公共擴音系統

32.負責歐陸式早餐的擺台、補充、整理及撤台
33.準備咖啡
34.處理失物招領物品
35.準備地圖並給客人指路
36.打掃大廳、入口、工作台和行李車
37.更新活動項目通知板
38.往大廳宣傳架上補充宣傳冊
39.參與急求工作
40.對緊急情況警報做出適當反應

*M*ANAGING FRONT
*O*FFICE OPERATIONS

行李員：為客人提供門口服務	
需要的器材和資料：一輛行李車、行李牌及客人車鑰匙	
步驟	**怎樣去做**
1.讓客人感覺到受歡迎	□ 微笑，保持目光接觸，向客人問好。不可讓客人先向你問好。你的責任是建立極好的第一印象。 □ 如果沒有拉門員，就為客人開門。 □ 無論你當時在幹什麼，如果看見客人走近大門，都要抬起頭來向人問好，再上前一步主動提供幫助。 □ 旅館的標準問候語會因店而異。
2.上前一步靠近抵店的車輛，拉開車門，歡迎客人。	□ 如果你對來店車輛中是否有住店客人沒有把握，就問。主動溝通顯示了高品質對客服務的精神。 □ 幫助需要幫助的人下車。
3.為抵店客人卸下行李。	□ 運用安全方法卸下和捆綁行李。 □ 細心對待行李，避免損壞。 □ 把行李裝上行李車。
4.指引客人去櫃檯。	□ 告訴客人你將跟隨他們的行李。 □ 如果客人願意自帶行李，就禮貌地指費他們去櫃檯，主動提供其他幫助，並祝居住愉快。

行李員：為客人提供門口服務（續）	
步驟	怎樣去做
5.提供停車服務及信息。	□ 微笑，保持目光接觸，向客人問好。
	□ 如果是旅館的一項服務，則提供代客停車服務。如果停車需要超過5分鐘時間，就先安排客人進房，隨後再回來停車，也可以讓其他行李員去停車。
	□ 為拒絕接受代客停車服務的客人指明停車區。
	□ 應告訴客人停車的費用。
6.立即把客人的行李搬運到安全地點。	□ 把由兩部分組成的行李牌撕開。
	□ 把行李牌的一部分交給客人。
	□ 把行李牌的另一半拴在客人行李上。
7.為退房客開門。	□ 把門開得足夠大，讓客人通過。
	□ 謝謝客人居住你們旅館，並邀請客人再來。

MANAGING FRONT OFFICE OPERATIONS

行李員：為客人提供行李存放服務

需要的器材：行李牌、一枝筆、濕抹布、一把掃帚、一個真空吸塵器
及一個拖把。

步驟	怎樣去做
1.接收行李。	□ 在每件行李上拴好行李牌。
	□ 撕下行李牌票根，並交給客人。向客人說明怎樣領取寄存的行李。
	□ 如果查出貴重物品，不可存放在行李牌票根所述的地點。
	□ 把行李存放在指定的櫥櫃內。
	□ 在抵退房高峰期，可能要把行李存放在行李集中的地方，這時應在行李牌票根上註明。
2.把接收的行李歸還客人。	□ 向客人索取行李提取牌。
	□ 找出行李，交給客人或幫客人搬運行李。
	□ 如果客人的行李牌丟失了，就領他們到儲存室去認出自己的行李。
	□ 禮貌地要客人出示身分證明，如駕駛執照，對比行李上的姓名和地址。許多行李看上去很相像，客人會感謝你注意安全。
3.保存行李。	□ 整理各項行李。
	□ 確保把同一團體的行李放在一起。
	□ 根據行李牌或根據客人的姓氏順序放行李。
	□ 可能的情況下不讓行李著地，以方便打掃。
	□ 用濕抹布除去架子上的灰塵，撿起廢物紙。

行李員：為客人提供行李存放服務（續）	
步驟	怎樣去做
4.引導抵店客人去櫃檯。	☐ 清掃、吸塵或適當拖淨地面，也可以移動行李，讓客房部人員清潔地面。
	☐ 把行李按次序放回原處。
	☐ 如果你懷疑行李被遺忘了，就與櫃檯員工核對，找出客人退房的時間。
	☐ 把遺留的行李拿到失物招領部門去。
	☐ 要等多久才移送到失物招領部門去，各個旅館有不同規定。

服務中心（Concierge）

1. 使用櫃檯電腦系統
2. 使用列印機
3. 使用傳真機
4. 使用複印機
5. 使用服務中心工作日誌
6. 使用客史檔案
7. 清點並申領備品
8. 保管並使用分管的廚房設備
9. 準備咖啡
10. 提供免費的設在大廳的早餐
11. 領取、使用並上繳你的備用金
12. 張貼對客收費和付款條例
13. 預訂貴賓服務的用品
14. 準備並擺放客房歡迎卡
15. 給客人打禮貌性電話
16. 保管客人信息指南
17. 瞭解當地餐館
18. 回答客人的詢問和要求
19. 準備地圖並給客人指路
20. 準備並派送感謝信
21. 幫助客人做將來的預訂
22. 幫助客人預訂飛機、火車票
23. 為客人租車
24. 為客人排豪華轎車服務
25. 為客人安排出租車
26. 為客人安排商務服務
27. 給客人安排旅遊
28. 使用尋呼機和公共擴音系統
29. 提供免費雞尾酒
30. 準備酒精性飲料
31. 安撫不滿意的客人
32. 參與急救
33. 對緊急警報迅速做出反應

服務中心：回答客人的詢問和要求
需要的器材和資料：客人信息指南、地圖、電話號碼簿、紙、筆、小額現金收入收據、支出憑證、旅館指南，以及工作記錄簿。

步驟	怎樣去做
1. 給客人提供信息。	□ 認真傾聽，準確確定客人想知道什麼。如果不能肯定，就提問澄清。在提出你的建議之前，非常重要的事是準確瞭解客人想從你這兒了解什麼。
	□ 可能的情況下，首先推薦旅館的餐廳、酒吧、服務、以及其他設施。
	□ 如果客人要求幫助挑選當地的活動、服務、名勝、餐廳或娛樂場所，或者要求獲得上述場所的地址，參閱客人信息指南。作為大服務主管，你應該比旅館其他員工更了解當地的活動、服務、名勝、餐館和娛樂場所。
	□ 知道需要更多信息時與誰聯繫，必要時打電話問他們。
	□ 為了幫助客做出決定，向他展示你有的宣傳冊、菜單或其他促銷材料。
	□ 記下客人感興趣的各處名稱、地址和電話號碼。
2. 指示方向	□ 對客人選擇的各個地方，清楚地指明方向。
	□ 必要時用一張地圖，在圖上標出路線。
3. 回答關於活動時間地點的問題。	□ 參閱每日和每周活動安排一覽表，上面註明了什麼團體在旅館聚會。

MANAGING FRONT OFFICE OPERATIONS

服務中心：回答客人的詢問和要求（續）	
步驟	怎樣去做
4. 在旅館的規定範圍內給客人提供個性化服務。	☐ 如果客人要的信息一覽表上沒有，請他們稍等片刻，以便你去找出答案。 ☐ 給有關的部門（餐廳、銷售、會議服務等）打電話，找出你需要的信息。 ☐ 盡快將你獲得的信息通知客人。 ☐ 指出前往會議方向。 ☐ 找出關於提供個性化服務的旅館政策。客人會要求的個性化服務，例如照顧嬰兒、擦皮鞋、洗車或幫助購買禮品。 ☐ 微笑著告訴客人，你會做一切可以做的事幫他們。 ☐ 如果客人要求的一些事你不能做，就告訴他們你能做什麼來代替。 ☐ 必要時推薦一個能幫助客人的機構。參閱客人信息指南或電話號碼簿取得更多的信息。例如，要你兌換外幣，而你們旅館又不能換，就告訴客人哪裡可以兌換。可以畫出地圖，適當時可以安排交通工具。 ☐ 在你能提供個性化服務的時候，確認你清楚地了解了客人要什麼，他們準備花多少錢。 ☐ 填寫小額收費收據或支出憑證。

服務中心：回答客人的詢問和要求（續）	
步驟	怎樣去做
5. 與旅館其他部門協調客人的要求。	□ 如果客人要求的服務涉及其他部門，就給相應員工打電話説明情況。 □ 除非客人有關於失物招領的問題，否則不要叫客人給其他部門打電話。 □ 如果客人丟失了物品就告訴他們與負責失物招領的人員聯繫。 □ 可能的情況下，再與客人聯繫，確認一切處理都使他們滿意。
6. 為客人預訂餐館。	□ 給餐館打電話，如果你有專人聯繫，就要求與他通話。 □ 告訴對方預訂信息： · 客人的姓 · 用餐人數 · 抵達時間 · 客人的特殊要求 · 你的姓名和電話號碼 □ 在旅館便箋上寫下信息，並立即交給客人。

服務中心：回答客人的詢問和要求（續）	
步驟	怎樣去做
7. 幫助客人取票。	☐ 客人會要你幫他取劇場、歌劇、芭蕾舞、娛樂公園、博物館的門票。 ☐ 必要時從客人處獲得以下資訊： 　・成人票和兒裡票的數量 　・抵達時間 　・信用卡號、種類及失效日期 　・客人特殊需求 ☐ 明確讓客人知道要花錢買票 ☐ 給有關出票部門打電話。參閱客人資訊指南或電話號碼簿，獲取更多資訊。 ☐ 查出你是否打妥票。如果已訂妥，就讓他們把票送到旅館，或者為你的客人保留票。 ☐ 提供一切必要的資訊。 ☐ 確認找出了客人想知道的所有資訊，如： 　・該處的營業時間或表演有多長時間 　・從旅館去的位置和方向 　・接待傷殘客人的能力 　・具有的特色，推銷，組合等
8. 在服務中心工作日誌中記錄對客服務。	☐ 把資訊寫在旅館便箋上，並立即交給客人。

服務中心，準備地圖並指路	
需要的器材和資料：一張當地地圖，一台影印機，一本電話號碼簿，一枝螢光筆，紙和一枝鋼筆。	
步驟	怎樣去做
1. 取得一份清楚的當地地圖。	☐ 問主管旅館是否有顯示小路的當地地圖。旅館可能有引導卡檔案，以幫助客人找出感興趣的地方。 ☐ 如果沒有，就詢問是否可以打電話給當地商會、旅遊局或出租車公司，請他們送一份到旅館。
2. 複印25份至50份地圖。	☐ 如果地圖很大，就複印旅館周圍地區，以及常去地點的周圍地區。 ☐ 可能要使用影印機上的縮小鍵，印下地圖上足夠大的部分。
3. 在地圖複印件上標出最常去地方竹最佳路線。	☐ 選出幾處客人常問的地方，例如機場。 ☐ 用螢光筆標出一個地方的最佳路線。每一個地方用一張新的複印地圖。 ☐ 根據需要寫出街名和地標性的建築。 ☐ 在每一張地圖複印件上寫下標出地點的電話號碼。

服務中心，準備地圖並指路（續）	
步驟	怎樣去做
4. 指路	☐ 從所住旅館開始。 ☐ 用「向右」、「一直」和「向左」給客人指路，不要用「北」、「南」、「東」和「西」。 ☐ 說明街名，但要輔以標誌性建築。記住大多數客人是外地來的，不熟悉你們的城市。 ☐ 說明最簡潔的路線，不必是最短的路線。 ☐ 如果路線很難走，就把它寫下來。 ☐ 留幾份沒有標註的地圖複印件，以便客人問路時可以標明路線。客人會詢問你沒有標註的地方如何去，這種情況下，就不必讓客人等你去複印了。

服務中心：為客人安排旅遊	
需要的資料：客人資訊指南、電話號碼簿、電話、服務中心員工作日誌、一枝支筆和旅館信箋。	
步驟	**怎樣去做**
1. 幫助客人選擇旅遊項目。	□ 問客人他對看什麼有興趣。
	□ 查明客人想在旅遊中花多少時間。
	□ 詢問他旅遊中喜歡步行還是開車。
	□ 查明客人願意在旅遊上花多少錢。
	□ 參考客人資訊指南或打電話給當地商會、旅遊局，以獲取更多的資訊。
2. 給旅行社打電話預訂。	□ 確認旅遊價格和其他事項，防止已經發生變化，因為你現有的資訊來自印刷品。
	□ 把客人的姓名報給旅行社。
	□ 查明旅遊從什麼時間、什麼地方開始。詢問並寫下有關旅遊的其他詳情。
3. 把安排的情況告訴客人。	□ 在旅館信箋上列印或整齊地書寫旅遊資訊。
	□ 把資訊交給客人。
4. 把所提供的對客服務記在服務中心工作日誌裡。	

附錄

夜間稽核表

THE WASHINGTON INN

Name **SUNSHINE MASTER** Acct. No. _____

Room **101** Rate $**1330.00** Arrival Date **3/31**

DATE	3/31	4/1										
Balance Fwd.		(600-)										
Room	1330 -											
Sales Tax	53 20											
Restaurant												
Bar												
Local												
Long Distance	16 80											
Telegrams												
Laundry-Valet												
Cash Disburse												
Transfer												
TOTAL	1400 -											
Less: Cash	2000 -											
: Allowances												
: Transfer												
Carried Fwd.	(600-)											

THE WASHINGTON INN

Name **BROWN, MR. & MRS. EDWIN**   Acct. No. _____

Room **245**   Rate **$48⁰⁰**   Arrival Date **3/28**

DATE	3/28	3/29	3/30	3/31	4/1			
Balance Fwd.		1 92	65 84	149 76	208 04			
Room	48 -	48 -	48 -	48 -				
Sales Tax	1 92	1 92	1 92	1 92				
Restaurant		14 -	26 -					
Bar			8 -					
Local								
Long Distance				8 36				
Telegrams								
Laundry-Valet								
Cash Disburse								
Transfer								
TOTAL	49 92	65 84	149 76	208 04				
Less: Cash								
: Allowances								
: Transfer	48 -							
Carried Fwd.	1 92	65 84	149 76	208 04				

THE WASHINGTON INN

Name **JACKSON, LARRY** Acct. No. _____

Room **302** Rate **$70** Arrival Date **3/31**

DATE	3/31	4/1						
Balance Fwd.		72 80						
Room	70 -							
Sales Tax	2 80							
Restaurant								
Bar								
Local								
Long Distance								
Telegrams								
Laundry-Valet								
Cash Disburse								
Transfer								
TOTAL	72 80							
Less: Cash								
: Allowances								
: Transfer								
Carried Fwd.	72 80							

THE WASHINGTON INN

Name **GREENWOOD, NELSON**   Acct. No. _____

Room **324**   Rate **$24**   Arrival Date **3/30**

DATE	3/30		3/31		4/1									
Balance Fwd.			21	21	49	92								
Room	24	–	24	–										
Sales Tax		96		96										
Restaurant	13	50												
Bar			3	75										
Local														
Long Distance	6	75												
Telegrams														
Laundry-Valet														
Cash Disburse														
Transfer														
TOTAL	45	21	49	92										
Less: Cash														
: Allowances														
: Transfer	24	–												
Carried Fwd.	21	21	49	92										

MANAGING FRONT OFFICE OPERATIONS

THE WASHINGTON INN

Name   FOSTER, MR. & MRS. JACK   Acct. No. _____

Room   440   Rate $56⁰⁰   Arrival Date   3/31

DATE	3/31	4/1						
Balance Fwd.		58 24						
Room	56 -							
Sales Tax	2 24							
Restaurant								
Bar								
Local								
Long Distance								
Telegrams								
Laundry-Valet								
Cash Disburse								
Transfer								
TOTAL	58 24							
Less: Cash								
: Allowances								
: Transfer								
Carried Fwd.	58 24							

THE WASHINGTON INN

Name **STRAIGHT, MR. & MRS. TOM** Acct. No. ___

Room **522** Rate **$56⁰⁰** Arrival Date **3/31**

DATE	3/31	4/1							
Balance Fwd.		97 34							
Room	56 —								
Sales Tax	2 24								
Restaurant									
ROOM SERVICE	28 08								
Bar									
Local									
Long Distance	6 52								
Telegrams									
Laundry-Valet									
Cash Disburse	4 50								
Transfer									
TOTAL	97 34								
Less: Cash									
: Allowances									
: Transfer									
Carried Fwd.	97 34								

MANAGING FRONT OFFICE OPERATIONS

THE WASHINGTON INN

Name **DAVIS, RONALD**　　　Acct. No. _____

Room **100**　　Rate **INCIDENTALS**　Arrival Date **3/31**

DATE	3/31	4/1														
Balance Fwd.		—														
Room																
Sales Tax																
Restaurant																
Bar																
Local																
Long Distance																
Telegrams																
Laundry-Valet																
Cash Disburse																
Transfer																
TOTAL																
Less: Cash																
: Allowances																
: Transfer																
Carried Fwd.	—															

THE WASHINGTON INN
CITY LEDGER CONTROL

DATE	4/1															
Balance Fwd.	50000 —															
Restaurant																
Bar																
Miscellaneous																
Transfer Debit																
TOTAL																
Cash																
Allowances																
Transfer Credit																
Carried Fwd.																

*MANAGING FRONT
OFFICE OPERATIONS*

THE WASHINGTON INN
ADVANCE PAYMENTS CONTROL

DATE	4/1																
Balance Fwd.	(2930 -)																
Transfer Debit																	
Refund																	
TOTAL																	
Cash																	
Carried Fwd.																	

THE WASHINGTON INN

Name _____ Acct. No. _____

Room _____ Rate _____ Arrival Date _____

DATE														
Balance Fwd.														
Room														
Sales Tax														
Restaurant														
Bar														
Local														
Long Distance														
Telegrams														
Laundry-Valet														
Cash Disburse														
Transfer														
TOTAL														
Less: Cash														
: Allowances														
: Transfer														
Carried Fwd.														

Managing Front Office Operations

THE WASHINGTON INN

Name _____   Acct. No. _____

Room _____ Rate _____ Arrival Date _____

DATE										
Balance Fwd.										
Room										
Sales Tax										
Restaurant										
Bar										
Local										
Long Distance										
Telegrams										
Laundry-Valet										
Cash Disburse										
Transfer										
TOTAL										
Less: Cash										
: Allowances										
: Transfer										
Carried Fwd.										

THE WASHINGTON INN

Name _____ Acct. No. _____

Room _____ Rate _____ Arrival Date _____

DATE										
Balance Fwd.										
Room										
Sales Tax										
Restaurant										
Bar										
Local										
Long Distance										
Telegrams										
Laundry-Valet										
Cash Disburse										
Transfer										
TOTAL										
Less: Cash										
: Allowances										
: Transfer										
Carried Fwd.										

MANAGING FRONT OFFICE OPERATIONS

THE WASHINGTON INN

Name _____ Acct. No. _____

Room _____ Rate _____ Arrival Date _____

DATE															
Balance Fwd.															
Room															
Sales Tax															
Restaurant															
Bar															
Local															
Long Distance															
Telegrams															
Laundry-Valet															
Cash Disburse															
Transfer															
TOTAL															
Less: Cash															
: Allowances															
: Transfer															
Carried Fwd.															

THE WASHINGTON INN

Name _____ Acct. No. _____

Room _____ Rate _____ Arrival Date _____

DATE															
Balance Fwd.															
Room															
Sales Tax															
Restaurant															
Bar															
Local															
Long Distance															
Telegrams															
Laundry-Valet															
Cash Disburse															
Transfer															
TOTAL															
Less: Cash															
: Allowances															
: Transfer															
Carried Fwd.															

THE WASHINGTON INN

Name _____ Acct. No. _____

Room _____ Rate _____ Arrival Date _____

DATE										
Balance Fwd.										
Room										
Sales Tax										
Restaurant										
Bar										
Local										
Long Distance										
Telegrams										
Laundry-Valet										
Cash Disburse										
Transfer										
TOTAL										
Less: Cash										
: Allowances										
: Transfer										
Carried Fwd.										

TRANSCRIPT OF GUEST LEDGER

Hotel _____ Date _____ Sheet No. _____

Room No.	No. Guests	Name	Balance Brought Forward	Room	Tax	Rest.	Bar	Room Service	Telephone Local	Telephone Long Dist.	Laundry	Cash Disb.	Trans-fers	Total Charges	Cash	Trans-fers	Allow-ances	Balance Carried Forward
		House Total																
		City Ledger																
		Advance Deposits																
		Accts. Receivable Total																

MEMO

MEMO

MEMO

MEMO

MEMO

MEMO

1 0 6 - □□
台北郵政13之347號信箱

揚智文化事業股份有限公司　　收

□□□-□□
地址：　　　市縣　　鄉鎮市區　　路街　段　巷　弄　號　樓
姓名：

EDUCATIONAL INSTITUTE
American Hotel & Lodging Association

書號 AH003　　書名 Managing Front Office Operations

讀者報考回函

本學院成立於 1953 年，從事旅館管理教育已經有近 50 年的歷史

50 多年來，教育學院一直致力於飯店業及其他服務業的教育和培訓，目標是其望達到並超過業界要求的標準來進行飯店業及其他服務業的培訓任務，同時頒發專業證書，以滿足世界各地的觀光及旅館管理學校的需求。

EI 頒發的證書在業內享有最高的專業等級

這是由世界權威機構：美國飯店業協會發出的認証証書，無論在北美洲、東南亞、歐洲、澳洲和中東等地均被旅館業所廣泛地被認同，對加入這個行業和升遷具有重要的輔助作用。對於想繼續深造的同學，更可入讀美國、澳洲和瑞士的某些觀光餐飲旅館大學，攻讀一至或二年的課程即可取得學士學位。

閱讀本書後，您有興趣參與由美國飯店業協會教育學院所舉辦的專業證書考試，獲取本科的專業證書嗎？歡迎您將本回函正本（恕不接受影印本回函）填妥後寄至：

揚智文化事業股份有限公司

106 台北郵政 13 之 347 號信箱

我們收到您的回函後，將盡快與您聯絡和安排考試。詳情請參閱 http：//www.hoteltraining.org。
如有任何查詢和建議，歡迎來函： info@hoteltraining.org。

姓名：_____ 先生 / 小姐　　　出生日期：_____

電話：_____　　　電子郵件：_____

住址：_____

購買書名：客務部經營與管理(Managing Front Office Operations) 購買書店：_____

學　歷：□ 高中或以下　　□ 專科　　□ 大學　　□ 碩士　　□ 博士

職業別：□ 學生　　□ 服務業　　□ 銷售業　　□ 金融業　　□ 資訊業　　□ 傳播業
　　　　□ 自由業　　□ 製造業　　□ 教育業　　□ 軍警　　□ 公務員　　□ 其他_____

職　稱：□ 一般職員　　□ 專業人員　　□ 中階主管　　□ 高階主管　　□ 負責人

您從何處得知本書的消息？□ 逛書店　　□ 報紙　　□ 雜誌　　□ 廣告　　□ 網路
　　　　　　　　　　　　□ 他人推薦　　□ 團體訂購　　□ 其他_____

報考動機：□ 工作需要　　□ 求學需要　　□ 自我提升　　□ 有備無患
　　　　　□ 其他_____

您對本書的建議：_____

客務部經營與管理(Managing Front Office Operations)

著　　　者／Michael L. Kasavana, Richard M. Brools

校　　　閱／劉元安

出 版 者／揚智文化事業股份有限公司

發 行 人／葉忠賢

總 編 輯／林新倫

登 記 證／局版北市業字第 1117 號

地　　　址／台北市新生南路三段 88 號 5 樓之 6

電　　　話／（02）23660309

傳　　　真／（02）23660310

郵政劃撥／19735365　戶名：葉忠賢

印　　　刷／鼎易印刷事業股份有限公司

法律顧問／北辰著作權事務所　蕭雄淋律師

初版一刷／2004 年 8 月

　ISBN　／957-818-645-2

定　　　價／新台幣 1200 元

E–mail　／service@ycrc.com.tw

網　　　址／http://www.ycrc.com.tw

©Copyright 2001 by the EDUCATIONAL INSTITUTE of the
AMERICAN HOTEL & LODGING ASSOCIATION.

國家圖書館出版品預行編目資料

客務部經營與管理　／Michael L. Kasavana,
Richard M. Brools 原著. -- 初版. -- 臺北
市：揚智文化，　2004[民 93]
　　面；　公分
　譯自：Managing front office operations,
6th ed.
　ISBN 957-818-645-2(精裝)

　1. 旅館業 – 管理

489.2　　　　　　　　　　　　93011334